iCourse·教材

简明理论力学

第3版

哈尔滨工业大学理论力学教研室 编
孙毅 主编

高等教育出版社·北京

内容简介

本书第1版于2004年1月出版，是教育科学“十五”国家规划课题研究成果；第2版于2010年7月出版，是普通高等教育“十一五”国家级规划教材。

本书在前两版的基础上，结合哈尔滨工业大学理论力学教研室编《理论力学Ⅰ、Ⅱ》第8版的修订工作，对书中部分内容进行了修改，增删了部分例题和习题，并增加了配套的数字资源，读者通过扫描书上的二维码即可链接。

本书在内容上突出理论力学课程基本要求，适当降低难度，简明、易学。全书内容共16章，包括静力学公理和物体的受力分析、平面汇交力系与平面力偶系、平面任意力系、空间力系、摩擦、点的运动学、刚体的简单运动、点的合成运动、刚体的平面运动、质点动力学的基本方程、动量定理、动量矩定理、动能定理、达朗贝尔原理、虚位移原理、机械振动基础。

本书可作为高等院校工科各类专业理论力学课程的教材，也可作为成人继续教育相应课程的教材。

图书在版编目(CIP)数据

简明理论力学/孙毅主编；哈尔滨工业大学理论力学教研室编. --3版. --北京：高等教育出版社，2019.3（2024.12重印）

ISBN 978-7-04-051372-1

Ⅰ. ①简… Ⅱ. ①孙… ②哈… Ⅲ. ①理论力学-高等学校-教材 Ⅳ. ①O31

中国版本图书馆CIP数据核字(2019)第036342号

策划编辑 黄 强　责任编辑 水 渊　封面设计 张申申　版式设计 童 丹
插图绘制 于 博　责任校对 刁丽丽　责任印制 刘思涵

出版发行 高等教育出版社
社　　址 北京市西城区德外大街4号
邮政编码 100120
印　　刷 天津画中画印刷有限公司
开　　本 787mm×960mm 1/16
印　　张 17
字　　数 300千字
购书热线 010-58581118
咨询电话 400-810-0598
网　　址 http://www.hep.edu.cn
　　　　 http://www.hep.com.cn
网上订购 http://www.hepmall.com.cn
　　　　 http://www.hepmall.com
　　　　 http://www.hepmall.cn
版　　次 2004年7月第1版
　　　　 2019年3月第3版
印　　次 2024年12月第8次印刷
定　　价 34.70元

物 料 号 51372-00

简明理论力学

第3版

1 计算机访问http://abook.hep.com.cn/12203620，或手机扫描二维码、下载并安装Abook应用。

2 注册并登录，进入“我的课程”。

3 输入封底数字课程账号（20位密码，刮开涂层可见），或通过Abook应用扫描封底数字课程账号二维码，完成课程绑定。

4 单击“进入课程”按钮，开始本数字课程的学习。

Abook
重要通知 | APP下载
简明理论力学
第3版
理论力学数字课程与纸质教材一体化设计，紧密配合。本数字课程涵盖视频、动画等数字资源，充分运用多种形式媒体资源，极大丰富了知识的呈现形式，拓展了教材内容。在提升课程教学效果的同时，为学生学习提供了思维与探索的空间。

课程绑定后一年为数字课程使用有效期。受硬件限制，部分内容无法在手机端显示，请按提示通过计算机访问学习。

如有使用问题，请发邮件至abook@hep.com.cn。

扫描二维码
下载Abook应用

http://abook.hep.com.cn/12203620

第 3 版序言

本书第 1 版于 2004 年 1 月出版，是教育科学“十五”国家规划课题研究成果；第 2 版于 2010 年 7 月出版，是普通高等教育“十一五”国家级规划教材。本书自出版以来，受到广大师生的欢迎。本次修订广泛征求了使用者的意见和建议，在前两版的基础上，结合哈尔滨工业大学理论力学教研室编《理论力学Ⅰ，Ⅱ》第 8 版的修订工作，对书中部分内容进行了如下修改：

1. 增加了配套的数字资源，读者通过扫描书上的二维码即可链接；
2. 修改了运动学、动力学部分定理和章节内容的阐述与推导过程；
3. 增删了部分例题和习题。

书中带“*”号的内容，教师可根据本校、本专业的实际情况取舍。

本书由哈尔滨工业大学理论力学教研室集体编写，孙毅教授任主编。参加编写的有：曾凡林教授（第一、二、三、四、五章）、孙毅教授（第六、七、八、九、十五章）、张莉教授（第十、十一、十二、十三、十四章）、刘伟副教授（第十六章）。全书由孙毅教授统稿。

本书由北京航空航天大学王琪教授主审并提出宝贵的意见和建议，特此致谢。

本书虽经 2 次修订，但限于我们的水平和条件，缺点在所难免，衷心希望读者批评指正。

编　者

2018 年 8 月

第 2 版序言

本书第 1 版出版后，受到广大师生的欢迎。现在的第 2 版仍保留了哈尔滨工业大学理论力学教材“理论严谨、逻辑清晰、由浅入深、易教易学”的特点。同时还保留了第 1 版“简明、易学”的特点，更适用于一般高等学校使用。

本版在第 1 版的基础上主要作了如下方面的更改：

1. 重绘了全部插图，采用灰度图形，使得图形表现更加美观、立体感强。

2. 静力学中增加了力学模型的内容。

3. 根据“理论力学基本要求”将动力学中刚体平面运动微分方程由小 5 号字改为 5 号字，并增加了机械振动基础一章。所增加的内容都是最基本的，比较简单、易学。

书中带“*”号的内容，教师可根据本校、本专业的实际情况取舍。

本书可作为高等工科院校各专业理论力学课程的教材，也可作为夜大、函授大学相应专业的教材。

本书由哈尔滨工业大学理论力学教研室集体编写，由程靳任主编并负责执笔。

本书由清华大学贾书惠教授主审，并提出了许多宝贵意见和建议，特此致谢。

本书虽然是第 2 版，但难免会有疏漏，衷心希望读者批评指正。

编　者

2010 年 3 月

第 1 版序言

理论力学是高等工科院校许多专业必修的技术基础课。近些年来由于外语、计算机等课时的增加，理论力学的授课时数普遍减少。哈尔滨工业大学理论力学教研室编写的《理论力学》(高等教育出版社出版)一直是国内使用量最大、最受欢迎的理论力学教材。该书理论严谨、逻辑清晰、由浅入深，且经过多次修订，吐故纳新，受到广大师生的好评，并两次获国家级优秀教材奖。该书主要是针对多学时理论力学课程内容编写的，虽然第六版进行了修订，分为(Ⅰ)、(Ⅱ)两册，第(Ⅰ)册适用于中等学时类的专业，第(Ⅰ)、(Ⅱ)两册都适用多学时类的专业，但个别内容仍偏难、偏多。因此，编写一本字数较少，内容深浅适宜，适合中等学时的简明理论力学教材是必要的。

本书就是在这一原则下，在哈尔滨工业大学理论力学教研室编《理论力学》(第六版)(高等教育出版社 2002 年出版)的基础上经过精简而重新编写成的。精简的目的是适当降低难度、删除了一些不必要的内容，使全书更加简明、易学，更适用于一般高等院校使用。全书内容涵盖了理论力学课程的基本要求。全书共十五章：静力学公理和物体的受力分析、平面汇交力系与平面力偶系、平面任意力系、空间力系、摩擦、点的运动学、刚体的简单运动、点的合成运动、刚体的平面运动、质点动力学的基本方程、动量定理、动量矩定理、动能定理、达朗贝尔原理、虚位移原理。

本书虽然是简明教材，但编写时仍注意保留哈尔滨工业大学编的《理论力学》教材的特色。由于该教材的体系和风格已得到广大教师和学生的认同，因此本书也尽量保持这一体系和风格，并力争使本书成为简明易学的教材。

书中带 * 号的内容，教师可根据本校、本专业的实际情况决定取舍。正文中的小号字(不含例题)可留给有时间和有精力的同学自己阅读，不必全部讲授。

本书可作为高等工科院校各类专业理论力学课程的教材，也可作为夜大、函授大学、职工大学相应专业的教材。

本书由博士生导师程靳教授任主编，参加编写的有：程燕平教授(第

一、二、三、四、五章)、李前程副教授(第六、七章)、赵彤教授(第八、九章)、程靳教授(第十、十一、十二、十三、十四、十五章)。全书由程靳与程燕平统稿。

本书由北京航空航天大学谢传锋教授主审，并提出了许多宝贵的意见和建议，特此致谢。

由于我们是第一次编写简明理论力学教材，缺点在所难免，衷心希望大家批评指正。

目　　录

运 动 学

动 力 学

绪　论

一、理论力学的研究对象和内容

理论力学是研究物体机械运动一般规律的科学。

物体在空间的位置随时间的改变，称为**机械运动**。机械运动是人们生活和生产实践中最常见的一种运动。**平衡**是机械运动的特殊情况。

本课程研究的内容是速度远小于光速的宏观物体的机械运动，它以伽利略和牛顿总结的基本定律为基础，属于古典力学的范畴。至于速度接近于光速的物体和基本粒子的运动，则必须用相对论和量子力学的观点才能完善地予以解释。宏观物体远小于光速的运动是日常生活及一般工程中最常遇到的，古典力学有着最广泛的应用。理论力学所研究的则是这种运动中最一般、最普遍的规律，是各门力学分支的基础。

本课程的内容包括以下三个部分：

静力学——主要研究受力物体平衡时作用力所应满足的条件；同时也研究物体受力的分析方法，以及力系简化的方法等。

运动学——只从几何的角度来研究物体的运动(如轨迹、速度和加速度等)，而不研究引起物体运动的物理原因。

动力学——研究受力物体的运动与作用力之间的关系。

二、理论力学的研究方法

(1) 通过观察生活和生产实践中的各种现象，进行多次的科学实验，经过分析、综合和归纳，总结出力学的最基本的规律。

人类通过生活和生产实践，对于机械运动有了初步的认识，并积累了大量的经验，经过分析、综合和归纳，总结于科学著作中。我国的墨翟(公元前 468—前 382 年)所著的《墨经》，是一部最早记述有关力学理论的著作。

人们为了认识客观规律，不仅在生活和生产实践中进行观察和分析，还要主动地进行实验，定量地测定机械运动中各因素之间的关系，找出其内在的规律性。如伽利略(公元 1564—1642 年)对自由落体和物体在斜面上的运动作了多次实验，从而推翻了统治多年的错误观点，并引出“加速度”的概念。此外，如摩擦定律、动力学三定律等，都是建立在大量实验基础之上的。实验是形成理论的重要基础。

（2）在对事物观察和实验的基础上，经过抽象化建立力学模型，形成概念；在基本规律的基础上，经过逻辑推理和数学演绎，建立理论体系。

客观事物都是具体的、复杂的，为找出其共同的规律性，必须抓住主要因素，舍弃次要因素，建立抽象化的力学模型。例如，忽略一般物体的微小变形，建立在力作用下物体的形状、大小均不改变的刚体模型；抓住不同物体间机械运动的相互限制的主要方面，建立一些典型的理想约束模型；为分析复杂的振动现象，建立弹簧-质点的力学模型等。这种抽象化、理想化的方法，一方面简化了所研究的问题，另一方面也更深刻地反映出事物的本质。当然，任何抽象化的模型都是相对的。当条件改变时，必须考虑影响事物的新的因素，建立新的模型。例如：在研究物体受外力作用而平衡时，可以忽略物体形状的改变，采用刚体模型；但在分析物体内部的受力状态或解决一些复杂物体系的平衡问题时，必须考虑物体的**变形**，建立变形体的模型。

理论力学成功地运用逻辑推理和数学演绎的方法，由少量最基本的规律出发，得到了从多方面揭示机械运动规律的定理、定律和公式，建立了严密而完整的理论体系。

（3）将理论力学的理论用于实践，在解释世界、改造世界中不断得到验证和发展。

实践是检验真理的唯一标准，实践中所遇到的新问题又是促进理论发展的源泉。古典力学理论在现实生活和工程中，被大量实践验证为正确，并在不同领域的实践中得到发展，形成了许多分支，如刚体力学、弹塑性力学、流体力学、生物力学等。

三、学习理论力学的目的

理论力学是一门理论性较强的技术基础课。学习理论力学的目的是：

（1）工程专业一般都要接触机械运动的问题。有些工程问题可以直接应用理论力学的基本理论去解决，有些比较复杂的问题则需要用理论力学和其他专门知识来解决。所以，学习理论力学是为解决工程问题打下一定的基础。

（2）理论力学是研究力学中最普遍、最基本的规律。很多工程专业的课程，如材料力学、机械原理、机械设计、结构力学、弹塑性力学、流体力学、飞行力学、振动理论、断裂力学等，以及许多其他专业课程，都要以理论力学为基础，所以理论力学是学习一系列后续课程的重要基础。

(3) 充分理解理论力学的研究方法，不仅可以深入地掌握这门学科，而且有助于学习其他科学技术理论，有助于培养辩证唯物主义世界观，培养正确的分析问题和解决问题的能力。

静　力　学

引　言

静力学是研究物体在力系作用下的平衡条件的科学。

在静力学中所指的物体都是刚体。所谓**刚体**是指物体在力的作用下，其内部任意两点之间的距离始终保持不变。这是一个理想化的力学模型。

力，是物体间相互的**机械作用**，这种作用使物体的机械运动状态发生变化。

力系，是指作用于物体上的一群力。

平衡，不受外力作用的刚体所保持的状态称为平衡。

如果一个力系作用于物体的效果与另一个力系作用于该物体的效果相同，则这两个力系互为**等效力系**。

不受外力作用的物体可称其为受零力系作用。一个力系如果与零力系等效，则该力系称为**平衡力系**。

物体处于静止或匀速直线平移是最常见的平衡状态。在这种平衡状态下，物体的任意子部分也都处于同样的静止或匀速直线平移状态，因此其任意子部分也处于平衡状态。

实践表明，力对物体的作用效果取决于三个要素：(1) 力的大小；(2) 力的方向；(3) 力的作用点。因此，力应以矢量表示，本书中用黑体字母 $\boldsymbol{F}$ 表示力矢量，而用普通字母 F 表示力的大小。在国际单位制中，力的单位是 N 或 kN。

在静力学中，我们将研究以下三个问题：

1. 物体的受力分析

分析某个物体共受几个力，以及每个力的作用位置和方向。

2. 力系的等效替换(或简化)

将作用在物体上的一个力系用另一个与它等效的力系来代替，称为**力系的等效替换**。如果用一个简单力系等效地替换一个复杂力系，则称为**力系的**

简化。如果某力系与一个力等效，则此力称为该力系的**合力**，而该力系的各力称为此力的**分力**。

研究力系等效替换并不限于分析静力学问题，也为动力学提供基础。

3. 建立各种力系的平衡条件

研究作用在物体上的各种力系所需满足的平衡条件。

第一章　静力学公理和物体的受力分析

本章将阐述静力学公理，并介绍工程中常见的约束和约束力的分析及物体的受力图，同时介绍力学模型及力学建模的概念。

§1－1　静力学公理

公理是人们在生活和生产实践中长期积累的经验总结，又经过实践反复检验，被确认是符合客观实际的最普遍、最一般的规律。

公理1　力的平行四边形法则

作用在物体上同一点的两个力，可以合成为一个**合力**。合力的作用点也在该点，合力的大小和方向，由这两个力为邻边构成的平行四边形的对角线确定，如图1－1所示。或者说，合力矢等于这两个力矢的矢量和(几何和)，即

$$\boldsymbol{F}_R = \boldsymbol{F}_1 + \boldsymbol{F}_2 \tag{1-1}$$

也可另作一**力三角形**，求两汇交力合力的大小和方向(即合力矢)，如图1－1b、c所示。

这个公理是复杂力系简化的基础。

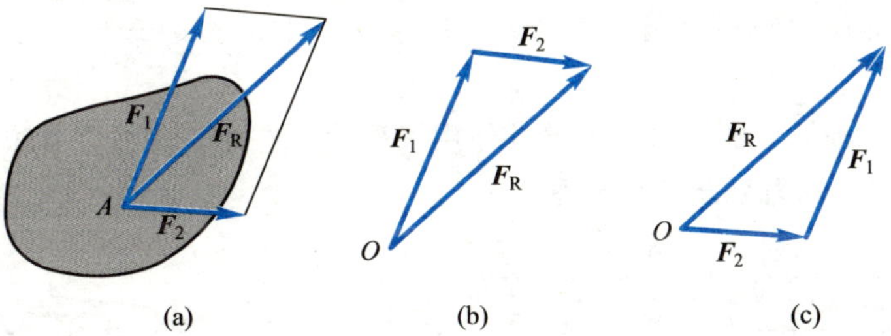

图1－1

公理2　二力平衡条件

作用在刚体上的两个力(如 $\boldsymbol{F}_1$ 与 $\boldsymbol{F}_2$)，使刚体保持平衡的必要和充分条件是：这两个力的大小相等，方向相反，且作用在同一直线上。

这个公理表明了作用于刚体上最简单力系平衡时所必须满足的条件。

公理 3 加减平衡力系原理

在已知力系上加上或减去任意的平衡力系，与原力系对刚体的作用等效。

这个公理是研究力系等效替换的重要依据。

根据上述公理可以导出下列推理：

推理 1 力的可传性

作用于刚体上某点的力，可以沿着它的作用线移到刚体内任意一点，并不改变该力对刚体的作用。

证明： 在刚体上的点 A 作用力 $\boldsymbol{F}$，如图 1－2a 所示。根据加减平衡力系原理，可在力的作用线上任取一点 B，并加上两个相互平衡的力 $\boldsymbol{F}_1$ 和 $\boldsymbol{F}_2$，使 $\boldsymbol{F}=\boldsymbol{F}_2=-\boldsymbol{F}_1$，如图 1－2b 所示。由于力 $\boldsymbol{F}$ 和 $\boldsymbol{F}_1$ 也是一个平衡力系，故可除去，这样只剩下一个力 $\boldsymbol{F}_2$，如图 1－2c 所示，即原来的力 $\boldsymbol{F}$ 沿其作用线移到了点 B。

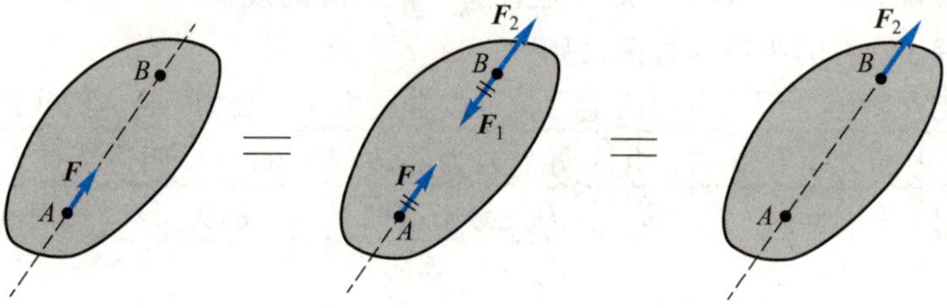

图 1－2

由此可见，对于刚体来说，力的作用点已不是决定力的作用效应的要素，它已为作用线所代替。因此，作用于刚体上的**力的三要素**是：力的大小、方向和作用线。

作用于刚体上的力可以沿着其作用线移动，这种矢量称为**滑动矢量**。

推理 2 三力平衡汇交定理

作用于刚体上三个相互平衡的力，若其中两个力的作用线汇交于一点，则此三力必在同一平面内，且第三个力的作用线通过汇交点。

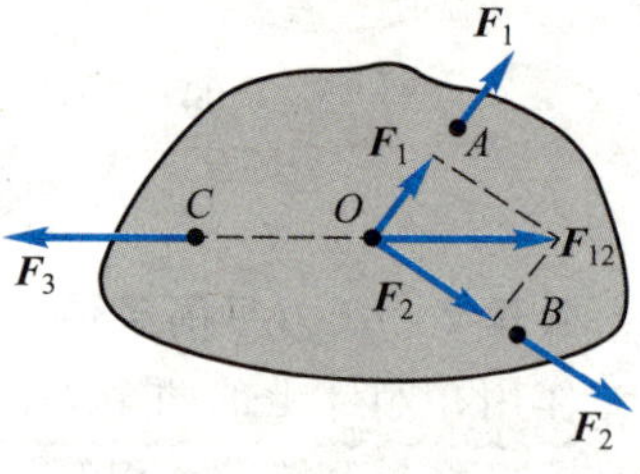

图 1－3

证明： 如图 1－3 所示，在刚体的 A、B、C 三点上，分别作用三个相互平衡的力 $\boldsymbol{F}_1$、$\boldsymbol{F}_2$、$\boldsymbol{F}_3$。根据力的可传性，将力 $\boldsymbol{F}_1$ 和 $\boldsymbol{F}_2$ 移

到汇交点 O，然后根据力的平行四边形法则，得合力 $\boldsymbol{F}_{12}$。则力 $\boldsymbol{F}_3$ 应与 $\boldsymbol{F}_{12}$ 平衡。由于两个力平衡必须共线，所以力 $\boldsymbol{F}_3$ 必定与力 $\boldsymbol{F}_1$ 和 $\boldsymbol{F}_2$ 共面，且通过力 $\boldsymbol{F}_1$ 与 $\boldsymbol{F}_2$ 的交点 O。于是定理得证。

公理 4　作用和反作用定律

作用力和反作用力总是同时存在，两力的大小相等、方向相反，沿着同一直线，分别作用在两个相互作用的物体上。若用 $\boldsymbol{F}$ 表示作用力，$\boldsymbol{F}'$表示反作用力，则

$$\boldsymbol{F} = -\boldsymbol{F}'$$

这个公理概括了物体间相互作用的关系，表明作用力和反作用力总是成对出现的。由于作用力与反作用力分别作用在两个物体上，因此，不能视作平衡力系。

公理 5　刚化原理

变形体在某一力系作用下处于平衡，如将此变形体刚化为刚体，其平衡状态保持不变。

这个公理提供了把变形体视为刚体模型的条件。例如，绳索在等值、反向、共线的两个拉力作用下处于平衡，如将绳索刚化成刚体，其平衡状态保持不变。反之就不一定成立，如刚体在两个等值反向的压力作用下平衡，若将它换成绳索就不能平衡了。

由此可见，刚体的平衡条件是变形体平衡的必要条件，而非充分条件。在刚体静力学的基础上，考虑变形体的特性，可进一步研究变形体的平衡问题。

§1－2　约束和约束力

有些物体，如飞行的飞机、炮弹和火箭等，它们在空间的位移不受任何限制。位移不受限制的物体称为**自由体**。相反，有些物体在空间的位移却要受到一定的限制。如机车受铁轨的限制，只能沿轨道运动；电机转子受轴承的限制，只能绕轴线转动；重物由钢索吊住，不能下落等。位移受到限制的物体称为**非自由体**。在静力学中，对非自由体的某些位移起限制作用的周围物体称为**约束**。

从力学角度来看，约束对物体的作用，实际上就是力，这种力称为**约束力**，因此，约束力的方向必与该约束所能够阻碍的位移方向相反。应用这个准则，可以确定约束力的方向或作用线的位置。至于约束力的大小则是未知的。在静力学问题中，约束力通常和物体受的其他已知力（称**主动力**）组成

平衡力系，因此可用平衡条件求出未知的约束力。当主动力改变时，约束力一般也发生改变，因此约束力是被动的，这也是将约束力之外的力称为主动力的原因。

下面介绍几种在工程中常见的约束类型和确定约束力方向的方法。

1. 具有光滑接触表面的约束

例如，支持物体的固定面(图 1－4a、b)、啮合齿轮的齿面(图 1－5)、机床中的导轨等，当摩擦忽略不计时，都属于这类约束。

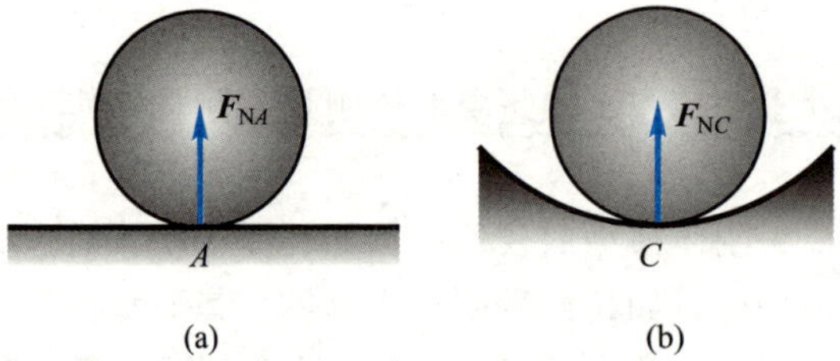

图 1－4

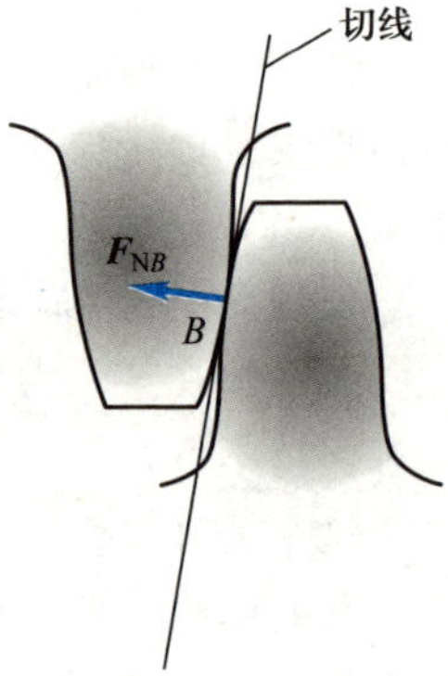

图 1－5

这类约束不能限制物体沿约束表面切线的位移，只能阻碍物体沿接触表面法线并向约束内部的位移。因此，光滑支承面对物体的约束力，作用在接触点处，方向沿接触表面的公法线，并指向被约束的物体。这种约束力称为法向约束力，通常用 $\boldsymbol{F}_{\mathrm{N}}$ 表示，如图 1－4 中的 $\boldsymbol{F}_{\mathrm{N}A}$、$\boldsymbol{F}_{\mathrm{N}C}$ 和图 1－5 中的 $\boldsymbol{F}_{\mathrm{N}B}$ 等。

2. 柔索类约束

细绳吊住重物，如图 1－6a 所示。由于柔软的绳索本身只能承受拉力，所以它给物体的约束力也只可能是拉力(图 1－6b)。因此，绳索对物体的约束力，作用在接触点，方向沿着绳索背离物体。通常用 $\boldsymbol{F}$ 或 $\boldsymbol{F}_{\mathrm{T}}$ 表示这类约束力。

链条或胶带也都只能承受拉力。当它们绕在轮子上，对轮子的约束力沿轮缘的切线方向(图 1－7)。

这类约束一般通称为柔索类约束。

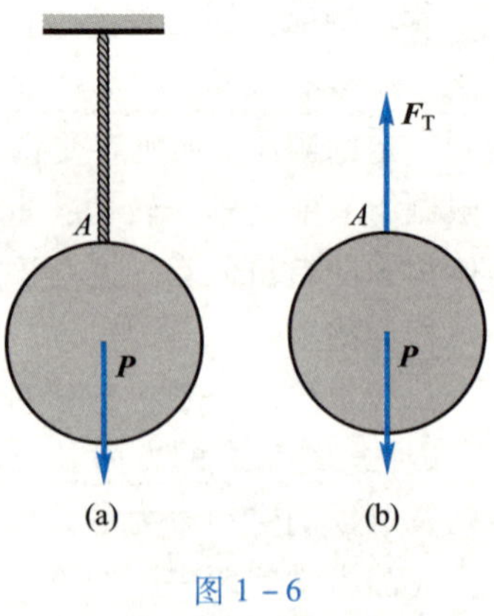

图 1－6

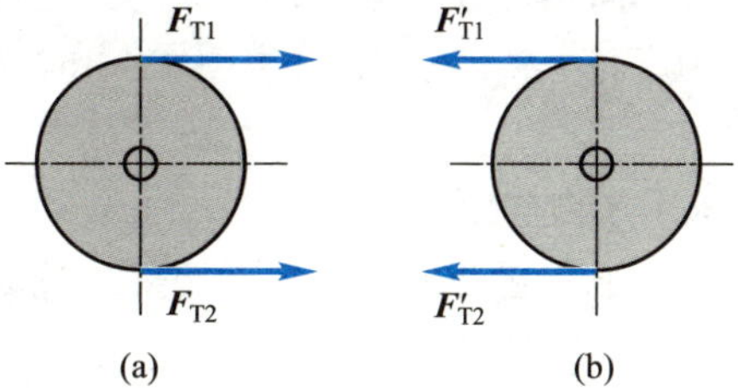

图 1－7

3. 光滑铰链约束

这类约束有向心轴承、圆柱形铰链和固定铰链支座等。

(1) 向心轴承(径向轴承)

图 1－8a、b 所示为轴承装置，可画成如图 1－8c 所示的简图。轴可在孔内任意转动，也可沿孔的中心线移动；但是，轴承阻碍着轴沿径向向外的位移。当轴和轴承在某点 A 光滑接触时，轴承对轴的约束力 $\boldsymbol{F}_A$ 作用在接触点 A，且沿公法线指向轴心(图 1－8a)。但是，随着轴所受的主动力不同，轴和孔的接触点的位置也随之不同。所以，当主动力尚未确定时，约束力的方向预先不能确定。然而，无论约束力朝向何方，它的作用线必垂直于轴线

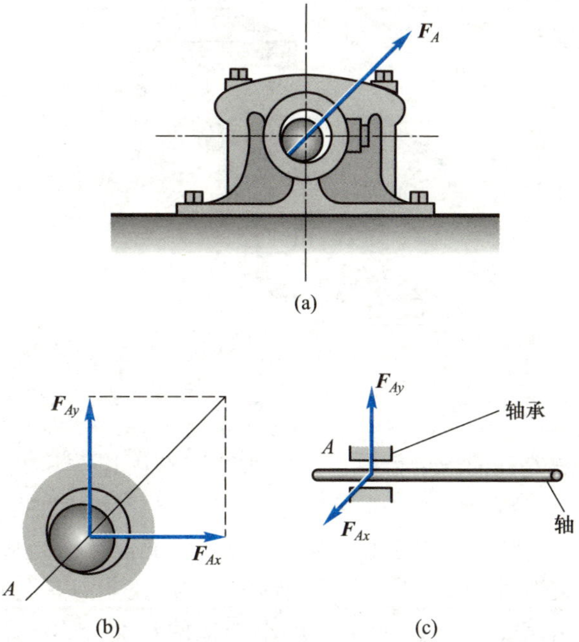

图 1－8

并通过轴心。这样一个方向不能预先确定的约束力，通常可用通过轴心的两个大小未知的正交分力 $\boldsymbol{F}_{Ax}$、$\boldsymbol{F}_{Ay}$ 来表示，如图 1－8b、c 所示，$\boldsymbol{F}_{Ax}$、$\boldsymbol{F}_{Ay}$ 的指向暂可任意假定。

（2）圆柱铰链和固定铰链支座

图 1－9a 所示的拱形桥，它是由两个拱形构件通过圆柱铰链 C 以及固定铰链支座 A 和 B 连接而成。圆柱铰链简称**铰链**，它是由销钉 C 将两个钻有同样大小孔的构件连接在一起而成（图 1－9b），其简图如图 1－9a 的铰链 C。如果铰链连接中有一个固定在地面或机架上作为支座，则这种约束称为固定铰链支座，简称固定铰支，如图 1－9b 中所示的支座 B。其简图如图 1－9a 所示的固定铰链支座 A 和 B。

动画 1－1：
圆柱铰链

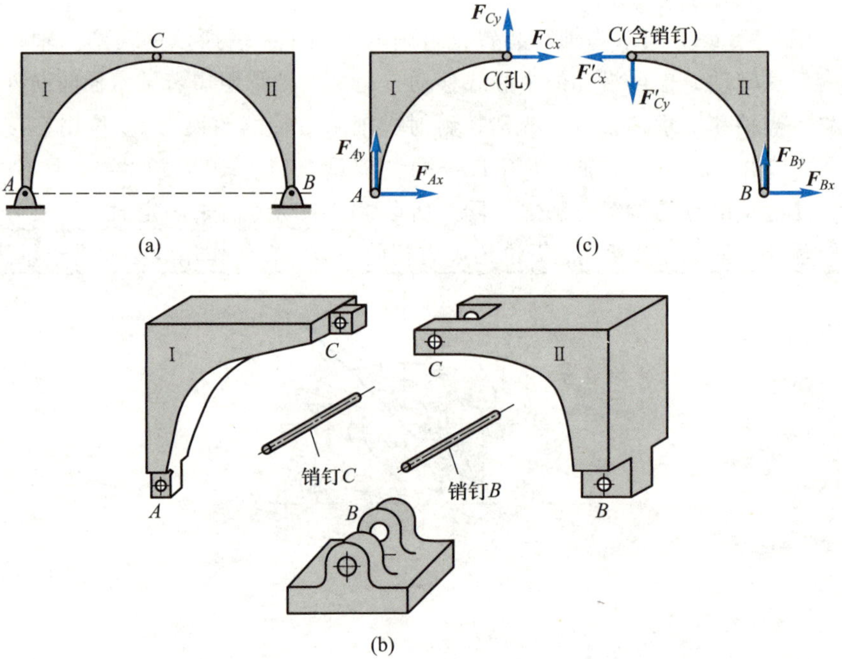

图 1－9

在分析铰链 C 处的约束力时，通常把销钉 C 固连在其中任意一个构件上，如构件Ⅱ上，则构件Ⅰ、Ⅱ互为约束。显然，当忽略摩擦时，构件Ⅱ上的销钉与构件Ⅰ的结合，实际上是轴与光滑孔的配合问题。因此，它与轴承具有同样的约束性质，即约束力的作用线不能预先定出，但约束力垂直于轴线并通过铰链中心，故也可用两个大小未知的正交分力 $\boldsymbol{F}_{Cx}$、$\boldsymbol{F}_{Cy}$ 和 $\boldsymbol{F}'_{Cx}$、$\boldsymbol{F}'_{Cy}$ 来表示，如图 1－9c 所示。其中 $\boldsymbol{F}_{Cx}=-\boldsymbol{F}'_{Cx}$、$\boldsymbol{F}_{Cy}=-\boldsymbol{F}'_{Cy}$，表明它们互为作用与反作用关系。

同理，把销钉固连在 A、B 支座上，则固定铰支 A、B 对构件Ⅰ、Ⅱ的约束力分别为 $\boldsymbol{F}_{Ax}$、$\boldsymbol{F}_{Ay}$ 与 $\boldsymbol{F}_{Bx}$、$\boldsymbol{F}_{By}$，如图 1－9c 所示。

上述三种约束（向心轴承、铰链和固定铰链支座），它们的具体结构虽然不同，但构成约束的性质是相同的，一般通称为铰链约束。此类约束的特点是约束力一般用两个大小未知的正交分力来表示。

4. 其他约束

（1）滚动支座

在桥梁、屋架等结构中经常采用滚动支座约束。这种支座是在固定铰链支座与光滑支承面之间，装有几个辊轴而构成，又称辊轴支座，如图 1－10a所示，其简图如图 1－10b 所示。它可以沿支承面移动，允许由于温度变化而引起结构跨度的自由伸长或缩短。显然，滚动支座的约束性质与光滑面约束相同，其约束力必垂直于支承面，且通过铰链中心。通常用 $\boldsymbol{F}_{\mathrm{N}}$ 表示其法向约束力，如图 1－10c 所示。

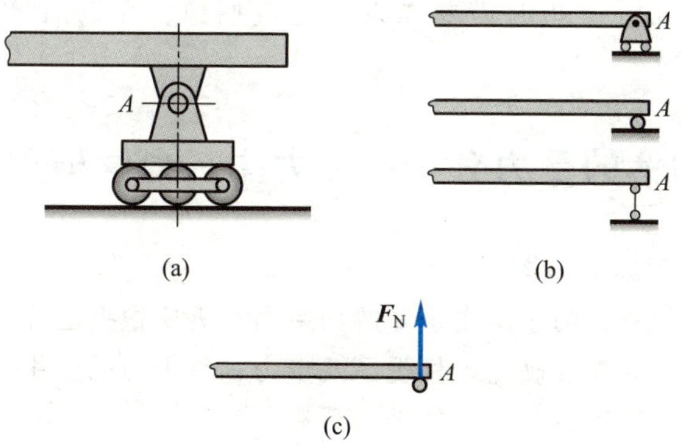

图 1－10

（2）球铰链

通过圆球和球壳将两个构件连接在一起的约束称为**球铰链**，如图 1－11a所示。它使构件的球心不能有任何位移，但构件可绕球心任意转动。若忽略摩擦，其约束力应是通过接触点与球心，但方向不能预先确定的一个空间法向约束力，可用三个正交分力 $\boldsymbol{F}_{Ax}$、$\boldsymbol{F}_{Ay}$、$\boldsymbol{F}_{Az}$ 表示，其简图及约束力如图 1－11b 所示。

（3）止推轴承

止推轴承与径向轴承不同，它除了能限制轴的径向位移以外，还能限制轴沿轴向的位移。因此，它比径向轴承多一个沿轴向的约束力，即其约束力

有三个正交分量 $\boldsymbol{F}_{Ax}$、$\boldsymbol{F}_{Ay}$、$\boldsymbol{F}_{Az}$。止推轴承的简图及其约束力如图 1－12 所示。

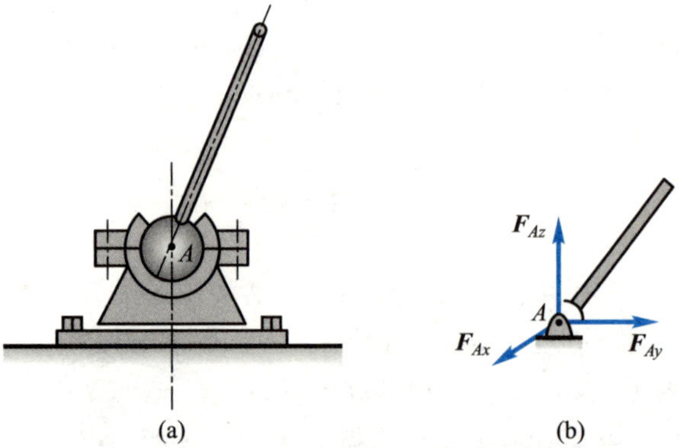

图 1－11

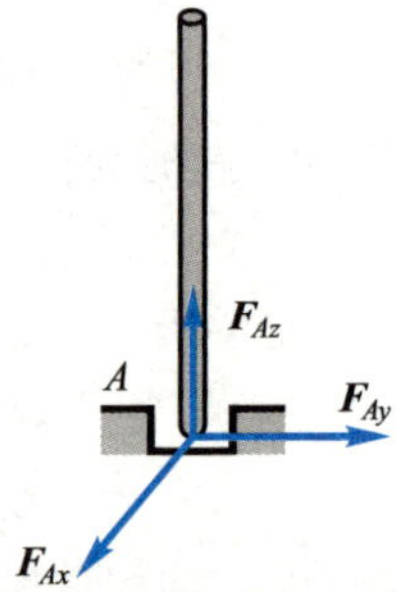

图 1－12

以上只介绍了几种简单约束，在工程中，约束的类型远不止这些，有的约束比较复杂，分析时需要加以简化或抽象，在以后的章节中，再作介绍。

§1－3 物体的受力分析和受力图·力学模型和力学简图

1. 受力分析和受力图

在工程实际中，为了求出未知的约束力，需要根据已知力，应用平衡条件求解。为此，首先要确定构件受了几个力，每个力的作用位置和力的作用方向，这种分析过程称为物体的受力分析。

作用在物体上的力可分为两类：一类是主动力，如物体的重力、风力、气体压力等，一般是已知的；另一类是约束对于物体的约束力，为未知的被动力。

为了清晰地表示物体的受力情况，我们把需要研究的物体（称为受力体）从周围的物体（称为施力体）中分离出来，单独画出它的简图，这个步骤叫做取研究对象或取分离体。然后把施力物体对研究对象的作用力（包括主动力和约束力）全部画出来。这种表示物体受力的简明图形，称为**受力图**。画物体受力图是解决静力学问题的一个重要步骤。

例 1－1 用力 $\boldsymbol{F}$ 拉动碾子以压平路面，重为 P 的碾子受到一石块的阻碍，如图 1－13a 所示。不计摩擦。试画出碾子的受力图。

解：（1）取碾子为研究对象（即取分离体），并单独画出其简图。

（2）画主动力。有地球的引力 $\boldsymbol{P}$ 和碾子中心的拉力 $\boldsymbol{F}$。

（3）画约束力。因碾子在 A 和 B 两处受到石块和地面的光滑约束，故在 A 处及 B 处受石块与地面的法向反力 $\boldsymbol{F}_{NA}$ 和 $\boldsymbol{F}_{NB}$ 的作用，它们都沿着碾子上接触点的公法线而指向圆心。

碾子的受力图如图 1－13b 所示。

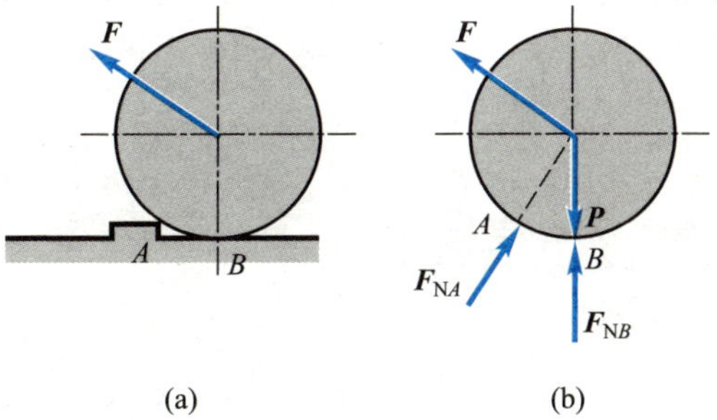

图 1－13

例 1－2　屋架如图 1－14a 所示。A 处为固定铰链支座，B 处为滚动支座，搁在光滑的水平面上。已知屋架自重 P，在屋架的 AC 边上承受了垂直于它的均匀分布的风力 q（q 以 N/m 计）。试画出屋架的受力图。

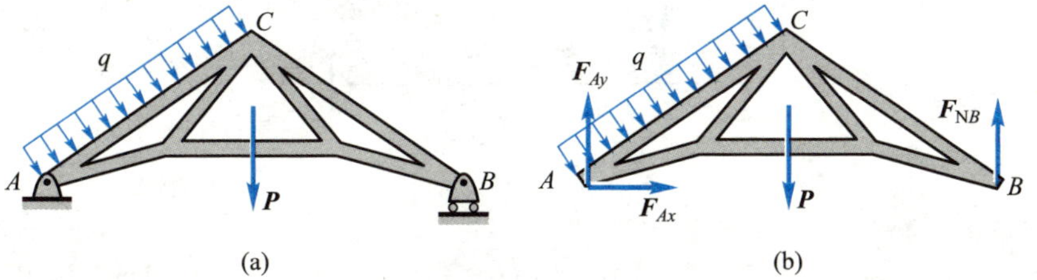

图 1－14

解：（1）取屋架为研究对象，除去约束并画出其简图。

（2）画主动力。有屋架的重力 $\boldsymbol{P}$ 和均布的风力 q。

（3）画约束力。因 A 处为固定铰支，其约束力可用两个大小未知的正交分力 $\boldsymbol{F}_{Ax}$ 和 $\boldsymbol{F}_{Ay}$ 表示。B 处为滚动支座，约束力垂直向上，用 $\boldsymbol{F}_{NB}$ 表示。

屋架的受力图如图 1－14b 所示。

例 1－3　如图 1－15a 所示，水平梁 AB 用斜杆 CD 支撑，A、C、D 三处均为光滑铰链连接。均质梁重 P_1，其上放置一重为 P_2 的电动机。如不计杆 CD 的自重，试分别画出杆 CD 和梁 AB（包括电动机）的受力图。

解：（1）先分析斜杆 CD 的受力。由于斜杆的自重不计，根据光滑铰链的特性，C、D 处的约束力分别通过铰链 C、D 的中心，方向暂不确定。考虑到杆 CD 只在 $\boldsymbol{F}_C$、$\boldsymbol{F}_D$ 二力作用下平衡，根据二力平衡公理，这两个力必定沿同一直线，且等值、反向。由此可

确定 F_C 和 F_D 的作用线应沿铰链中心 C 与 D 的连线，由经验判断，此处杆 CD 受压力，其受力图如图 1－15b 所示。一般情况下，F_C 与 F_D 的指向不能预先判定，可先任意假设杆受拉力或压力。若根据平衡方程求得的力为正值，说明原假设力的指向正确；若为负值，则说明实际杆受力与原假设指向相反。

只在两个力作用下平衡的构件，称为**二力构件**。由于静力学中所指物体都是刚体，其形状对计算结果没有影响，因此不论其形状如何，一般均简称**二力杆**。它所受的两个力必定沿两力作用点的连线，且等值、反向。二力杆在工程实际中经常遇到，有时也把它作为一种约束，如图 1－15b 所示。

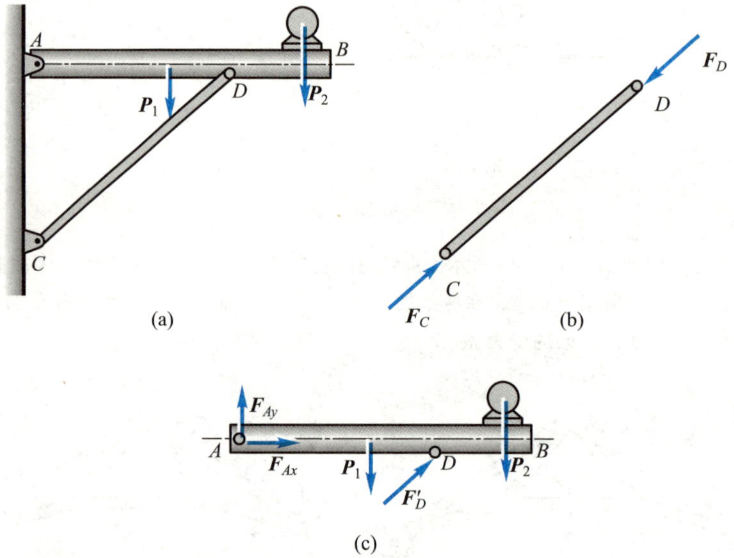

图 1－15

（2）取梁 AB（包括电动机）为研究对象。它受有 P_1、P_2 两个主动力的作用。梁在铰链 D 处受有二力杆 CD 给它的约束力 F'_D。根据作用和反作用定律，$F'_D=-F_D$。梁在 A 处受固定铰支给它的约束力的作用，由于方向未知，可用两个大小未定的正交分力 F_{Ax} 和 F_{Ay} 表示。

梁 AB 的受力图如图 1－15c 所示。

例 1－4 如图 1－16a 所示的三铰拱桥，由左、右两拱铰接而成。不计自重及摩擦，在拱 AC 上作用有载荷 F。试分别画出拱 AC 和 CB 的受力图。

解：（1）先分析拱 BC 的受力。由于拱 BC 自重不计，且只在 B、C 两处受到铰链约束，因此拱 BC 为二力构件。在铰链中心 B、C 处分别受 F_B、F_C 两力的作用，且 $F_B=-F_C$，这两个力的方向如图 1－16b 所示。

（2）取拱 AC 为研究对象。由于自重不计，因此主动力只有载荷 F。拱 AC 在铰链 C 处受有拱 BC 给它的约束力 F'_C，根据作用和反作用定律，$F'_C=-F_C$。拱在 A 处受有固定铰支给它的约束力 $\boldsymbol{F}_A$ 的作用，由于方向未定，可用两个大小未知的正交分力 $\boldsymbol{F}_{Ax}$ 和 $\boldsymbol{F}_{Ay}$ 代替。

拱 AC 的受力图如图 1－16c 所示。

再进一步分析可知，由于拱 AC 在 $\boldsymbol{F}$、$\boldsymbol{F}'_C$ 及 $\boldsymbol{F}_A$ 三个力作用下平衡，故可根据三力平衡汇交定理，确定铰链 A 处约束力 $\boldsymbol{F}_A$ 的方向。点 D 为力 $\boldsymbol{F}$ 和 $\boldsymbol{F}'_C$ 作用线的交点，当拱 AC 平衡时，约束力 $\boldsymbol{F}_A$ 的作用线必通过点 D（图 1－16d）；至于 $\boldsymbol{F}_A$ 的指向，暂且假定如图，以后由平衡条件确定。

请读者考虑：若左右两拱都计入自重时，各受力图有何不同？

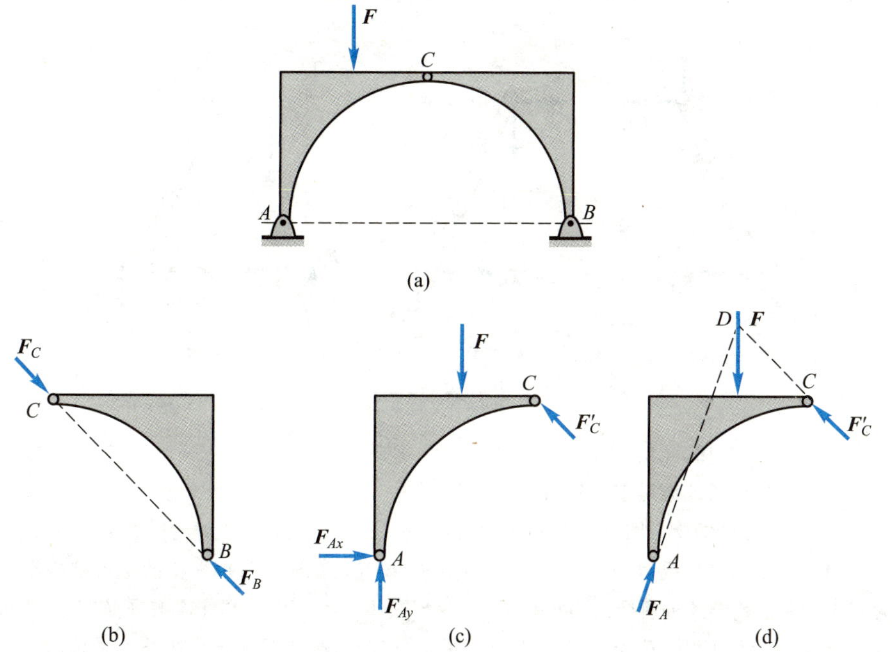

图 1－16

例 1－5　如图 1－17a 所示，梯子的两部分 AB 和 AC 在点 A 铰接，又在 D、E 两点用水平绳连接。梯子放在光滑水平面上，若其自重不计，但在 AB 的中点 H 处作用一铅直载荷 $\boldsymbol{F}$。试分别画出绳子 DE 和梯子的 AB、AC 部分以及整个系统的受力图。

解：（1）绳子 DE 的受力分析。绳子两端 D、E 分别受到梯子对它的拉力 $\boldsymbol{F}_D$、$\boldsymbol{F}_E$ 的作用（图 1－17b）。

（2）梯子 AB 部分的受力分析。它在 H 处受载荷 $\boldsymbol{F}$ 的作用，在铰链 A 处受 AC 部分给它的约束力 $\boldsymbol{F}_{Ax}$ 和 $\boldsymbol{F}_{Ay}$。在点 D 受绳子对它的拉力 $\boldsymbol{F}'_D$，$\boldsymbol{F}'_D$ 是 $\boldsymbol{F}_D$ 的反作用力。在点 B 受光滑地面对它的法向约束力 $\boldsymbol{F}_B$。

梯子 AB 部分的受力图如图 1－17c 所示。

（3）梯子 AC 部分的受力分析。在铰链 A 处受 AB 部分对它的约束力 $\boldsymbol{F}'_{Ax}$ 和 $\boldsymbol{F}'_{Ay}$，$\boldsymbol{F}'_{Ax}$

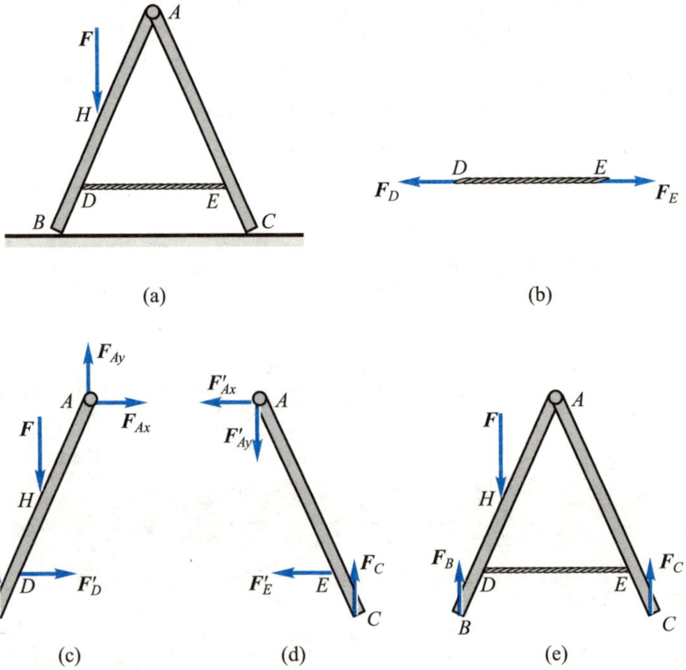

图 1－17

和 $\boldsymbol{F}'_{Ay}$ 分别是 $\boldsymbol{F}_{Ax}$ 和 $\boldsymbol{F}_{Ay}$ 的反作用力。在点 E 受绳子对它的拉力 $\boldsymbol{F}'_E$，$\boldsymbol{F}'_E$ 是 $\boldsymbol{F}_E$ 的反作用力。在 C 处受光滑地面对它的法向约束力 $\boldsymbol{F}_C$。

梯子 AC 部分的受力图如图 1－17d 所示。

(4) 整个系统的受力分析。当选整个系统为研究对象时，可把平衡的整个结构刚化为刚体。由于铰链 A 处所受的力满足 $\boldsymbol{F}_{Ax}=-\boldsymbol{F}'_{Ax}$、$\boldsymbol{F}_{Ay}=-\boldsymbol{F}'_{Ay}$；绳子与梯子连接点 D 和 E 所受的力也分别满足 $\boldsymbol{F}_D=-\boldsymbol{F}'_D$、$\boldsymbol{F}_E=-\boldsymbol{F}'_E$，这些力都成对地作用在整个系统内，称为**内力**。内力对系统的作用效应相互抵消，因此可以除去，并不影响整个系统的平衡。故内力在受力图上不必画出。在受力图上只需画出系统以外的物体给系统的作用力，这种力称为**外力**。这里，载荷 $\boldsymbol{F}$ 和约束力 $\boldsymbol{F}_B$、$\boldsymbol{F}_C$ 都是作用于整个系统的外力。

整个系统的受力图如图 1－17e 所示。

应该指出，内力与外力的区分不是绝对的。例如，当我们把梯子的 AC 部分作为研究对象时，$\boldsymbol{F}'_{Ax}$、$\boldsymbol{F}'_{Ay}$ 和 $\boldsymbol{F}'_E$ 均属外力，但取整体为研究对象时，$\boldsymbol{F}'_{Ax}$、$\boldsymbol{F}'_{Ay}$ 及 $\boldsymbol{F}'_E$ 又成为内力。可见，内力与外力的区分，只有相对于某一确定的研究对象才有意义。

由于梯子的 AC 部分只受三个力作用，因此也可以用三力平衡汇交定理来画出 A 处约束力的方向。在进行受力分析时，三力平衡汇交定理可以用也可以不用。后面大家将知道，由于一般采用投影方程进行求解，因此画受力图时不用三力平衡汇交定理在解题时会更方便。

正确地画出物体的受力图，是分析、解决力学问题的基础。画受力图时必须注意如下几点：

（1）必须明确研究对象。根据求解需要，可以取单个物体为研究对象，也可以取由几个物体组成的系统为研究对象。不同的研究对象的受力图是不同的。

（2）正确确定研究对象受力的数目。由于力是物体之间相互的机械作用，因此，对每一个力都应明确它是哪一个施力物体施加给研究对象的，绝不能凭空产生。同时，也不可漏掉任何一个力。一般可先画已知的主动力，再画约束力；凡是研究对象与外界接触的地方，都一定存在约束力。

（3）正确画出约束力。一个物体往往同时受到几个约束的作用，这时应分别根据每个约束本身的特性来确定其约束力的方向，而不能凭主观臆测。

（4）当分析两物体间相互的作用力时，应遵循作用、反作用关系。若作用力的方向一经假定，则反作用力的方向应与之相反。

（5）在受力图上只画研究对象所受的外力。

2. 力学模型和力学简图

对任何实际问题进行力学分析、计算时，都要将实际问题抽象成为力学模型，然后对力学模型进行分析、计算。任何力学计算实际上都是针对力学模型进行的。例如，说某些人对一座桥梁进行了力学计算，实际上是指他们对这座桥梁的力学模型进行了计算。显然，将实际问题转化为力学模型是进行力学计算所必需的、重要的、关键的一环，这一环完成的质量，将直接影响计算过程和计算结果。

在建立力学模型时，要抓住关键、本质的因素，忽略次要的因素。例如，在例 1－1（图 1－13）中的碾子，它在受力时肯定会变形，我们忽略它的变形，把它看成是刚体。它的几何形状不可能是严格数学意义上的圆，我们把它看成是圆形。它是三维的物体，我们把它简化为平面问题。它受的主动力 $\boldsymbol{F}$ 是怎样施加的？力 $\boldsymbol{F}$ 也不会恰好作用于圆心，而且也不会作用于一个几何点，但我们把力 $\boldsymbol{F}$ 简化为作用于圆心的集中力。碾子的重心不会恰好在图中的圆心，但我们将碾子材料看成是均匀的，几何形状是圆形，因此其重心在圆心。A、B 处的约束也不会绝对光滑，但我们忽略摩擦；A、B 处实际上会是面接触，但我们简化为平面问题中的点接触，如此才能用集中力 $\boldsymbol{F}_{NA}$、$\boldsymbol{F}_{NB}$ 表示约束力，等等。可见，将一个实际问题简化为力学模型，要在多方面进行抽象化处理，通常包括：实际材料不可能是完全均匀的，在理论力学中常假设材料是均匀的；实际物体受力后总会有变形，在理论力学中将物体都看做是刚体；实际问题中物体都是三维的，其受力也常为三维的，但当某一方向并不重要或可忽略时，可以将其简化为二维问题来处理；实际物体的几何形状可能极复杂，在理论力学中常将它们简化为圆柱、圆盘、板、杆或它们的组合等简单的几何形状；物体受到的力可能不是作用于一个几何点上，但当作用面积很小时，可以将其简化为集中力，若分布面积较大，则按分布力处理(如例 1－2(图1－14)中 AC 受的力即为分布力，但实际 AC 上受的分布力不可能是绝对均布的，只能近似均布，我们将其作为均布处理)；在实际情况中，物体之间相互接触处(约束)也是很复杂的，在理论力学中将这些约束简化为光滑铰链、光滑接触、柔索等。上面介绍的仅仅是理论力学中建立力学模型常遇到的几个方面。在力学的其他领域中，建立力学模型常常更复杂。

将实际问题简化为力学模型的过程称为力学建模。由于理论力学中将物体视为刚体，因此其力学模型可以用简图来表达，这类简图称为力学简图。

图 1－9a 是三铰拱的力学模型，或称三铰拱的力学简图。该图仅在进行力学计算(求 A、B、C 处约束力)时使用，它并没有表达出各拱、各约束处的具体结构。需要指出的是，可能会有多种实际结构简化为同一个力学模型，也可能一个实际结构会根据需要简化为多种不同的力学模型。

由于理论力学中总假设物体是刚体，且物体之间的联系及接触处都用抽象后的约束来表达，因此理论力学中的力学模型一般用力学简图来表达。又由于理论力学课程主要讲授古典力学的理论和方法，因此本书略去了力学建模的过程，而直接求解力学模型，书中的插图也主要是力学简图。

习　　题

1－1　试画出下列各图中物体 A、构件 AB 或 ABC 的受力图。未画重力的物体的重量均不计，所有接触处均为光滑接触。

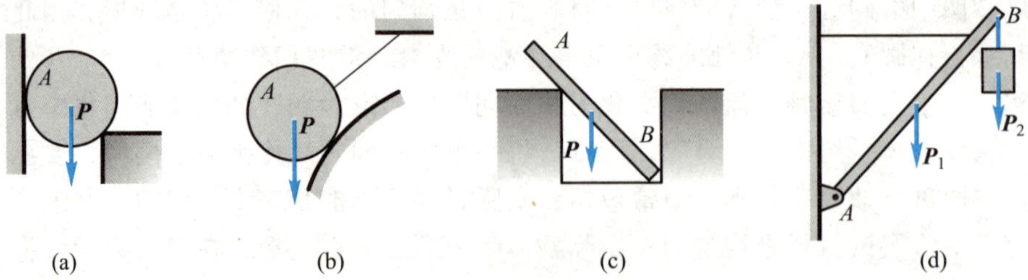

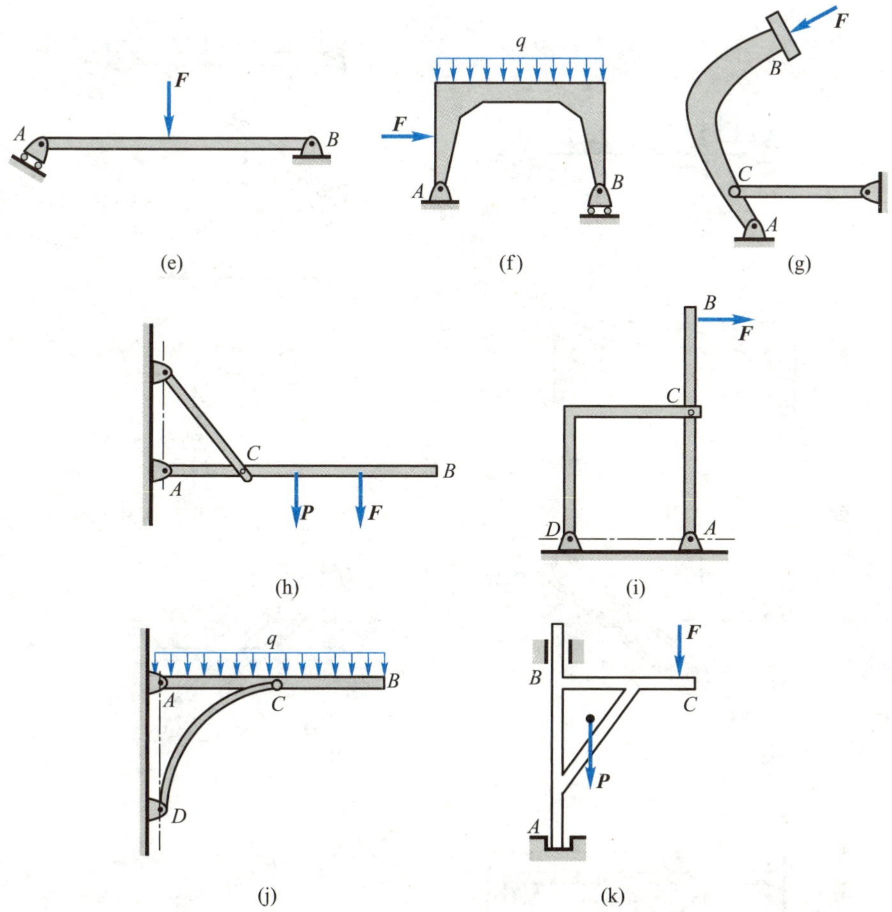

题 1-1 图

1-2　试画出下列各图每个标注字符的物体(不包含销钉、支座、基础)的受力图、系统整体的受力图。未画重力的物体的重量均不计，所有接触处均为光滑接触。

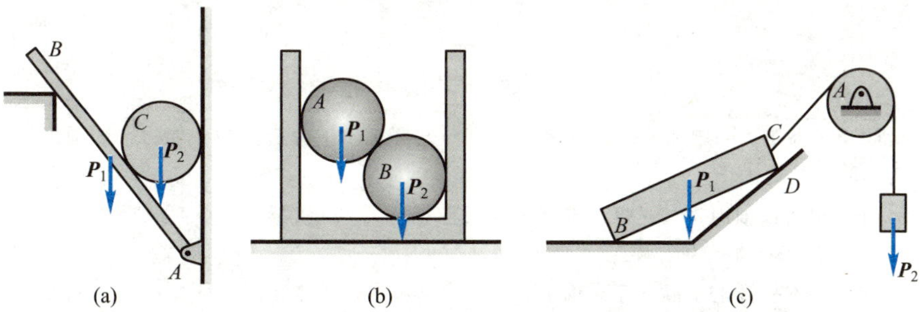

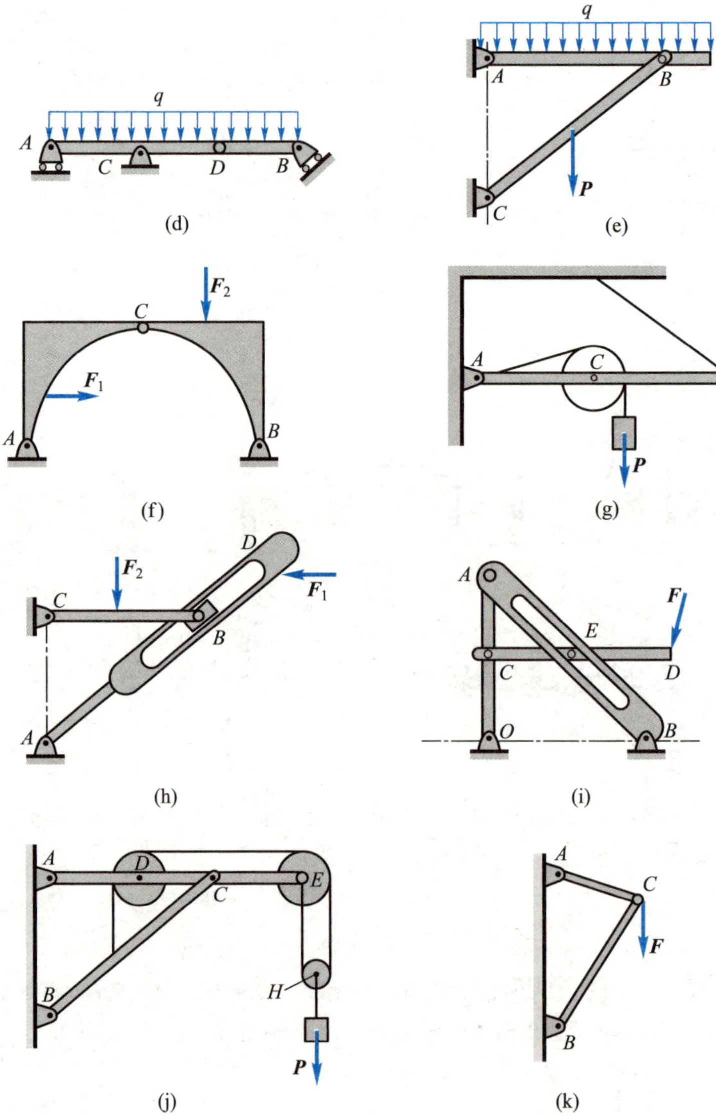

题 1－2 图

1－3 将如下问题抽象为力学模型，充分发挥想象、分析和抽象能力，试画出它们的力学简图及受力图。

（1）用两根细绳将日光灯吊挂在天花板上；

（2）水面上的一块浮冰；

（3）一本打开的书静止于桌面上；

（4）一个人坐在一只足球上。

第二章　平面汇交力系与平面力偶系

平面汇交力系与平面力偶系是两种简单力系，是研究复杂力系的基础。本章将分别用几何法与解析法研究平面汇交力系的合成与平衡问题，同时介绍力偶的特性及平面力偶系的合成与平衡问题。

§2-1　平面汇交力系的合成与平衡

平面汇交力系是指各力的作用线都在同一平面内且汇交于一点的力系。

1. 平面汇交力系合成的几何法、力多边形法则

设一刚体受到平面汇交力系($\boldsymbol{F}_1,\boldsymbol{F}_2,\boldsymbol{F}_3,\boldsymbol{F}_4$)的作用，各力作用线汇交于点 A，根据刚体内部力的可传性，可将各力沿其作用线移至汇交点 A，如图 2-1a所示。

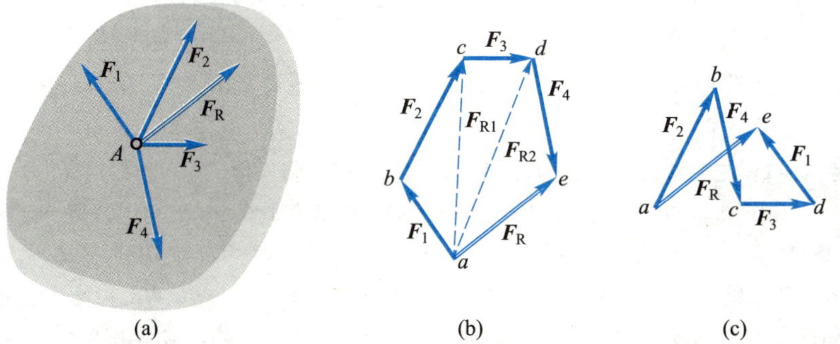

图 2-1

为合成此力系，可根据力的平行四边形法则，逐步两两合成各力，最后求得一个通过汇交点 A 的合力 $\boldsymbol{F}_R$；还可以用更简便的方法求此合力 $\boldsymbol{F}_R$ 的大小与方向。任取一点 a 将各分力的矢量依次首尾相连，由此组成一个不封闭的**力多边形** $abcde$，如图 2-1b 所示。此图中的虚线$\overrightarrow{ac}$矢($\boldsymbol{F}_{R1}$)为力 $\boldsymbol{F}_1$ 与 $\boldsymbol{F}_2$ 的合力矢，虚线$\overrightarrow{ad}$矢($\boldsymbol{F}_{R2}$)为力 $\boldsymbol{F}_{R1}$ 与 $\boldsymbol{F}_3$ 的合力矢，在作力多边形时不必画出。

根据矢量相加的交换律，任意变换各分力矢的作图次序，可得形状不同

的力多边形，但其合力矢$\overrightarrow{ae}$仍然不变，如图 2－1c 所示。封闭边矢量$\overrightarrow{ae}$仅表示此平面汇交力系合力 $\boldsymbol{F}_R$ 的大小与方向（即合力矢），而合力的作用线仍应通过原汇交点 A，如图 2－1a 所示的 $\boldsymbol{F}_R$。

总之，平面汇交力系可简化为一合力，其合力的大小与方向等于各分力的矢量和，合力的作用线通过汇交点。设平面汇交力系包含 n 个力，以 $\boldsymbol{F}_R$ 表示它们的合力矢，则有

$$\boldsymbol{F}_R = \boldsymbol{F}_1 + \boldsymbol{F}_2 + \cdots + \boldsymbol{F}_n = \sum_{i=1}^{n} \boldsymbol{F}_i \tag{2-1}$$

合力 $\boldsymbol{F}_R$ 对刚体的作用与原力系对该刚体的作用等效。如果一力与某一力系等效，则此力称为该力系的**合力**。为书写方便，以后省略$\sum$上标、下标的 n 及 $i=1$。

2. 平面汇交力系平衡的几何条件

由于平面汇交力系可用其合力来代替，显然，平面汇交力系平衡的必要和充分条件是：该力系的合力等于零，即

$$\sum \boldsymbol{F}_i = \boldsymbol{0} \tag{2-2}$$

在平衡情形下，力多边形中最后一力的终点与第一力的起点重合，此时的力多边形称为封闭的力多边形。于是，平面汇交力系平衡的必要和充分条件是：该力系的力多边形自行封闭，这是平衡的几何条件。

求解平面汇交力系的平衡问题时可用图解法，即按比例先画出封闭的力多边形，然后量得所要求的未知量；也可根据图形的几何关系，用三角公式计算出所要求的未知量。这种解题方法称为几何法。

例 2－1 支架的横梁 AB 与斜杆 DC 彼此以铰链 C 相连接，并各以铰链 A、D 连接于铅直墙上，如图 2－2a 所示。已知 $AC=CB$，杆 DC 与水平线成 45°角，载荷 $F=10$ kN，作用于 B 处。设梁和杆的重量忽略不计，试求铰链 A 的约束力和杆 DC 所受的力。

解： 选取横梁 AB 为研究对象。横梁在 B 处受载荷 $\boldsymbol{F}$ 作用。DC 为二力杆，它对横梁 C 处的约束力 $\boldsymbol{F}_C$ 的作用线必沿两铰链 D、C 中心的连线。铰链 A 的约束力 $\boldsymbol{F}_A$ 的作用线可根据三力平衡汇交定理确定，即通过另两力的交点 E，如图 2－2b 所示。

根据平面汇交力系平衡的几何条件，这三个力应组成一封闭的力三角形。按照图中力的比例尺，先画出已知力矢$\overrightarrow{ab}=\boldsymbol{F}$，再由点 a 作直线平行于 AE，由点 b 作直线平行 CE，这两直线相交于点 d，如图 2－2c 所示。由力三角形 abd 封闭，可确定 $\boldsymbol{F}_C$ 和 $\boldsymbol{F}_A$ 的指向。

在力三角形中，线段 bd 和 da 分别表示力 $\boldsymbol{F}_C$ 和 $\boldsymbol{F}_A$ 的大小，量出它们的长度，按比例换算即可求得 $\boldsymbol{F}_C$ 与 $\boldsymbol{F}_A$ 的大小。但一般都是利用三角公式计算，在图 2－2b、c 中，通过简单的三角计算可得

$$F_C = 28.3\ \text{kN},\quad F_A = 22.4\ \text{kN}$$

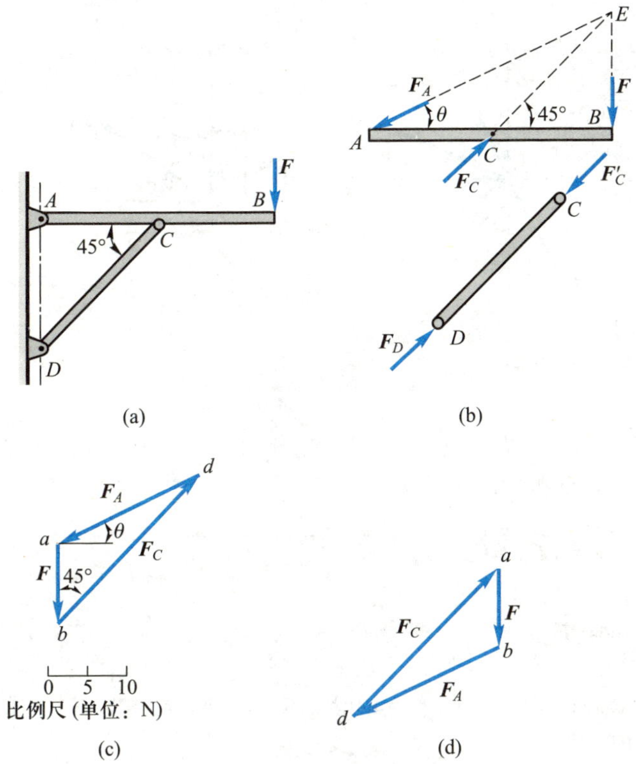

图 2－2

根据作用力和反作用力的关系，作用于杆 DC 的 C 端的力 $\boldsymbol{F}'_C$ 与 $\boldsymbol{F}_C$ 的大小相等，方向相反。由此可知杆 DC 受压力，如图 2－2b 所示。

应该指出，封闭力三角形也可以如图 2－2d 所示，同样可求得力 $\boldsymbol{F}_C$ 和 $\boldsymbol{F}_A$，且结果相同。

3. 平面汇交力系合成的解析法

设由 n 个力组成的平面汇交力系作用于一个刚体上，建立直角坐标系 Oxy，如图 2－3a 所示。此汇交力系的合力 $\boldsymbol{F}_R$ 的解析表达式为

$$\boldsymbol{F}_R=\boldsymbol{F}_{Rx}+\boldsymbol{F}_{Ry}=F_x\boldsymbol{i}+F_y\boldsymbol{j} \tag{2-3}$$

式中，F_x、F_y 为合力 $\boldsymbol{F}_R$ 在 x、y 轴上的投影。由图 2－3b 有

$$F_x=F_R\cos\theta,\quad F_y=F_R\cos\beta \tag{2-4}$$

根据合矢量投影定理：合矢量在某一轴上的投影等于各分矢量在同一轴上投影的代数和，将式（2－1）向 x、y 轴投影，可得

$$\left.\begin{aligned}F_x&=F_{1x}+F_{2x}+\cdots+F_{nx}=\sum F_{ix}\\F_y&=F_{1y}+F_{2y}+\cdots+F_{ny}=\sum F_{iy}\end{aligned}\right\} \tag{2-5}$$

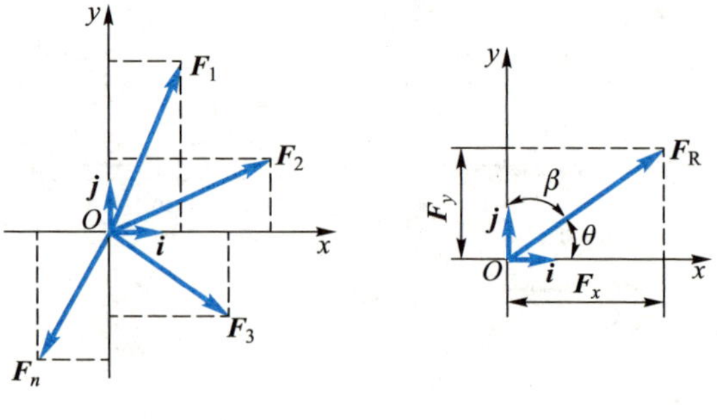

(a) (b)

图 2-3

其中 F_{1x} 和 F_{1y}、F_{2x} 和 F_{2y}、…、F_{nx} 和 F_{ny} 分别为各分力在 x 和 y 轴上的投影。

合力矢的大小和方向余弦为

$$\left.\begin{aligned} F_R &= \sqrt{F_x^2+F_y^2}=\sqrt{(\sum F_{ix})^2+(\sum F_{iy})^2} \\ \cos(\boldsymbol{F}_R,\boldsymbol{i}) &= \frac{F_x}{F_R}=\frac{\sum F_{ix}}{F_R}, \quad \cos(\boldsymbol{F}_R,\boldsymbol{j})=\frac{F_y}{F_R}=\frac{\sum F_{iy}}{F_R} \end{aligned}\right\} \tag{2-6}$$

例 2-2 已知：$F_1=200$ N，$F_2=300$ N，$F_3=100$ N，$F_4=250$ N。试求图 2-4 所示平面汇交力系的合力。

解： 根据式(2-5)和式(2-6)计算，可得

$$\sum F_{ix}=F_1\cos 30°-F_2\cos 60°-F_3\cos 45°+F_4\cos 45°=129.3\ \text{N}$$

$$\sum F_{iy}=F_1\cos 60°+F_2\cos 30°-F_3\cos 45°-F_4\cos 45°=112.3\ \text{N}$$

$$F_R=\sqrt{F_x^2+F_y^2}=\sqrt{(\sum F_{ix})^2+(\sum F_{iy})^2}=\sqrt{129.3^2+112.3^2}\ \text{N}=171.3\ \text{N}$$

$$\cos(\boldsymbol{F}_R,\boldsymbol{i})=\frac{F_x}{F_R}=\frac{\sum F_{ix}}{F_R}=\frac{129.3}{171.3}=0.754\,8$$

$$\cos(\boldsymbol{F}_R,\boldsymbol{j})=\frac{F_y}{F_R}=\frac{\sum F_{iy}}{F_R}=\frac{112.3}{171.3}=0.655\,6$$

则合力 $\boldsymbol{F}_R$ 与 x、y 轴夹角分别为

$$\angle(\boldsymbol{F}_R,\boldsymbol{i})=40.99°,\quad \angle(\boldsymbol{F}_R,\boldsymbol{j})=49.01°$$

合力 $\boldsymbol{F}_R$ 的作用线通过汇交点 O。

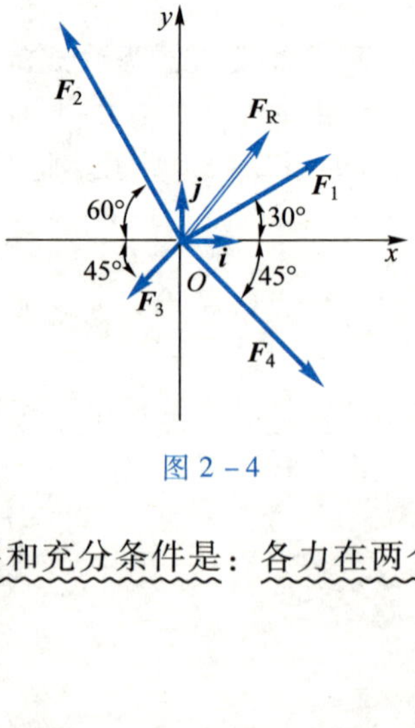

图 2-4

4. 平面汇交力系平衡的解析条件

由于平面汇交力系平衡的必要和充分条件是该力系的合力 $\boldsymbol{F}_R$ 等于零，由此得

$$\sum F_x=0,\quad \sum F_y=0 \tag{2-7}$$

于是，以解析法表示的平面汇交力系平衡的必要和充分条件是：各力在两个

坐标轴上投影的代数和分别等于零。式(2-7)称为平面汇交力系的**平衡方程**(为便于书写，下标 i 已略去)。这是两个独立的方程，可以求解两个未知量。

例 2-3　如图 2-5a 所示，重力 $P=20\ \text{kN}$，用钢丝绳挂在绞车 D 及滑轮 B 上。A、B、C 处为光滑铰链连接。钢丝绳、杆和滑轮的自重不计，并忽略摩擦和滑轮的大小。试求平衡时杆 AB 和 BC 所受的力。

解：(1) 取研究对象。由于 AB、BC 两杆都是二力杆，假设杆 AB 受拉力，杆 BC 受压力，如图 2-5b 所示。为了求出这两个未知力，可求两杆对滑轮的约束力。因此选取滑轮 B 为研究对象。

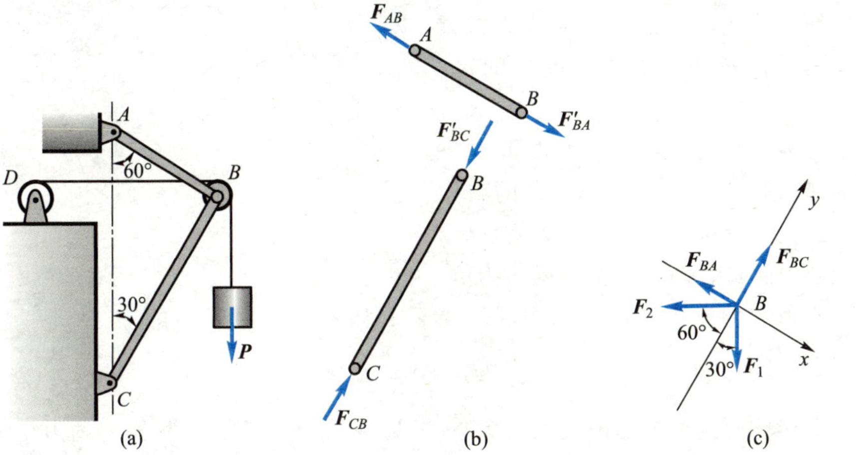

图 2-5

(2) 画受力图。滑轮受到钢丝绳的拉力 $\boldsymbol{F}_1$ 和 $\boldsymbol{F}_2$(已知 $F_1=F_2=P$)。此外杆 AB 和 BC 对滑轮的约束力为 $\boldsymbol{F}_{BA}$ 和 $\boldsymbol{F}_{BC}$。由于滑轮的大小可忽略不计，故这些力可看作是汇交力系，如图 2-5c 所示。

(3) 列平衡方程。选取坐标轴如图 2-5c 所示，坐标轴应尽量取在与未知力作用线相垂直的方向。这样在一个平衡方程中只有一个未知数，不必解联立方程，即

$$\sum F_x=0,\quad -F_{BA}+F_1\cos 60°-F_2\cos 30°=0 \qquad (a)$$

$$\sum F_y=0,\quad F_{BC}-F_1\cos 30°-F_2\cos 60°=0 \qquad (b)$$

(4) 求解方程，得

$$F_{BA}=-0.366P=-7.321\ \text{kN}$$

$$F_{BC}=1.366P=27.32\ \text{kN}$$

所求结果中 F_{BC} 为正值，表示此力的假设方向与实际方向相同，即杆 BC 受压；F_{BA} 为负值，表示此力的假设方向与实际方向相反，即杆 AB 也受压力。

§2－2 平面力对点之矩的概念及计算

力对刚体的作用效应使刚体的运动状态发生改变(包括平移与转动)，其中力对刚体的平移效应可用力矢来度量；而力对刚体的转动效应可用力对点的矩(简称力矩)来度量，即力矩是度量力对刚体转动效应的物理量。

1. 力对点之矩(力矩)

如图 2－6 所示，力 $\boldsymbol{F}$ 与点 O 位于同一平面内，称点 O 为**矩心**，点 O 到力的作用线的距离 h 称为**力臂**。在平面问题中，力对点的矩的定义如下：

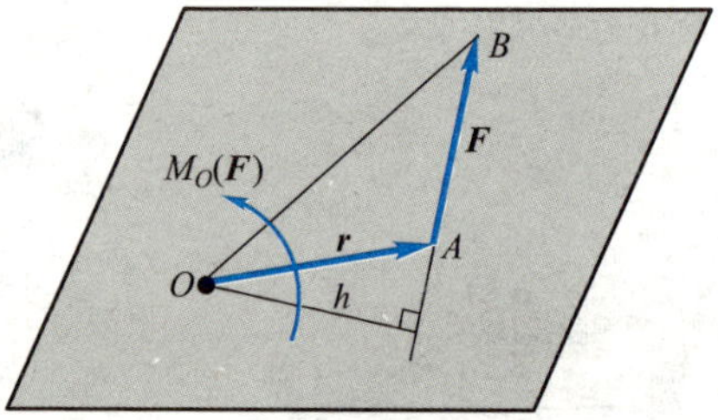

图 2－6

力对点之矩是一个代数量，它的绝对值等于力的大小与力臂的乘积，它的正负可按下法确定：力使物体绕矩心逆时针转向时为正，反之为负。

力 $\boldsymbol{F}$ 对于点 O 的矩以 $M_O(\boldsymbol{F})$ 表示，如图 2－6 所示，即

$$M_O(\boldsymbol{F}) = \pm Fh \tag{2-8}$$

显然，当力的作用线通过矩心，即力臂等于零时，它对矩心的力矩等于零。力矩的单位常用 N · m 或 kN · m。

2. 合力矩定理与力矩的解析表达式

合力矩定理：平面汇交力系的合力对于平面内任一点之矩等于所有各分力对于该点之矩的代数和，即

$$M_O(\boldsymbol{F}_{\mathrm{R}}) = \sum M_O(\boldsymbol{F}_i) \tag{2-9}$$

由于合力与汇交力系等效，即作用效果相同，因此合力矩定理成立。

如图 2－7 所示，已知力 $\boldsymbol{F}$、作用点 $A(x,y)$ 及其夹角 θ。欲求力 $\boldsymbol{F}$ 对坐标原点 O 之矩，可按式(2－9)，通过其分力 $\boldsymbol{F}_x$ 与 $\boldsymbol{F}_y$ 对点 O 之矩而得到，即

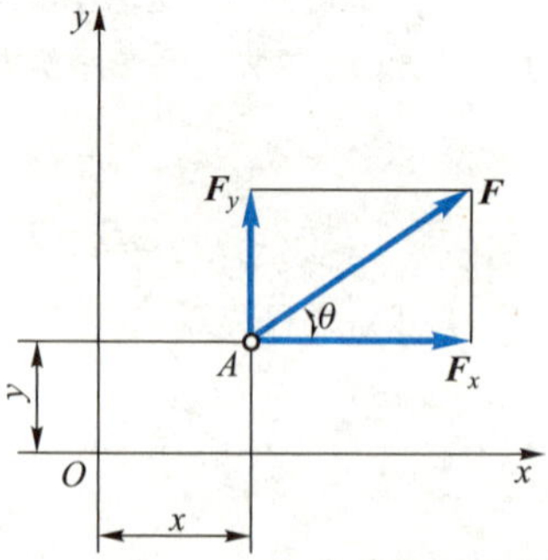

图 2－7

$$\begin{aligned} M_O(\boldsymbol{F}) &= M_O(\boldsymbol{F}_y) + M_O(\boldsymbol{F}_x) \\ &= xF\sin\theta - yF\cos\theta \end{aligned}$$

或

$$M_O(\boldsymbol{F}) = xF_y - yF_x \tag{2-10}$$

上式为平面内力矩的解析表达式。其中，x、y 为力 $\boldsymbol{F}$ 作用点的坐标；F_x、F_y 为力 $\boldsymbol{F}$ 在 x、y 轴的投影。计算时应注意用它们的代数量代入。

例 2-4　如图 2-8a 所示圆柱直齿轮，受到啮合力 $\boldsymbol{F}$ 的作用。设 $F=1\ 400$ N。压力角 $\theta=20°$，齿轮的节圆（啮合圆）的半径 $r=60$ mm。试计算力 $\boldsymbol{F}$ 对于轴心 O 的力矩。

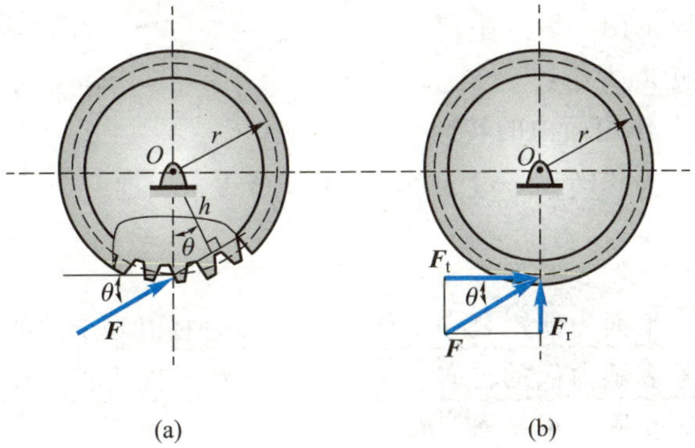

图 2-8

解： 计算力 $\boldsymbol{F}$ 对点 O 的矩，可直接按力矩的定义求得（图 2-8a），即

$$M_O(\boldsymbol{F}) = Fh = Fr\cos\theta = 1\ 400\ \text{N}\times 60\times 10^{-3}\,\text{m}\times\cos 20° = 78.93\ \text{N}\cdot\text{m}$$

也可以根据合力矩定理，将力 $\boldsymbol{F}$ 分解为圆周力 $\boldsymbol{F}_t$ 和径向力 $\boldsymbol{F}_r$（图 2-8b），由于径向力 $\boldsymbol{F}_r$ 通过矩心 O，则

$$M_O(\boldsymbol{F}) = M_O(\boldsymbol{F}_t) + M_O(\boldsymbol{F}_r) = M_O(\boldsymbol{F}_t) = F\cos\theta\cdot r$$

由此可见，以上两种方法的计算结果相同。

§2-3　平 面 力 偶

1. 力偶与力偶矩

由两个大小相等、方向相反且不共线的平行力组成的力系，称为**力偶**，如图 2-9 所示，记作 $(\boldsymbol{F},\boldsymbol{F}')$。力偶的两力作用线之间的距离 d 称为**力偶臂**，力偶所在的平面称为**力偶的作用面**。

由于力偶不能合成为一个力，故力偶也不能用一个力来平衡，构成力偶的两个力自身也不能相互平衡。因此，力和力偶是静力学的两个基本要素。

力偶是由两个力组成的特殊力系，它的作用只改变物体的转动状态。因此，力偶对物体的转动效应，可用**力偶矩**来度量，而力偶矩的大小为力偶中的两个力对其作用面内某点的矩的代数和，其值等于力与力偶臂的乘积，即 Fd，与矩心位置无关。

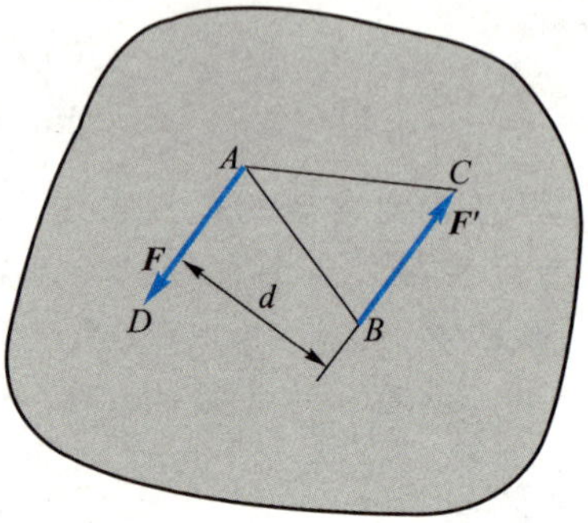

图 2－9

力偶在平面内的转向不同，其作用效应也不相同。因此，平面力偶对物体的作用效应由以下两个因素决定：

（1）力偶矩的大小；

（2）力偶在作用面内的转向。

平面力偶矩可视为代数量，以 M 或 $M(\boldsymbol{F},\boldsymbol{F}')$ 表示，即

$$M = \pm Fd \tag{2-11}$$

于是可得结论：平面力偶矩是一个代数量，其绝对值等于力的大小与力偶臂的乘积，正负号表示力偶的转向：一般以逆时针转向为正，反之为负。力偶矩的单位与力矩相同，也是 N · m。

2. 同平面内力偶的等效定理

由于力偶的作用只改变物体的转动状态，而力偶对物体的转动效应是用力偶矩来度量的，因此可得如下的定理。

定理 同平面内的两个力偶，如果力偶矩相等，则两力偶彼此等效。

该定理给出了在同一平面内力偶等效的条件。由此可得推论：

（1）任一力偶可以在它的作用面内任意移转，而不改变它对刚体的作用。因此，力偶对刚体的作用与力偶在其作用面内的位置无关。

（2）只要保持力偶矩的大小和力偶的转向不变，可以同时改变力偶中力的大小和力偶臂的长短，而不改变力偶对刚体的作用。

由此可见，力偶的臂和力的大小都不是力偶的特征量，只有力偶矩是平面力偶作用的唯一量度。今后常用图 2－10 所示的符号表示力偶。M 为力偶矩。

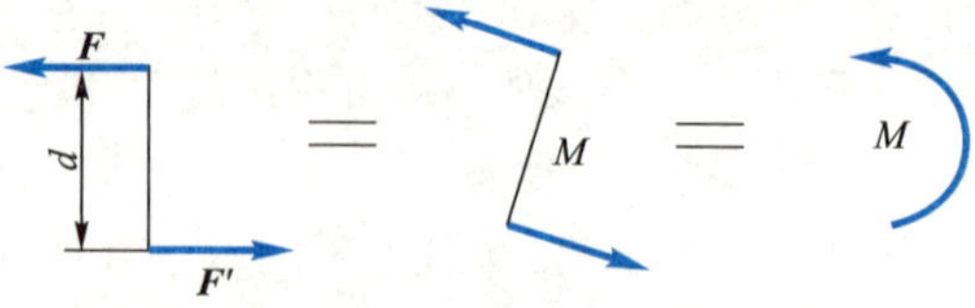

图 2－10

3. 平面力偶系的合成和平衡条件

（1）平面力偶系的合成

设在同一平面内有两个力偶（$\boldsymbol{F}_1,\boldsymbol{F}_1'$）和（$\boldsymbol{F}_2,\boldsymbol{F}_2'$），它们的力偶臂各为 d_1 和 d_2，如图 2－11a 所示。这两个力偶的矩分别为 M_1 和 M_2，求它们的合成结果。为此，在保持力偶矩不变的情况下，同时改变这两个力偶的力的大小和力偶臂的长短，使它们具有相同的臂长 d，并将它们在平面内移转，使力的作用线重合，如图 2－11b 所示。于是得到与原力偶等效的两个新力偶（$\boldsymbol{F}_3,\boldsymbol{F}_3'$）和（$\boldsymbol{F}_4,\boldsymbol{F}_4'$），即

$$M_1=F_1d_1=F_3d,\quad M_2=-F_2d_2=-F_4d$$

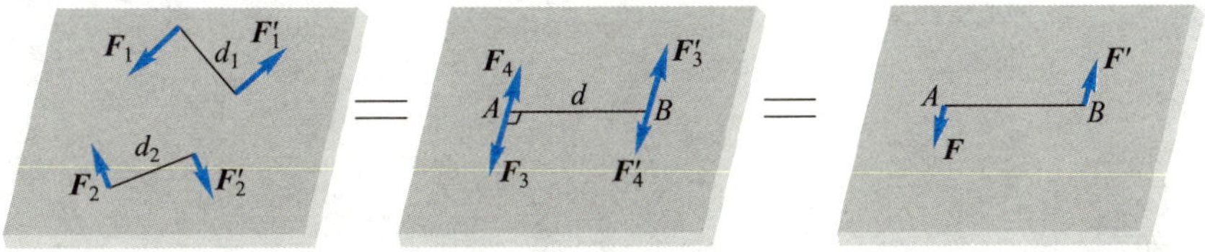

图 2－11

分别将作用在点 A 和 B 的力合成（设 $F_3>F_4$），得

$$F=F_3-F_4,\quad F'=F_3'-F_4'$$

由于 F 与 F'是相等的，所以构成了与原力偶系等效的**合力偶**（$\boldsymbol{F},\boldsymbol{F}'$），如图 2－11c 所示，以 M 表示合力偶的矩，得

$$M=Fd=(F_3-F_4)d=F_3d-F_4d=M_1+M_2$$

两个以上的平面力偶，也可以按照上述方法合成，即在同平面内的任意多个力偶可合成为一个合力偶，合力偶矩等于各个力偶矩的代数和，可写为

$$M=\sum M_i \tag{2-12}$$

（2）平面力偶系的平衡条件

由合成结果可知，平面力偶系可用一合力偶代替，则力偶系平衡时，其合力偶的矩等于零。因此，平面力偶系平衡的必要和充分条件是：所有各力偶矩的代数和等于零，即

$$\sum M_i=0 \tag{2-13}$$

例 2－5　图 2－12a 所示机构的自重不计。圆轮上的销子 A 放在摇杆 BC 上的光滑导槽内。圆轮上作用一力偶，其力偶矩为 $M_1=2\ \text{kN}\cdot\text{m}$，$OA=r=0.5\ \text{m}$。图示位置时 OA 与 OB 垂直，$\theta=30°$，且系统平衡。求作用于摇杆 BC 上力偶的矩 M_2 及铰链 O，B 处的约束力。

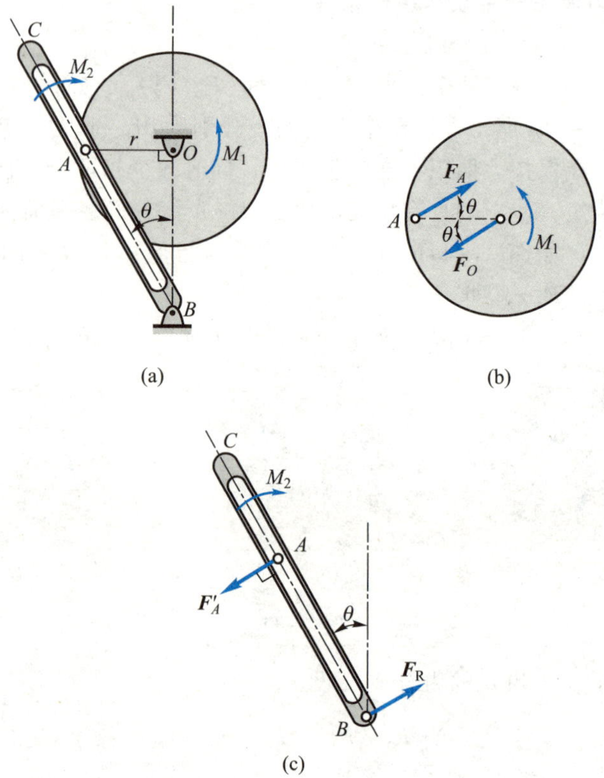

图 2-12

解：先取圆轮为研究对象，其上受有矩为 M_1 的力偶及光滑导槽对销子 A 的作用力 F_A 和铰链 O 处约束力 $\boldsymbol{F}_O$ 的作用。由于力偶必须由力偶来平衡，因而 $\boldsymbol{F}_O$ 与 $\boldsymbol{F}_A$ 必定组成一力偶，力偶矩方向与 M_1 相反，由此定出 $\boldsymbol{F}_A$ 与 $\boldsymbol{F}_O$ 的指向如图 2-12b。由力偶平衡条件

$$\sum M=0,\quad M_1-F_A r\sin\theta=0$$

解得

$$F_A=\frac{M_1}{r\sin 30^\circ}\tag{a}$$

再以摇杆 BC 为研究对象，其上作用有矩为 M_2 的力偶及力 $\boldsymbol{F}'_A$ 与 $\boldsymbol{F}_B$，同理，$\boldsymbol{F}'_A$ 与 $\boldsymbol{F}_B$ 必组成力偶，如图 2-12c 所示。
由平衡条件

$$\sum M=0,\quad -M_2+F'_A\frac{r}{\sin\theta}=0\tag{b}$$

其中 $F'_A=F_A$。将式（a）代入式（b），得

$$M_2 = 4M_1 = 8\ \text{kN} \cdot \text{m}$$

$\boldsymbol{F}_O$ 与 $\boldsymbol{F}_A$ 组成力偶，$\boldsymbol{F}_B$ 与 $\boldsymbol{F}'_A$组成力偶，则有

$$F_O = F_B = F_A = \frac{M_1}{r\sin 30°} = \frac{2\ \text{kN} \cdot \text{m}}{0.5\ \text{m} \times \frac{1}{2}} = 8\ \text{kN}$$

方向如图 2-12b，c 所示。

习　题

2-1　如图所示，固定在墙壁上的圆环受三条绳索的拉力作用，力 $\boldsymbol{F}_1$ 沿水平方向，力 $\boldsymbol{F}_3$ 沿铅直方向，力 $\boldsymbol{F}_2$ 与水平线成 40°角。三力的大小分别为 $F_1 = 2\ 000$ N，$F_2 = 2\ 500$ N，$F_3 = 1\ 500$ N。试求三力的合力。

2-2　物体重 $P = 20$ kN，用绳子挂在支架的滑轮 B 上，绳子的另一端接在绞车 D 上，如图所示。转动绞车，物体便能升起。设滑轮的大小、AB 与 CB 杆自重及摩擦略去不计，A、B、C 三处均为铰链连接。当物体处于平衡状态时，试求杆 AB 和杆 CB 所受的力。

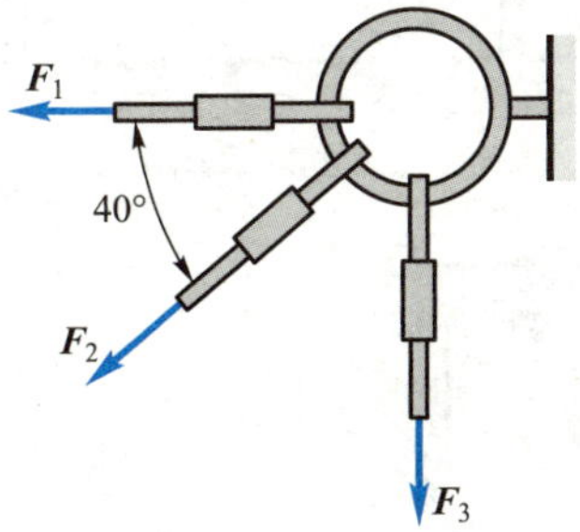

题 2-1 图

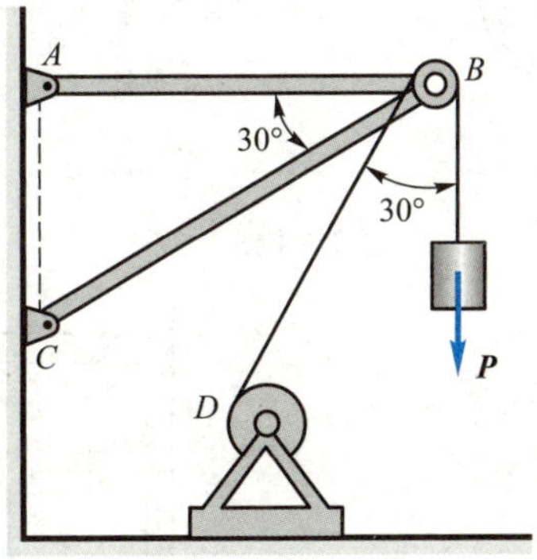

题 2-2 图

2-3　火箭沿与水平面成 $\beta = 25°$角的方向作匀速直线运动，如图所示。火箭的推力 $F_1 = 100$ kN 与运动方向的夹角 $\theta = 5°$。如火箭重 $P = 200$ kN，试求空气动力 $\boldsymbol{F}_2$ 和它与飞行方向的交角 γ。

2-4　在图示刚架的点 B 作用一水平力 $\boldsymbol{F}$，刚架重量略去不计。试求支座 A、D 的约束力 $\boldsymbol{F}_A$ 和 $\boldsymbol{F}_D$。

2-5　如图所示，输电线 ACB 架在两电线杆之间，形成一下垂曲线，下垂距离 $CD = f = 1$ m，两电线杆间距离 $AB = 40$ m。电线 ACB 段重 $P = 400$ N，可近似认为沿 AB 直线均匀分布。试求电线的中点和两端的拉力。

2-6　图示为一拔桩装置。在桩的点 A 上系一绳，将绳的另一端固定在点 C，在绳的点 B 系另一绳 BE，将它的另一端固定在点 E。然后，在绳的点 D 用力向下拉，并使绳

的 BD 段水平，AB 段铅直；DE 段与水平线、CB 段与铅直线间成等角 $\theta=0.1$ rad(当 θ 很小时，$\tan\theta\approx\theta$)。如向下的拉力 $F=800$ N，试求绳 AB 作用于桩上的拉力。

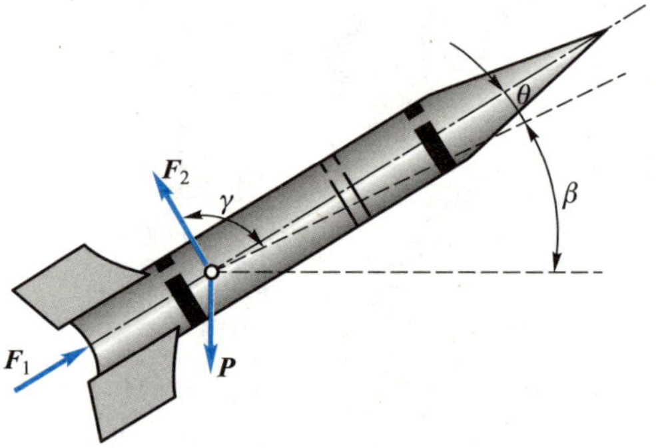

题 2－3 图

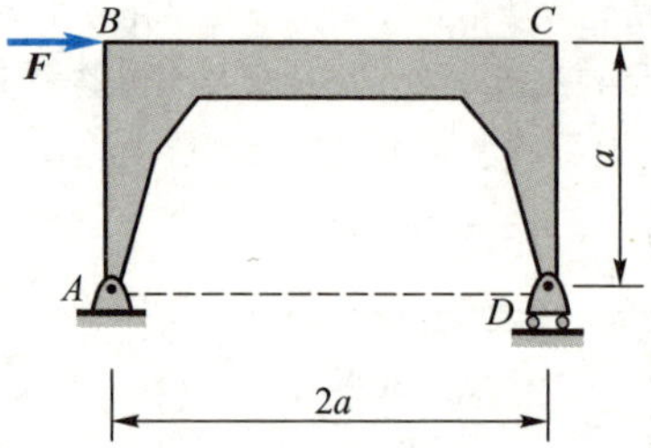

题 2－4 图

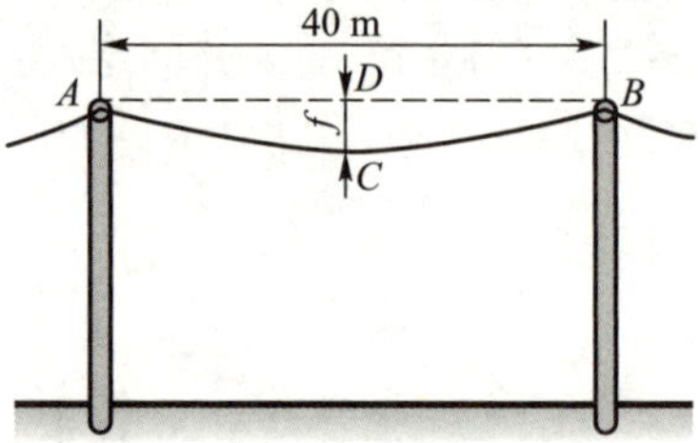

题 2－5 图

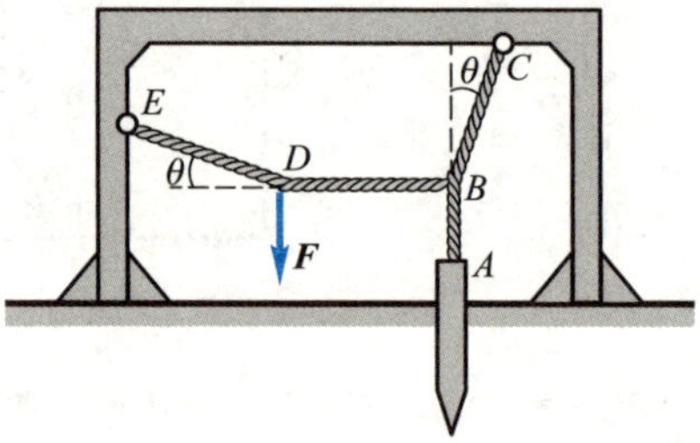

题 2－6 图

2－7 图示液压夹紧机构中，D 为固定铰链，B、C、E 为活动铰链。已知力 $\boldsymbol{F}$，机构平衡时角度如图所示，各构件自重不计，各接触处光滑。试求此时工件 H 所受的压紧力。

2－8 铰链四连杆机构 $CABD$ 的 CD 边固定，在铰链 A、B 处有力 $\boldsymbol{F}_1$、$\boldsymbol{F}_2$ 作用，如图所示。该机构在图示位置平衡，杆重略去不计。试求力 $\boldsymbol{F}_1$ 与 $\boldsymbol{F}_2$ 的关系。

2－9 如图所示，刚架上作用力 $\boldsymbol{F}$。试分别计算力 $\boldsymbol{F}$ 对点 A 和 B 的力矩。

2－10 在图示结构中，各构件的自重略去不计。在构件 AB 上作用一力偶矩为 M 的力偶，试求支座 A 和 C 的约束力。

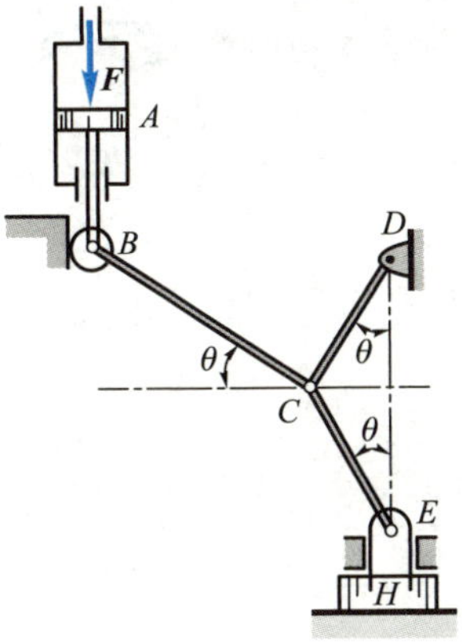

题 2－7 图

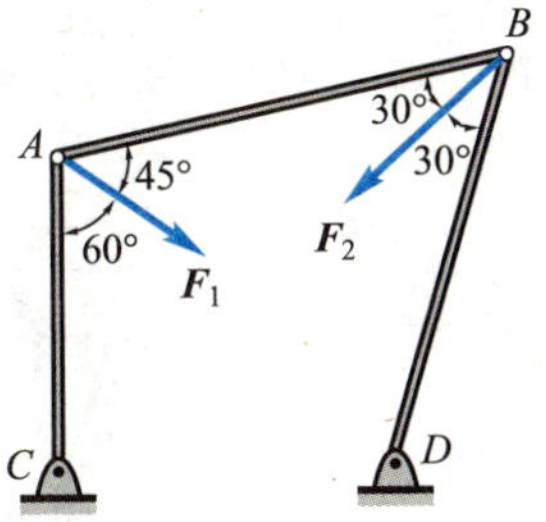

题 2－8 图

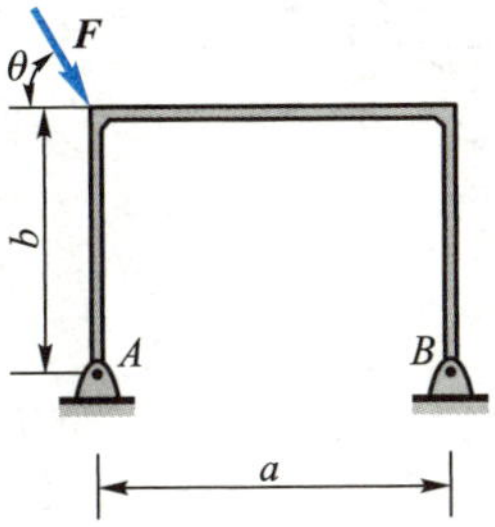

题 2－9 图

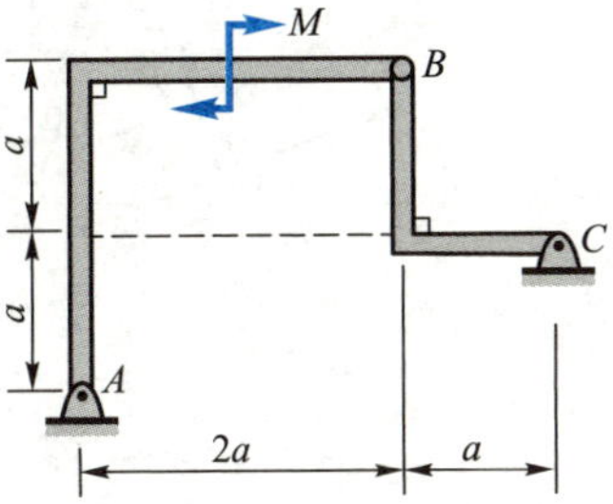

题 2－10 图

2－11　已知梁 AB 上作用一力偶，力偶矩为 M，梁长为 l，梁重不计。试求在图 a、b、c 三种情况下，支座 A 和 B 的约束力。

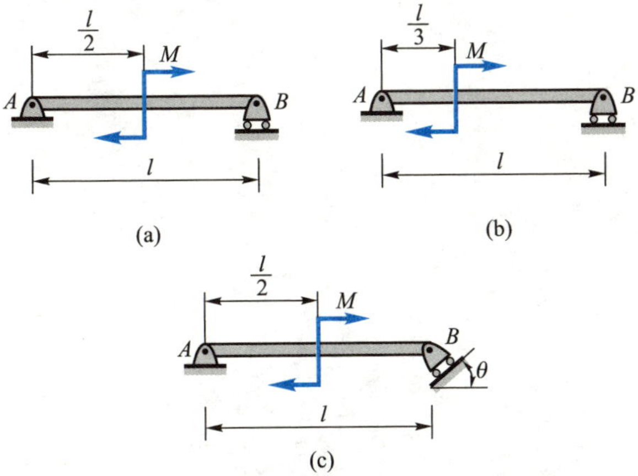

题 2－11 图

2－12 两齿轮的半径分别为 r_1、r_2，作用于轮Ⅰ上的主动力偶的力偶矩为 M_1，齿轮的压力角为 θ，不计两齿轮的重量。试求使两轮维持匀速转动时齿轮Ⅱ的阻力偶之矩 M_2 及轴承 O_1、O_2 的约束力的大小和方向。

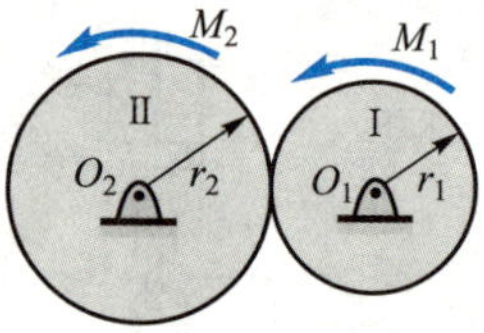

题 2－12 图

2－13 在图示机构中，曲柄 OA 上作用一力偶，其矩为 M；另在滑块 D 上作用水平力 $\boldsymbol{F}$。机构尺寸如图所示，不计摩擦，各杆重量不计。试求当机构平衡时，力 $\boldsymbol{F}$ 与力偶矩 M 的关系。

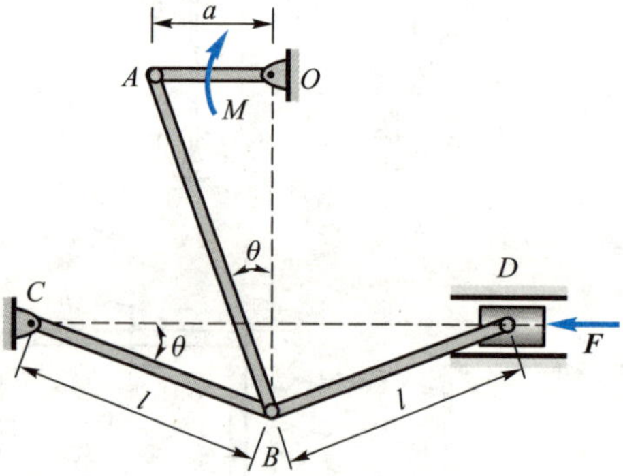

题 2－13 图

第三章　平面任意力系

平面任意力系是实际中常见的一种力系，本章讨论平面任意力系的简化和平衡问题，得出平面任意力系的平衡方程，并应用这些平衡方程求解一些实际问题。

§3-1　平面任意力系的简化

1. 力的平移定理

定理　可以把作用在刚体上点 A 的力 $\boldsymbol{F}$ 平行移到任一点 B，但必须同时附加一个力偶，这个附加力偶的矩等于原来的力 $\boldsymbol{F}$ 对新作用点 B 的矩。

证明： 刚体的点 A 作用力 $\boldsymbol{F}$(图 3-1a)。在刚体上任取一点 B，并在点 B 加上一对平衡力 $\boldsymbol{F}'$和 $\boldsymbol{F}''$，令 $\boldsymbol{F}'=\boldsymbol{F}=-\boldsymbol{F}''$(图 3-1b)。显然，这三个力与原力 $\boldsymbol{F}$ 等效，这三个力又可视为一个作用在点 B 的力 $\boldsymbol{F}'$和一个力偶($\boldsymbol{F}$, $\boldsymbol{F}''$)，此力偶称为附加力偶(图 3-1c)。显然，附加力偶的矩为

$$M=Fd=M_B(\boldsymbol{F})$$

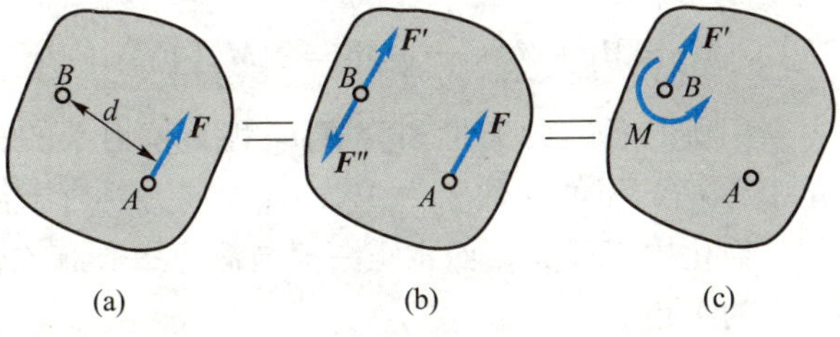

图 3-1

于是定理得证。

2. 平面任意力系向作用面内一点简化·主矢和主矩

刚体上作用有 n 个力 $\boldsymbol{F}_1$、$\boldsymbol{F}_2$、…、$\boldsymbol{F}_n$ 组成的平面任意力系，如图 3-2a 所示。在平面内任取一点 O，称为**简化中心**；应用力的平移定理，把各力都平移到点 O。这样，得到作用于点 O 的力 $\boldsymbol{F}_1'$、$\boldsymbol{F}_2'$、…、$\boldsymbol{F}_n'$，以及相应的附加力偶，其矩分别为 M_1、M_2、…、M_n，如图 3-2b 所示。这些附加力偶的矩分

别为

$$M_i = M_O(\boldsymbol{F}_i) \quad (i = 1,2,\cdots,n)$$

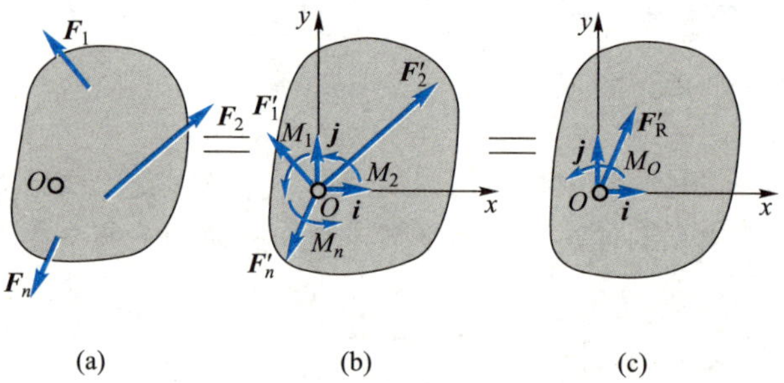

图 3－2

这样，平面任意力系等效为两个简单力系：平面汇交力系和平面力偶系。然后，再分别合成这两个力系。

平面汇交力系可合成为作用线通过点 O 的一个力 $\boldsymbol{F}'_R$，如图 3－2c 所示。因为各力矢 $\boldsymbol{F}'_i = \boldsymbol{F}_i(i = 1,2,\cdots,n)$，所以

$$\boldsymbol{F}'_R = \boldsymbol{F}'_1 + \boldsymbol{F}'_2 + \cdots + \boldsymbol{F}'_n = \sum \boldsymbol{F}_i \qquad (3-1)$$

即力矢 $\boldsymbol{F}'_R$ 等于原来各力的矢量和。

平面力偶系可合成为一个力偶，这个力偶的矩 M_O 等于各附加力偶矩的代数和，又等于原来各力对点 O 的矩的代数和，即

$$M_O = M_1 + M_2 + \cdots + M_n = \sum M_O(\boldsymbol{F}_i) \qquad (3-2)$$

平面任意力系中所有各力的矢量和为 $\boldsymbol{F}'_R$，称为该力系的**主矢**；而这些力对于任选简化中心 O 的矩的代数和为 M_O，称为该力系对于简化中心的**主矩**。显然，主矢与简化中心无关，而主矩一般与简化中心有关，故必须指明力系是对于哪一点的主矩。

可见，在一般情形下，平面任意力系向作用面内任选一点 O 简化，可得一个力和一个力偶。这个力等于该力系的主矢，作用线通过简化中心 O。这个力偶的矩等于该力系对于点 O 的主矩。

取坐标系 Oxy，如图 3－2c 所示，$\boldsymbol{i}$、$\boldsymbol{j}$ 分别为沿 x、y 轴的单位矢量，则力系主矢的解析表达式为

$$\boldsymbol{F}'_R = \boldsymbol{F}'_{Rx} + \boldsymbol{F}'_{Ry} = \sum F_x \boldsymbol{i} + \sum F_y \boldsymbol{j} \qquad (3-3)$$

图 3－3a 表示一物体的一端完全固定在另一物体上，这种约束称为**固定**

端约束或插入端支座约束。

固定端支座对物体的作用，是在接触面上作用了一群约束力。在平面问题中，这些力为一平面任意力系，如图 3－3b 所示。将这群力向作用平面内点 A 简化得到一个力和一个力偶，如图 3－3c 所示。一般情况下这个力的大小和方向均为未知量。可用两个未知分力来代替。因此，在平面任意力系情况下，固定端 A 处的约束力可简化为两个约束力 $\boldsymbol{F}_{Ax}$、$\boldsymbol{F}_{Ay}$ 和一个矩为 M_A 的约束力偶，如图 3－3d 所示。

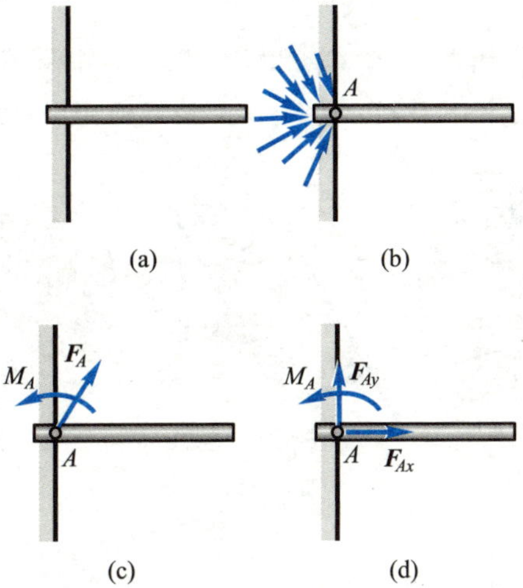

图 3－3

3. 平面任意力系的简化结果分析

平面任意力系向作用面内一点简化的结果，可能有四种情况，即：(1) $\boldsymbol{F}'_R=\boldsymbol{0}$，$M_O\neq0$；(2) $\boldsymbol{F}'_R\neq\boldsymbol{0}$，$M_O=0$；(3) $\boldsymbol{F}'_R\neq\boldsymbol{0}$，$M_O\neq0$；(4) $\boldsymbol{F}'_R=\boldsymbol{0}$，$M_O=0$。下面对这几种情况作进一步的分析讨论。

(1) 平面任意力系简化为一个力偶的情形

如果力系的主矢等于零，而主矩 M_O 不等于零，即

$$\boldsymbol{F}'_R=\boldsymbol{0},\quad M_O\neq0$$

则原力系合成为合力偶。合力偶矩为

$$M_O=\sum M_O(\boldsymbol{F}_i)$$

因为力偶对于平面内任意一点的矩都相同，因此当力系合成为一个力偶时，主矩与简化中心的选择无关。

(2) 平面任意力系简化为一个合力的情形 · 合力矩定理

如果主矩等于零，主矢不等于零，即

$$F'_{R}\neq\mathbf{0},\quad M_O=0$$

此时附加力偶系互相平衡，只有一个与原力系等效的力 F'_{R}。显然，F'_{R} 就是原力系的合力，而合力的作用线恰好通过选定的简化中心 O。

如果平面任意力系向点 O 简化的结果是主矢和主矩都不等于零，如图 3-4a 所示，即

$$F'_{R}\neq\mathbf{0},\quad M_O\neq 0$$

现将矩为 M_O 的力偶用两个力 F_R 和 F''_R 表示，并令 $F'_R=F_R=-F''_R$（图 3-4b）。再去掉一对平衡力 F'_R 与 F''_R，于是就将作用于点 O 的力 F'_R 和力偶

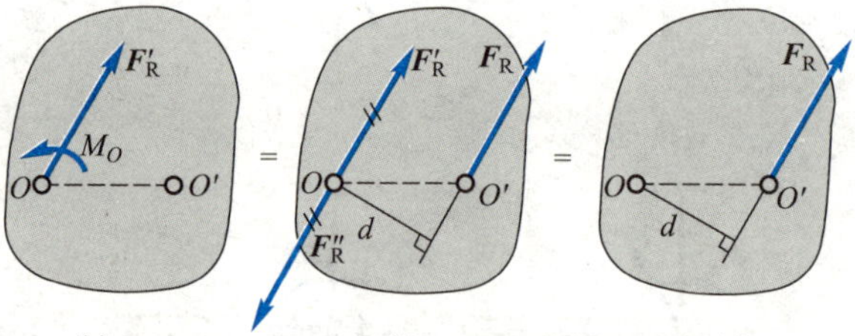

图 3-4

(F_R, F''_R)合成为一个作用在点 O' 的力 F_R，如图 3-4c 所示。这个力 F_R 就是原力系的合力。合力矢等于主矢；合力的作用线在点 O 的哪一侧，需根据主矢和主矩的方向确定；合力作用线到点 O 的距离 d 为

$$d=\frac{M_O}{F_R}$$

下面证明平面任意力系的合力矩定理。由图 3-4c 易见，合力 F_R 对点 O 的矩为

$$M_O(F_R)=F_R d=M_O$$

由式(3-2)有

$$M_O=\sum M_O(F_i)$$

所以得

$$M_O(F_R)=\sum M_O(F_i) \tag{3-4}$$

由于简化中心 O 是任意选取的，故上式有普遍意义，可叙述如下：平面任意力系的合力对作用面内任一点的力矩等于力系中各力对同一点的力矩的代

数和。这就是**合力矩定理**。

(3) 平面任意力系平衡的情形

如果力系的主矢、主矩均等于零，即

$$\boldsymbol{F}'_{\mathrm{R}}=\boldsymbol{0},\quad M_O=0$$

则原力系平衡，这种情形将在下节详细讨论。

§3-2　平面任意力系的平衡条件和平衡方程

现在讨论静力学中最重要的情形，即平面任意力系的主矢和主矩都等于零的情形：

$$\left.\begin{aligned}\boldsymbol{F}'_{\mathrm{R}}&=\boldsymbol{0}\\ M_O&=0\end{aligned}\right\}\tag{3-5}$$

显然，主矢等于零，表明作用于简化中心 O 的汇交力系为平衡力系；主矩等于零，表明附加力偶系也是平衡力系，所以原力系必为平衡力系。因此，式(3-5)为平面任意力系平衡的充分条件。

由上一节分析结果可见：若主矢和主矩有一个不等于零，则力系应简化为合力或合力偶；若主矢与主矩都不等于零时，可进一步简化为一个合力。上述情况下力系都不能平衡，只有当主矢和主矩都等于零时，力系才能平衡。因此，式(3-5)又是平面任意力系平衡的必要条件。

于是，平面任意力系平衡的必要和充分条件是：力系的主矢和对于任一点的主矩都等于零。

这些平衡条件可用解析式表示。将式(3-2)和式(3-3)代入式(3-5)，可得

$$\sum F_x=0,\quad \sum F_y=0,\quad \sum M_O(\boldsymbol{F})=0\tag{3-6}$$

由此可得结论，平面任意力系平衡的解析条件是：所有各力在两个任选的坐标轴上的投影的代数和分别等于零，以及各力对于任意一点的矩的代数和也等于零。式(3-6)称为平面任意力系的平衡方程(为便于书写，下标 i 已略去)。

例 3-1　起重机重 $P_1=10$ kN，可绕铅直轴 AB 转动；起重机的挂钩上挂一重为 $P_2=40$ kN 的重物，如图 3-5 所示。起重机的重心 C 到转动轴的距离为 1.5 m，其他尺寸如图所示。试求在止推轴承 A 和轴承 B 处的约束力。

解： 以起重机为研究对象，它所受的主动力有 $\boldsymbol{P}_1$ 和 $\boldsymbol{P}_2$。由于对称性，约束力和主动力都位于同一平面内。止推轴承 A 处有两个约束力 $\boldsymbol{F}_{Ax}$、$\boldsymbol{F}_{Ay}$，轴承 B 处只有一个与转

轴垂直的约束力 $\boldsymbol{F}_B$，约束力方向如图 3－5 所示。

取坐标系如图 3－5 所示，列平面任意力系的平衡方程，即

$$\sum F_x = 0,\quad F_{Ax} + F_B = 0$$

$$\sum F_y = 0,\quad F_{Ay} - P_1 - P_2 = 0$$

$$\sum M_A(\boldsymbol{F}) = 0,\quad -F_B \times 5\ \text{m} - P_1 \times 1.5\ \text{m} - P_2 \times 3.5\ \text{m} = 0$$

求解以上方程，得

$$F_{Ay} = P_1 + P_2 = 50\ \text{kN}$$

$$F_B = -0.3P_1 - 0.7P_2 = -31\ \text{kN}$$

$$F_{Ax} = -F_B = 31\ \text{kN}$$

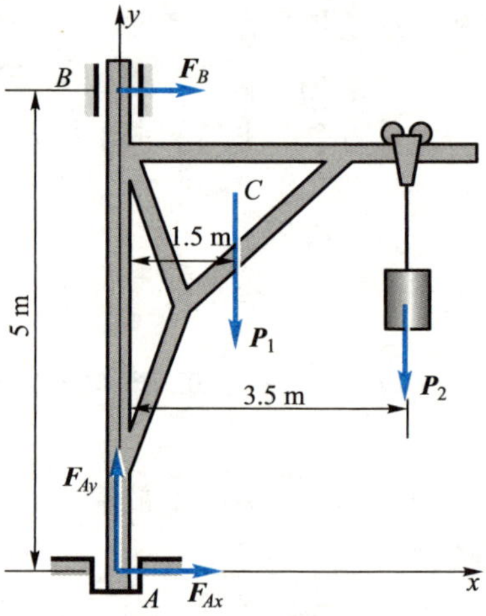

图 3－5

F_B 为负值，说明它的方向与假设的方向相反，即应指向左。

例 3－2 图 3－6 所示的水平横梁 AB，A 端为固定铰链支座，B 端为一滚动支座。梁的长为 $4a$，梁重 P，作用在梁的中点 C。在梁的 AC 段上受均布载荷 q 作用，在梁的 BC 段上受力偶作用，力偶矩 $M = Pa$。试求 A 和 B 处的支座约束力。

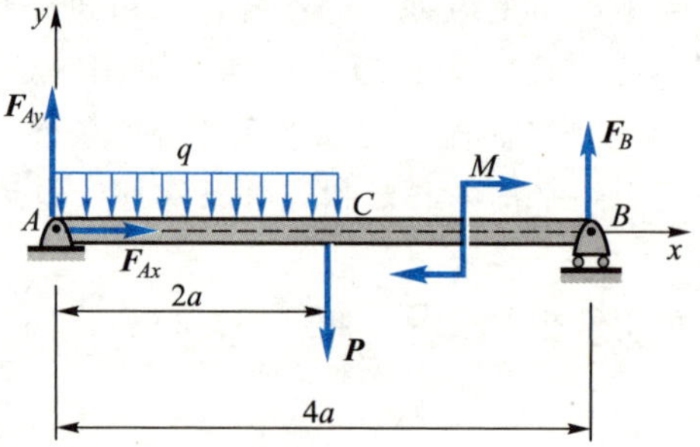

图 3－6

解： 选梁 AB 为研究对象。它所受的主动力有均布载荷 q、重力 $\boldsymbol{P}$ 和矩为 M 的力偶。它所受的约束力有铰链 A 的两个分力 $\boldsymbol{F}_{Ax}$ 和 $\boldsymbol{F}_{Ay}$，滚动支座 B 处铅直向上的约束力 $\boldsymbol{F}_B$。取坐标系如图 3－6 所示，列出平衡方程

$$\sum M_A(\boldsymbol{F}) = 0,\quad F_B \times 4a - M - P \times 2a - q \times 2a \times a = 0$$

$$\sum F_x = 0,\quad F_{Ax} = 0$$

$$\sum F_y = 0,\quad F_{Ay} - q \times 2a - P + F_B = 0$$

解上述方程，得

$$F_B=\frac{3}{4}P+\frac{1}{2}qa,\ F_{Ax}=0,\ F_{Ay}=\frac{P}{4}+\frac{3}{2}qa$$

例 3－3　自重为 $P=100$ kN 的 T 字形刚架 ABD，置于铅垂面内，载荷如图 3－7a 所示。其中 $M=20$ kN·m，$F=400$ kN，$q=20$ kN/m，$l=1$ m。试求固定端 A 的约束力。

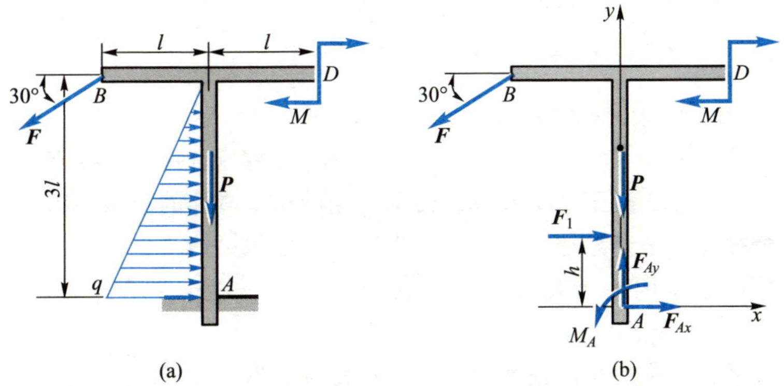

图 3－7

解：取 T 字形刚架为研究对象，其上除受主动力外，还受有固定端 A 处的约束力 $\boldsymbol{F}_{Ax}$、$\boldsymbol{F}_{Ay}$ 和约束力偶 M_A。线性分布载荷可视为一组平行力系，将其简化为一集中力 $\boldsymbol{F}_1$，其大小为 $F_1=\frac{1}{2}q\times 3l=30$ kN，其作用线可利用合力矩定理同时对 A 点计算力矩来确定：

$$F_1h=\int_0^{3l}\frac{q}{3l}(3l-y)y\mathrm{d}y$$

式中，h 为点 A 到集中力 $\boldsymbol{F}_1$ 的距离，由上式求得 $h=l$，即集中力作用于三角形分布载荷的几何中心。刚架受力图如图 3－7b 所示。

按图示坐标，列平衡方程

$$\sum F_x=0,\ F_{Ax}+F_1-F\cos 30^\circ=0$$

$$\sum F_y=0,\ F_{Ay}-P-F\sin 30^\circ=0$$

$$\sum M_A(\boldsymbol{F})=0,\ M_A-M-F_1l+F\sin 30^\circ\times l+F\cos 30^\circ\times 3l=0$$

解方程，求得

$$F_{Ax}=316.4\ \text{kN}$$

$$F_{Ay}=300\ \text{kN}$$

$$M_A=-1\ 188\ \text{kN}\cdot\text{m}$$

负号说明图中所设方向与实际情况相反，即 M_A 应为顺时针转向。

下面介绍平面任意力系平衡方程的其他两种形式。

三个平衡方程中有两个力矩方程和一个投影方程，即

$$\sum M_A(\boldsymbol{F})=0,\quad \sum M_B(\boldsymbol{F})=0,\quad \sum F_x=0 \tag{3-7}$$

其中 x 轴不得垂直于 A、B 两点的连线，否则这三个方程是不独立的。

也可采用三个力矩式的平衡方程，即

$$\sum M_A(\boldsymbol{F})=0,\quad \sum M_B(\boldsymbol{F})=0,\quad \sum M_C(\boldsymbol{F})=0 \tag{3-8}$$

其中，A、B、C 三点不得共线。

上述三组方程（3-6）、(3-7)、(3-8)，究竟选用哪一组方程，需根据具体条件确定。对于受平面任意力系作用的单个刚体的平衡问题，只可以写出 3 个独立的平衡方程，求解 3 个未知量。任何第四个方程只是前 3 个方程的线性组合，因而不是独立的，我们可以利用这个方程来校核计算的结果。

平面平行力系是平面任意力系的一种特殊情形。

如图 3-8 所示，设物体受平面平行力系($\boldsymbol{F}_1,\boldsymbol{F}_2,\cdots,\boldsymbol{F}_n$)的作用。如选取 x 轴与各力垂直，则不论力系是否平衡，每一个力在 x 轴上的投影恒等于零，即 $\sum F_x\equiv 0$。于是，平行力系的独立平衡方程的数目只有两个，即

$$\left.\begin{aligned}\sum F_y&=0\\ \sum M_O(\boldsymbol{F})&=0\end{aligned}\right\} \tag{3-9}$$

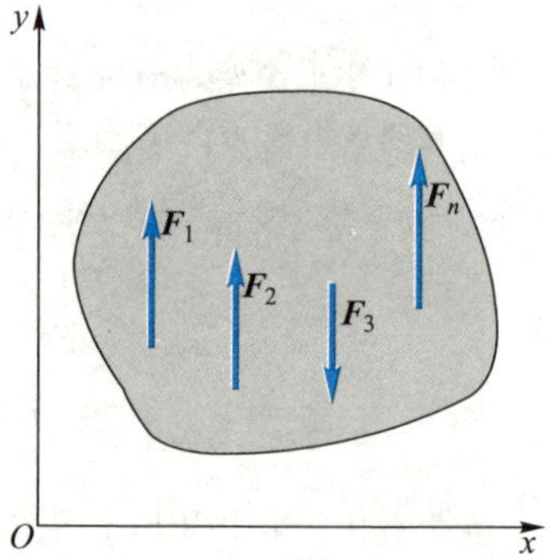

图 3-8

平面平行力系的平衡方程，也可用两个力矩方程的形式，即

$$\sum M_A(\boldsymbol{F})=0,\quad \sum M_B(\boldsymbol{F})=0 \tag{3-10}$$

其条件是 A、B 两点连线不得与各力作用线平行。

§3-3　物体系的平衡·静定和超静定问题

工程中，如组合构架、三铰拱等结构，都是由几个物体组成的系统。当物体系平衡时，组成该系统的每一个物体都处于平衡状态，因此对于每一个受平面任意力系作用的物体，均可写出三个平衡方程。如物体系由 n 个物体组成，则共有 $3n$ 个独立方程。如系统中有的物体受平面汇交力系、平面平

行力系或平面力偶系作用时，则系统的平衡方程数目相应减少。当系统中的未知量数目等于独立平衡方程的数目时，则所有未知数都能由平衡方程求出，这样的问题称为**静定**问题。显然前面列举的各例都是静定问题。在工程实际中，有时为了提高结构的刚度和坚固性，常常增加多余的约束，因而使这些结构的未知量的数目多于平衡方程的数目，未知量就不能全部由平衡方程求出，这样的问题称为**超静定**问题。对于超静定问题，必须考虑物体因受力作用而产生的变形，加列某些补充方程后，才能使方程的数目等于未知量的数目。超静定问题已超出刚体静力学的范围，需在材料力学和结构力学中研究，本书只限于静定问题。

求解静定物体系的平衡问题时，可以选每个物体为研究对象，列出全部平衡方程，然后求解；也可先取整个系统为研究对象，列出平衡方程，这样的方程因不包含内力，式中未知量较少，解出部分未知量后，再从系统中选取某些物体作为研究对象，列出另外的平衡方程，直至求出所有的未知量为止。在选择研究对象和列平衡方程时，应使每一个平衡方程中的未知量个数尽可能少，最好是只含有一个未知量，以避免求解联立方程。

例 3-4　图 3-9a 所示为曲轴冲床简图，由轮 I、连杆 AB 和冲头 B 组成。$OA=R$，$AB=l$。忽略摩擦和自重，当 OA 在水平位置、冲压力为 $\boldsymbol{F}$ 时系统处于平衡状态。试求：(1) 作用在轮 I 上的力偶矩 M 的大小；(2) 轴承 O 处的约束力；(3) 连杆 AB 受的力；(4) 冲头给导轨的侧压力。

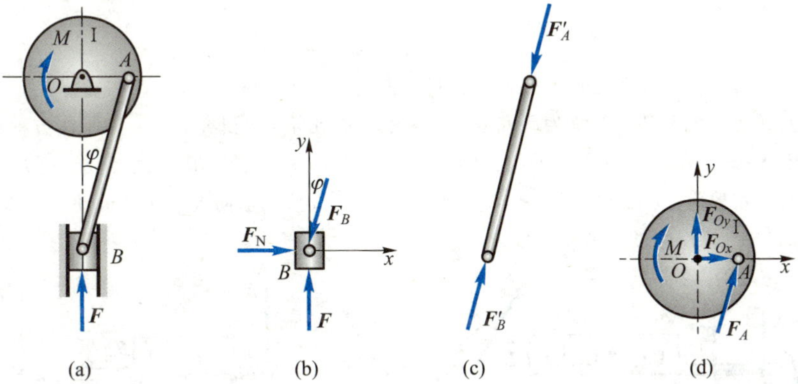

图 3-9

解：(1) 首先以冲头为研究对象。冲头受冲压阻力 $\boldsymbol{F}$、导轨约束力 $\boldsymbol{F}_{\mathrm{N}}$ 以及连杆（二力杆）的作用力 $\boldsymbol{F}_B$ 作用，受力图如图 3-9b 所示，为一平面汇交力系。

设连杆与铅直线间的夹角为 φ，按图示坐标轴列平衡方程

$$\sum F_x=0,\quad F_{\mathrm{N}}-F_B\sin\varphi=0 \tag{a}$$

$$\sum F_y = 0,\quad F - F_B\cos\varphi = 0 \tag{b}$$

由式（b）得

$$F_B = \frac{F}{\cos\varphi}$$

F_B 为正值，说明假设的 $\boldsymbol{F}_B$ 的方向是对的，即连杆受压力（图 3－9c）。代入式（a）得

$$F_{\mathrm{N}} = F\tan\varphi = F\frac{R}{\sqrt{l^2 - R^2}}$$

冲头对导轨的侧压力的大小等于 F_{N}，方向相反。

（2）再以轮 I 为研究对象。轮 I 受平面任意力系作用，包括矩为 M 的力偶，连杆作用力 $\boldsymbol{F}_A$ 以及轴承的约束力 $\boldsymbol{F}_{Ox}$、$\boldsymbol{F}_{Oy}$（图 3－9d）。按图示坐标轴列平衡方程

$$\sum M_O(\boldsymbol{F}) = 0,\quad F_A\cos\varphi\times R - M = 0 \tag{c}$$

$$\sum F_x = 0,\quad F_{Ox} + F_A\sin\varphi = 0 \tag{d}$$

$$\sum F_y = 0,\quad F_{Oy} + F_A\cos\varphi = 0 \tag{e}$$

由式（c）得

$$M = FR$$

由式（d）得

$$F_{Ox} = -F_A\sin\varphi = -F\frac{R}{\sqrt{l^2 - R^2}}$$

由式（e）得

$$F_{Oy} = -F_A\cos\varphi = -F$$

负号说明力 $\boldsymbol{F}_{Ox}$、$\boldsymbol{F}_{Oy}$ 的方向与图示假设的方向相反。

此题也可先取整个系统为研究对象，再取冲头或轮 I 为研究对象，列平衡方程求解。

例 3－5 图 3－10a 所示的组合梁（不计自重）由 AC 和 CD 铰接而成。已知：$F = 20$ kN，均布载荷 $q = 10$ kN/m，$M = 20$ kN·m，$l = 1$ m。试求插入端 A 及滚动支座 B 的约束力。

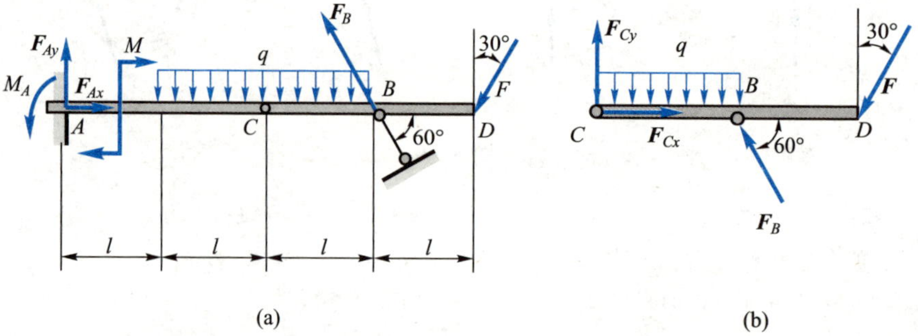

图 3－10

解：先以整体为研究对象，组合梁在主动力 M、$\boldsymbol{F}$、q 和约束力 $\boldsymbol{F}_{Ax}$、$\boldsymbol{F}_{Ay}$、M_A 及 $\boldsymbol{F}_B$ 作用下平衡，受力图如图 3－10a 所示。其中均布载荷的合力通过点 C，大小为 $2ql$。列平衡方程

$$\sum F_x=0,\quad F_{Ax}-F_B\cos 60^\circ-F\sin 30^\circ=0 \tag{a}$$

$$\sum F_y=0,\quad F_{Ay}+F_B\sin 60^\circ-2ql-F\cos 30^\circ=0 \tag{b}$$

$$\sum M_A(\boldsymbol{F})=0,\quad M_A-M-2ql\times 2l+F_B\sin 60^\circ\times 3l-F\cos 30^\circ\times 4l=0 \tag{c}$$

以上三个方程中包含有 4 个未知量，必须再补充方程才能求解。为此可取梁 CD 为研究对象，受力图如图 3－10b 所示，有

$$\sum M_C(\boldsymbol{F})=0,\quad F_B\sin 60^\circ\times l-ql\times\frac{l}{2}-F\cos 30^\circ\times 2l=0 \tag{d}$$

由式（d）得

$$F_B=45.77\ \text{kN}$$

代入式（a）、（b）、（c）得

$$F_{Ax}=32.89\ \text{kN},\quad F_{Ay}=-2.32\ \text{kN},\quad M_A=10.37\ \text{kN}\cdot\text{m}$$

此题也可先取梁 CD 为研究对象，求得 $\boldsymbol{F}_B$ 后，再以整体为研究对象，求出 $\boldsymbol{F}_{Ax}$、$\boldsymbol{F}_{Ay}$ 及 M_A。

注意：此题在研究整体平衡时，可将均布载荷合为合力 $2ql$，合力通过点 C，但在研究梁 CD 或 AC 平衡时，不能把 $2pl$ 均分，认为作用在 CD 或 AC 梁的 C 端。

例 3－6　结构由不计重量的杆 AB、AC、DF 铰接而成，如图 3－11a 所示。在杆 DEF 上作用一力偶矩为 M 的力偶。试求杆 AB 上铰链 A、D、B 所受的力。

分析：这是一个物体系的平衡问题。先取整体，共有 3 个未知约束力，题目要求其中的 2 个约束力，故可用 2 个而不用 3 个方程求出要求的 2 个约束力。整体无法求出 A、D 处约束力，所以要考虑拆开。若先取 DEF 杆，其受力图如图 3－11b 所示，可看出，由对点 E 取矩可求出 D 处铅直方向约束力，然后再取杆 ADB，其受力图如图 3－11c 所示，此构件已剩 3 个约束力，有 3 个平衡方程，所以可求解。此题可用 6 个一元一次方程求解 6 个未知数。

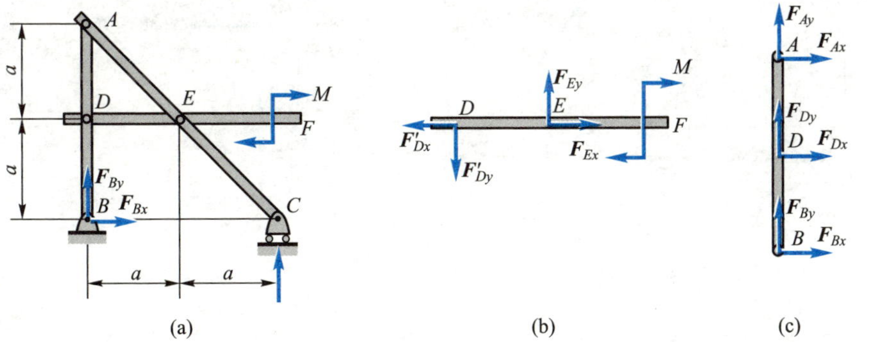

图 3－11

解：首先取整体，受力图如图 3－11a 所示，由

$$\sum F_x=0,\quad F_{Bx}=0$$
$$\sum M_C=0,\quad -2a\times F_{By}-M=0$$

解得

$$F_{Bx}=0,\quad F_{By}=-\frac{M}{2a}$$

再取杆 DEF，受力图如图 3－11b 所示，由

$$\sum M_E=0,\quad F'_{Dy}\times a-M=0$$

解得

$$F'_{Dy}=F_{Dy}=\frac{M}{a}$$

最后取杆 ADB，受力图如图 3－11c 所示，由

$$\sum M_A=0,\quad 2a\times F_{Bx}+a\times F_{Dx}=0$$
$$\sum F_x=0,\quad F_{Bx}+F_{Dx}+F_{Ax}=0$$
$$\sum F_y=0,\quad F_{By}+F_{Dy}+F_{Ay}=0$$

分别解得

$$F_{Dx}=F_{Ax}=0,\quad F_{Ay}=-\frac{M}{2a}$$

习 题

3－1 已知 $F_1=150$ N，$F_2=200$ N，$F_3=300$ N，$F=F'=200$ N。试求力系向点 O 的简化结果，并求力系合力的大小及其与原点 O 的距离 d。

3－2 图示平面任意力系中 $F_1=40\sqrt{2}$ N，$F_2=80$ N，$F_3=40$ N，$F_4=110$ N，$M=2\,000$ N·mm。各力作用位置如图所示。试求：(1) 力系向点 O 简化的结果；(2) 力系的合力的大小、方向及合力作用线方程。

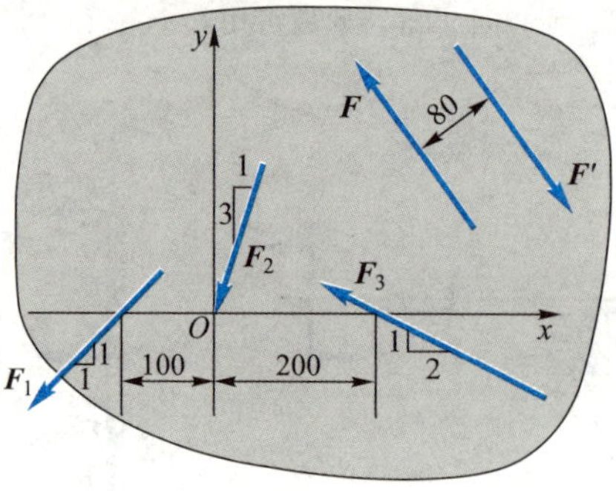

题 3－1 图[①]

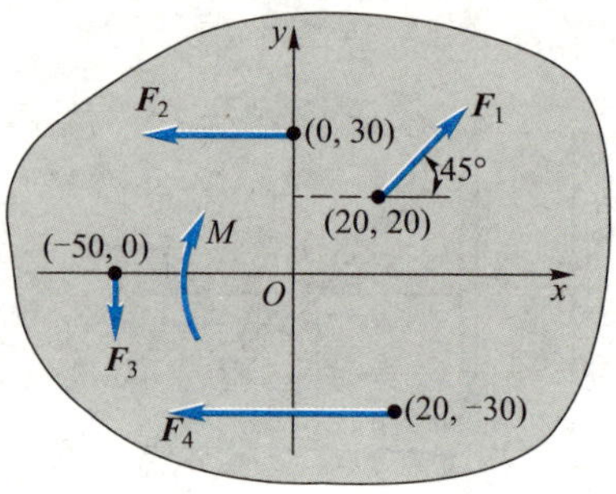

题 3－2 图

① 本书各图中按有关机械制图尺寸注法规定，尺寸单位为 mm 时，不需标注其单位 mm。

3－3　如图所示，当飞机作稳定航行时，所有作用在它上面的力必须相互平衡。已知飞机的重量为 $P=30$ kN，螺旋桨的牵引力 $F=4$ kN。飞机的尺寸：$a=0.2$ m，$b=0.1$ m，$c=0.05$ m，$l=5$ m。试求阻力 $\boldsymbol{F}_x$、机翼升力 $\boldsymbol{F}_{y1}$ 和尾部的升力 $\boldsymbol{F}_{y2}$。

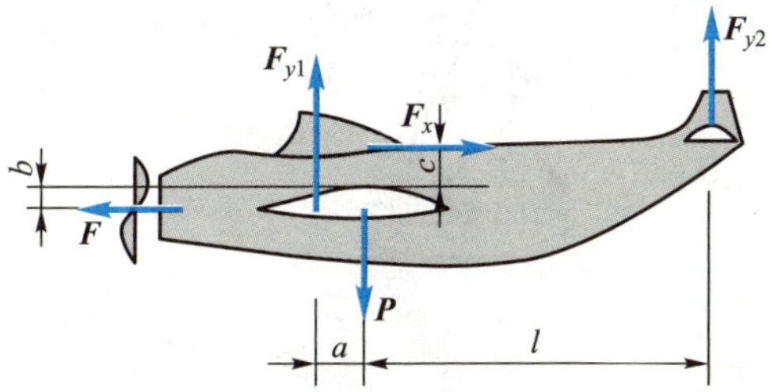

题 3－3 图

3－4　在图示刚架中，已知 $q=3$ kN/m，$F=6\sqrt{2}$ kN，$M=10$ kN·m，不计刚架自重。试求固定端 A 处的约束力。

3－5　无重水平梁的支承和载荷如图 a、b 所示。已知力 $\boldsymbol{F}$、力偶矩为 M 的力偶和强度为 q 的均布载荷。试求支座 A 和 B 处的约束力。

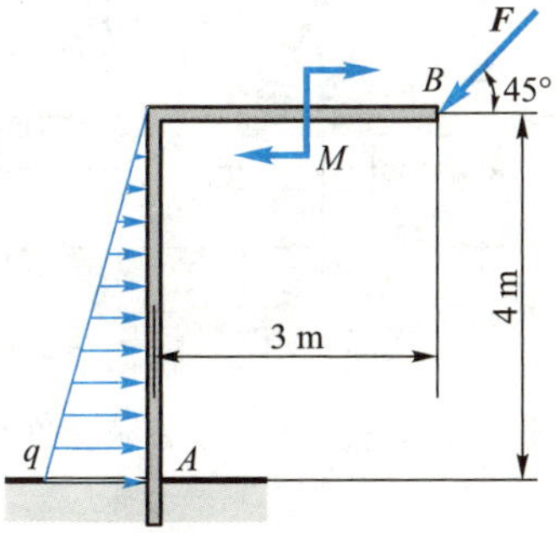

题 3－4 图

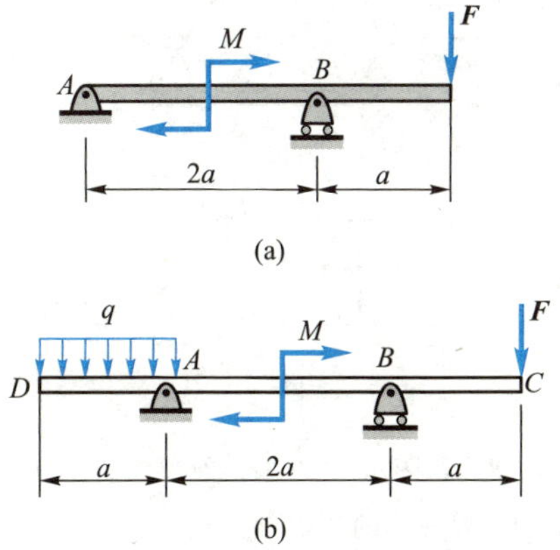

题 3－5 图

3－6　图示起重机不计平衡锤的重量为 $P=500$ kN，其重心在离右轨 1.5 m 处。起重机的起重量为 $P_1=250$ kN，突臂伸出离右轨 10 m。跑车本身重量略去不计。欲使跑车满载或空载时起重机均不致翻倒，试求平衡锤的最小重量 P_2 以及平衡锤到左轨的最大距离 x。

3－7　水平梁 AB 由铰链 A 和杆 BC 所支持，如图所示。在梁上 D 处用销子安装半径为 $r=0.1$ m 的滑轮。有一跨过滑轮的绳子，其一端水平地系于墙上，另一端悬挂有重 $P=1\ 800$ N 的重物。如 $AD=0.2$ m，$BD=0.4$ m，$\varphi=45°$，且不计梁、杆、滑轮和绳的重量，试求铰链 A 和杆 BC 对梁的约束力。

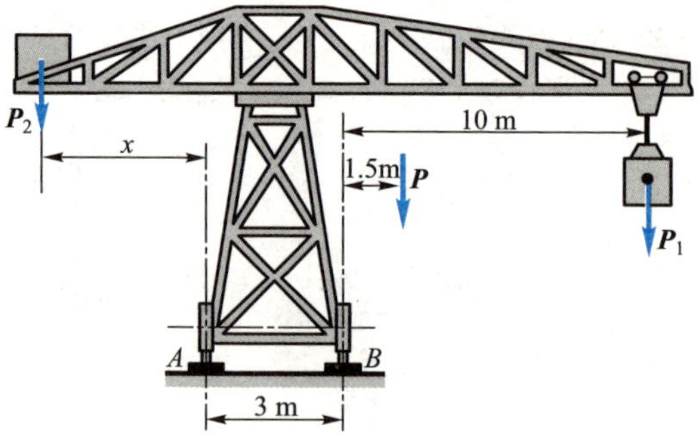

题 3-6 图

3-8 如图所示，组合梁由 AC 和 DC 两段铰接构成，起重机放在梁上。已知起重机重 $P_1=50$ kN，重心在铅直线 EC 上，起重载荷 $P_2=10$ kN。如不计梁重，试求支座 A、B 和 D 三处的约束力。

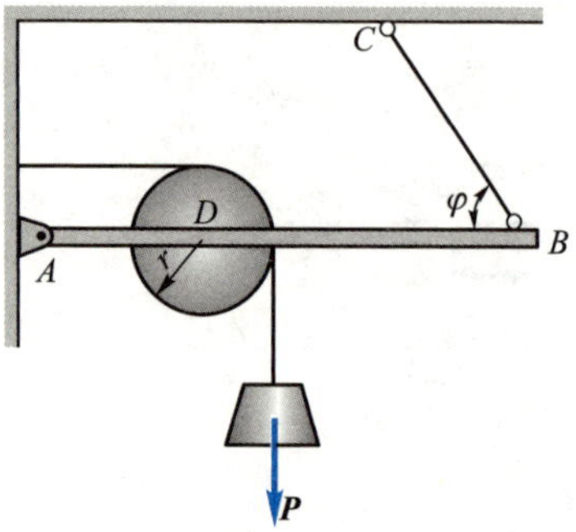

题 3-7 图

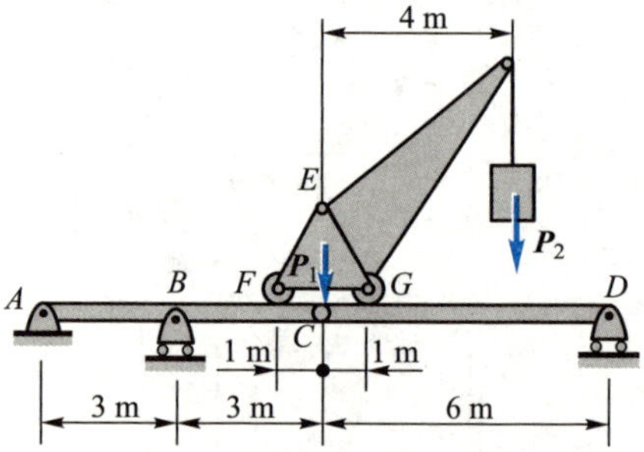

题 3-8 图

3-9 在图示 a、b 两连续梁中，已知 q、M、a 及 θ，不计梁的自重。试求各连续梁在 A、B、C 三处的约束力。

3-10 由 AC 和 CD 构成的组合梁通过铰链 C 连接。它的支承和受力如图所示。已知均布载荷强度 $q=10$ kN/m，力偶矩 $M=40$ kN·m，不计梁重。试求支座 A、B、D 的约束力和铰链 C 处所受的力。

3-11 图示传动机构，已知带轮Ⅰ、Ⅱ的半径各为 r_1、r_2，鼓轮半径为 r，物体 A 重为 P，两轮的重心均位于转轴上。试求匀速提升 A 物时在轮Ⅰ上所需施加的力偶 M 的大小。

3-12 图示为一种闸门启闭设备的传动系统。已知各齿轮的半径分别为 r_1、r_2、r_3、r_4，鼓轮的半径为 r，闸门重 P，齿轮的压力角为 θ，不计各齿轮的自重。试求最小的启门力偶矩 M 及轴 O_3 的约束力。

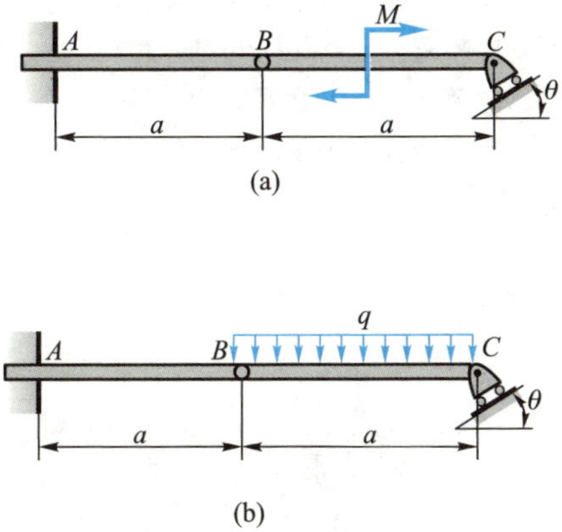

题 3－9 图

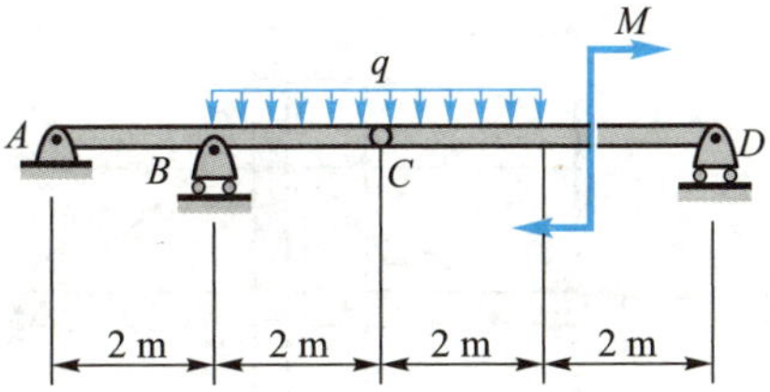

题 3－10 图

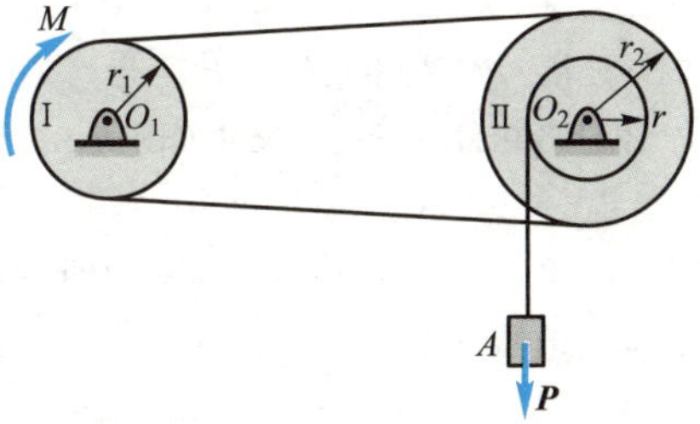

题 3－11 图

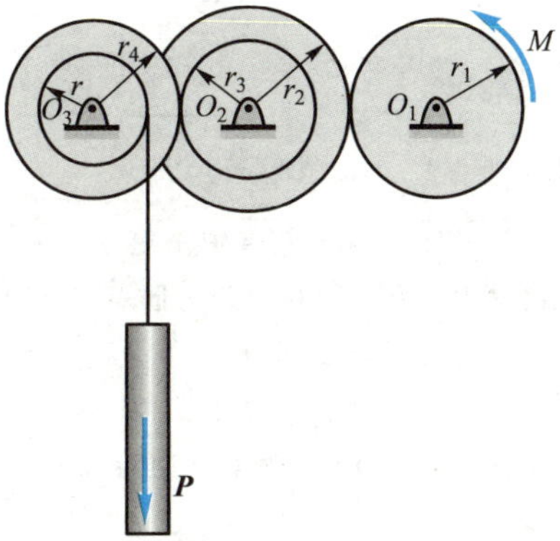

题 3－12 图

3－13 如图所示，三铰拱由两半拱和三个铰链 A、B、C 构成，已知每半拱重 $P=300$ kN，$l=32$ m，$h=10$ m。试求支座 A、B 的约束力。

3－14 构架尺寸如图所示（尺寸单位为 m），不计各杆件自重，载荷 $F=60$ kN。试求 A，E 铰链的约束力及杆 BD，BC 的内力。

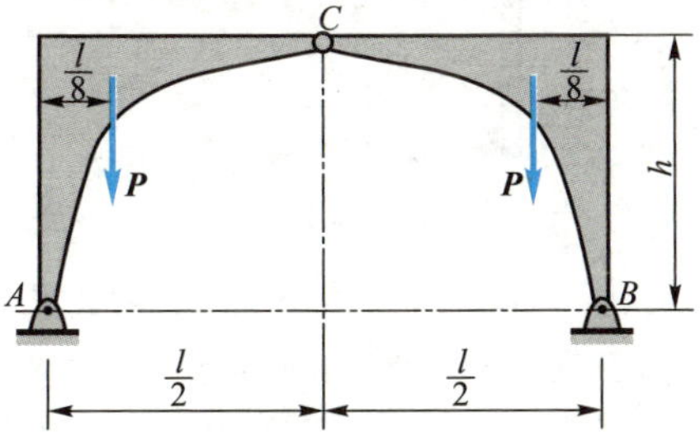

题 3－13 图

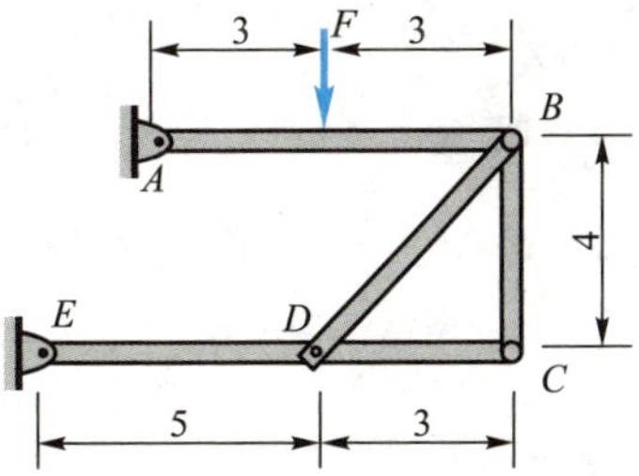

题 3－14 图

3－15 图示构架中，物体重 1 200 N，由细绳跨过滑轮 E 而水平系于墙上，尺寸如图所示，不计杆和滑轮的重量。试求支承 A 和 B 处的约束力，以及杆 BC 的内力 $\boldsymbol{F}_{BC}$。

3－16 如图所示两等长杆 AB 与 BC 在点 B 用铰链连接，又在杆的 D、E 两点连一弹簧。弹簧的刚度系数为 k，当距离 AC 等于 a 时，弹簧内拉力为零。点 C 作用一水平力 $\boldsymbol{F}$，设 $AB=l$，$BD=b$，杆重不计。试求系统平衡时距离 AC 之值。

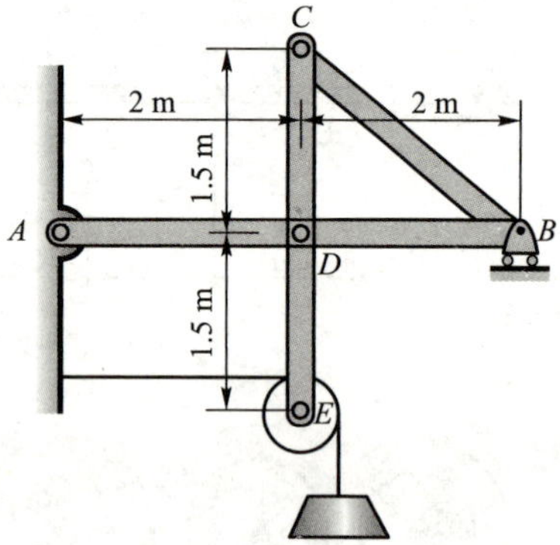

题 3－15 图

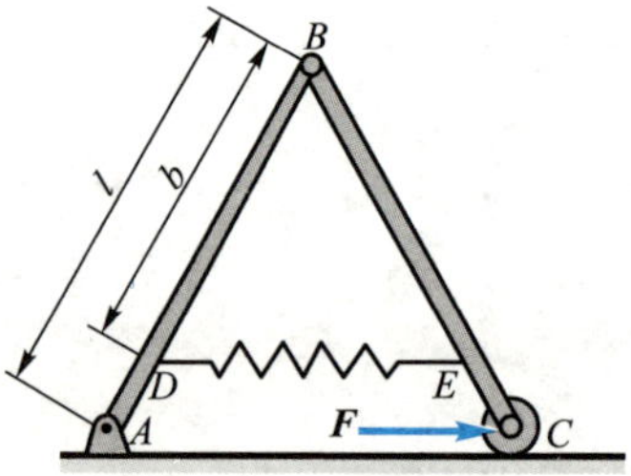

题 3－16 图

3－17 在图示构架中，A、C、D、E 处为铰链连接，BD 杆上的销钉 B 置于 AC 杆的光滑槽内，力 $F=200$ N，力偶矩 $M=100$ N·m，不计各构件重量，各尺寸如图所示。试求 A、B、C 处所受的力。

3－18 在图示构架中，各杆单位长度的重量为 300 N/m，载荷 $P=10$ kN，A 处为固定端，B、C、D 处为铰链。试求固定端 A 和铰链 B 处的约束力。

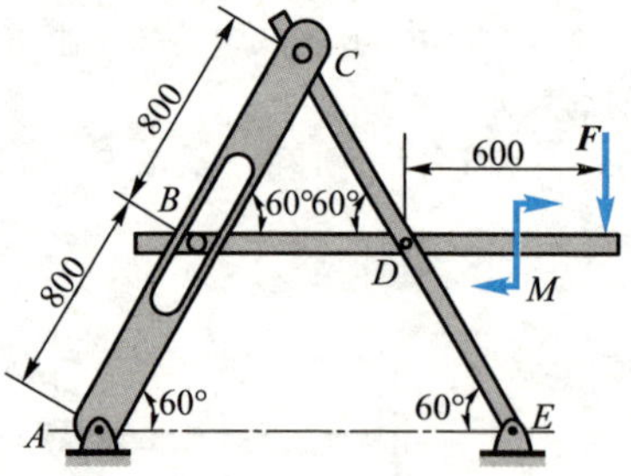

题 3－17 图

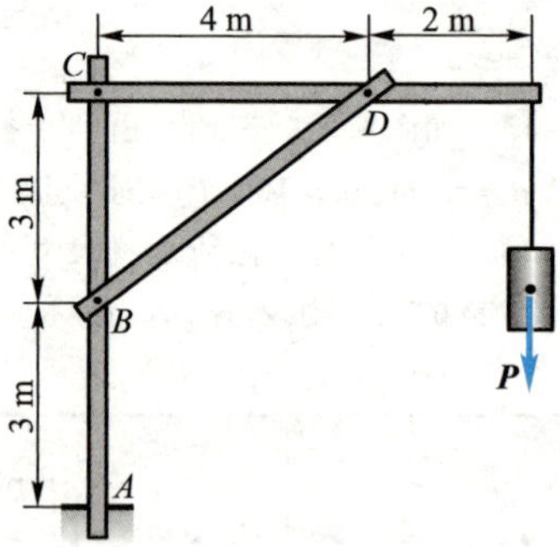

题 3－18 图

3－19 图示结构由 AC 与 CB 组成。已知线性分布载荷 $q_1=3$ kN/m，均布载荷 $q_2=0.5$ kN/m，$M=2$ kN·m，尺寸如图所示。不计杆重。试求固定端 A 与支座 B 的约束力和铰链 C 的内力。

3－20 图示机架上挂一重 P 的物体，各构件的尺寸如图所示。不计滑轮及杆的自重与摩擦。试求支座 A、C 的约束力。

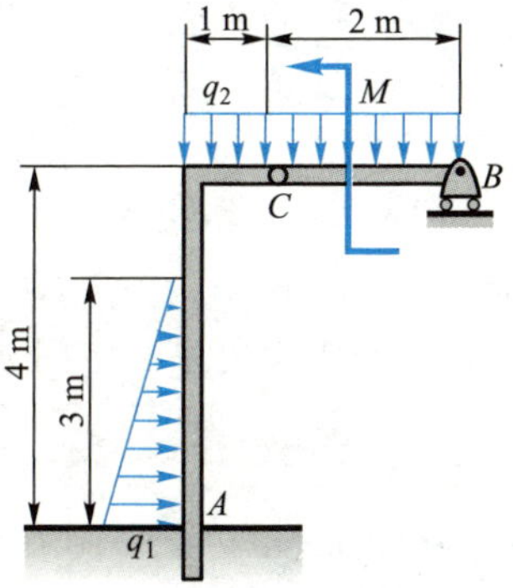

题 3－19 图

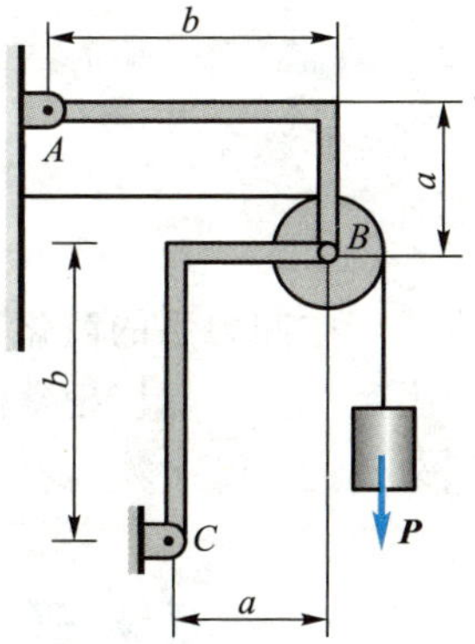

题 3－20 图

第四章　空间力系

本章将研究空间力系的简化和平衡条件。

与平面力系一样，可以把空间力系分为空间汇交力系、空间力偶系和空间任意力系来研究。

§4-1　空间汇交力系

1. 力在直角坐标轴上的投影

若已知力 $\boldsymbol{F}$ 与正交坐标系 $Oxyz$ 三轴间的夹角，则可用直接投影法。即

$$F_x = F\cos(\boldsymbol{F},\boldsymbol{i}),\quad F_y = F\cos(\boldsymbol{F},\boldsymbol{j}),\quad F_z = F\cos(\boldsymbol{F},\boldsymbol{k}) \tag{4-1}$$

当力 $\boldsymbol{F}$ 与坐标轴 Ox、Oy 间的夹角不易确定时，可把力 $\boldsymbol{F}$ 先投影到坐标平面 Oxy 上，得到力 $\boldsymbol{F}_{xy}$，然后再把这个力投影到 x、y 轴上，此为间接投影法。在图 4-1 中，已知角 γ 和 φ，则力 $\boldsymbol{F}$ 在三个坐标轴上的投影分别为

$$\left.\begin{aligned} F_x &= F\sin\gamma\cos\varphi \\ F_y &= F\sin\gamma\sin\varphi \\ F_z &= F\cos\gamma \end{aligned}\right\} \tag{4-2}$$

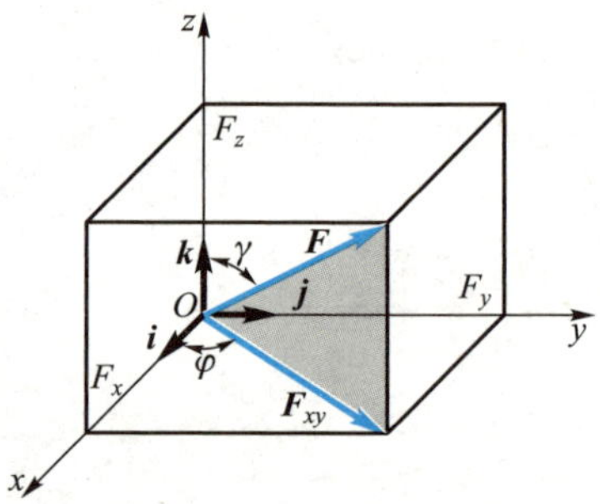

图 4-1

2. 空间汇交力系的合力与平衡条件

将平面汇交力系的合成法则扩展到空间，可得：空间汇交力系的合力等于各分力的矢量和，合力的作用线通过汇交点。合力矢为

$$\boldsymbol{F}_R = \boldsymbol{F}_1 + \boldsymbol{F}_2 + \cdots + \boldsymbol{F}_n = \sum \boldsymbol{F}_i \tag{4-3}$$

或

$$\boldsymbol{F}_R = \sum F_{ix}\boldsymbol{i} + \sum F_{iy}\boldsymbol{j} + \sum F_{iz}\boldsymbol{k} \tag{4-4}$$

式中，$\sum F_{ix}$、$\sum F_{iy}$、$\sum F_{iz}$为合力 $\boldsymbol{F}_R$ 沿 x、y、z 轴的投影。

例 4－1　在刚体上作用有 4 个汇交力，它们在坐标轴上的投影如下表所示。试求这 4 个力的合力的大小和方向。

解： 由表得

kN

	F_1	F_2	F_3	F_4
F_x	1	2	0	2
F_y	10	15	－5	10
F_z	3	4	1	－2

$$\sum F_x = 5\ \text{kN},\quad \sum F_y = 30\ \text{kN},\quad \sum F_z = 6\ \text{kN}$$

得合力的大小和方向余弦为

$$F_R = \sqrt{(\sum F_x)^2 + (\sum F_y)^2 + (\sum F_z)^2} = 31\ \text{kN}$$

$$\cos(\boldsymbol{F}_R, \boldsymbol{i}) = \frac{\sum F_x}{F_R} = \frac{5}{31},\ \cos(\boldsymbol{F}_R, \boldsymbol{j}) = \frac{\sum F_y}{F_R} = \frac{30}{31},\ \cos(\boldsymbol{F}_R, \boldsymbol{k}) = \frac{\sum F_z}{F_R} = \frac{6}{31}$$

由此得夹角

$$\angle(\boldsymbol{F}_R, \boldsymbol{i}) = 80°43',\quad \angle(\boldsymbol{F}_R, \boldsymbol{j}) = 14°36',\quad \angle(\boldsymbol{F}_R, \boldsymbol{k}) = 78°50'$$

由于空间汇交力系合成为一个合力，因此空间汇交力系平衡的必要和充分条件为：该力系的合力等于零，即

$$\boldsymbol{F}_R = \sum \boldsymbol{F}_i = \boldsymbol{0} \tag{4-5}$$

由式(4－4)可知，为使合力 F_R 为零，必须同时满足

$$\sum F_x = 0,\quad \sum F_y = 0,\quad \sum F_z = 0 \tag{4-6}$$

则以解析法表示的空间汇交力系平衡的必要和充分条件为：该力系中所有各力在 3 个坐标轴上的投影的代数和分别等于零。式（4－6）称为空间汇交力系的平衡方程。

应用解析法求解空间汇交力系的平衡问题的步骤，与平面汇交力系问题相同，只不过需列出 3 个平衡方程，可求解 3 个未知量。

例 4－2　如图 4－2a 所示，用起重杆吊起重物。起重杆的 A 端用球铰链固定在地面上，而 B 端则用绳 CB 和 DB 拉住，两绳分别系在墙上的点 C 和 D，连线 CD 平行于 x 轴。已知：$CE = EB = DE$，$\theta = 30°$，CDB 平面与水平面间的夹角 $\angle EBF = 30°$（图 4－2b），物重 $P = 10$ kN。如起重杆的重量不计，试求起重杆所受的压力和绳子的拉力。

解： 取起重杆 AB 与重物为研究对象，其上受有主动力 $\boldsymbol{P}$，B 处受绳拉力 $\boldsymbol{F}_1$ 与 $\boldsymbol{F}_2$；球铰链 A 的约束力方向一般不能预先确定，但在本题中，由于杆重不计，又只在 A、B 两端受力，所以起重杆 AB 为二力构件，球铰 A 对杆 AB 的约束力 $\boldsymbol{F}_A$ 必沿 A、B 连线。

$\boldsymbol{P}$、$\boldsymbol{F}_1$、$\boldsymbol{F}_2$ 和 $\boldsymbol{F}_A$4 个力汇交于点 B，为一空间汇交力系。

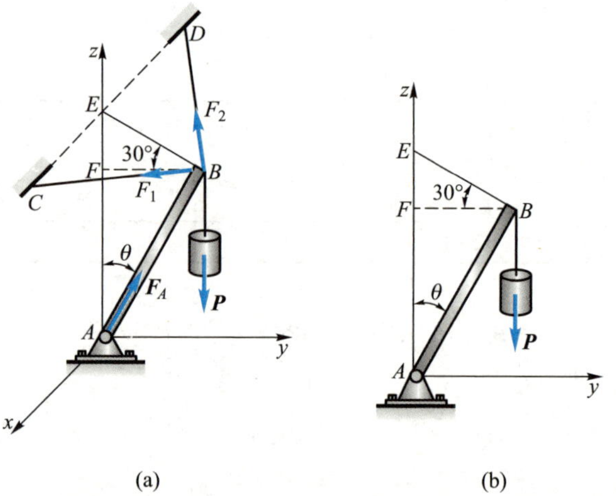

图 4－2

取坐标轴如图所示。由已知条件知 $\angle CBE = \angle DBE = 45°$，列平衡方程

$$\sum F_x = 0,\quad F_1\sin 45° - F_2\sin 45° = 0$$

$$\sum F_y = 0,\quad F_A\sin 30° - F_1\cos 45°\cos 30° - F_2\cos 45°\cos 30° = 0$$

$$\sum F_z = 0,\quad F_1\cos 45°\sin 30° + F_2\cos 45°\sin 30° + F_A\cos 30° - P = 0$$

求解上面的 3 个平衡方程，得

$$F_1 = F_2 = 3.536\ \text{kN},\quad F_A = 8.66\ \text{kN}$$

F_A 为正值，说明图中所设 $\boldsymbol{F}_A$ 的方向正确，杆 AB 受压力。

§4－2 力对点的矩和力对轴的矩

1. 力对点的矩以矢量表示——力矩矢

对于平面力系，用代数量表示力对点的矩足以概括它的全部要素。但在空间情况下，不仅要考虑力矩的大小、转向，而且还要注意力与矩心所组成的平面（力矩作用面）的方位。方位不同，即使力矩大小一样，作用效果将完全不同。这三个因素可以用力矩矢 $\boldsymbol{M}_O(\boldsymbol{F})$ 来描述。其中矢量的模 $|\boldsymbol{M}_O(\boldsymbol{F})| = F \times h = 2A_{\triangle OAB}$；矢量的方位和力矩作用面的法线方向相同；矢量的指向按右手螺旋法则来确定，如图 4－3 所示。

由图 4－3 易见，以 $\boldsymbol{r}$ 表示力作用点 A 的矢径，则矢积 $\boldsymbol{r} \times \boldsymbol{F}$ 的模等于三角形 OAB 面积的 2 倍，其方向与力矩矢一致。因此可得

$$M_O(F) = r \times F \tag{4-7}$$

上式为力对点的矩的矢积表达式，即力对点的矩矢等于矩心到该力作用点的矢径与该力的矢量积。

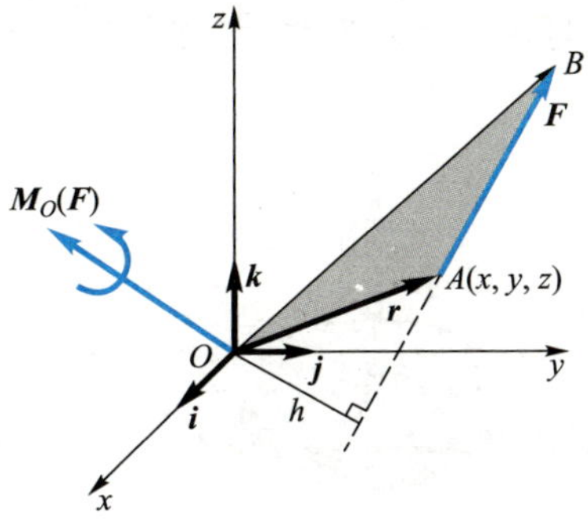

图 4－3

若以矩心 O 为原点，作空间直角坐标系 $Oxyz$ 如图 4－3 所示。设力作用点 A 的坐标为 $A(x,y,z)$，力在 3 个坐标轴上的投影分别为 F_x、F_y、F_z，则矢径 r 和力 F 分别可表示为

$$r = xi + yj + zk$$

$$F = F_x i + F_y j + F_z k$$

代入式(4－7)，并采用行列式形式，得

$$M_O(F) = r \times F = \begin{vmatrix} i & j & k \\ x & y & z \\ F_x & F_y & F_z \end{vmatrix}$$

$$= (yF_z - zF_y)i + (zF_x - xF_z)j + (xF_y - yF_x)k \tag{4-8}$$

由上式可知，单位矢量 i、j、k 前面的三个系数，应分别表示力矩矢 $M_O(F)$在 3 个坐标轴上的投影，即

$$\left.\begin{aligned} [M_O(F)]_x &= yF_z - zF_y \\ [M_O(F)]_y &= zF_x - xF_z \\ [M_O(F)]_z &= xF_y - yF_x \end{aligned}\right\} \tag{4-9}$$

由于力矩矢量 $M_O(F)$的大小和方向都与矩心 O 的位置有关，故力矩矢的始端必须在矩心，不可任意挪动，这种矢量称为定位矢量。

2. 力对轴的矩

工程中，经常遇到刚体绕定轴转动的情形，为了度量力对绕定轴转动刚体的作用效果，必须了解**力对轴的矩**的概念。

现计算作用在斜齿轮上的力 F 对 z 轴的矩。根据合力矩定理，将力 F 分解为 F_z 与 F_{xy}，其中分力 F_z 平行于 z 轴，不能使静止的齿轮转动，故它对 z 轴之矩为零；只有垂直于 z 轴的分力 F_{xy} 对 z 轴有矩，等于力 F_{xy} 对轮心

C 的矩(图4-4a)。一般情况下，可先将空间一力 $\boldsymbol{F}$ 投影到垂直于 z 轴的 Oxy 平面内，得力 $\boldsymbol{F}_{xy}$；再将力 $\boldsymbol{F}_{xy}$ 对平面与轴的交点 O 取矩(图4-4b)。以符号 $M_z(\boldsymbol{F})$ 表示力对 z 轴的矩，即

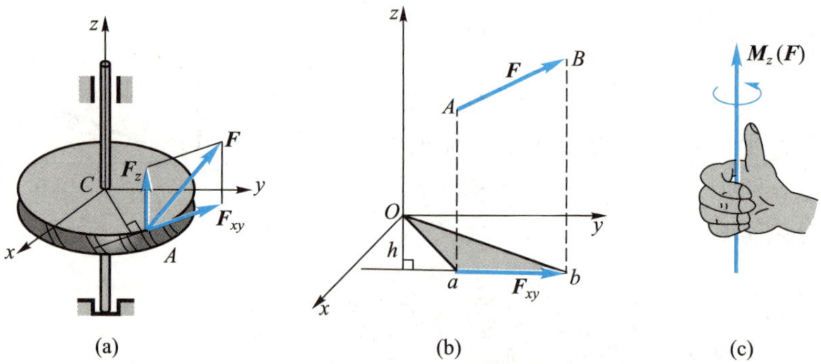

图 4-4

$$M_z(\boldsymbol{F}) = M_O(\boldsymbol{F}_{xy}) = \pm F_{xy}h \qquad (4-10)$$

力对轴的矩的定义如下：力对轴的矩是力使刚体绕该轴转动效果的度量，是一个代数量，其绝对值等于该力在垂直于该轴的平面上的投影对于这个平面与该轴的交点的矩。其正负号如下确定：从 z 轴正端来看，若力的这个投影使物体绕该轴逆时针转动，则取正号，反之取负号。也可按右手螺旋法则确定其正负号，如图4-4c所示，拇指指向与 z 轴一致为正，反之为负。

力对轴的矩等于零的情形：(1) 当力与轴相交时(此时 $h=0$)；(2) 当力与轴平行时(此时 $|\boldsymbol{F}_{xy}|=0$)。这两种情形可以合起来说：当力与轴在同一平面时，力对该轴的矩等于零。

力对轴的矩的单位为 N·m。

例4-3 手柄 $ABCE$ 在平面 Axy 内，在 D 处作用一个力 $\boldsymbol{F}$，如图4-5所示，它在垂直于 y 轴的平面内，偏离铅直线的角度为 θ。如果 $CD=a$，杆 BC 平行于 x 轴，杆 CE 平行于 y 轴，AB 和 BC 的长度都等于 l，试求力 $\boldsymbol{F}$ 对 x、y、z 三轴的矩。

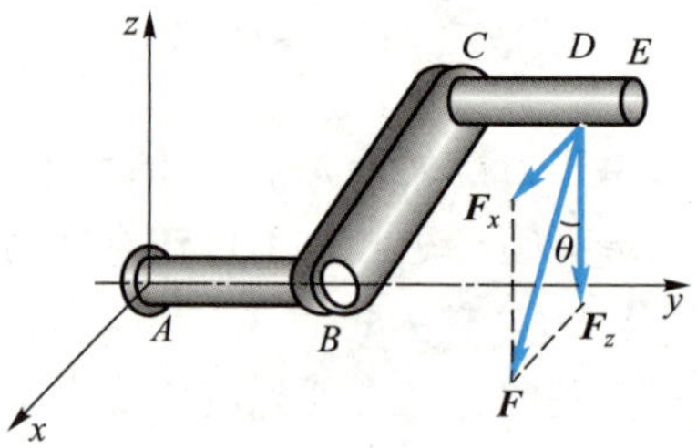

图 4-5

解： 力 $\boldsymbol{F}$ 在 x、y、z 轴上的投影为

$$F_x = F\sin\theta,\ F_y = 0,\ F_z = -F\cos\theta$$

力作用点 D 的坐标为

$$x = -l,\ y = l+a,\ z = 0$$

得

$$M_x(\boldsymbol{F}) = -F(l+a)\cos\theta$$

$$M_y(\boldsymbol{F}) = -Fl\cos\theta$$

$$M_z(\boldsymbol{F}) = -F(l+a)\sin\theta$$

3. 力对点的矩与力对通过该点的轴的矩的关系

利用式(4－9)容易证明

$$\left.\begin{aligned}[\boldsymbol{M}_O(\boldsymbol{F})]_x = M_x(\boldsymbol{F})\\ [\boldsymbol{M}_O(\boldsymbol{F})]_y = M_y(\boldsymbol{F})\\ [\boldsymbol{M}_O(\boldsymbol{F})]_z = M_z(\boldsymbol{F})\end{aligned}\right\} \tag{4-11}$$

上式说明：力对点的矩矢在通过该点的某轴上的投影，等于力对该轴的矩。

式(4－11)建立了力对点的矩与力对轴的矩之间的关系。

§4－3 空间力偶

1. 力偶矩以矢量表示——力偶矩矢

空间力偶对刚体的作用效应，可用力偶矩矢来度量，即用力偶中的两个力对空间某点之矩的矢量和来度量。设有空间力偶$(\boldsymbol{F},\boldsymbol{F}')$，其力偶臂为 d，如图 4－6a 所示。力偶对空间任一点 O 的力矩矢以 $\boldsymbol{M}_O(\boldsymbol{F},\boldsymbol{F}')$表示，有

$$\boldsymbol{M}_O(\boldsymbol{F},\boldsymbol{F}') = \boldsymbol{M}_O(\boldsymbol{F}) + \boldsymbol{M}_O(\boldsymbol{F}') = \boldsymbol{r}_A \times \boldsymbol{F} + \boldsymbol{r}_B \times \boldsymbol{F}'$$

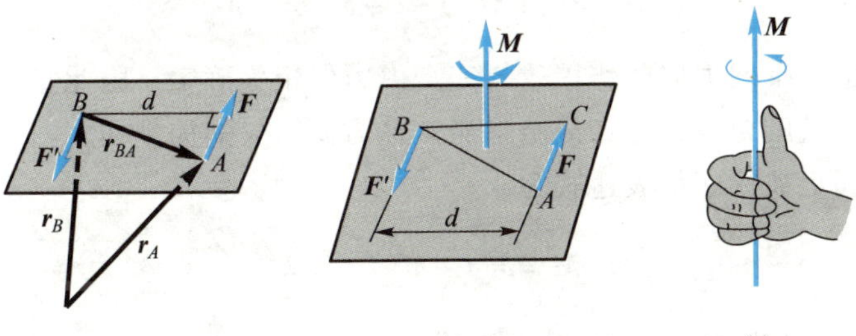

(a) (b) (c)

图 4－6

由于 $\boldsymbol{F}' = -\boldsymbol{F}$，故上式可改写为

$$\boldsymbol{M}_O(\boldsymbol{F},\boldsymbol{F}') = (\boldsymbol{r}_A - \boldsymbol{r}_B) \times \boldsymbol{F} = \boldsymbol{r}_{BA} \times \boldsymbol{F}(\text{或 } \boldsymbol{r}_{AB} \times \boldsymbol{F}')$$

计算表明，力偶对空间任一点的力矩矢与矩心无关，定义

$$\boldsymbol{M}=\boldsymbol{r}_{BA}\times\boldsymbol{F} \tag{4-12}$$

为力偶矩矢，由于力偶矩矢 $\boldsymbol{M}$ 无需确定矢的初端位置，这样的矢量称为**自由矢量**，如图 4－6b 所示。

可看出，空间力偶对刚体的作用效果决定于下列三个要素：

（1） 力偶矩矢的模，即力偶矩大小 $M=Fd=2A_{\triangle ABC}$(图 4－6b)；

（2） 力偶矩矢的方位，即力偶作用面的法线方向(图 4－6b)；

（3） 力偶矩矢的指向，即力偶的转向，如图 4－6c 所示。

2. 空间力偶等效定理

由于空间力偶对刚体的作用效果完全由力偶矩矢来确定，而力偶矩矢是自由矢量，因此两个空间力偶不论作用在刚体的什么位置，也不论力的大小、方向及力偶臂的大小如何，只要力偶矩矢相等，力偶就等效。这就是空间力偶等效定理，即作用在同一刚体上的两个空间力偶，如果其力偶矩矢相等，则它们彼此等效。

这一定理表明：空间力偶可以平移到与其作用面平行的任意平面上而不改变力偶对刚体的作用效果；也可以同时改变力与力偶臂的大小或将力偶在其作用面内任意移转，只要力偶矩矢的大小、方向不变，其作用效果就不变。可见，力偶矩矢是空间力偶作用效果的唯一度量。

3. 空间力偶系的合成与平衡条件

任意多个空间分布的力偶可合成为一个合力偶，合力偶矩矢等于各分力偶矩矢的矢量和，即

$$\boldsymbol{M}=\boldsymbol{M}_1+\boldsymbol{M}_2+\cdots+\boldsymbol{M}_n=\sum\boldsymbol{M}_i \tag{4-13}$$

这是由于空间力偶的作用效果完全由力偶矩矢确定，因此它们的合成必然是这些矢量的合成，其合成结果当然是力偶矩矢的矢量和。

合力偶矩矢的解析表达式为

$$\boldsymbol{M}=M_x\boldsymbol{i}+M_y\boldsymbol{j}+M_z\boldsymbol{k} \tag{4-14}$$

将式(4－13)分别向 x、y、z 轴投影，有

$$\left.\begin{aligned}M_x&=M_{1x}+M_{2x}+\cdots+M_{nx}=\sum M_{ix}\\M_y&=M_{1y}+M_{2y}+\cdots+M_{ny}=\sum M_{iy}\\M_z&=M_{1z}+M_{2z}+\cdots+M_{nz}=\sum M_{iz}\end{aligned}\right\} \tag{4-15}$$

即合力偶矩矢在 x、y、z 轴上的投影等于各分力偶矩矢在相应轴上投影的代

数和。

例 4-4　工件如图 4-7a 所示，它的四个面上同时钻五个孔，每个孔所受的切削力偶矩均为 80 N·m。试求工件所受合力偶的矩在 x、y、z 轴上的投影 M_x、M_y、M_z。

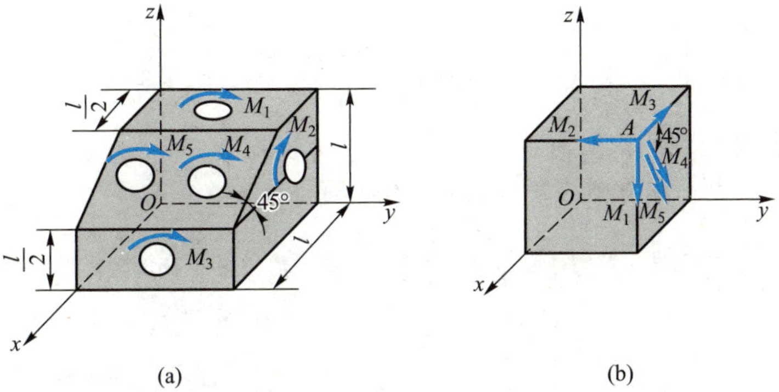

图 4-7

解：将作用在四个面上的力偶用力偶矩矢量表示，并将它们平行移到点 A，如图 4-7b 所示。根据式(4-15)，得

$$M_x = \sum M_x = -M_3 - M_4\cos 45° - M_5\cos 45° = -193.1\ \text{N}\cdot\text{m}$$

$$M_y = \sum M_y = -M_2 = -80\ \text{N}\cdot\text{m}$$

$$M_z = \sum M_z = -M_1 - M_4\cos 45° - M_5\cos 45° = -193.1\ \text{N}\cdot\text{m}$$

由于空间力偶系可以用一个合力偶来代替，因此空间力偶系平衡的必要和充分条件是：该力偶系的合力偶矩等于零，亦即所有力偶矩矢的矢量和等于零，即

$$\sum \boldsymbol{M}_i = \boldsymbol{0} \tag{4-16}$$

欲使上式成立，必须同时满足

$$\sum M_x = 0,\quad \sum M_y = 0,\quad \sum M_z = 0 \tag{4-17}$$

上式为空间力偶系的平衡方程。即空间力偶系平衡的必要和充分条件为：该力偶系中所有各力偶矩矢在 3 个坐标轴上投影的代数和分别等于零。

上述是 3 个独立的平衡方程可求解 3 个未知量。

§4-4　空间任意力系向一点的简化·主矢和主矩

1. 空间任意力系向一点的简化

刚体上作用空间任意力系($\boldsymbol{F}_1, \boldsymbol{F}_2, \cdots, \boldsymbol{F}_n$)(图 4-8a)。应用力的平移定

理，依次将各力向简化中心 O 平移，同时附加一个相应的力偶。这样，原来的空间任意力系被空间汇交力系和空间力偶系两个简单力系等效替换，如图4-8b 所示，其中

$$\left.\begin{aligned}\boldsymbol{F}_i'&=\boldsymbol{F}_i\\ \boldsymbol{M}_i&=\boldsymbol{M}_O(\boldsymbol{F}_i)\end{aligned}\right\}\quad(i=1,2,\cdots,n)$$

作用于点 O 的空间汇交力系可合成为一力 $\boldsymbol{F}_{\mathrm{R}}'$（图 4-8c），此力的作用线通过点 O，其大小和方向等于力系的主矢，即

$$\boldsymbol{F}_{\mathrm{R}}'=\sum\boldsymbol{F}_i=\sum F_{ix}\boldsymbol{i}+\sum F_{iy}\boldsymbol{j}+\sum F_{iz}\boldsymbol{k} \tag{4-18}$$

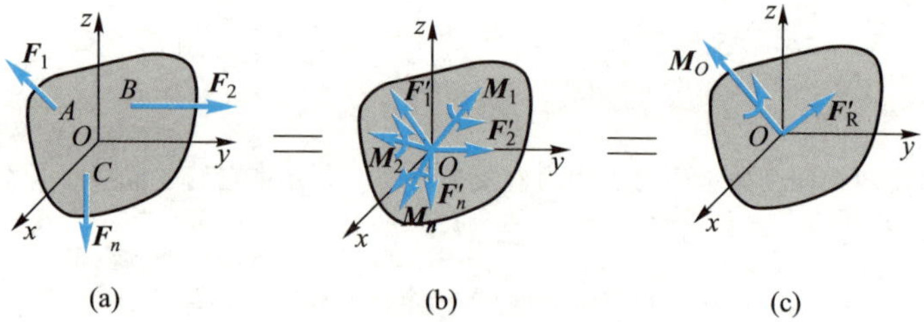

图 4-8

空间力偶系可合成为一力偶（图 4-8c）。其力偶矩矢等于原力系对点 O 的主矩，即

$$\boldsymbol{M}_O=\sum\boldsymbol{M}_i=\sum\boldsymbol{M}_O(\boldsymbol{F}_i)=\sum(\boldsymbol{r}_i\times\boldsymbol{F}_i) \tag{4-19}$$

空间任意力系向任一点 O 简化，可得一力和一力偶。这个力的大小和方向等于该力系的主矢，作用线通过简化中心 O；这个力偶的矩矢等于该力系对简化中心的主矩。与平面任意力系一样，主矢与简化中心的位置无关，主矩一般与简化中心的位置有关。

*2. 空间任意力系的简化结果分析

空间任意力系向一点简化可能出现下列四种情况：(1) $\boldsymbol{F}_{\mathrm{R}}'=\boldsymbol{0}$，$\boldsymbol{M}_O\neq\boldsymbol{0}$；(2) $\boldsymbol{F}_{\mathrm{R}}'\neq\boldsymbol{0}$，$\boldsymbol{M}_O=\boldsymbol{0}$；(3) $\boldsymbol{F}_{\mathrm{R}}'\neq\boldsymbol{0}$，$\boldsymbol{M}_O\neq\boldsymbol{0}$；(4) $\boldsymbol{F}_{\mathrm{R}}'=\boldsymbol{0}$，$\boldsymbol{M}_O=\boldsymbol{0}$。现分别加以讨论。

(1) 空间任意力系简化为一合力偶的情形

当空间任意力系向任一点简化时，若主矢 $\boldsymbol{F}_{\mathrm{R}}'=\boldsymbol{0}$，主矩 $\boldsymbol{M}_O\neq\boldsymbol{0}$，这时得一与原力系等效的力偶，称为合力偶，其合力偶矩矢等于原力系对简化中心的主矩。由于力偶矩矢与矩心位置无关，因此，在这种情况下，主矩与简化中心的位置无关。

(2) 空间任意力系简化为一合力的情形

当空间任意力系向任一点简化时，若主矢 $\boldsymbol{F}_{\mathrm{R}}'\neq\boldsymbol{0}$，而主矩 $\boldsymbol{M}_O=\boldsymbol{0}$，这时得一与原力

系等效的力，称为合力，合力的作用线通过简化中心 O，其大小和方向等于原力系的主矢。

若空间任意力系向一点简化的结果为主矢 $\boldsymbol{F}'_R \neq \boldsymbol{0}$，又主矩 $\boldsymbol{M}_O \neq \boldsymbol{0}$，且 $\boldsymbol{F}'_R \perp \boldsymbol{M}_O$（图 4-9a）。这时，力 $\boldsymbol{F}'_R$ 和力偶矩矢为 $\boldsymbol{M}_O$ 的力偶（$\boldsymbol{F}''_R$，$\boldsymbol{F}_R$）在同一平面内（图 4-9b），可将力 $\boldsymbol{F}'_R$ 与力偶（$\boldsymbol{F}''_R$，$\boldsymbol{F}_R$）进一步合成，得作用于点 O' 的一个力 $\boldsymbol{F}_R$（图 4-9c）。此力与原力系等效，称为原力系的合力，其大小和方向等于原力系的主矢，其作用线离简化中心 O 的距离为

$$d = \frac{|\boldsymbol{M}_O|}{F_R} \tag{4-20}$$

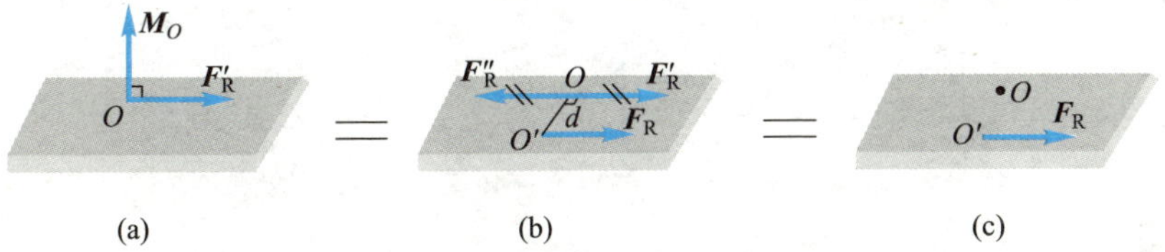

图 4-9

（3）空间任意力系简化为力螺旋的情形

如果空间任意力系向一点简化后，主矢和主矩都不等于零，而 $\boldsymbol{F}'_R // \boldsymbol{M}_O$，这种结果称为**力螺旋**，如图 4-10 所示。所谓力螺旋就是由一力和一力偶组成的力系，其中的力垂直于力偶的作用面。例如，钻孔时的钻头对工件的作用以及拧螺钉时螺丝刀对螺钉的作用都是力螺旋。

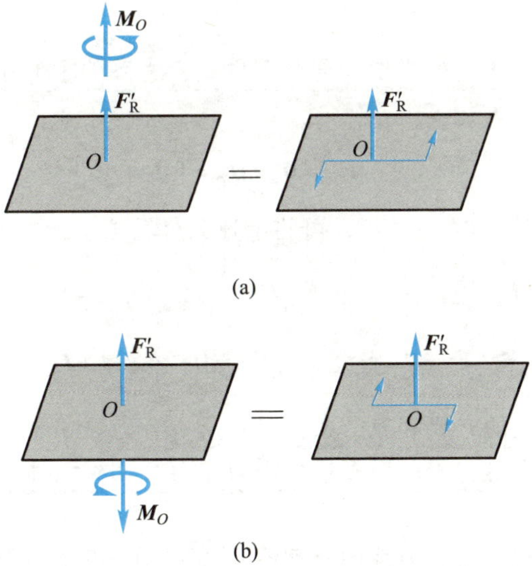

图 4-10

动画 4-1：力螺旋

力螺旋是由静力学的两个基本要素力和力偶组成的最简单的力系，不能再进一步合成。

如果 $\boldsymbol{F}'_{\mathrm{R}} \neq \boldsymbol{0}$，$\boldsymbol{M}_O \neq \boldsymbol{0}$，同时两者既不平行，又不垂直，如图 4－11a 所示。此时，可将 $\boldsymbol{M}_O$ 分解为两个分力偶 $\boldsymbol{M}''_O$ 和 $\boldsymbol{M}'_O$，它们分别垂直于 $\boldsymbol{F}'_{\mathrm{R}}$ 和平行于 $\boldsymbol{F}'_{\mathrm{R}}$，如图 4－11b 所示，则 $\boldsymbol{M}''_O$ 和 $\boldsymbol{F}'_{\mathrm{R}}$ 可用作用于点 O' 的力 $\boldsymbol{F}_{\mathrm{R}}$ 来代替。由于力偶矩矢是自由矢量，故可将 $\boldsymbol{M}'_O$ 平行移动，使之与 $\boldsymbol{F}_{\mathrm{R}}$ 共线。这样便得一力螺旋，其中心轴不在简化中心 O，而是通过另一点 O'，如图4－11c所示。O、O'两点间的距离为

$$d = \frac{|\boldsymbol{M}''_O|}{F'_{\mathrm{R}}} = \frac{M_O \sin\theta}{F'_{\mathrm{R}}} \tag{4-21}$$

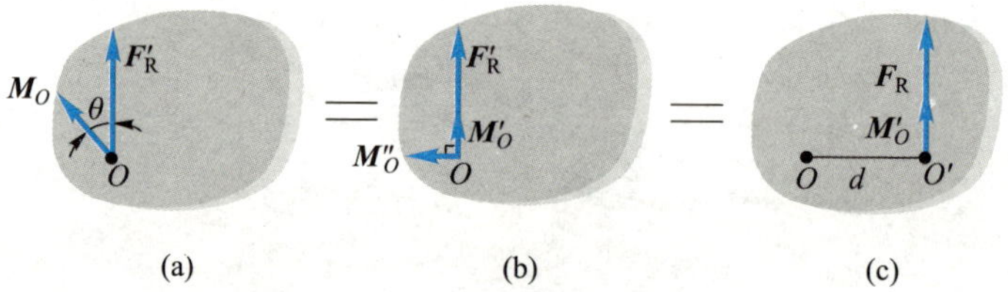

图 4－11

（4）空间任意力系简化为平衡的情形

当空间任意力系向任一点简化时，若主矢 $\boldsymbol{F}'_{\mathrm{R}} = \boldsymbol{0}$，主矩 $\boldsymbol{M}_O = \boldsymbol{0}$，这是空间任意力系平衡的情形，将在下节详细讨论。

§4－5 空间任意力系的平衡方程

空间任意力系平衡的必要和充分条件是：力系的主矢和对于任一点的主矩都等于零，即

$$\boldsymbol{F}'_{\mathrm{R}} = \boldsymbol{0},\quad \boldsymbol{M}_O = \boldsymbol{0}$$

根据式(4－18)和(4－19)，可将上述条件写成下面的形式

$$\left.\begin{aligned} &\sum F_x = 0, && \sum F_y = 0, && \sum F_z = 0 \\ &\sum M_x(\boldsymbol{F}) = 0, && \sum M_y(\boldsymbol{F}) = 0, && \sum M_z(\boldsymbol{F}) = 0 \end{aligned}\right\} \tag{4-22}$$

空间任意力系平衡的必要和充分条件是：所有各力在 3 个坐标轴中每一个轴上的投影的代数和等于零，以及这些力对于每一个坐标轴的矩的代数和也等于零。

我们可以从空间任意力系的普遍平衡方程中导出特殊情况的平衡方程，如空间平行力系、空间汇交力系和平面任意力系等的平衡方程。现以空间平

行力系为例，其余情况读者可自行推导。

如图 4－12 所示的空间平行力系，设 z 轴与这些力平行，则各力对于 z 轴的矩等于零。又由于 x 轴和 y 轴都与这些力垂直，所以各力在这两轴上的投影也等于零。因而在平衡方程组（4－22）中，第一、第二和第六个方程成了恒等式。因此，空间平行力系只有三个平衡方程，即

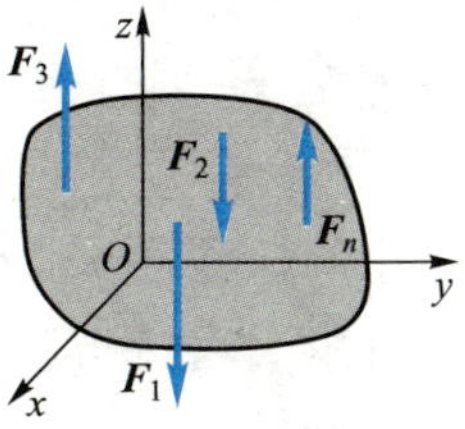

图 4－12

$$\sum F_z=0,\quad \sum M_x(\boldsymbol{F})=0,\quad \sum M_y(\boldsymbol{F})=0 \qquad (4-23)$$

例 4－5　在图 4－13a 中，胶带的拉力 $F_2=2F_1$，曲柄上作用有铅垂力 $F=2\ 000$ N。皮带轮的直径 $D=400$ mm，曲柄长 $R=300$ mm，胶带 1 和胶带 2 与铅垂线间夹角分别为 $\theta=30°$，$\beta=60°$（见图 4－13b），其他尺寸如图所示。试求胶带拉力和轴承约束力。

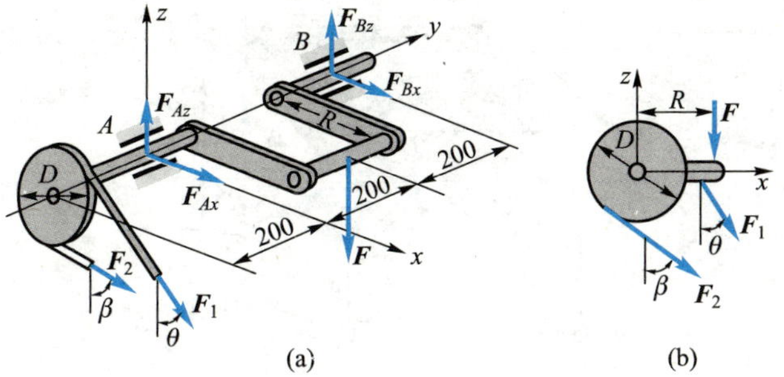

图 4－13

解： 取整体为研究对象，受力如图 4－13a 所示。轴受空间任意力系作用，选坐标轴如图所示，列平衡方程：

$$\sum F_x=0,\ F_1\sin 30°+F_2\sin 60°+F_{Ax}+F_{Bx}=0$$

$$\sum F_y=0,\ 0=0$$

$$\sum F_z=0,\ -F_1\cos 30°-F_2\cos 60°-F+F_{Az}+F_{Bz}=0$$

$$\sum M_x(F)=0,\ 0.2\ \text{m}\cdot F_1\cos 30°+0.2\ \text{m}\cdot F_2\cos 60°-0.2\ \text{m}\cdot F+0.4\ \text{m}\cdot F_{Bz}=0$$

$$\sum M_y(F)=0,\ 0.3\ \text{m}\cdot F-0.2\ \text{m}\cdot(F_2-F_1)=0$$

$$\sum M_z(F)=0,\ 0.2\ \text{m}\cdot F_1\sin 30°+0.2\ \text{m}\cdot F_2\sin 60°-0.4\ \text{m}\cdot F_{Bx}=0$$

又有

$$F_2=2F_1$$

联立上述方程，解得

$$F_1 = 3\ 000\ \text{N},\ F_2 = 6\ 000\ \text{N}$$

$$F_{Ax} = -10\ 044\ \text{N},\ F_{Az} = 9\ 397\ \text{N}$$

$$F_{Bx} = 3\ 348\ \text{N},\ F_{Bz} = -1\ 799\ \text{N}$$

空间任意力系有 6 个独立的平衡方程，可求解 6 个未知量，但其平衡方程不局限于式(4－22)所示的形式。为使解题简便，每个方程中最好只包含一个未知量。为此，选投影轴时应尽量与其余未知力垂直；选取矩的轴时应尽量与其余的未知力平行或相交。投影轴不必相互垂直，取矩的轴也不必与投影轴重合，力矩方程的数目可取 3 个至 6 个。现举例如下。

例 4－6 图 4－14 所示均质长方板由六根直杆支持于水平位置，直杆两端各用球铰链与板和地面连接。板重为 P，在 A 处作用一水平力 $\boldsymbol{F}$，且 $F=2P$。试求各杆的内力。

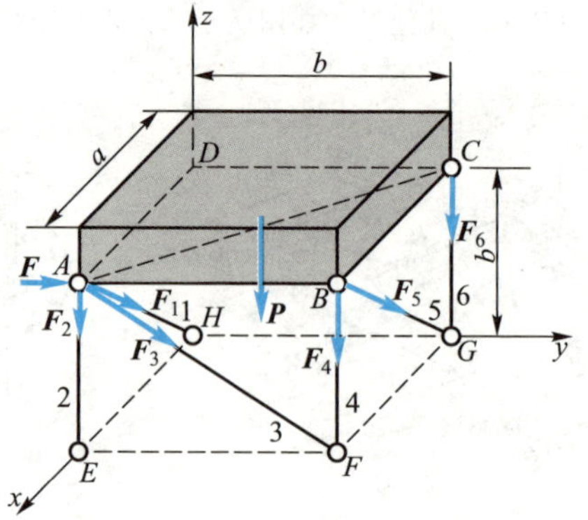

图 4－14

解：取长方体刚板为研究对象，各支杆均为二力杆，设它们均受拉力。板的受力图如图 4－14 所示。列平衡方程

$$\sum M_{AE}(\boldsymbol{F}) = 0,\ F_5 = 0 \tag{a}$$

$$\sum M_{BF}(\boldsymbol{F}) = 0,\ F_1 = 0 \tag{b}$$

$$\sum M_{AC}(\boldsymbol{F}) = 0,\ F_4 = 0 \tag{c}$$

$$\sum M_{AB}(\boldsymbol{F}) = 0,\ P \times \frac{a}{2} + F_6 a = 0 \tag{d}$$

解得

$$F_6 = -\frac{P}{2}(\text{压力})$$

由

$$\sum M_{DH}(\boldsymbol{F}) = 0,\quad Fa + F_3 \cos 45^\circ \times a = 0 \tag{e}$$

解得

$$F_3 = -2\sqrt{2}P（压力）$$

由

$$\sum M_{FG}(\boldsymbol{F}) = 0,\quad Fb - F_2 b - P\times\frac{b}{2} = 0 \tag{f}$$

解得

$$F_2 = 1.5P（拉力）$$

上例中用 6 个力矩方程求得 6 个杆的内力。一般，力矩方程比较灵活，常可使一个方程只含一个未知量。当然也可以采用其他形式的平衡方程求解。如用 $\sum F_x = 0$ 代替式(b)，同样求得 $F_1 = 0$；又可用 $\sum F_y = 0$ 代替式(e)，同样求得 $F_3 = -2\sqrt{2}P$。读者还可以试用其他方程求解。但无论怎样列方程，独立平衡方程的数目只有 6 个。空间任意力系平衡方程的基本形式为式(4－22)，即三个投影方程和三个力矩方程，它们是相互独立的。其他不同形式的平衡方程还有多组，也只有 6 个独立方程，由于空间情况比较复杂，本书不再讨论其独立性条件，但只要各用一个方程逐个求出各未知数，这 6 个方程一定是独立的。

§4－6　重　　心

1. 平行力系中心

平行力系中心是平行力系合力通过的一个点。设在刚体上 A、B 两点作用两个平行力 $\boldsymbol{F}_1$、$\boldsymbol{F}_2$，如图 4－15 所示。将其合成，得合力矢为

$$\boldsymbol{F}_R = \boldsymbol{F}_1 + \boldsymbol{F}_2$$

由合力矩定理可确定合力作用点 C，则有

$$\frac{F_1}{BC} = \frac{F_2}{AC} = \frac{F_R}{AB}$$

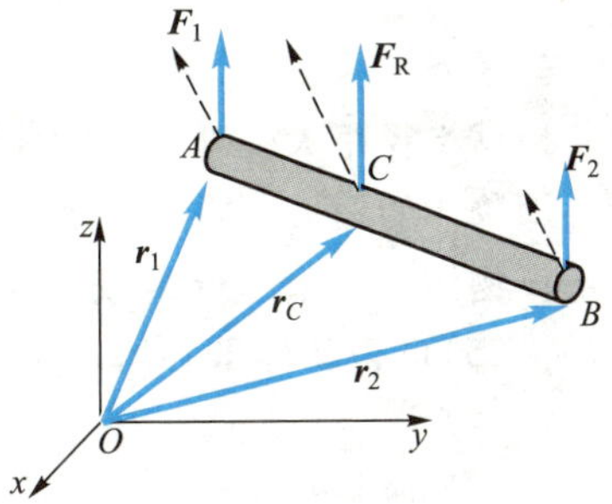

图 4－15

若将原有各力绕其作用点转过同一角度，使它们保持相互平行，则合力 $\boldsymbol{F}_R$ 仍与各力平行，也绕点 C 转过相同的角度，且合力的作用点 C 不变，如图 4－15 所示。上面的分析对反向平行力也适用。对于多个力组成的平行力系，以上的分析方法和结论仍然适用。

由此可知，平行力系合力作用点的位置仅与各平行力的大小和作用点的位置有关，而与各平行力的方向无关。称该点为此平行力系的中心。

取各力作用点矢径如图 4-15 所示，由合力矩定理，得

$$\boldsymbol{r}_C \times \boldsymbol{F}_R = \boldsymbol{r}_1 \times \boldsymbol{F}_1 + \boldsymbol{r}_2 \times \boldsymbol{F}_2$$

设力作用线方向的单位矢量为 $\boldsymbol{F}^0$，则上式变为

$$\boldsymbol{r}_C \times F_R \boldsymbol{F}^0 = \boldsymbol{r}_1 \times F_1 \boldsymbol{F}^0 + \boldsymbol{r}_2 \times F_2 \boldsymbol{F}^0$$

从而得

$$\boldsymbol{r}_C = \frac{F_1 \boldsymbol{r}_1 + F_2 \boldsymbol{r}_2}{F_R} = \frac{F_1 \boldsymbol{r}_1 + F_2 \boldsymbol{r}_2}{F_1 + F_2}$$

若有若干个力组成的平行力系，用上述方法可以求得合力大小 $F_R = \sum F_i$,合力方向与各力方向平行，合力的作用点为

$$\boldsymbol{r}_C = \frac{\sum F_i \boldsymbol{r}_i}{\sum F_i} \tag{4-24}$$

显然，$\boldsymbol{r}_C$ 只与各力的大小及作用点有关，而与平行力系的方向无关。点 C 即为此平行力系的中心。

将式(4-24)投影到图 4-15 中的直角坐标轴上，得

$$x_C = \frac{\sum F_i x_i}{\sum F_i},\quad y_C = \frac{\sum F_i y_i}{\sum F_i},\quad z_C = \frac{\sum F_i z_i}{\sum F_i} \tag{4-25}$$

2. 重心

地球半径很大，地表面物体的**重力**可以看作是平行力系，此平行力系的中心即物体的**重心**。重心有确定的位置，与物体在空间的位置无关。

设物体由若干部分组成，其第 i 部分重为 P_i，重心为(x_i, y_i, z_i)，则由式(4-25)可得物体重心的计算公式为

$$x_C = \frac{\sum P_i x_i}{\sum P_i},\quad y_C = \frac{\sum P_i y_i}{\sum P_i},\quad z_C = \frac{\sum P_i z_i}{\sum P_i} \tag{4-26}$$

考虑到 $P_i = m_i g$，$P = mg$，式中，g 为重力加速度，m_i 为微体的质量，m 为物体的质量，代入式(4-26)，得到计算物体重心(质心)的坐标公式为

$$x_C = \frac{\sum m_i x_i}{m},\quad y_C = \frac{\sum m_i y_i}{m},\quad z_C = \frac{\sum m_i z_i}{m} \tag{4-27}$$

如果物体是均质的，又有 $m_i = V_i\rho$，$m = V\rho$，式中，ρ 为物体的密度，V_i 为微体的体积，V 为物体的体积，代入式(4－27)，又得到计算物体重心(形心)的坐标公式为

$$x_C = \frac{\sum V_i x_i}{V},\quad y_C = \frac{\sum V_i y_i}{V},\quad z_C = \frac{\sum V_i z_i}{V} \tag{4-28}$$

显然，均质物体的**重心**就是几何中心，即**形心**。

如果物体为等厚均质板或薄壳，又有 $V_i = A_i h$，$V = Ah$，式中，h 为板或壳的厚度，A_i 为微体的面积，A 为物体的面积，又有计算物体重心(形心)的坐标公式为

$$x_C = \frac{\sum A_i x_i}{A},\quad y_C = \frac{\sum A_i y_i}{A},\quad z_C = \frac{\sum A_i z_i}{A} \tag{4-29}$$

习　题

4－1　在正方体的顶角 A 和 B 处，分别作用力 $\boldsymbol{F}_1$ 和 $\boldsymbol{F}_2$，如图所示。试求此两力在 x、y、z 轴上的投影和对 x、y、z 轴的矩，并将图中的力系向点 O 简化，用解析式表示主矢、主矩的大小和方向。

4－2　力系中，$F_1 = 100$ N，$F_2 = 300$ N，$F_3 = 200$ N，各力作用线的位置如图所示。试将力系向原点 O 简化。

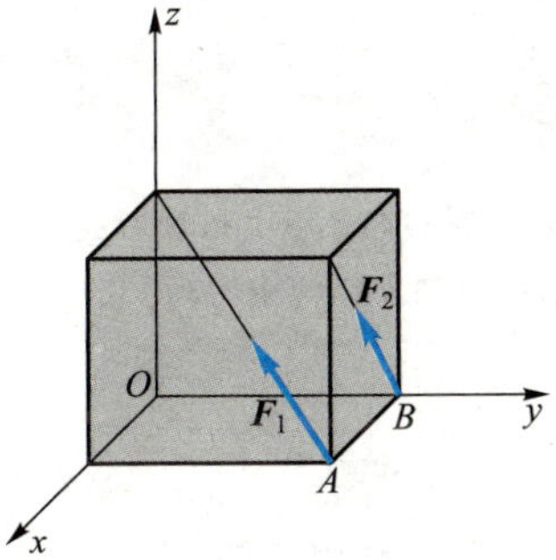

题 4－1 图

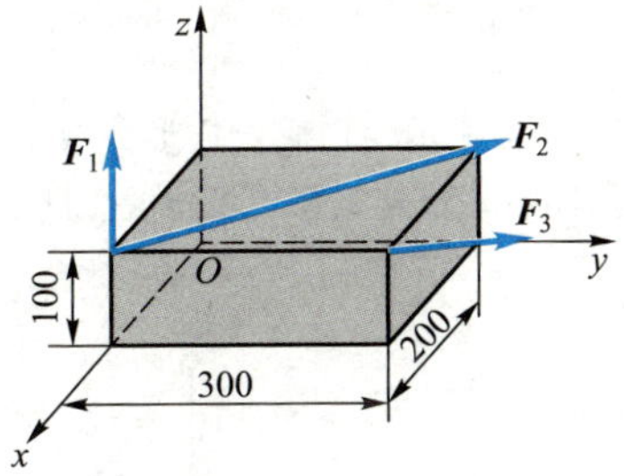

题 4－2 图

4－3　一平行力系由五个力组成，力的大小和作用线的位置如图所示。图中小正方格的边长为 10 mm。试求平行力系的合力。

4－4　水平圆盘的半径为 r，外缘 C 处作用有已知力 $\boldsymbol{F}$。力 $\boldsymbol{F}$ 位于圆盘 C 处的切平面内，且与 C 处圆盘切线夹角为 60°，其他尺寸如图所示。试求力 $\boldsymbol{F}$ 对 x、y、z 轴之矩。

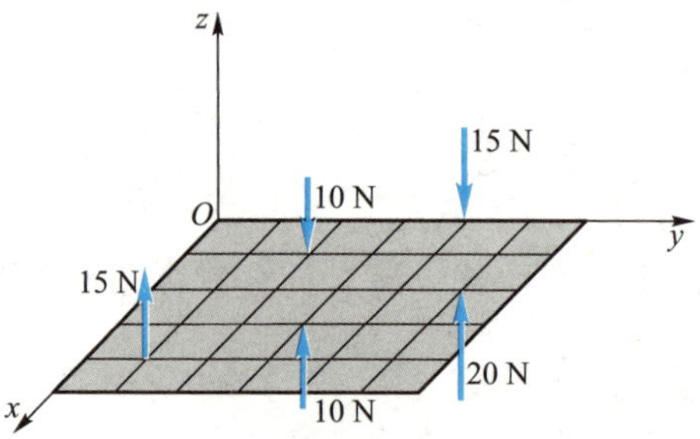

题 4－3 图

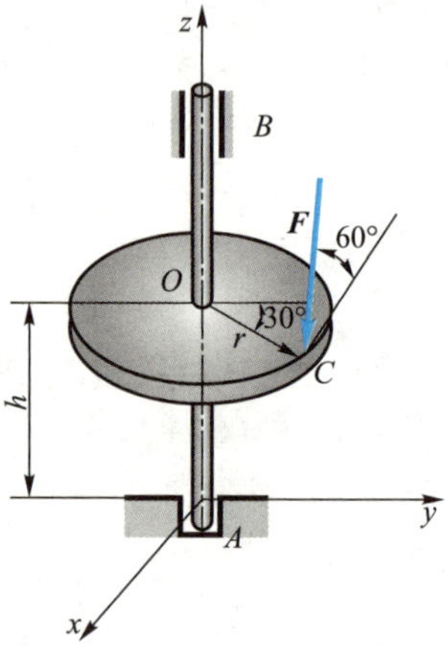

题 4－4 图

4－5 图示空间构架由三根无重直杆组成，在 D 端用球铰链连接，如图所示。A、B 和 C 端则用球铰链固定在水平地板上。如果挂在 D 端的物重 $P=10$ kN，试求铰链 A、B 和 C 的约束力。

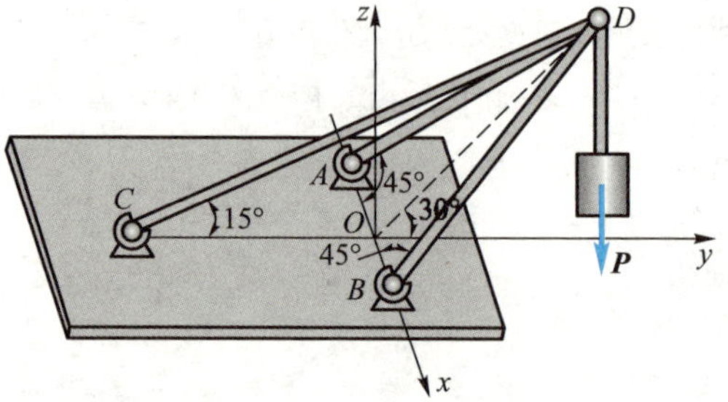

题 4－5 图

4－6 如图所示，均质长方形薄板重 $P=200$ N，用球铰链 A 和蝶铰链 B 固定在墙上，并用绳子 CE 维持板在水平位置。试求绳子的拉力和支座约束力。

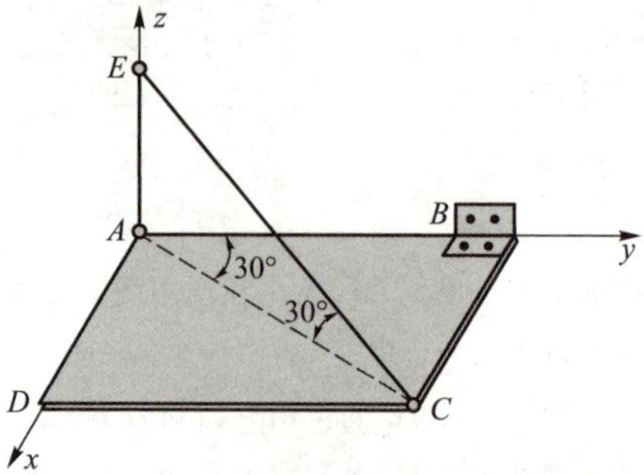

题 4－6 图

4-7　试求图示力 $F=1\ 000$ N 对于 z 轴的力矩 M_z。

4-8　如图所示，三脚圆桌的半径为 $r=500$ mm，重为 $P=600$ N。圆桌的三脚 A、B 和 C 形成一等边三角形。若在中线 CD 上距圆心为 a 的点 M 处作用铅直力 $F=1\ 500$ N，试求使圆桌不致翻倒的最大距离 a。

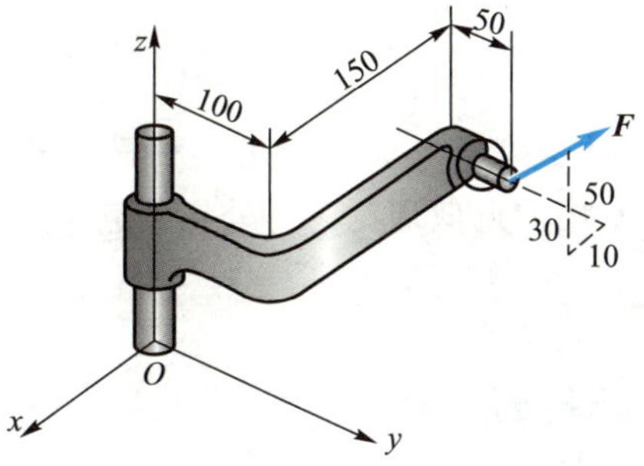

题 4-7 图

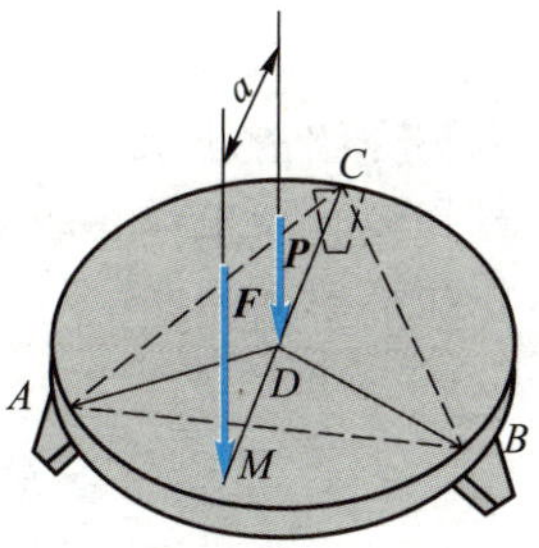

题 4-8 图

4-9　图示六根杆支撑一水平板，在板角处受铅垂力 $\boldsymbol{F}$ 作用，不计板和杆的自重。试求各杆内力。

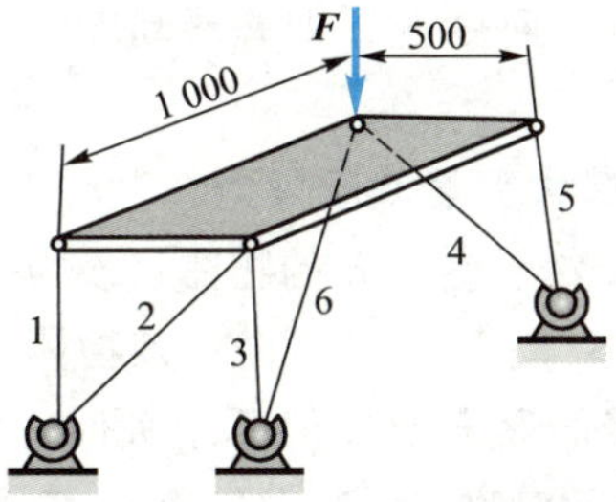

题 4-9 图

第五章 摩 擦

本章将介绍滑动摩擦及滚动摩阻定律，由于**摩擦**是一种极其复杂的物理－力学现象，这里仅介绍工程中常用的近似理论，另外将重点研究有摩擦存在时物体的平衡问题。

§5－1 滑动摩擦

两个表面粗糙的物体，当其接触表面之间有相对滑动趋势或相对滑动时，彼此作用有阻碍相对滑动的阻力，即滑动摩擦力。**摩擦力**作用于相互接触处，其方向与相对滑动的趋势或相对滑动的方向相反，它的大小根据主动力作用的不同，可以分为三种情况，即静滑动摩擦力、最大静滑动摩擦力和动滑动摩擦力。

1. 静滑动摩擦力及最大静滑动摩擦力

在粗糙的水平面上放置一重为 P 的物体，该物体在重力 $\boldsymbol{P}$ 和法向约束力 $\boldsymbol{F}_N$ 的作用下处于静止状态(图 5－1a)。今在该物体上作用一大小可变化的水平拉力 $\boldsymbol{F}$，当拉力 $\boldsymbol{F}$ 由零值逐渐增加但不很大时，物体仅有相对滑动趋势，但仍保持静止。可见支承面对物体除法向约束力 $\boldsymbol{F}_N$ 外，还有一个阻碍物体沿水平面向右滑动的切向约束力，此力即**静滑动摩擦力**，简称静摩擦力，常以 $\boldsymbol{F}_s$ 表示，方向向左，如图 5－1b 所示。它的大小由平衡条件确定。此时有

$$\sum F_x = 0,\ F_s = F$$

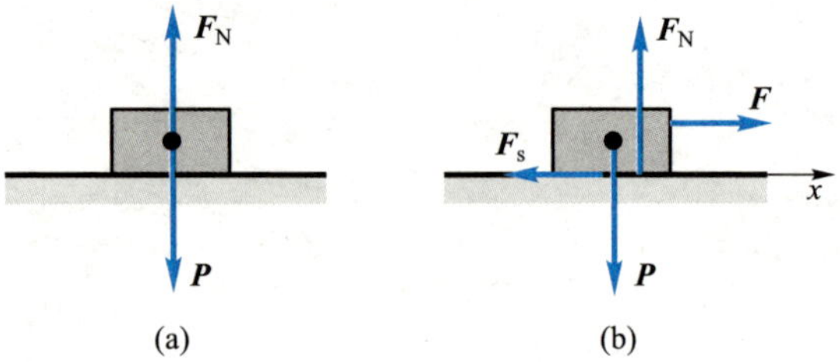

图 5－1

由上式可知，静摩擦力的大小随主动力 $\boldsymbol{F}$ 的增大而增大，这是静摩擦力和

一般约束力共同的性质。

静摩擦力并不随主动力 $\boldsymbol{F}$ 的增大而无限度地增大。当主动力 $\boldsymbol{F}$ 的大小达到一定数值时，物块处于平衡的临界状态。这时，静摩擦力达到最大值，即为最大静滑动摩擦力，简称最大静摩擦力，以 $\boldsymbol{F}_{max}$ 表示。此后，如果主动力 $\boldsymbol{F}$ 再继续增大，但静摩擦力不能再随之增大，物体将失去平衡而滑动。这就是静摩擦力的特点。

综上所述，静摩擦力的大小随主动力的情况而改变，但介于零与最大值之间，即

$$0 \leqslant F_s \leqslant F_{max} \tag{5-1}$$

实验表明：最大静摩擦力的大小与两物体间的正压力(即法向约束力)成正比，即

$$F_{max} = f_s F_N \tag{5-2}$$

式中，f_s 是比例常数，称为**静摩擦因数**，它是量纲为一的量。

式(5－2)称为静摩擦定律(又称**库仑摩擦定律**)，是工程中常用的近似理论。

静摩擦因数的大小需由实验测定。它与接触物体的材料和表面情况(如粗糙度、温度和湿度等)有关，而与接触面积的大小无关。

静摩擦因数的数值可在工程手册中查到。

2. 动滑动摩擦力

当滑动摩擦力已达到最大值时，若主动力 $\boldsymbol{F}$ 再继续加大，接触面之间将出现相对滑动。此时，接触物体之间仍作用有阻碍相对滑动的阻力，这种阻力称为动滑动摩擦力，简称**动摩擦力**，以 $\boldsymbol{F}$ 表示。实验表明：动摩擦力的大小与接触物体间的正压力成正比，即

$$F = f_d F_N \tag{5-3}$$

式中，f_d 是**动摩擦因数**，它与接触物体的材料和表面情况有关。

一般情况下，动摩擦因数小于静摩擦因数，即 $f_d < f_s$。

在机器中，往往用降低接触表面的粗糙度或加入润滑剂等方法，使动摩擦因数 f_d 降低，以减小摩擦和磨损。

*§5－2　摩擦角和自锁现象

1. 摩擦角

当有摩擦时，支承面对平衡物体的约束力包含法向约束力 $\boldsymbol{F}_N$ 和切向约束力 $\boldsymbol{F}_s$(即

静摩擦力）。这两个分力的矢量和 $\boldsymbol{F}_{RA}=\boldsymbol{F}_N+\boldsymbol{F}_s$ 称为支承面的全约束力，它的作用线与接触面的公法线成一偏角 φ，如图 5-2a 所示。当物块处于平衡的临界状态时，静摩擦力达到由式(5-2)确定的最大值，偏角 φ 也达到最大值 φ_f，如图 5-2b 所示。全约束力与法线间的夹角的最大值 φ_f 称为**摩擦角**。由图可得

$$\tan\varphi_f=\frac{F_{max}}{F_N}=\frac{f_sF_N}{F_N}=f_s \tag{5-4}$$

即摩擦角的正切等于静摩擦因数。可见，摩擦角与摩擦因数一样，都是表示材料的表面性质的量。

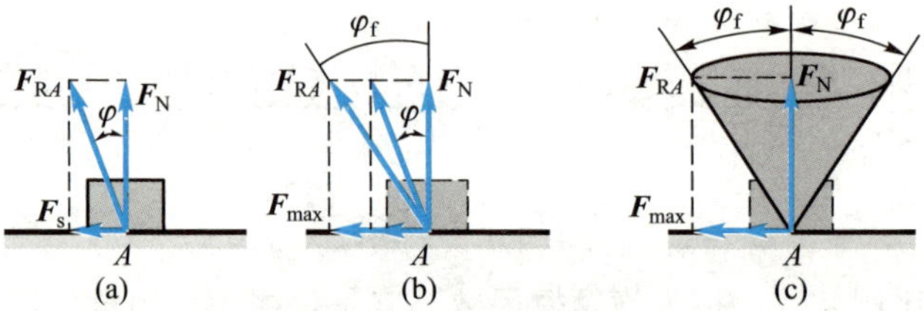

图 5-2

当物块的滑动趋势方向改变时，全约束力作用线的方位也随之改变；在临界状态下，$\boldsymbol{F}_{RA}$ 的作用线将画出一个以接触点 A 为顶点的锥面，如图 5-2c 所示，称为摩擦锥。设物块与支承面间沿任何方向的摩擦因数都相同，即摩擦角都相等，则摩擦锥将是一个顶角为 $2\varphi_f$ 的圆锥。

2. 自锁现象

物块平衡时，静摩擦力不一定达到最大值，可在零与最大值 F_{max} 之间变化，所以全约束力与法线间的夹角 φ 也在零与摩擦角 φ_f 之间变化，即

$$0\leqslant\varphi\leqslant\varphi_f \tag{5-5}$$

由于静摩擦力不可能超过最大值，因此全约束力的作用线也不可能超出摩擦角以外，即全约束力必在摩擦角之内。由此可知：

（1）如果作用于物块的全部主动力的合力 $\boldsymbol{F}_R$ 的作用线在摩擦角 φ_f 之内，则无论这个力怎样大，物块必保持静止。这种现象称为**自锁**。因为在这种情况下，主动力的合力 $\boldsymbol{F}_R$ 与法线间的夹角 $\theta<\varphi_f$，因此，$\boldsymbol{F}_R$ 和全约束力 $\boldsymbol{F}_{RA}$ 必能满足二力平衡条件，且 $\theta=\varphi<\varphi_f$，如图 5-3a 所示。工程实际中常应用自锁条件设计一些机构或夹具，如千斤顶、压榨机、圆锥销等，使它们始终保持在平衡状态下工作。

（2）如果全部主动力的合力 $\boldsymbol{F}_R$ 的作用线在摩擦角 φ_f 之外，则无论这个力怎样小，物块一定会滑动。因为在这种情况下，$\theta>\varphi_f$，而 $\varphi\leqslant\varphi_f$，支承面的全约束力 $\boldsymbol{F}_{RA}$ 和主动力的合力 $\boldsymbol{F}_R$ 不能满足二力平衡条件，如图 5-3b 所示。应用这个道理，可以设法避免发生自锁现象。

利用摩擦角的概念，可用简单的试验方法，测定静摩擦因数。如图 5-4 所示，把要测定的两种材料分别做成斜面和物块，把物块放在斜面上，并逐渐从零起增大斜面的

倾角 θ，直到物块刚开始下滑时为止。这时的 θ 角就是要测定的摩擦角 φ_f，因为当物块处于临界状态时，$\boldsymbol{P}=-\boldsymbol{F}_{RA}$，$\theta=\varphi_f$。由式(5-4)求得摩擦因数，即

$$f_s=\tan\varphi_f=\tan\theta$$

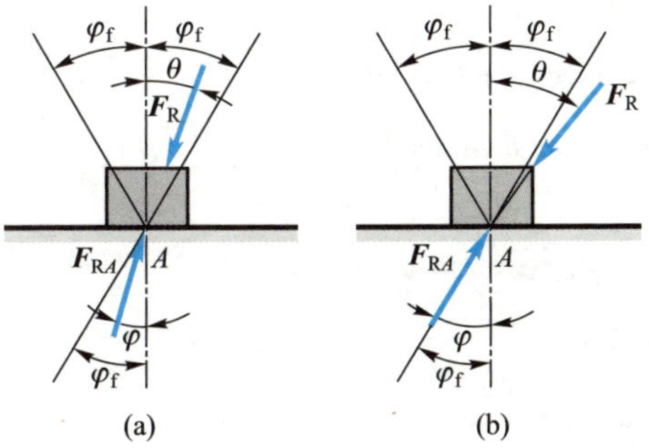

图 5-3

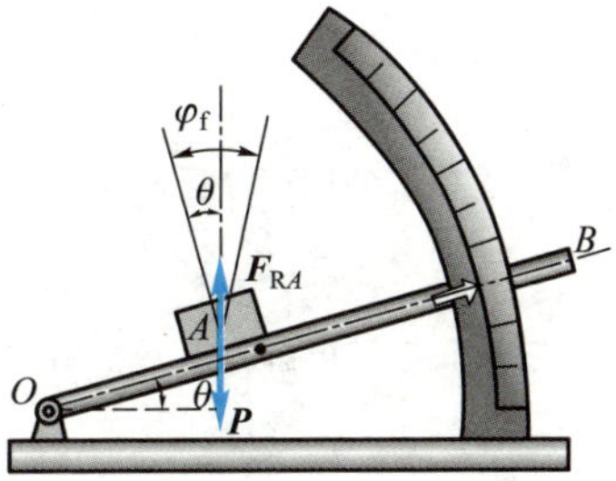

图 5-4

§5-3 考虑摩擦时物体的平衡问题

考虑摩擦时，求解物体平衡问题的步骤与前几章所述大致相同，但有如下的几个特点：(1) 分析物体受力时，必须考虑接触面间切向的摩擦力 $\boldsymbol{F}_s$，通常增加了未知量的数目；(2)为确定这些新增加的未知量，还需列出补充方程，即 $F_s\leqslant f_sF_N$，补充方程的数目与摩擦力的数目相同；(3)由于物体平衡时摩擦力有一定的范围(即 $0\leqslant F_s\leqslant f_sF_N$)，所以有摩擦时平衡问题的解亦有一定的范围，而不是一个确定的值。

工程中有不少问题只需要分析平衡的临界状态，这时静摩擦力等于其最大值，补充方程只取等号。有时为了计算方便，也先在临界状态下计算，求得结果后再分析、讨论其解的平衡范围。

例 5-1 物体重为 P，放在倾角为 θ 的斜面上，它与斜面间的摩擦因数为 f_s，如图 5-5a所示。当物体处于平衡时，试求水平力 $\boldsymbol{F}_1$ 的大小。

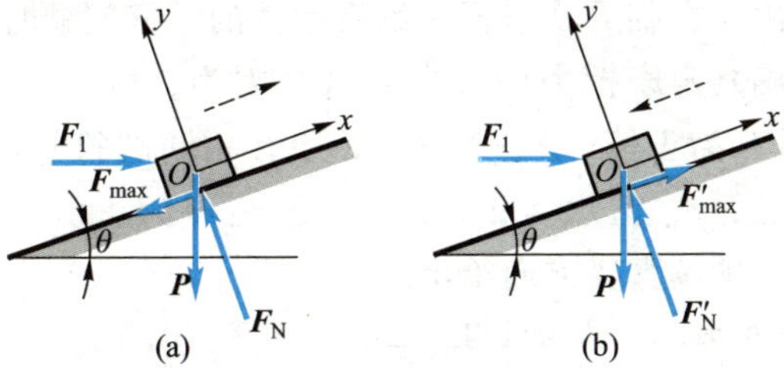

图 5-5

解：由经验易知，力 $\boldsymbol{F}_1$ 太大，物块将上滑；力 $\boldsymbol{F}_1$ 太小，物块将下滑，因此 F_1 应在最大与最小值之间。

先求力 $\boldsymbol{F}_1$ 的最大值。当力 $\boldsymbol{F}_1$ 达到此值时，物体处于将要向上滑动的临界状态。在此情形下，摩擦力 $\boldsymbol{F}_s$ 沿斜面向下，并达到最大值 F_{max}。物体共受 4 个力作用：已知力 $\boldsymbol{P}$，未知力 $\boldsymbol{F}_1$、$\boldsymbol{F}_N$、$\boldsymbol{F}_{max}$，如图 5－5a 所示。列平衡方程

$$\sum F_x=0,\ F_1\cos\theta-P\sin\theta-F_{max}=0$$

$$\sum F_y=0,\ F_N-F_1\sin\theta-P\cos\theta=0$$

此外，还有 1 个补充方程，即

$$F_{max}=f_sF_N$$

三式联立，可解得水平推力 $\boldsymbol{F}_1$ 的最大值为

$$F_{1max}=P\frac{\sin\theta+f_s\cos\theta}{\cos\theta-f_s\sin\theta}$$

现再求 $\boldsymbol{F}_1$ 的最小值。当力 $\boldsymbol{F}_1$ 达到此值时，物体处于将要向下滑动的临界状态。在此情形下，摩擦力沿斜面向上，并达到另一最大值，用 F'_{max}表示，物体的受力情况如图 5－5b 所示。列平衡方程

$$\sum F_x=0,\ F_1\cos\theta-P\sin\theta+F'_{max}=0$$

$$\sum F_y=0,\ F'_N-F_1\sin\theta-P\cos\theta=0$$

此外，再列出补充方程

$$F'_{max}=f_sF'_N$$

三式联立，可解得水平推力 $\boldsymbol{F}_1$ 的最小值为

$$F_{1min}=P\frac{\sin\theta-f_s\cos\theta}{\cos\theta+f_s\sin\theta}$$

综合上述两个结果可知，为使物块静止，力 $\boldsymbol{F}_1$ 必须满足如下条件：

$$P\frac{\sin\theta-f_s\cos\theta}{\cos\theta+f_s\sin\theta}\leqslant F_1\leqslant P\frac{\sin\theta+f_s\cos\theta}{\cos\theta-f_s\sin\theta}$$

此题如不计摩擦($f_s=0$)，平衡时应有 $F_1=P\tan\theta$，其解答是唯一的。

应该强调指出，在临界状态下求解有摩擦的平衡问题时，必须根据相对滑动的趋势，正确判定摩擦力的方向。这是因为，解题中引用了补充方程 $F_{max}=f_sF_N$，由于 f_s 为正值，F_{max} 与 F_N 必须有相同的符号。法向约束力 $\boldsymbol{F}_N$ 的方向总是确定的，F_N 值永为正，因而 F_{max}也应为正值，即摩擦力 $\boldsymbol{F}_{max}$ 的方向不能假定，必须按真实方向给出。

例 5－2 图 5－6a 所示为凸轮机构。已知推杆(不计自重)与滑道间的摩擦因数为 f_s，滑道高度为 b。设凸轮与推杆接触处的摩擦忽略不计。试问 a 为多大，推杆才不致被

卡住？

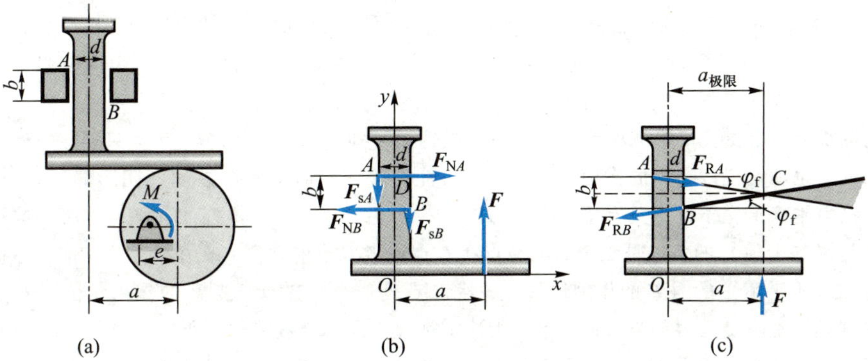

图 5－6

解： 取推杆为研究对象。其受力图如图 5－6b 所示，推杆除受凸轮推力 $\boldsymbol{F}$ 作用外，在滑道 A、B 处还受法向约束力 $\boldsymbol{F}_{NA}$、$\boldsymbol{F}_{NB}$ 作用，由于推杆有向上滑动趋势，则摩擦力 $\boldsymbol{F}_{sA}$、$\boldsymbol{F}_{sB}$ 的方向向下。

列平衡方程

$$\sum F_x = 0,\ F_{NA} - F_{NB} = 0 \tag{a}$$

$$\sum F_y = 0,\ -F_{sA} - F_{sB} + F = 0 \tag{b}$$

$$\sum M_D(\boldsymbol{F}) = 0,\ Fa - F_{NB}b - F_{sB} \times \frac{d}{2} + F_{sA} \times \frac{d}{2} = 0 \tag{c}$$

考虑平衡的临界情况（即推杆将动而尚未动时），摩擦力都达最大值，可以列出两个补充方程

$$F_{sA} = f_s F_{NA} \tag{d}$$

$$F_{sB} = f_s F_{NB} \tag{e}$$

由式(a)得

$$F_{NA} = F_{NB} = F_N$$

代入式(d)、(e)，得

$$F_{sA} = F_{sB} = F_{max} = f_s F_N$$

代入式(b)，得

$$F = 2F_{max}$$

最后代入式(c)，注意 $F_{NB} = F_{max}/f_s$，解得

$$a_{极限} = \frac{b}{2f_s}$$

保持 F 和 b 不变，由式(c)可见，当 a 减小时，$F_{NB}(=F_{NA})$ 亦减小，因而最大静摩

擦力减小，式(b)不能成立，因而当 $a<\frac{b}{2f_s}$ 时，推杆不能平衡，即推杆不会被卡住。

*本题还可以用几何法求解。取推杆为研究对象，将 A、B 处的摩擦力和法向力分别合成为全约束力 $\boldsymbol{F}_{RA}$ 和 $\boldsymbol{F}_{RB}$。推杆卡住时意味着推杆在 $\boldsymbol{F}$、$\boldsymbol{F}_{RA}$ 和 $\boldsymbol{F}_{RB}$ 三个力的作用下平衡。在临界状态下，全约束力 $\boldsymbol{F}_{RA}$、$\boldsymbol{F}_{RB}$ 与推杆在 A、B 点的法线（水平线）间的夹角均为摩擦角 φ_f，如图 5-6c 所示。由摩擦力的性质可知，A、B 处的全约束力只能在摩擦角以内，也就是说两个力的作用线的交点只可能在 C 点或者 C 点的右侧（阴影部分）。根据三力平衡汇交条件，只有 $\boldsymbol{F}$、$\boldsymbol{F}_{RA}$ 和 $\boldsymbol{F}_{RB}$ 三个力汇交于一点时推杆才能平衡。所以推杆平衡（被卡住）的条件是三个力的交点在 C 点或者 C 点的右侧。现在要求的是推杆不被卡住（不平衡）的力 $\boldsymbol{F}$ 的作用位置，显然 C 点是一个临界点。当 $\boldsymbol{F}$ 的作用线位于 C 点左侧时，不满足三力平衡条件，推杆无法平衡，亦即不会被卡住。所以 C 点至推杆中心线的距离即为力 $\boldsymbol{F}$ 作用点的极限值 $a_{极限}$，由图中几何关系，很容易得到

$$b=\left(a_{极限}+\frac{d}{2}\right)\tan\varphi_f+\left(a_{极限}-\frac{d}{2}\right)\tan\varphi_f$$

于是

$$a_{极限}=\frac{b}{2f_s}$$

当 $a<a_{极限}$，即 $a<\frac{b}{2f_s}$ 时，三力不可能汇交，推杆不能被卡住。而当 $a\geqslant\frac{b}{2f_s}$ 时，三力将汇交于一点而平衡，此时无论力 $\boldsymbol{F}$ 多大也不能推动推杆，推杆将被卡住（自锁）。

从这个例题可以看出利用摩擦角来计算考虑摩擦的临界平衡问题，重点在于分析过程。如果将问题分析清楚了，并且明晰了力之间的几何关系，最后方程的求解是非常简单的。与解析法相比，这种方法具有更直观的力学意义，一般情况下应用起来也相对更加方便。

*§5-4 滚动摩阻的概念

由实践可知，使滚子滚动比使它滑动省力。所以在工程中，为了提高效率，减轻劳动强度，常利用物体的滚动代替物体的滑动。设在水平面上有一滚子，重量为 P，半径为 r，在其中心 O 上作用一水平力 $\boldsymbol{F}$，当力 $\boldsymbol{F}$ 不大时，滚子仍保持静止。若滚子的受力情况如图 5-7 所示，则滚子不可能保持平衡。因为静滑动摩擦力 $\boldsymbol{F}_s$ 与力 $\boldsymbol{F}$ 组成一力偶，将使滚子滚动。但是，实际上当力 $\boldsymbol{F}$ 不大时，滚子是可以平衡的。这是因为，滚子和平面实际上并不是刚体，它们在力的作用下都会变形，有一个接触面，如图 5-8a 所示。在接触面上，物体受分布力的作用，这些力向点 A 简化，得到一个力 $\boldsymbol{F}_R$ 和一个力偶，力偶的矩为 M_f，如图 5-8b 所示。这个力 $\boldsymbol{F}_R$ 可分解为摩擦力 $\boldsymbol{F}_s$

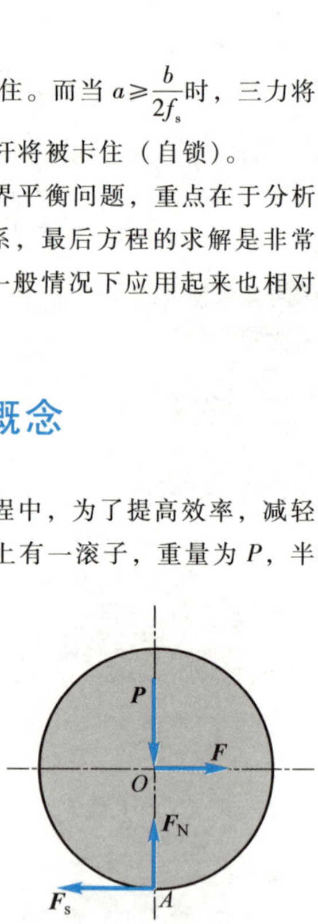

图 5-7

和法向约束力 $\boldsymbol{F}_N$，这个矩为 M_f 的力偶称为**滚动摩阻力偶**(简称滚阻力偶)，它与力偶 $(\boldsymbol{F},\boldsymbol{F}_s)$ 平衡，它的转向与滚动的趋向相反，如图 5－8c 所示。

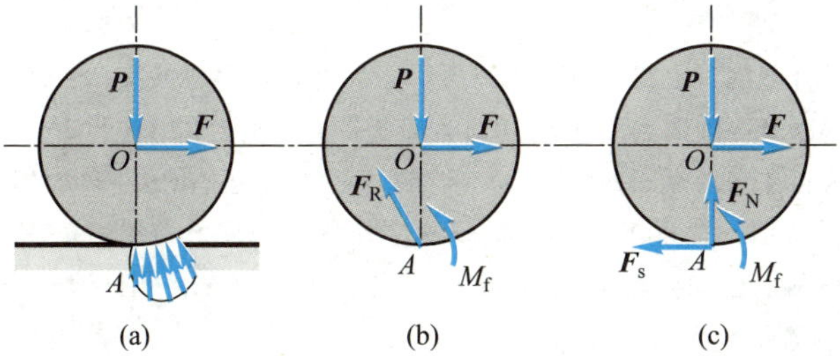

图 5－8

与静滑动摩擦力相似，**滚动摩阻力偶矩** M_f 随着主动力的增大而增大，当力 $\boldsymbol{F}$ 增加到某个值时，滚子处于将滚未滚的临界平衡状态；这时，滚动摩阻力偶矩达到最大值，称为最大滚动摩阻力偶矩，用 M_{max} 表示。若力 $\boldsymbol{F}$ 再增大一点，轮子就会滚动。在滚动过程中，滚动摩阻力偶矩近似等于 M_{max}。

由此可知，滚动摩阻力偶矩 M_f 的大小介于零与最大值之间，即

$$0 \leqslant M_f \leqslant M_{max} \tag{5-6}$$

由实验表明：最大滚动摩阻力偶矩 M_{max} 与滚子半径无关，而与支承面的正压力(法向约束力) $\boldsymbol{F}_N$ 的大小成正比，即

$$M_{max} = \delta F_N \tag{5-7}$$

这就是滚动摩阻定律，其中 δ 是比例常数，称为**滚动摩阻系数**，简称滚阻系数。由上式知，滚动摩阻系数具有长度的量纲，单位一般用 mm。

滚阻系数的物理意义如下。滚子在即将滚动的临界平衡状态时，其受力图如图 5－9a所示。根据力的平移定理，可将其中的法向约束力 $\boldsymbol{F}_N$ 与最大滚动摩阻力偶 M_{max} 合成为一个力 $\boldsymbol{F}'_N$，且 $F'_N = F_N$。力 $\boldsymbol{F}'_N$ 的作用线距中心线的距离为 d，如图 5－9b 所示，即

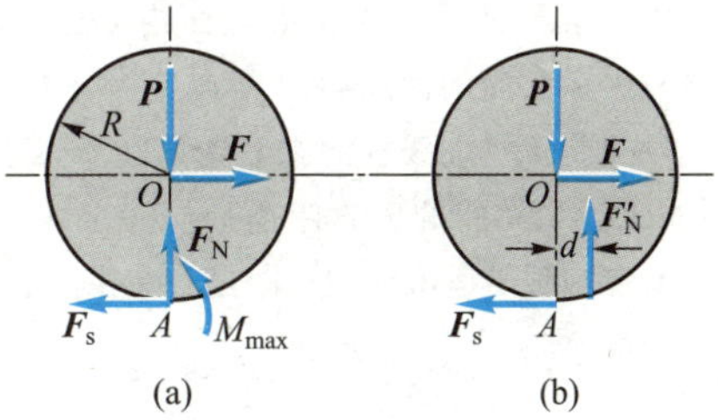

图 5－9

$$d = \frac{M_{max}}{F'_N}$$

与式(5－7)比较，得

$$\delta = d$$

因而滚动摩阻系数 δ 可看成在即将滚动时，法向约束力 $\boldsymbol{F}'_N$ 离中心线的最远距离，也就是最大滚阻力偶 $(\boldsymbol{F}'_N,\boldsymbol{P})$ 的臂。因此，它具有长度的量纲。

由于滚动摩阻系数较小，因此在大多数情况下滚动摩阻是可以忽略不计的。

习　　题

5－1　简易升降混凝土料斗装置如图所示，混凝土和料斗共重 25 kN，料斗与滑道间的静滑动与动滑动摩擦因数均为 0.3。(1)若绳子拉力分别为 22 kN 与 25 kN 时，料斗处于静止状态，试求料斗与滑道间的摩擦力；(2)试求料斗匀速上升和下降时绳子的拉力。

5－2　如图所示，置于 V 形槽中的棒料上作用一力偶，力偶的矩 $M=15\ \mathrm{N\cdot m}$ 时，刚好能转动此棒料。已知棒料重 $P=400\ \mathrm{N}$，直径 $D=0.25\ \mathrm{m}$，不计滚动摩阻。试求棒料与 V 形槽间的静摩擦因数 f_s。

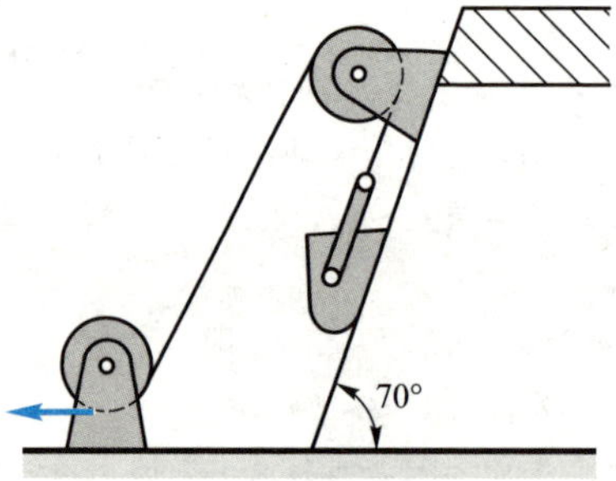

题 5－1 图

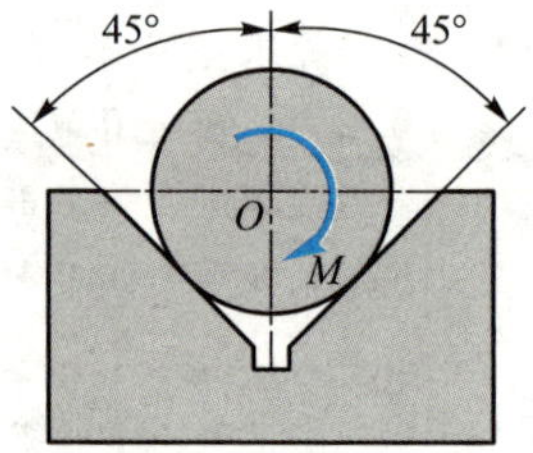

题 5－2 图

5－3　两根相同的均质杆 AB 和 BC，在端点 B 用光滑铰链连接，A、C 端放在不光滑的水平面上，如图所示。当 ABC 成等边三角形时，系统在铅直面内处于临界平衡状态。试求杆端与水平面间的静摩擦因数 f_s。

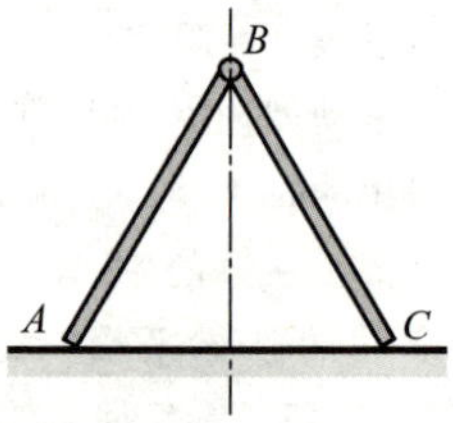

题 5－3 图

5－4　攀登电线杆的脚套钩如图所示。设电线杆直径 $d=300\ \mathrm{mm}$，A、B 间的铅直距离 $b=100\ \mathrm{mm}$。若套钩与电线杆之间静摩擦因数 $f_s=0.5$，试求工人操作时，为了安全，站在套钩上的最小距离 $l_{\min}$ 应为多大。

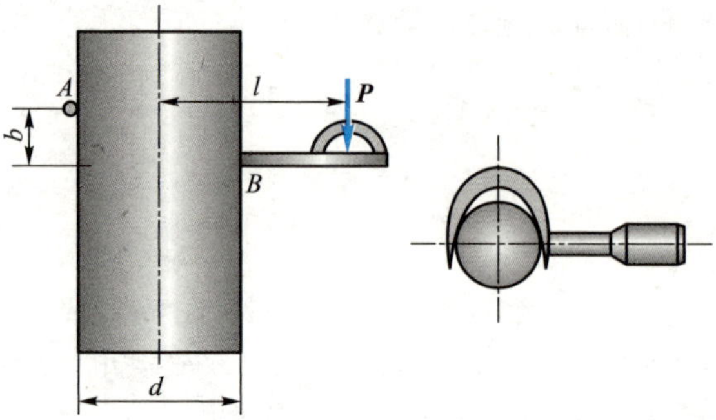

题 5－4 图

5－5　平面曲柄连杆滑块机构如图所示。$OA=l$，在曲柄 OA 上作用有一矩为 M 的力偶，OA 水平。连杆 AB 与铅垂线的夹角为 θ，滑块与水平面之间的静摩擦因数为 f_s，不计重量，且 $\tan\theta>f_s$。试求机构在图示位置保持平衡时力 $\boldsymbol{F}$ 的值。

5－6　图示两无重杆在 B 处用套筒式无重滑块连接，在 AD 杆上作用一力偶，其力偶矩 $M_A=40\ \mathrm{N\cdot m}$，滑块和 AD 杆间的静摩擦因数 $f_s=0.3$。试求保持系统平衡时力偶矩 M_C 的范围。

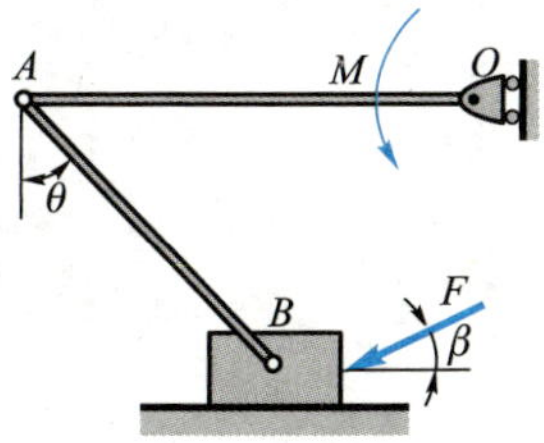

题 5－5 图

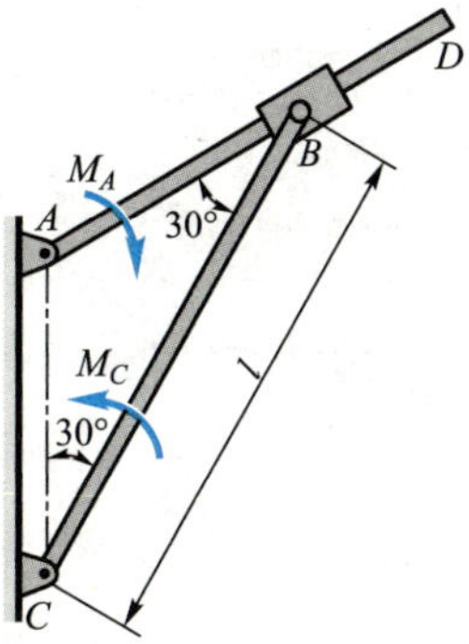

题 5－6 图

5－7　均质箱体 A 的宽度 $b=1\ \mathrm{m}$，高 $h=2\ \mathrm{m}$，重 $P=200\ \mathrm{kN}$，放在倾角 $\theta=20°$的斜面上。箱体与斜面之间的静摩擦因数 $f_s=0.2$。今在箱体的 C 点系一无重软绳，方向如图所示，绳的另一端绕过滑轮 D 挂一重物 E，已知 $BC=a=1.8\ \mathrm{m}$。试求使箱体处于平衡状态的重物 E 的重量。

5－8　尖劈顶重装置如图所示。在 B 块上受力 $\boldsymbol{P}$ 的作用。A 与 B 块间的静摩擦因数为 f_s（其他有滚柱处表示光滑）。如不计 A 和 B 块的重量，试求使系统保持平衡的力 $\boldsymbol{F}$ 的值。

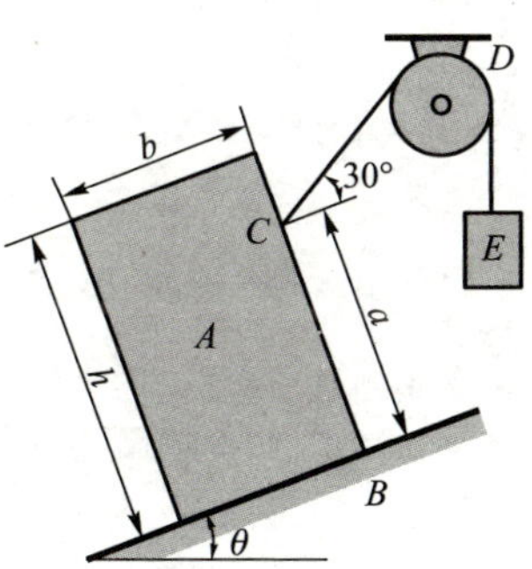

题 5－7 图

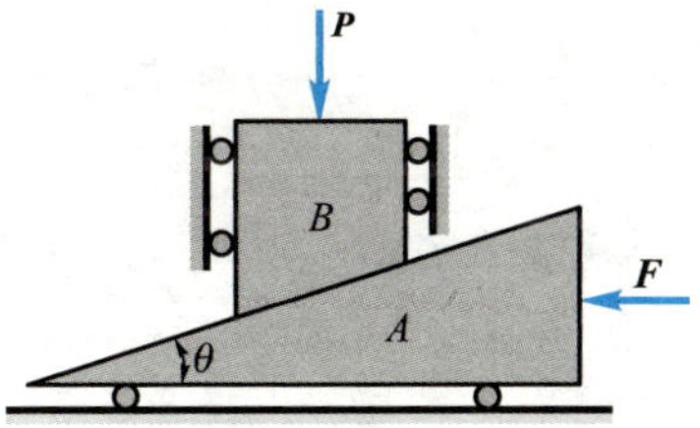

题 5－8 图

运　动　学

引　言

如果作用在物体上的力系不平衡，物体的运动状态将发生变化。物体的运动规律不仅与受力情况有关，而且与物体本身的惯性和原来的运动状态有关。总之，物体在力作用下的运动规律是一个比较复杂的问题。为了学习上的循序渐进，暂不考虑影响物体运动的物理因素，而单独研究物体运动的几何性质（轨迹、运动方程、速度和加速度等），这部分内容称为运动学。至于物体的运动规律与力、惯性等的关系将在动力学中研究。因此，**运动学**是研究物体运动的几何性质的科学。

学习运动学除了为学习动力学打基础外，另一方面又有独立的意义，即为分析机构的运动打好基础。因此，运动学作为理论力学中的独立部分也是很必要的。

研究一个物体的机械运动，必须选取另一个物体作为参考，这个选作参考的物体称为参考体。如果所选的参考体不同，那么物体相对于该参考体的运动也有所不同。因此，在力学中，描述任何物体的运动都需要指明参考体。与参考体固连的坐标系称为参考系。一般工程问题中，都取与地面固连的坐标系为参考系。以后，如果不作特别说明，就应如此理解。对于特殊的问题，将根据需要另选参考系，并加以说明。

第六章　点的运动学

当物体的几何尺寸和形状在运动过程中不起主要作用时，物体的运动可简化为点的运动。点的运动学是研究一般物体运动的基础，又具有独立的应用意义。本章将研究点的简单运动，研究点相对某一个参考系的几何位置随时间变动的规律，包括点的运动方程、运动轨迹、速度和加速度等。

§6－1　矢量法和直角坐标法

1. 矢量法

选取参考系上某确定点 O 为坐标原点，自点 O 向动点 M 作矢量 $\boldsymbol{r}$，称 $\boldsymbol{r}$ 为点 M 相对原点 O 的位置矢量，简称**矢径**。当动点 M 运动时，矢径 $\boldsymbol{r}$ 随时间而变化，并且是时间的单值连续函数，即

$$\boldsymbol{r}=\boldsymbol{r}(t) \tag{6-1}$$

上式称为以矢量表示的点的运动方程。动点 M 在运动过程中，其矢径 $\boldsymbol{r}$ 的末端描绘出一条连续曲线，称为矢端曲线。显然，矢径 $\boldsymbol{r}$ 的矢端曲线就是动点 M 的运动**轨迹**，如图 6－1 所示。

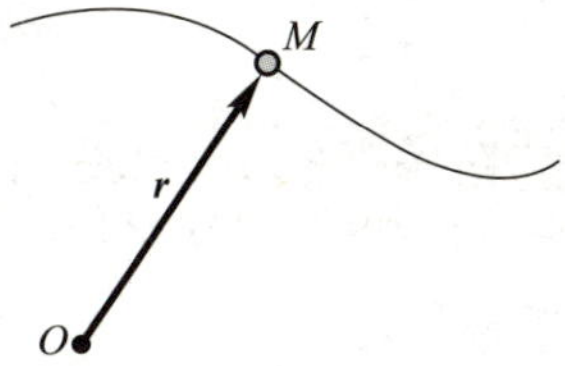

图 6－1

点的**速度**是矢量。动点的速度矢等于它的矢径 $\boldsymbol{r}$ 对时间的一阶导数，即

$$\boldsymbol{v}=\frac{\mathrm{d}\boldsymbol{r}}{\mathrm{d}t} \tag{6-2}$$

动点的速度矢沿着矢径 $\boldsymbol{r}$ 的矢端曲线的切线，即沿动点运动轨迹的切线，并与此点运动的方向一致。速度的大小，即速度矢 $\boldsymbol{v}$ 的模，表明点运动的快慢，在国际单位制中，速度 $\boldsymbol{v}$ 的单位为 m/s。

点的速度矢对时间的变化率称为**加速度**。点的加速度也是矢量，它表征了速度大小和方向的变化。动点的加速度矢等于该点的速度矢对时间的一阶导数，或等于矢径对时间的二阶导数，即

$$\boldsymbol{a}=\frac{\mathrm{d}\boldsymbol{v}}{\mathrm{d}t}=\frac{\mathrm{d}^2\boldsymbol{r}}{\mathrm{d}t^2} \tag{6-3}$$

有时为了方便，在字母上方加“·”表示该量对时间的一阶导数，加“··”表示该量对时间的二阶导数。因此，式(6－2)、(6－3)也可记为

$$\boldsymbol{v}=\dot{\boldsymbol{r}},\quad \boldsymbol{a}=\dot{\boldsymbol{v}}=\ddot{\boldsymbol{r}}$$

在国际单位制中，加速度 $\boldsymbol{a}$ 的单位为 $\mathrm{m/s^2}$。

2. 直角坐标法

若取参考系为直角坐标系 $Oxyz$，则动点 M 在任意瞬时的空间位置既可以用它相对于坐标原点 O 的矢径 $\boldsymbol{r}$ 表示，也可以用它的三个直角坐标 x、y、z 表示，如图 6－2 所示。

由于矢径的原点与直角坐标系的原点重合，因此有如下关系

$$\boldsymbol{r}=x\boldsymbol{i}+y\boldsymbol{j}+z\boldsymbol{k} \tag{6-4}$$

式中，$\boldsymbol{i}$、$\boldsymbol{j}$、$\boldsymbol{k}$ 分别为沿三个坐标轴的单位矢量，如图 6－2 所示。由于 $\boldsymbol{r}$ 是时间的单值连续函数，因此 x、y、z 也是时间的单值连续函数。利用式(6－4)，可以将运动方程(6－1)写为

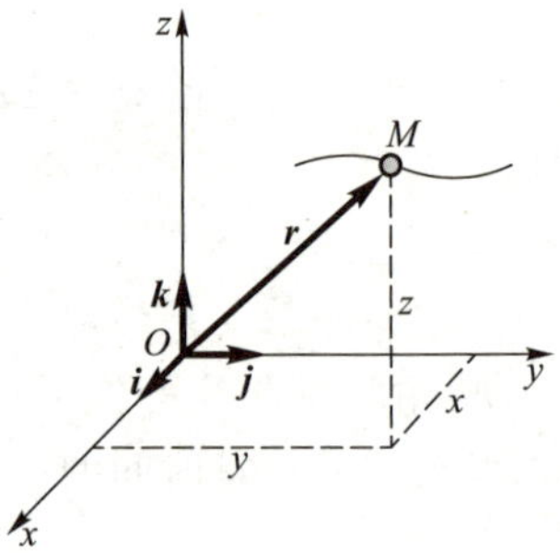

图 6－2

$$x=f_1(t),\quad y=f_2(t),\quad z=f_3(t) \tag{6-5}$$

这些方程称为以直角坐标表示的点的运动方程。如果知道了点的运动方程式(6－5)，就可以求出任一瞬时点的坐标 x、y、z 的值，也就完全确定了该瞬时动点的位置。

式(6－5)实际上也是点的轨迹的参数方程，只要给定时间 t 的不同数值，依次得出点的坐标 x、y、z 的相应数值，根据这些数值就可以描出动点的轨迹。如果需要求点的轨迹方程，可将运动方程中的时间 t 消去。

将式(6－4)代入到式(6－2)中，由于 $\boldsymbol{i}$、$\boldsymbol{j}$ 和 $\boldsymbol{k}$ 为大小和方向都不变的恒矢量，因此有

$$\boldsymbol{v}=\dot{\boldsymbol{r}}=\dot{x}\boldsymbol{i}+\dot{y}\boldsymbol{j}+\dot{z}\boldsymbol{k} \tag{6-6}$$

设动点 M 的速度矢 $\boldsymbol{v}$ 在直角坐标轴上的投影为 v_x、v_y 和 v_z，即

$$\boldsymbol{v}=v_x\boldsymbol{i}+v_y\boldsymbol{j}+v_z\boldsymbol{k} \tag{6-7}$$

比较式(6-6)和式(6-7)，得

$$v_x = \dot{x}, \quad v_y = \dot{y}, \quad v_z = \dot{z} \tag{6-8}$$

因此，速度在各坐标轴上的投影等于动点的各对应坐标对时间的一阶导数。

由式(6-8)求得 v_x、v_y 及 v_z 后，速度 $\boldsymbol{v}$ 的大小和方向就可由它的这 3 个投影完全确定。

同理，设

$$\boldsymbol{a} = a_x\boldsymbol{i} + a_y\boldsymbol{j} + a_z\boldsymbol{k} \tag{6-9}$$

则有

$$a_x = \dot{v}_x = \ddot{x}, \quad a_y = \dot{v}_y = \ddot{y}, \quad a_z = \dot{v}_z = \ddot{z} \tag{6-10}$$

因此，加速度在直角坐标轴上的投影等于动点的各对应坐标对时间的二阶导数。

加速度 $\boldsymbol{a}$ 的大小和方向由它的三个投影 a_x、a_y 和 a_z 完全确定。

例 6-1　椭圆规的曲柄 OC 可绕定轴 O 转动，其端点 C 与规尺 AB 的中点以铰链相连接，而规尺 A、B 两端分别在相互垂直的滑槽中运动，如图 6-3 所示。已知 $OC = AC = BC = l$，$MC = a$，$\varphi = \omega t$。试求规尺上点 M 的运动方程、运动轨迹、速度和加速度。

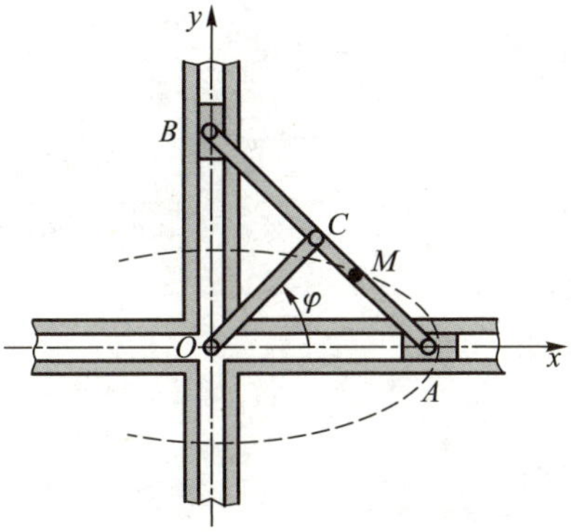

图 6-3

解：欲求点 M 的运动轨迹，可以先用直角坐标法给出它的运动方程，然后从运动方程中消去时间 t，得到轨迹方程。为此，取坐标系 Oxy 如图 6-3 所示，点 M 的运动方程为

$$x = (OC + CM)\cos\varphi = (l + a)\cos\omega t$$

$$y = AM\sin\varphi = (l - a)\sin\omega t$$

消去时间 t，得轨迹方程

$$\frac{x^2}{(l+a)^2} + \frac{y^2}{(l-a)^2} = 1$$

由此可见，点 M 的轨迹是一个椭圆，长轴与 x 轴重合，短轴与 y 轴重合。

当点 M 在 BC 段上时，椭圆的长轴将与 y 轴重合。读者可自行推算。

为求点的速度，应将点的坐标对时间取一次导数，得

$$v_x=\dot{x}=-(l+a)\omega\sin\omega t,\quad v_y=\dot{y}=(l-a)\omega\cos\omega t$$

故点 M 的速度大小为

$$v=\sqrt{v_x^2+v_y^2}=\sqrt{(l+a)^2\omega^2\sin^2\omega t+(l-a)^2\omega^2\cos^2\omega t}$$
$$=\omega\sqrt{l^2+a^2-2al\cos 2\omega t}$$

其方向余弦为

$$\cos(\boldsymbol{v},\boldsymbol{i})=\frac{v_x}{v}=\frac{-(l+a)\sin\omega t}{\sqrt{l^2+a^2-2al\cos 2\omega t}}$$

$$\cos(\boldsymbol{v},\boldsymbol{j})=\frac{v_y}{v}=\frac{(l-a)\cos\omega t}{\sqrt{l^2+a^2-2al\cos 2\omega t}}$$

为求点的加速度，应将点的坐标对时间取二次导数，得

$$a_x=\dot{v}_x=\ddot{x}=-(l+a)\omega^2\cos\omega t$$
$$a_y=\dot{v}_y=\ddot{y}=-(l-a)\omega^2\sin\omega t$$

故点 M 的加速度大小为

$$a=\sqrt{a_x^2+a_y^2}=\sqrt{(l+a)^2\omega^4\cos^2\omega t+(l-a)^2\omega^4\sin^2\omega t}$$
$$=\omega^2\sqrt{l^2+a^2+2al\cos 2\omega t}$$

其方向余弦为

$$\cos(\boldsymbol{a},\boldsymbol{i})=\frac{a_x}{a}=\frac{-(l+a)\cos\omega t}{\sqrt{l^2+a^2+2al\cos 2\omega t}}$$

$$\cos(\boldsymbol{a},\boldsymbol{j})=\frac{a_y}{a}=\frac{-(l-a)\sin\omega t}{\sqrt{l^2+a^2+2al\cos 2\omega t}}$$

例 6-2 正弦机构如图 6-4 所示。曲柄 OM 长为 r，绕 O 轴匀速转动，它与水平线间的夹角为 $\varphi=\omega t+\theta$，其中 θ 为 $t=0$ 时的夹角，ω 为一常数。已知动杆上 A、B 两点间距离为 b。试求点 A 和 B 的运动方程及点 B 的速度和加速度。

解： A、B 两点都作直线运动。取 Ox 轴如图所示。于是 A、B 两点的坐标分别为

$$x_A=b+r\sin\varphi,\quad x_B=r\sin\varphi$$

将坐标写成时间的函数，即得 A、B 两点沿 Ox 轴的运动方程

$$x_A=b+r\sin(\omega t+\theta),\quad x_B=r\sin(\omega t+\theta)$$

工程中，为了使点的运动情况一目了然，常常将点的坐标与时间的函数关系绘成图线，一般取横轴为时间，纵轴为点的坐标，绘出的图线称为运动图线。图 6-5 中的曲线分别为 A、B 两点的运动图线。

当点作直线往复运动，并且运动方程可写成时间的正弦函数或余弦函数时，这种运

动称为直线简谐振动。往复运动的中心称为振动中心。动点偏离振动中心最远的距离 r 称为**振幅**。用来确定动点位置的角 $\varphi=\omega t+\theta$ 称为相位，用来确定动点初始位置的角 θ 称为初相位。

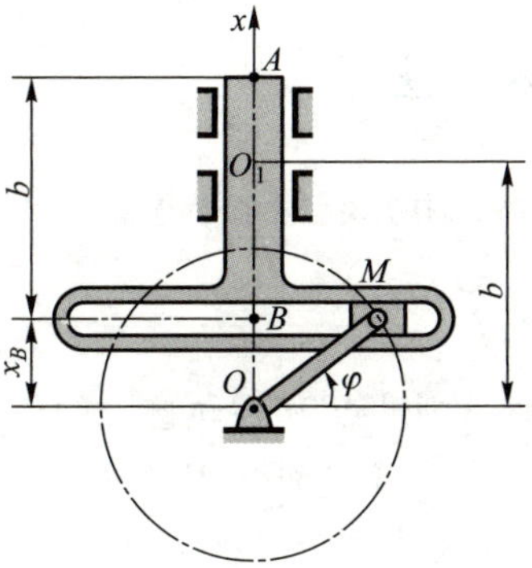

图 6－4

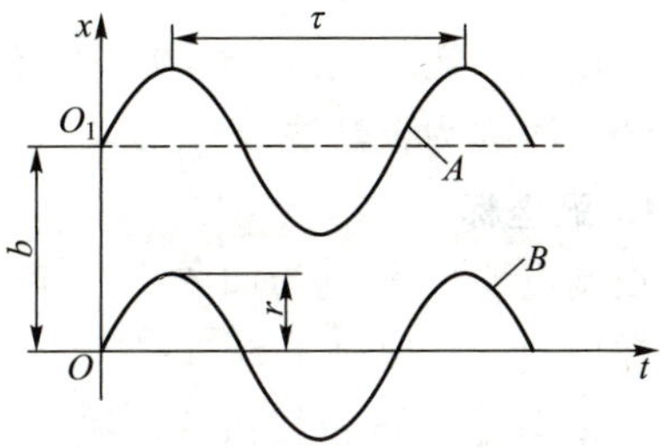

图 6－5

动点往复一次所需的时间 τ 称为振动的**周期**。由于时间经过一个周期，相位应增加 2π，即

$$\omega(t+\tau)+\theta=(\omega t+\theta)+2\pi$$

故得

$$\tau=\frac{2\pi}{\omega}$$

周期 τ 的倒数 $f=\dfrac{1}{\tau}$ 称为**频率**，表示每秒振动的次数，其单位为 s^{-1}，或称为赫兹(Hz)。ω 称为振动的**角频率**，因为

$$\omega=\frac{2\pi}{\tau}=2\pi f$$

所以角频率表示在 2π 秒内振动的次数。

将点 B 的运动方程对时间取一阶导数，即得点 B 的速度

$$v=\dot{x}_B=r\omega\cos(\omega t+\theta)$$

点 B 的加速度为

$$a=\ddot{x}_B=-r\omega^2\sin(\omega t+\theta)=-\omega^2x_B$$

从上式看出，谐振动的特征之一是加速度的大小与动点的位移成正比，而方向相反。

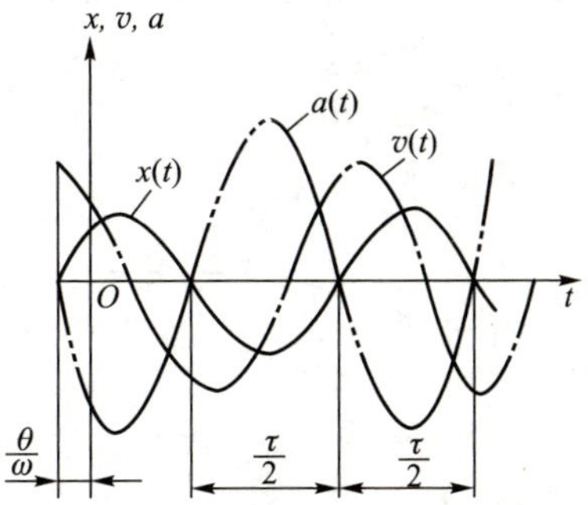

图 6－6

为了形象地表示动点的速度和加速度随时间变化的规律，将 v 和 a 随 t 变化的函数关系画成曲线，这些曲线分别称为速度图线和加速度图线。在图 6－6 中，表示出谐振动的运动图

线、速度图线和加速度图线。从图中可知，动点在振动中心时，速度值最大，加速度值为零；在两端位置时，加速度值最大，速度值为零；又知，点从振动中心向两端运动是减速运动，而从两端回到中心的运动是加速运动。

§6-2 自 然 法

利用点的运动轨迹建立弧坐标及自然轴系，并用它们来描述和分析点的运动的方法称为**自然法**。

1. 弧坐标

设动点 M 的轨迹为如图 6-7 所示的曲线，则动点 M 在轨迹上的位置可以这样确定：在轨迹上任选一点 O 为参考点，并设点 O 的某一侧为正向，动点 M 在轨迹上的位置由弧长确定，视弧长 s 为代数量，称它为动点 M 在轨迹上的**弧坐标**。当动点 M 运动时，s 随着时间变化，它是时间的单值连续函数，即

$$s=f(t) \tag{6-11}$$

上式称为点沿轨迹的运动方程，或以弧坐标表示的点的运动方程。如果已知点的运动方程式(6-11)，可以确定任一瞬时点的弧坐标 s 的值，也就确定了该瞬时动点在轨迹上的位置。

2. 自然轴系

在点的运动轨迹曲线上取极为接近的两点 M 和 M'，其间的弧长为 Δs，这两点矢径的差为 $\Delta \boldsymbol{r}$，如图 6-8 所示。当 $\Delta t\to 0$ 时，$|\Delta \boldsymbol{r}|=|\overline{MM'}|=|\Delta s|$，故矢量

$$\boldsymbol{e}_{\mathrm{t}}=\lim_{\Delta s\to 0}\frac{\Delta \boldsymbol{r}}{\Delta s}=\frac{\mathrm{d}\boldsymbol{r}}{\mathrm{d}s} \tag{6-12}$$

为沿轨迹切线方向的单位矢量，其指向与弧坐标正向一致。

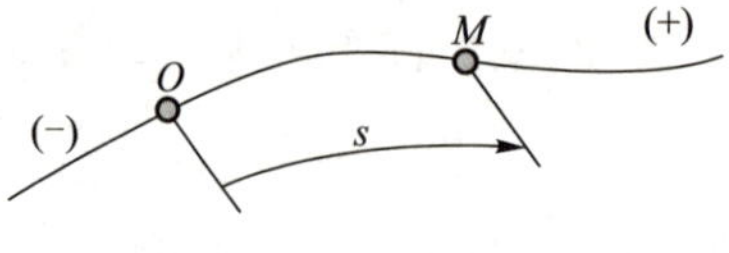

图 6-7

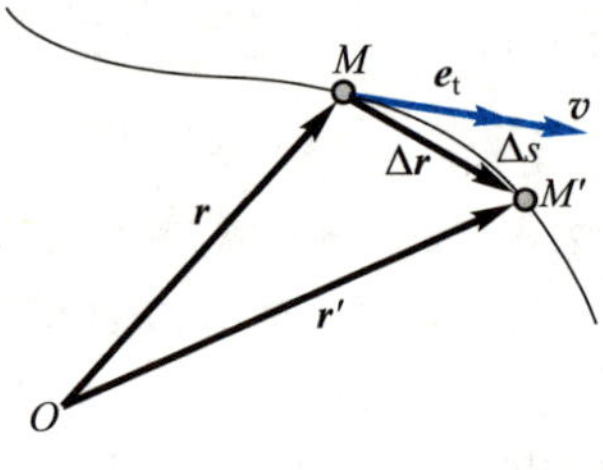

图 6-8

设点 M 和 M'的切向单位矢量分别为 $\boldsymbol{e}_{\mathrm{t}}$ 和 $\boldsymbol{e}'_{\mathrm{t}}$，如图 6-9 所示。将 $\boldsymbol{e}'_{\mathrm{t}}$平移

至点 M，则 $\boldsymbol{e}_t$ 和 $\boldsymbol{e}_t'$决定一平面。令 M'无限趋近点 M，则此平面趋近于某一极限位置，此极限平面称为曲线在点 M 的**密切面**（图 6－10）。过点 M 并与切线垂直的平面称为**法平面**，法平面与密切面的交线称为**主法线**。令主法线的单位矢量为 $\boldsymbol{e}_n$，指向曲线内凹一侧。过点 M 且垂直于切线及主法线的直线称为**副法线**，其单位矢量为 $\boldsymbol{e}_b$，指向与 $\boldsymbol{e}_t$，$\boldsymbol{e}_n$ 构成右手系，即

$$\boldsymbol{e}_b=\boldsymbol{e}_t\times\boldsymbol{e}_n$$

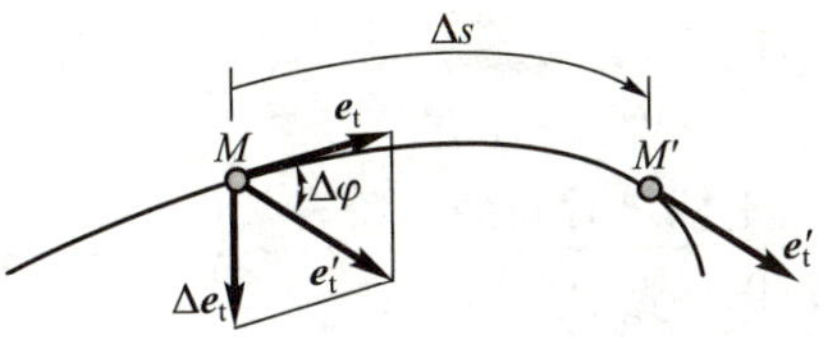

图 6－9

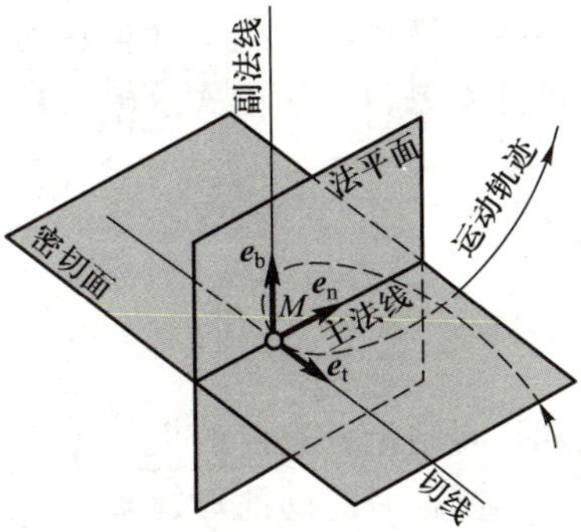

图 6－10

动画 6－1：自然轴系几何性质

以点 M 为原点，以切线、主法线和副法线为坐标轴组成的正交坐标系称为曲线在点 M 的**自然坐标系**，这三个轴称为**自然轴**。注意，随着点 M 在轨迹上运动，$\boldsymbol{e}_t$，$\boldsymbol{e}_n$，$\boldsymbol{e}_b$ 的方向也在不断变动；自然坐标系是沿曲线而变动的游动坐标系。

在曲线运动中，轨迹的曲率或曲率半径是一个重要的参数，它表示曲线的弯曲程度。如点 M 沿轨迹经过弧长 Δs 到达点 M'，如图 6－9 所示，设点 M 处曲线切向单位矢量为 $\boldsymbol{e}_t$，点 M'处单位矢量为 $\boldsymbol{e}_t'$，而切线经过 Δs 时转过的角度为 $\Delta\varphi$。曲率定义为曲线切线的转角对弧长一阶导数的绝对值。曲率的倒数称为**曲率半径**。如曲率半径以 ρ 表示，则有

$$\frac{1}{\rho}=\lim_{\Delta s\to 0}\left|\frac{\Delta\varphi}{\Delta s}\right|=\left|\frac{\mathrm{d}\varphi}{\mathrm{d}s}\right| \qquad (6-13)$$

由图 6－9 可见

$$|\Delta\boldsymbol{e}_t|=2|\boldsymbol{e}_t|\sin\frac{\Delta\varphi}{2}$$

当 $\Delta s\to 0$ 时，$\Delta\varphi\to 0$，$\Delta\boldsymbol{e}_t$ 与 $\boldsymbol{e}_t$ 垂直，且有 $|\boldsymbol{e}_t|=1$，由此可得

$$|\Delta \boldsymbol{e}_t| \doteq \Delta\varphi$$

注意到 Δs 为正时，点沿切向 $\boldsymbol{e}_t$ 的正方向运动，$\Delta\boldsymbol{e}_t$ 指向轨迹凹一侧；Δs 为负时，$\Delta\boldsymbol{e}_t$ 指向轨迹外凸一侧。因此有

$$\frac{\mathrm{d}\boldsymbol{e}_t}{\mathrm{d}s} = \lim_{\Delta s\to 0}\frac{\Delta\boldsymbol{e}_t}{\Delta s} = \lim_{\Delta s\to 0}\frac{\Delta\varphi}{\Delta s}\boldsymbol{e}_n = \frac{1}{\rho}\boldsymbol{e}_n \tag{6-14}$$

上式将用于法向加速度的推导。

3. 点的速度

点的速度在弧坐标和自然轴系中的表达式可以由弧坐标与矢径坐标之间的转换关系得到。由式（6-12）

$$\mathrm{d}\boldsymbol{r} = \boldsymbol{e}_t\mathrm{d}s$$

从而

$$\boldsymbol{v} = \frac{\mathrm{d}\boldsymbol{r}}{\mathrm{d}t} = \frac{\mathrm{d}s}{\mathrm{d}t}\boldsymbol{e}_t$$

由此可得结论：速度的大小等于动点的弧坐标对时间的一阶导数的绝对值。

弧坐标对时间的导数是一个代数量，以 v 表示

$$v = \frac{\mathrm{d}s}{\mathrm{d}t} = \dot{s}$$

如 $\dot{s}>0$，则 s 随时间增加而增大，点沿轨迹的正向运动；如 $\dot{s}<0$，则点沿轨迹的负向运动。于是，$\dot{s}$ 的绝对值表示速度的大小，它的正负号表示点沿轨迹运动的方向。

由于 $\boldsymbol{e}_t$ 是切线轴的单位矢量，因此点的速度矢量可写为

$$\boldsymbol{v} = v\boldsymbol{e}_t \tag{6-15}$$

4. 点的切向加速度和法向加速度

将式(6-15)对时间取一阶导数，注意到 v、$\boldsymbol{e}_t$ 都是变量，得

$$\boldsymbol{a} = \frac{\mathrm{d}\boldsymbol{v}}{\mathrm{d}t} = \frac{\mathrm{d}v}{\mathrm{d}t}\boldsymbol{e}_t + v\frac{\mathrm{d}\boldsymbol{e}_t}{\mathrm{d}t} \tag{6-16}$$

上式右端两项都是矢量，第一项是反映速度大小变化的加速度，记为 $\boldsymbol{a}_t$；第二项是反映速度方向变化的加速度，记为 $\boldsymbol{a}_n$。下面分别求它们的大小和方向。

（1）反映速度大小变化的加速度 $\boldsymbol{a}_t$

因为

$$\boldsymbol{a}_t = \dot{v}\boldsymbol{e}_t \tag{6-17}$$

显然 $\boldsymbol{a}_t$ 是一个沿轨迹切线的矢量，因此称为**切向加速度**。如 $\dot{v}>0$，$\boldsymbol{a}_t$ 指向轨迹的正向；如 $\dot{v}<0$，$\boldsymbol{a}_t$ 指向轨迹的负向。令

$$a_t=\dot{v}=\ddot{s} \tag{6-18}$$

a_t 是一个代数量，是加速度 $\boldsymbol{a}$ 沿轨迹切向的投影。

由此可得结论：切向加速度反映点的速度值对时间的变化率，它的代数值等于速度的代数值对时间的一阶导数，或弧坐标对时间的二阶导数，它的方向沿轨迹切线。

（2）反映速度方向变化的加速度 $\boldsymbol{a}_n$

因为

$$\boldsymbol{a}_n=v\frac{\mathrm{d}\boldsymbol{e}_t}{\mathrm{d}t} \tag{6-19}$$

它反映速度方向 $\boldsymbol{e}_t$ 的变化。上式可改写为

$$\boldsymbol{a}_n=v\frac{\mathrm{d}\boldsymbol{e}_t}{\mathrm{d}s}\frac{\mathrm{d}s}{\mathrm{d}t}$$

将式(6-13)及式(6-14)代入上式，得

$$\boldsymbol{a}_n=\frac{v^2}{\rho}\boldsymbol{e}_n \tag{6-20}$$

由此可见，$\boldsymbol{a}_n$ 的方向与主法线的正向一致，称为**法向加速度**。于是可得结论：法向加速度反映点的速度方向改变的快慢程度，它的大小等于点的速度平方除以曲率半径，它的方向沿着主法线，指向曲率中心。

正如前面分析的那样，切向加速度表明速度大小的变化率，而法向加速度只反映速度方向的变化，所以，当速度 $\boldsymbol{v}$ 与切向加速度 $\boldsymbol{a}_t$ 的指向相同时，即 v 与 a_t 的符号相同时，速度的绝对值不断增加，点作加速运动，如图 6-11a所示；当速度 $\boldsymbol{v}$ 与切向加速度 $\boldsymbol{a}_t$ 的指向相反时，即 v 与 a_t 的符号相反时，速度的绝对值不断减小，点作减速运动，如图 6-11b 所示。

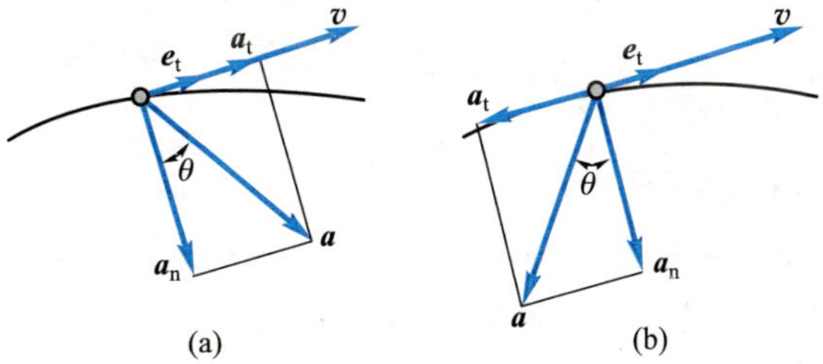

图 6-11

将式(6－17)、(6－19)和(6－20)代入式(6－16)中，有

$$\boldsymbol{a}=\boldsymbol{a}_t+\boldsymbol{a}_n=a_t\boldsymbol{e}_t+a_n\boldsymbol{e}_n \tag{6-21}$$

式中

$$a_t=\frac{dv}{dt},\quad a_n=\frac{v^2}{\rho} \tag{6-22}$$

由于 $\boldsymbol{a}_t$、$\boldsymbol{a}_n$ 均在密切面内，因此全加速度 $\boldsymbol{a}$ 也必在密切面内。这表明加速度沿副法线上的分量为零，即

$$\boldsymbol{a}_b=\boldsymbol{0} \tag{6-23}$$

全加速度的大小可由下式求出。

$$a=\sqrt{a_t^2+a_n^2} \tag{6-24}$$

它与法线间的夹角的正切为

$$\tan\theta=\frac{a_t}{a_n} \tag{6-25}$$

当 $\boldsymbol{a}$ 与切向单位矢量 $\boldsymbol{e}_t$ 的夹角为锐角时 θ 为正，否则为负(图 6－11b)。

如果动点的切向加速度的代数值保持不变，即 a_t＝恒量，则动点的运动称为匀变速曲线运动。现在来求它的运动规律。

由

$$dv=a_t dt$$

积分得

$$v=v_0+a_t t \tag{6-26}$$

式中，v_0 是在 $t=0$ 时点的速度。

再积分，得

$$s=s_0+v_0t+\frac{1}{2}a_t t^2 \tag{6-27}$$

式中，s_0 是在 $t=0$ 时点的弧坐标。

式(6－26)和式(6－27)与点作匀变速直线运动的公式完全相似，只不过点作曲线运动时，式中的加速度应该是切向加速度 a_t，而不是全加速度 a。这是因为点作曲线运动时，反映运动速度大小变化的只是全加速度的一个分量——切向加速度。

了解上述关系后，容易得到曲线运动的运动规律。如所谓匀速曲线运动，即动点速度的代数值保持不变，与匀速直线运动的公式相比，即得

$$s = s_0 + vt \tag{6-28}$$

应注意，在一般曲线运动中，除 $v=0$ 的瞬时外，点的法向加速度 a_n 总不等于零。直线运动为曲线运动的一种特殊情况，曲率半径 $\rho \to \infty$，任何瞬时点的法向加速度始终为零。

例 6-3　列车沿半径为 $R=800$ m 的圆弧轨道作匀加速运动。如初速度为零，经过 2 min后，速度达到 54 km/h。试求列车在起点和末点的加速度。

解： 由于列车沿圆弧轨道作匀加速运动，切向加速度 a_t 等于恒量。于是有方程

$$\frac{dv}{dt} = a_t = \text{常量}$$

积分一次，得

$$v = a_t t$$

当 $t=2\ \text{min}=120\ \text{s}$ 时，$v=54\ \text{km/h}=15\ \text{m/s}$，代入上式，求得

$$a_t = \frac{15\ \text{m/s}}{120\ \text{s}} = 0.125\ \text{m/s}^2$$

在起点，$v=0$，因此法向加速度等于零，列车只有切向加速度

$$a_t = 0.125\ \text{m/s}^2$$

在末点时速度不等于零，既有切向加速度，又有法向加速度，而

$$a_t = 0.125\ \text{m/s}^2,\quad a_n = \frac{v^2}{R} = \frac{(15\ \text{m/s})^2}{800\ \text{m}} = 0.281\ \text{m/s}^2$$

末点的全加速度大小为

$$a = \sqrt{a_t^2 + a_n^2} = 0.308\ \text{m/s}^2$$

末点的全加速度与法向的夹角 θ 为

$$\tan\theta = \frac{a_t}{a_n} = 0.445,\quad \theta = 23°59'$$

例 6-4　半径为 r 的轮子沿直线轨道无滑动地滚动(称为纯滚动)，设轮子转角 $\varphi = \omega t$(ω 为常值)，如图 6-12 所示。试求用直角坐标和弧坐标表示的轮缘上任一点 M 的运动方程，并求该点的速度、切向加速度及法向加速度。

动画例 6-4

解： 取点 M 与直线轨道的接触点 O 为原点，建立直角坐标系 Oxy(图 6-12)。当轮子转过 φ 角时，轮子与直线轨道的接触点为 C。由于是纯滚动，有

$$OC = \overset{\frown}{MC} = r\varphi = r\omega t$$

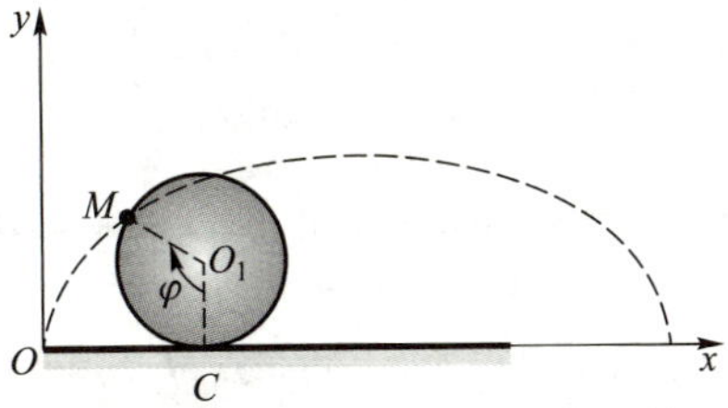

图 6-12

则，用直角坐标表示的点 M 的运动方程为

$$\left.\begin{aligned} x &= OC - O_1M\sin\varphi = r(\omega t - \sin\omega t) \\ y &= O_1C - O_1M\cos\varphi = r(1 - \cos\omega t) \end{aligned}\right\} \tag{a}$$

上式对时间求导，即得点 M 的速度沿坐标轴的投影

$$v_x = \dot{x} = r\omega(1 - \cos\omega t), \quad v_y = \dot{y} = r\omega\sin\omega t \tag{b}$$

M 点的速度为

$$v = \sqrt{v_x^2 + v_y^2} = r\omega\sqrt{2 - 2\cos\omega t} = 2r\omega\sin\frac{\omega t}{2}, \ (0 \leqslant \omega t \leqslant 2\pi) \tag{c}$$

运动方程式(a)实际上也是点 M 运动轨迹的参数方程(以 t 为参变量)。这是一个摆线(或称旋轮线)方程，这表明点 M 的运动轨迹是摆线，如图 6-12 所示。

取点 M 的起始点 O 作为弧坐标原点，将式(c)的速度 v 积分，即得用弧坐标表示的运动方程

$$s = \int_0^t 2r\omega\sin\frac{\omega t}{2}\mathrm{d}t = 4r\left(1 - \cos\frac{\omega t}{2}\right), \ (0 \leqslant \omega t \leqslant 2\pi)$$

将式(b)再对时间求导，即得加速度在直角坐标系上的投影

$$a_x = \ddot{x} = r\omega^2\sin\omega t, \ a_y = \ddot{y} = r\omega^2\cos\omega t \tag{d}$$

由此得到全加速度

$$a = \sqrt{a_x^2 + a_y^2} = r\omega^2$$

将式(c)对时间求导，即得点 M 的切向加速度

$$a_t = \dot{v} = r\omega^2\cos\frac{\omega t}{2}$$

法向加速度为

$$a_n = \sqrt{a^2 - a_t^2} = r\omega^2\sin\frac{\omega t}{2} \tag{e}$$

由于 $a_n = \dfrac{v^2}{\rho}$，于是还可由式(c)及(e)求得轨迹的曲率半径

$$\rho = \frac{v^2}{a_n} = \frac{4r^2\omega^2\sin^2\dfrac{\omega t}{2}}{r\omega^2\sin\dfrac{\omega t}{2}} = 4r\sin\frac{\omega t}{2}$$

再讨论一个特殊情况。当 $t = 2\pi/\omega$ 时，$\varphi = 2\pi$，这时点 M 运动到与地面相接触的位置。由式(c)知，此时点 M 的速度为零，这表明沿地面作纯滚动的轮子与地面接触点的速度为零。另一方面，由于点 M 全加速度的大小恒为 $r\omega^2$，因此纯滚动的轮子与地面接触点的速度虽然为零，但加速度却不为零。将 $t = 2\pi/\omega$ 代入式(d)，得

$$a_x = 0,\ a_y = r\omega^2$$

即接触点的加速度方向向上。

习　　题

6-1　图示曲线规尺的各杆，长为 $OA = AB = 200$ mm，$CD = DE = AC = AE = 50$ mm。如杆 OA 以等角速度 $\omega = \frac{\pi}{5}$ rad/s 绕 O 轴转动，并且当运动开始时，杆 OA 水平向右。试求尺上点 D 的运动方程和轨迹。

6-2　如图所示，杆 AB 长 l，以等角速度 ω 绕点 B 转动，其转动方程为 $\varphi = \omega t$。而与杆连接的滑块 B 按规律 $s = a + b\sin \omega t$ 沿水平线作谐振动，其中 a 和 b 均为常数。试求点 A 的轨迹。

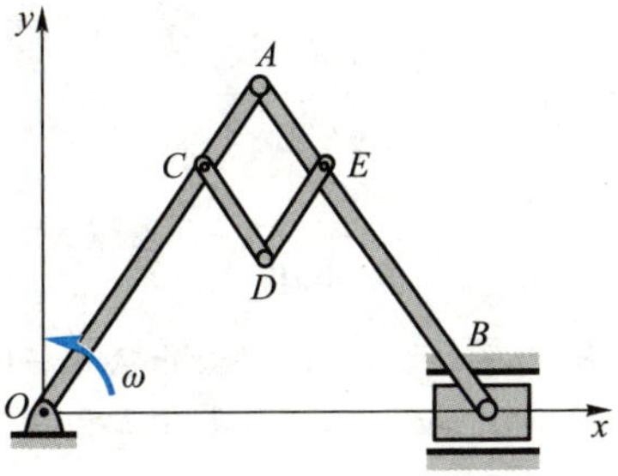

题 6-1 图

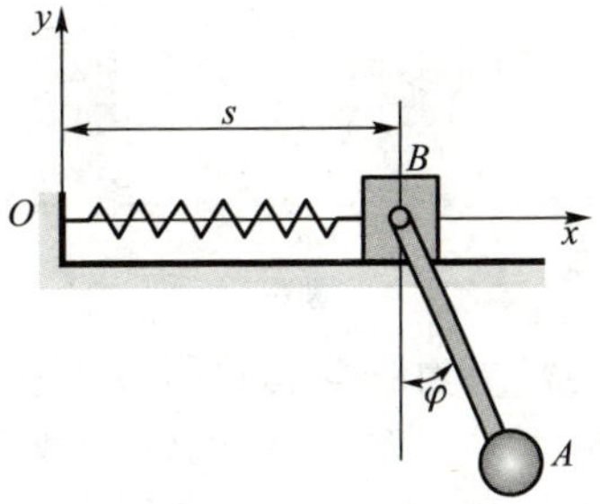

题 6-2 图

6-3　如图所示，半圆形凸轮以等速 $v_0 = 0.01$ m/s 沿水平方向向左运动，而使活塞杆沿铅直方向运动。当运动开始时，活塞杆 A 端在凸轮的最高点上。如凸轮的半径 $R = 80$ mm，试求活塞相对于地面和相对于凸轮的运动方程和速度。

6-4　图示雷达在距离火箭发射台为 l 的 O 处观察铅直上升的火箭发射，测得角 θ 的规律为 $\theta = kt$（k 为常数）。试写出火箭的运动方程并计算当 $\theta = \frac{\pi}{6}$ 和 $\frac{\pi}{3}$ 时，火箭的速度和加速度。

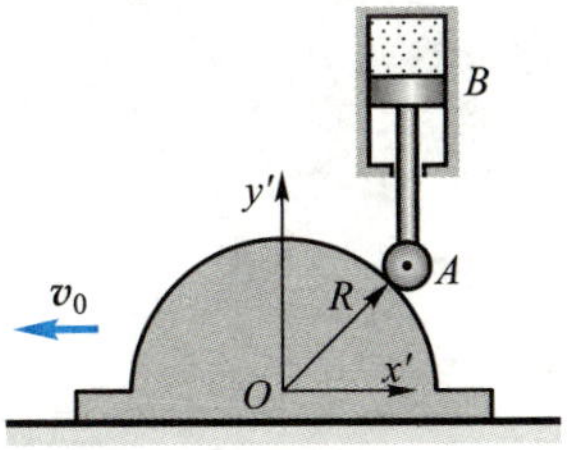

题 6-3 图

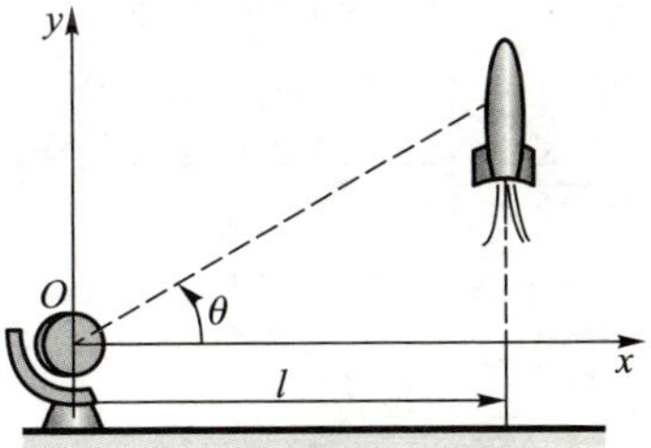

题 6-4 图

6-5 套管 A 由绕过定滑轮 B 的绳索牵引而沿导轨上升，滑轮中心到导轨的距离为 l，如图所示。设绳索以等速 $\boldsymbol{v}_0$ 拉下，忽略滑轮尺寸。试求套管 A 的速度和加速度与距离 x 的关系式。

6-6 图示摇杆滑道机构中的滑块 M 同时在固定的圆弧槽 BC 和摇杆 OA 的滑道中滑动。如弧 BC 的半径为 R，摇杆 OA 的轴 O 在弧 BC 的圆周上。摇杆绕 O 轴以等角速度 ω 转动，当运动开始时，摇杆在水平位置。分别用直角坐标法和自然法给出点 M 的运动方程，并求其速度和加速度。

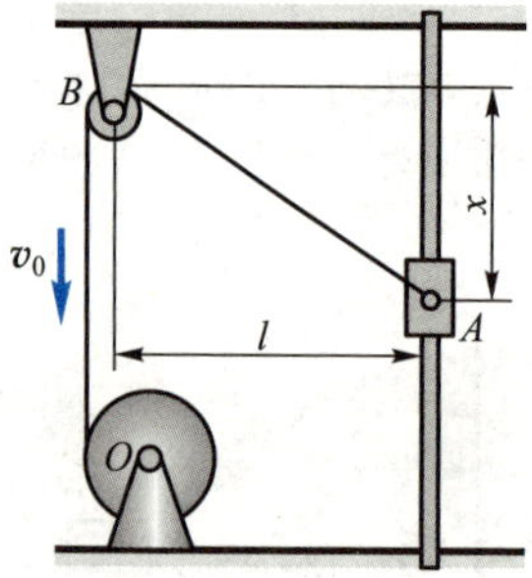

题 6-5 图

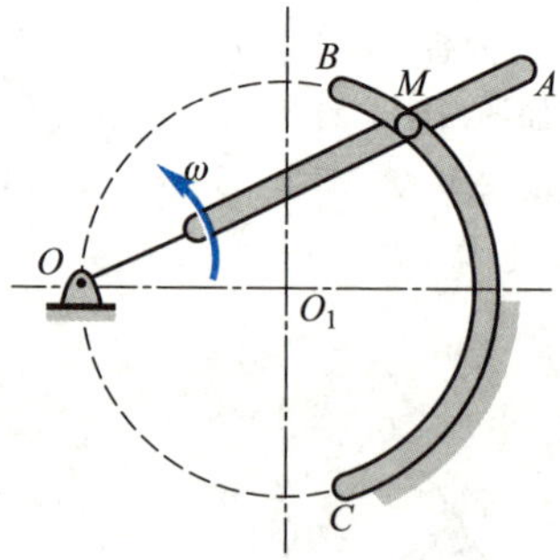

题 6-6 图

6-7 如图所示，OA 和 O_1B 两杆分别绕 O 和 O_1 轴转动，用十字形滑块 D 将两杆连接。在运动过程中，两杆保持相交成直角。已知：$OO_1 = a$；$\varphi = kt$，其中 k 为常数。试求滑块 D 的速度和相对于 OA 的速度。

6-8 曲柄 OA 长 r，在平面内绕 O 轴转动，如图所示。杆 AB 通过固定于点 N 的套筒与曲柄 OA 铰接于点 A。设 $\varphi = \omega t$，杆 AB 长 $l = 2r$，试求点 B 的运动方程、速度和加速度。

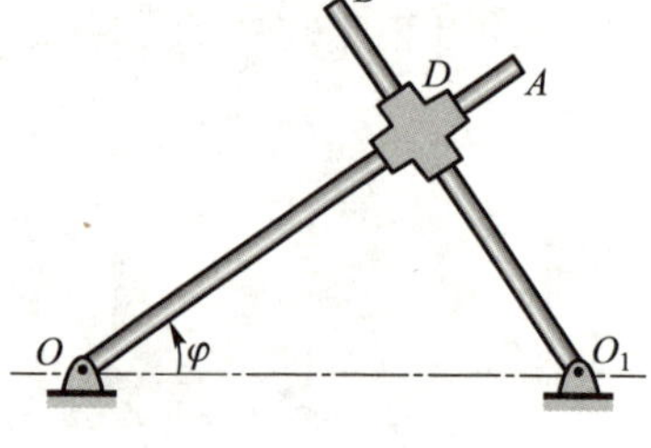

题 6-7 图

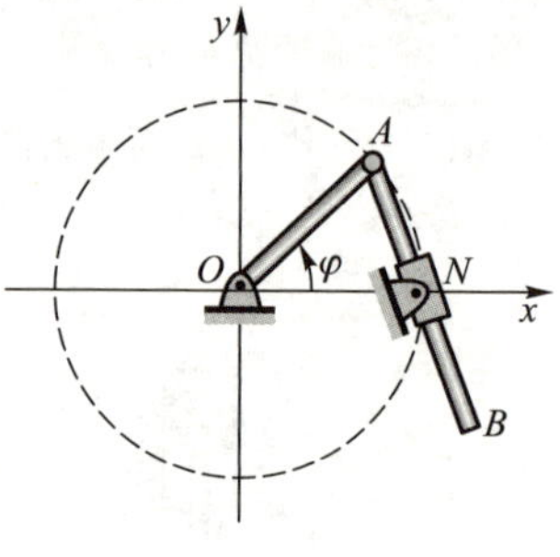

题 6-8 图

6－9　点沿空间曲线运动，在点 M 处其速度为 $\boldsymbol{v}=4\boldsymbol{i}+3\boldsymbol{j}$，加速度 $\boldsymbol{a}$ 与速度 $\boldsymbol{v}$ 的夹角 $\beta=30°$，且 $a=10\ \mathrm{m/s^2}$。试求轨迹在该点密切面内的曲率半径 ρ 和切向加速度 a_t。

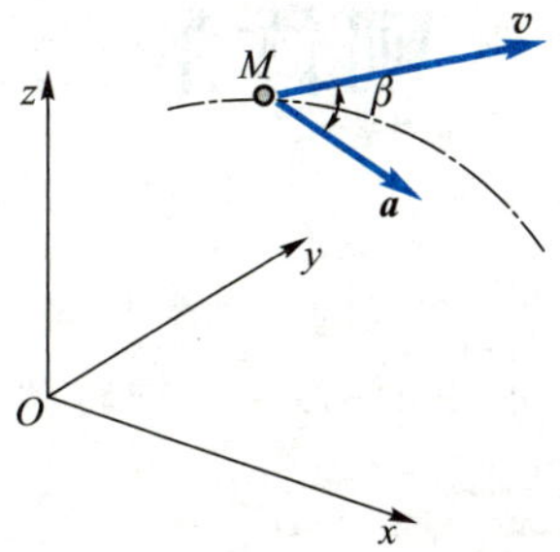

题 6－9 图

第七章　刚体的简单运动

刚体是由无数点组成的，在点的运动学基础上可研究刚体的运动。本章将研究刚体的两种简单运动——平移和定轴转动，这是工程中最常见的运动，也是研究复杂运动的基础。

§7－1　刚体的平行移动

工程中某些物体的运动，如汽缸内活塞的运动、车床上刀架的运动等，它们有一个共同的特点，即如果在物体内任取一直线段，在运动过程中这条直线段始终与它的最初位置平行，这种运动称为平行移动，简称**平移**。

设刚体作平移。如图 7－1 所示，在刚体内任选两点 A 和 B，令点 A 的矢径为 $\boldsymbol{r}_A$，点 B 的矢径为 $\boldsymbol{r}_B$，则两条矢端曲线就是两点的轨迹。由图可知

$$\boldsymbol{r}_A=\boldsymbol{r}_B+\overrightarrow{BA}$$

当刚体平移时，线段 AB 的长度和方向都不改变，所以 $\overrightarrow{BA}$ 是恒矢量。因此只要把点 B 的轨迹沿 $\overrightarrow{BA}$ 方向平行搬移一段距离 BA，就能与点 A 的轨迹完全重合。刚体平移时，其上各点的轨迹不一定是直线，也可能是曲线，但是它们的形状是完全相同的。

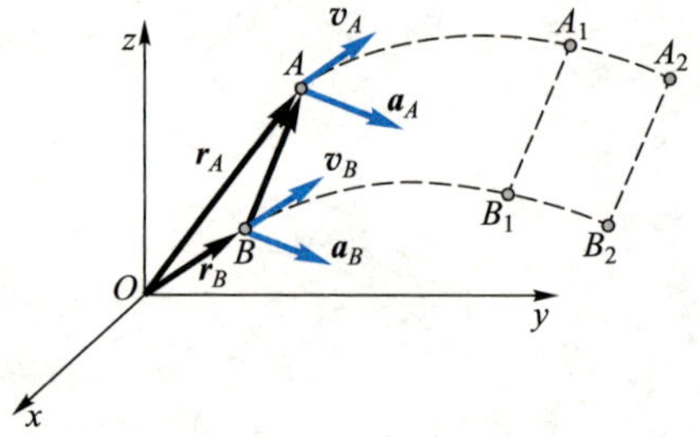

图 7－1

把上式对时间 t 求导数，因为恒矢量 $\overrightarrow{BA}$ 的导数等于零，于是得

$$\boldsymbol{v}_A=\boldsymbol{v}_B,\quad \boldsymbol{a}_A=\boldsymbol{a}_B$$

式中，$\boldsymbol{v}_A$ 和 $\boldsymbol{v}_B$ 分别表示点 A 和点 B 的速度，$\boldsymbol{a}_A$ 和 $\boldsymbol{a}_B$ 分别表示它们的加速度。因为点 A 和点 B 是任意选择的，因此可得结论：当刚体平行移动时，其上各点的轨迹形状相同；在每一瞬时，各点的速度相同，加速度也相同。

因此，研究刚体的平移，可以归结为研究刚体内任一点（如质心）的运动，也就是归结为前一章里所研究过的点的运动学问题。

§7-2　刚体绕定轴的转动

刚体在运动时，其上或其扩展部分有两点保持不动，称这种运动为刚体绕定轴的转动，简称刚体的**转动**。通过这两个固定点的一条不动的直线，称为刚体的**转轴**或轴线，简称轴。

取转轴为 z 轴，正向如图 7-2 所示。通过轴线作一固定平面 A，此外，通过轴线再作一动平面 B，这个平面与刚体固结，一起转动。两个平面间的夹角用 φ 表示，称为刚体的**转角**。转角 φ 是一个代数量，它确定了刚体的位置，它的符号规定如下：自 z 轴的正端往负端看，从固定面起按逆时针转向计算角 φ，取正值；按顺时针转向计算角 φ，取负值。并用 rad 表示。当刚体转动时，转角 φ 是时间 t 的单值连续函数，即

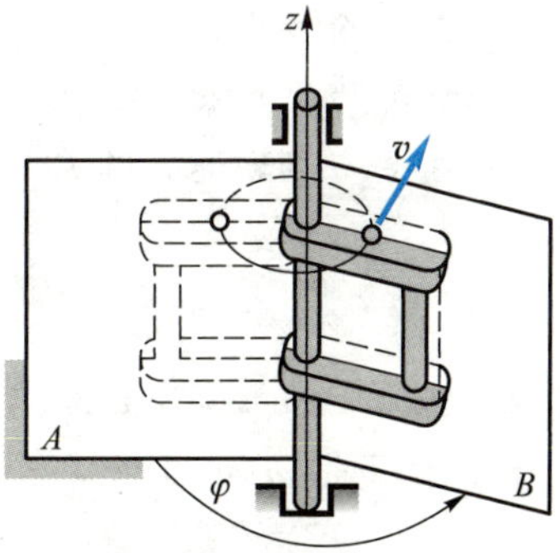

图 7-2

$$\varphi = f(t) \tag{7-1}$$

这个方程称为刚体绕**定轴转动**的运动方程。绕定轴转动的刚体，只要用一个参变量（转角 φ）就可以决定它的位置，这样的刚体，称它具有一个**自由度**。

转角 φ 对时间的一阶导数，称为刚体的瞬时**角速度**，并用字母 ω 表示，即

$$\omega = \frac{\mathrm{d}\varphi}{\mathrm{d}t} \tag{7-2}$$

角速度表征刚体转动的快慢和方向，其单位一般用 rad/s。

由于转角 φ 是代数量，因此角速度也是代数量。从轴的正端向负端看，刚体逆时针转动时，角速度是正值，反之为负值。

角速度对时间的一阶导数，称为刚体的瞬时**角加速度**，用字母 α 表示，即

$$\alpha = \frac{\mathrm{d}\omega}{\mathrm{d}t} = \frac{\mathrm{d}^2\varphi}{\mathrm{d}t^2} \tag{7-3}$$

角加速度表征角速度变化的快慢，其单位一般用 $\mathrm{rad/s^2}$。

角加速度也是代数量。

如果 ω 与 α 同号，则转动是加速的；如果 ω 与 α 异号，则转动是减速的。

现在讨论两种特殊情形。

（1）匀速转动

如果刚体的角速度不变，即 $\omega=$ 常量，这种转动称为匀速转动。仿照点的匀速运动公式，可得

$$\varphi=\varphi_0+\omega t \tag{7-4}$$

式中，φ_0 是 $t=0$ 时转角 φ 的值。

机器中的转动部件或零件，一般都在匀速转动情况下工作。转动的快慢常用每分钟转数 n 来表示，其单位为 r/min，称为转速。

角速度 ω 与转速 n 的关系为

$$\omega=\frac{2\pi n}{60}=\frac{\pi n}{30} \tag{7-5}$$

式中，转速 n 的单位为 r/min，ω 的单位为 rad/s。在粗略的近似计算中，可取 $\pi\approx3$，于是 $\omega\approx0.1n$。

（2）匀变速转动

如果刚体的角加速度不变，即 $\alpha=$ 常量，这种转动称为匀变速转动。仿照点的匀变速运动公式，可得

$$\omega=\omega_0+\alpha t \tag{7-6}$$

$$\varphi=\varphi_0+\omega_0 t+\frac{1}{2}\alpha t^2 \tag{7-7}$$

式中，ω_0 和 φ_0 分别是 $t=0$ 时的角速度和转角。

由上面一些公式可知：匀变速转动时，刚体的角速度、转角和时间之间的关系与点在匀变速运动中的速度、坐标和时间之间的关系相似。

§7-3 转动刚体内各点的速度和加速度

当刚体绕定轴转动时，刚体内任意一点都作圆周运动，圆心在轴线上，圆周所在的平面与轴线垂直，圆周的半径 R 等于该点到轴线的垂直距离，对此，宜采用自然法研究各点的运动。

设刚体由定平面 A 绕定轴 O 转动任一角度 φ，到达 B 位置，其上任一点由 O' 运动到 M，如图 7-3 所示。以固定点 O' 为弧坐标 s 的原点，按 φ 角的正向规定弧坐标 s 的正向，于是

$$s=R\varphi$$

式中 R 为点 M 到轴心 O 的距离。

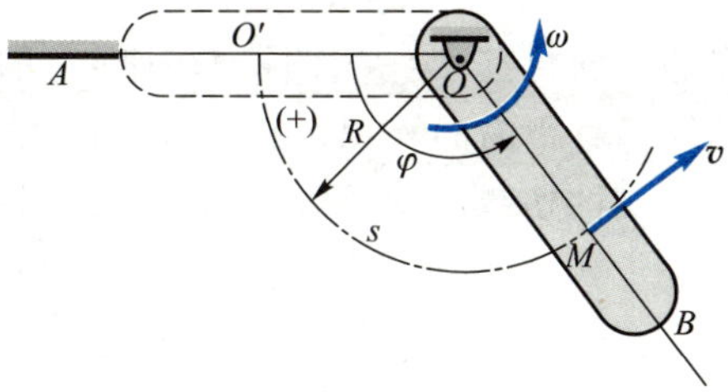

图 7－3

将上式对 t 取一阶导数，得

$$\frac{\mathrm{d}s}{\mathrm{d}t}=R\frac{\mathrm{d}\varphi}{\mathrm{d}t}$$

由于$\frac{\mathrm{d}\varphi}{\mathrm{d}t}=\omega$，$\frac{\mathrm{d}s}{\mathrm{d}t}=v$，因此上式可写成

$$v=R\omega \tag{7－8}$$

即转动刚体内任一点的速度的大小，等于刚体的角速度与该点到轴线的距离的乘积，它的方向沿圆周的切线而指向转动的方向。

用一垂直于轴线的平面横截刚体，得一截面。根据上述结论，在该截面上的任一条通过轴心的直线上，各点的速度按线性规律分布，如图 7－4b 所示。将速度矢的端点连成直线，此直线通过轴心。在该截面上，不在一条直线上的各点的速度方向，如图 7－4a 所示。

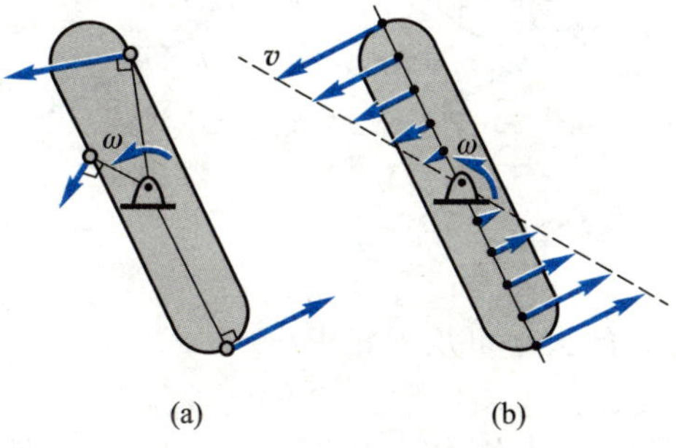

图 7－4

现在求点 M 的加速度。因为点作圆周运动，因此应求切向加速度和法向加速度。根据第六章式(6－18)和弧长 s 与转角 φ 的关系，得

$$a_{\mathrm{t}}=\ddot{s}=R\ddot{\varphi}$$

由$\ddot{\varphi}=\alpha$，因此

$$a_t = R\alpha \tag{7-9}$$

即转动刚体内任一点的切向加速度(又称转动加速度)的大小，等于刚体的角加速度与该点到轴线垂直距离的乘积，它的方向由角加速度的符号决定。当 α 是正值时，它沿圆周的切线，指向角 φ 的正向；否则相反。

法向加速度为

$$a_n = \frac{v^2}{\rho} = \frac{(R\omega)^2}{\rho}$$

式中，ρ 是曲率半径，对于圆 $\rho = R$，因此

$$a_n = R\omega^2 \tag{7-10}$$

即转动刚体内任一点的法向加速度(又称向心加速度)的大小，等于刚体角速度的平方与该点到轴线的垂直距离的乘积，它的方向与速度垂直并指向轴线。

如果 ω 与 α 同号，角速度的绝对值增加，刚体作加速转动，这时点的切向加速度 $\boldsymbol{a}_t$ 与速度$\boldsymbol{v}$ 的指向相同；如果 ω 与 α 异号，刚体作减速转动，$\boldsymbol{a}_t$ 与$\boldsymbol{v}$ 的指向相反。这两种情况如图 7-5a、b 所示。

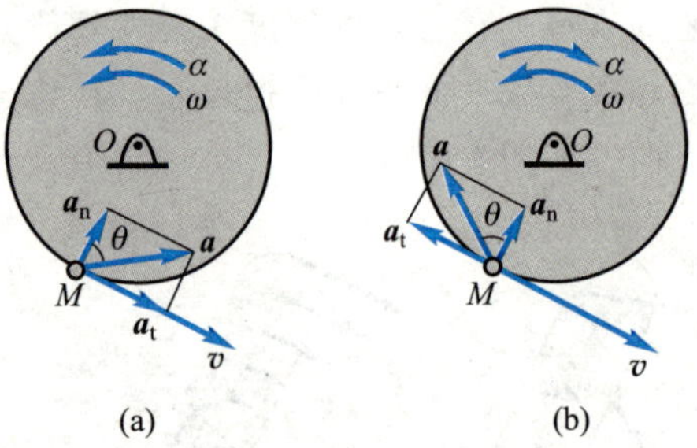

图 7-5

点 M 的加速度 $\boldsymbol{a}$ 的大小可从下式求出

$$a = \sqrt{a_t^2 + a_n^2} = \sqrt{R^2\alpha^2 + R^2\omega^4} = R\sqrt{\alpha^2 + \omega^4} \tag{7-11}$$

要确定加速度 $\boldsymbol{a}$ 的方向，只需求出 $\boldsymbol{a}$ 与半径 MO 所成的交角 θ 即可(图 7-5)。从直角三角形的关系式得

$$\tan\theta = \frac{a_t}{a_n} = \frac{R\alpha}{R\omega^2} = \frac{\alpha}{\omega^2} \tag{7-12}$$

由于在每一瞬时，刚体的 ω 和 α 都只有一个确定的数值，所以从式

(7－8)、(7－11)和(7－12)得知：

(1) 在每一瞬时，转动刚体内所有各点的速度和加速度的大小，分别与这些点到轴线的垂直距离成正比。

(2) 在每一瞬时，刚体内所有各点的加速度 $\boldsymbol{a}$ 与半径间的夹角 θ 都有相同的值。

用一垂直于轴线的平面横截刚体，得一截面。根据上述结论，可画出截面上各点的加速度，如图 7－6a 所示。在通过轴心的直线上各点的加速度按线性分布，将加速度矢的端点连成直线，此直线通过轴心，如图 7－6b 所示。

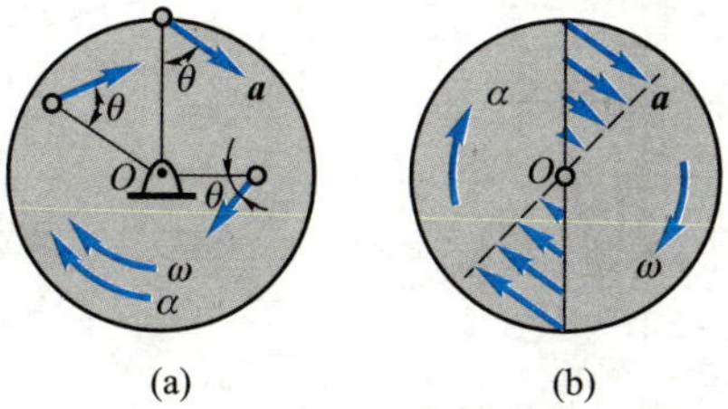

图 7－6

习　题

7－1　图示曲柄滑杆机构中，滑杆上有一圆弧形滑道，其半径 $R=100$ mm，圆心 O_1 在导杆 BC 上。曲柄长 $OA=100$ mm，以等角速度 $\omega=4$ rad/s 绕 O 轴转动。试求导杆 BC 的运动规律以及当曲柄与水平线间的交角 φ 为 30°时，导杆 BC 的速度和加速度。

7－2　图示为把工件送入干燥炉内的机构，叉杆 $OA=1.5$ m 在铅垂面内转动，杆 $AB=0.8$ m，A 端为铰链，B 端有放置工件的框架。在机构运动时，工件的速度恒为 0.05 m/s，杆 AB 始终铅垂。设运动开始时，角 $\varphi=0$。试求运动过程中角 φ 与时间的关系，以及点 B 的轨迹方程。

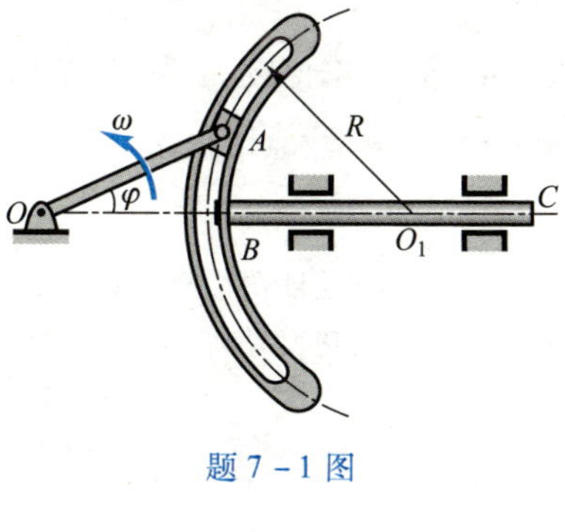

题 7－1 图

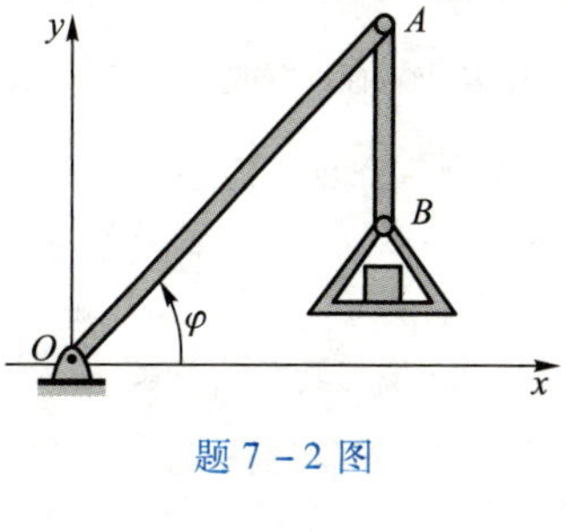

题 7－2 图

7－3 机构如图所示，假定杆 AB 以匀速 $\boldsymbol{v}$ 运动，开始时 $\varphi=0$。试求当 $\varphi=\frac{\pi}{4}$ 时，摇杆 OC 的角速度和角加速度。

7－4 如图所示，曲柄 CB 以等角速度 ω_0 绕 C 轴转动，其转动方程为 $\varphi=\omega_0 t$。滑块 B 带动摇杆 OA 绕轴 O 转动。设 $OC=h$，$CB=r$。试求摇杆的转动方程。

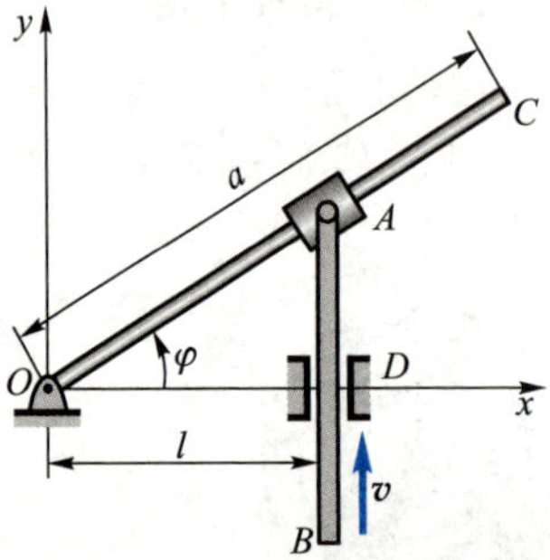

题 7－3 图

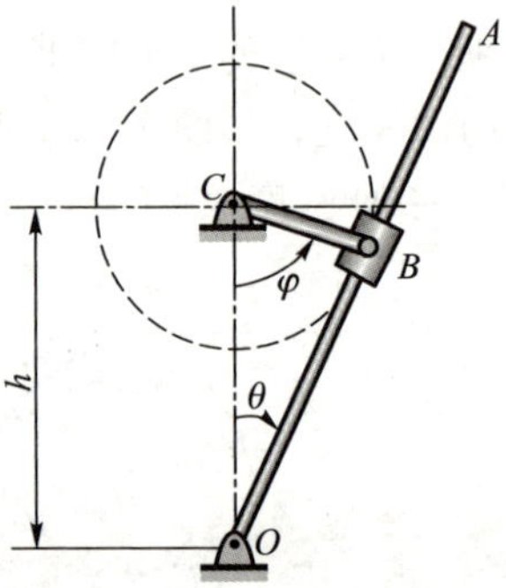

题 7－4 图

7－5 如图所示，摩擦传动机构的主动轴 I 的转速为 $n=600\ \mathrm{r/min}$。轴 I 的轮盘与轴 II 的轮盘接触，接触点按箭头 A 所示的方向移动。距离 d 的变化规律为 $d=100-5t$，其中 d 以 mm 计，t 以 s 计。已知 $r=50\ \mathrm{mm}$，$R=150\ \mathrm{mm}$。试求：(1) 以距离 d 表示轴 II 的角加速度；(2) 当 $d=r$ 时，轮 B 边缘上一点的全加速度。

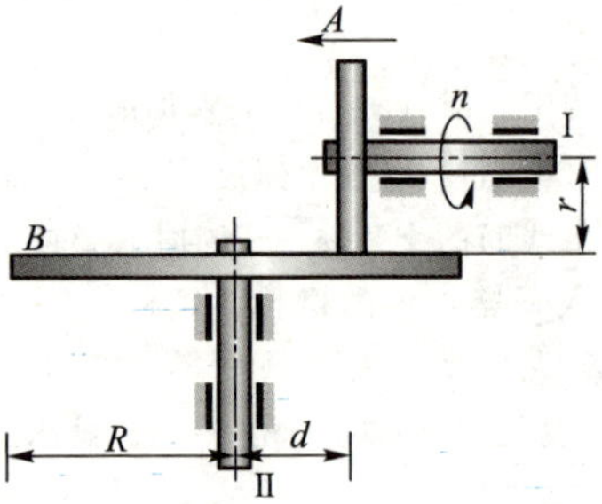

题 7－5 图

7－6 杆 AB 在铅垂方向以恒速 v 向下运动，并由 B 端不计尺寸的小轮带着半径为 R 的圆弧杆 OC 绕轴 O 转动，如图所示。设运动开始时，$\varphi=\frac{\pi}{4}$，试求此后任意瞬时 t，杆 OC 的角速度 ω 和点 C 的速度。

7－7 一飞轮绕固定轴 O 转动，其轮缘上任一点的全加速度在某段运动过程中与轮半径的交角恒为60°。当运动开始时，其转角 φ_0 等于零，角速度为 ω_0。试求飞轮的转动方程以及角速度与转角的关系。

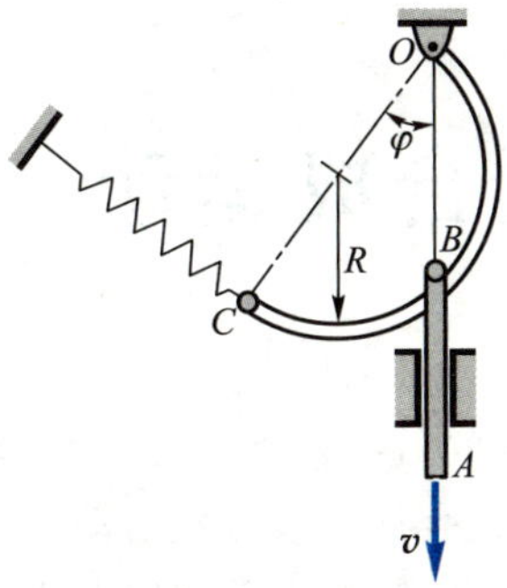

题 7－6 图

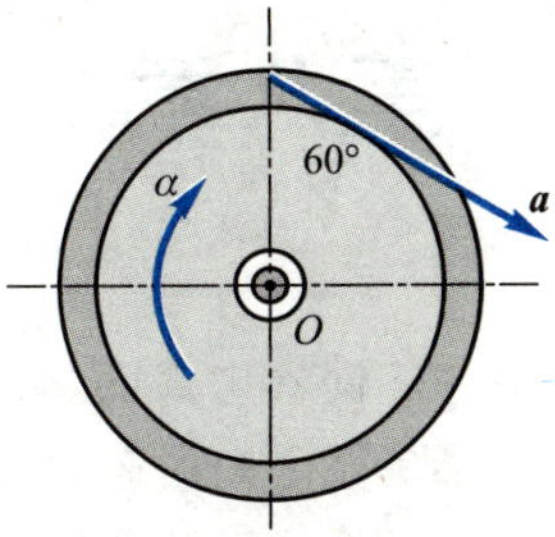

题 7－7 图

第八章　点的合成运动

物体相对于不同参考系的运动是不同的。物体相对于不同参考系的运动，以及不同参考系之间的运动，可称为复合运动或合成运动。

本章分析点的合成运动。分析运动中某一瞬时点的速度合成和加速度合成的规律。

§8－1　相对运动·牵连运动·绝对运动

物体的运动对不同的参考体来说是不同的。如图8－1所示，沿直线轨道滚动的车轮，其轮缘上点 M 的轨迹，对地面上的观察者来说是旋轮线，但是对车上的观察者来说则是一个圆。显然动点 M 相对于两个参考体的速度和加速度也不同。

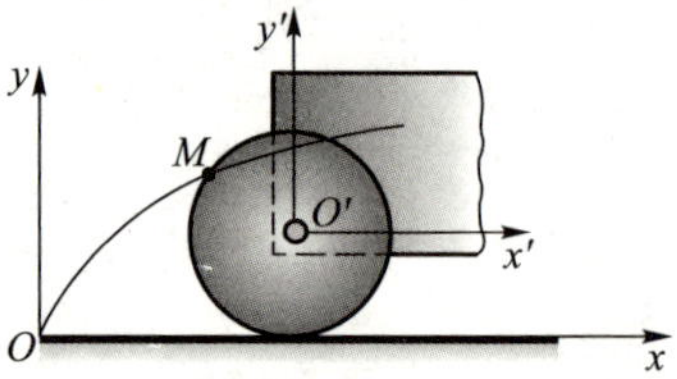

图8－1

通过观察可以发现，物体对一参考体的运动可以由几个运动组合而成。如在上例中，车轮上的点 M 是沿旋轮线运动，但是如果以车厢作为参考体，则点 M 相对于车厢的运动是简单的圆周运动，车厢相对于地面的运动是简单的平移。这样，轮缘上一点的运动就可以看成为两个简单运动的合成，即点 M 相对于车厢作圆周运动，同时车厢相对地面作平移。于是，相对于某一参考体的运动可由相对于其他参考体的几个运动组合而成，称这种运动为**合成运动**。

习惯上把固定在地球上的坐标系称为**定参考系**，简称定系，以 $Oxyz$ 表示；固定在其他相对于地球运动的参考体上的坐标系称为**动参考系**，简称动系，以 $O'x'y'z'$ 表示。在上例中，动参考系固定在车厢上。

用点的合成运动理论分析点的运动时，必须选定两个参考系，区分三种运动：(1) 动点相对于定参考系的运动，称为**绝对运动**；(2) 动点相对于动参考系的运动，称为**相对运动**；(3) 动参考系相对于定参考系的运动，称为**牵连运动**。仍以滚动的车轮为例：取轮缘上的一点 M 为动点，固结于车厢的坐标系为动系，则车厢相对于地面的平移是牵连运动；在车厢上看到点作圆周运动，这是相对运动；在地面上看到点沿旋轮线运动，这是绝对运动。

动点在相对运动中的轨迹、速度和加速度，称为**相对轨迹、相对速度**和**相对加速度**。动点在绝对运动中的轨迹、速度和加速度，称为**绝对轨迹、绝对速度**和**绝对加速度**。至于动点的**牵连速度**和**牵连加速度**的定义，必须特别注意。由于动参考系的运动是刚体的运动而不是一个点的运动，所以除非动系作平移，否则其上各点的运动都不完全相同。因为动系与动点直接相关的是动系上与动点相重合的那一点（此点称“牵连点”），因此定义：在动系上与动点相重合的那一点（牵连点）的速度和加速度称为动点的牵连速度和牵连加速度。

今后，用$\boldsymbol{v}_r$和$\boldsymbol{a}_r$分别表示相对速度和相对加速度，用$\boldsymbol{v}_a$和$\boldsymbol{a}_a$分别表示绝对速度和绝对加速度，用$\boldsymbol{v}_e$和$\boldsymbol{a}_e$分别表示牵连速度和牵连加速度。

定参考系与动参考系是两个不同的坐标系，可以利用坐标变换来建立绝对、相对和牵连运动之间的关系。以平面问题为例，设Oxy是定系，$O'x'y'$是动系，M是动点，如图8-2所示。动点M的绝对运动方程为

$$x=x(t),\quad y=y(t)$$

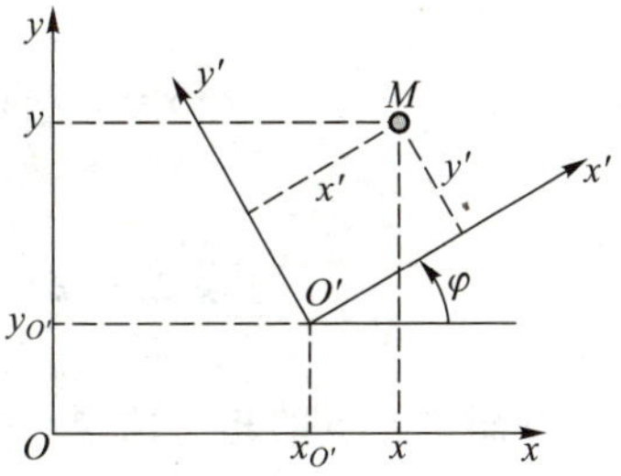

图 8-2

动点M的相对运动方程为

$$x'=x'(t),\ y'=y'(t)$$

动系$O'x'y'$相对于定系Oxy的运动可由如下三个方程完全描述

$$x_{O'}=x_{O'}(t),\ y_{O'}=y_{O'}(t),\ \varphi=\varphi(t)$$

这三个方程称为牵连运动方程，其中φ角是从x轴到x'轴的转角，以逆时针方向为正值。

由图8-2可得动系$O'x'y'$与定系Oxy之间的坐标变换关系为

$$\left.\begin{aligned}x&=x_{O'}+x'\cos\varphi-y'\sin\varphi\\y&=y_{O'}+x'\sin\varphi+y'\cos\varphi\end{aligned}\right\}$$

在点的绝对运动方程中消去时间t，即得点的绝对运动轨迹；在点的相对运动方程中消去时间t，即得点的相对运动轨迹。

例8-1　点M相对于动系$Ox'y'$沿半径为r的圆周以速度$\boldsymbol{v}$作匀速圆周运动（圆心为O_1），动系$Ox'y'$相对于定系Oxy以匀角速度ω绕点O作定轴转动，如图8-3所示。初始时$Ox'y'$与Oxy重合，点M与点O重合。试求点M的绝对运动方程。

解： 连接 O_1M，由图 8－3 可知

$$\psi=\frac{vt}{r}$$

于是得点 M 的相对运动方程为

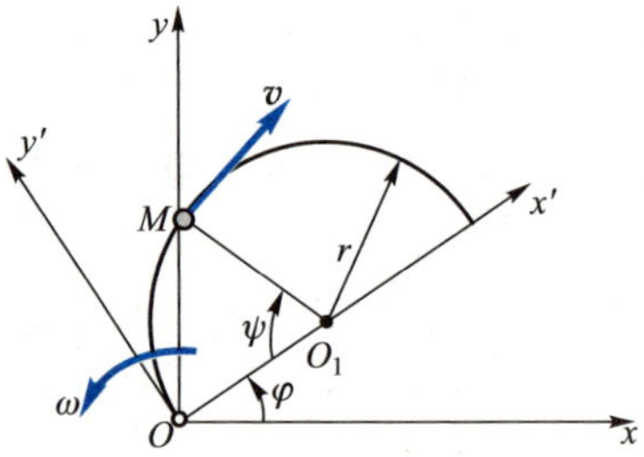

图 8－3

$$x'=OO_1-O_1M\cos\psi=r\left(1-\cos\frac{vt}{r}\right)$$

$$y'=O_1M\sin\psi=r\sin\frac{vt}{r}$$

动画例 8－1

牵连运动方程为

$$x_{O'}=x_O=0,\ y_{O'}=y_O=0,\ \varphi=\omega t$$

利用上述坐标变换关系式，得点 M 的绝对运动方程为

$$x=r\left(1-\cos\frac{vt}{r}\right)\cos\omega t-r\sin\frac{vt}{r}\sin\omega t$$

$$y=r\left(1-\cos\frac{vt}{r}\right)\sin\omega t+r\sin\frac{vt}{r}\cos\omega t$$

§8－2 点的速度合成定理

下面研究点的相对速度、牵连速度和绝对速度三者之间的关系。为了容易理解，设想 AB 为一金属线，动参考系即固定在此线上，而将动点看成是沿金属线滑动的一个极小圆环，如图 8－4 所示。

动画 8－1：圆环运动的分解

在瞬时 t，动点位于金属线 AB 的点 M，经过极短的时间间隔 Δt 后，动参考系 AB 运动到新位置 $A'B'$；同时，动点沿金属线运动到点 M'。如果在动参考系上观察动点 M 的运动，则它沿曲线 AB 运动到点 M_2，而瞬时 t 曲线 AB 上与动点 M 重合的那一点，则沿 $\overset{\frown}{MM_1}$ 运动到点 M_1。

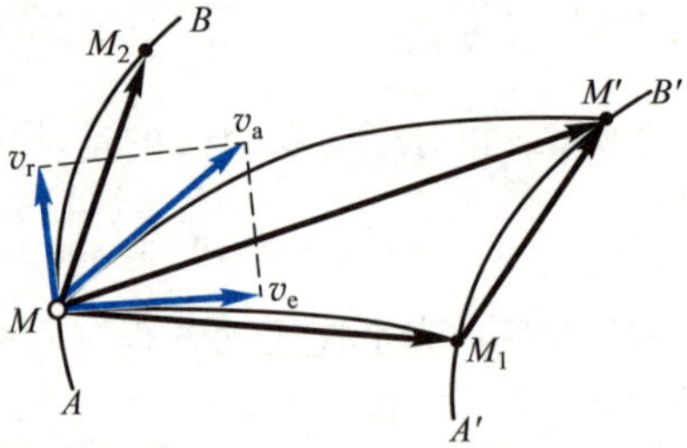

图 8－4

如果在定参考系上观察动点 M 的运动，则它在时间间隔 Δt 内的位移矢量为 $\overrightarrow{MM'}$。根据速度的定义，动点 M 在瞬时 t 的绝对速度为

$$\boldsymbol{v}_a=\lim_{\Delta t\to 0}\frac{\overrightarrow{MM'}}{\Delta t} \tag{8-1}$$

它的方向沿 $\overset{\frown}{MM'}$ 的切线。相对速度为

$$\boldsymbol{v}_{\mathrm{r}}=\lim_{\Delta t\to 0}\frac{\overrightarrow{MM_2}}{\Delta t}\tag{8-2}$$

连接 M_1 和 M'两点，由图中矢量关系可得

$$\overrightarrow{MM'}=\overrightarrow{MM_1}+\overrightarrow{M_1M'}\tag{8-3}$$

注意到点 M_1 是瞬时 t 动点 M 的牵连点，故点 M_1 的速度

$$\boldsymbol{v}_{\mathrm{e}}=\lim_{\Delta t\to 0}\frac{\overrightarrow{MM_1}}{\Delta t}\tag{8-4}$$

即为该瞬时动点 M 的牵连速度。

令

$$\Delta\boldsymbol{r}=\overrightarrow{M_1M'}-\overrightarrow{MM_2}$$

注意到矢量$\overrightarrow{M_1M'}$和$\overrightarrow{MM_2}$的模相等，从而

$$|\Delta\boldsymbol{r}|=2\cdot|\overrightarrow{MM_2}|\cdot\sin\frac{\Delta\theta}{2}$$

而 $\Delta\theta$ 是矢量$\overrightarrow{M_1M'}$和$\overrightarrow{MM_2}$之间的夹角。由于

$$\lim_{\Delta t\to 0}\Delta\theta=0$$

故

$$\lim_{\Delta t\to 0}\left|\frac{\Delta\boldsymbol{r}}{\Delta t}\right|=\lim_{\Delta t\to 0}\left(2\cdot\left|\frac{\overrightarrow{MM_2}}{\Delta t}\right|\cdot\frac{\Delta\theta}{2}\right)=|v_{\mathrm{r}}|\cdot\lim_{\Delta t\to 0}\Delta\theta=0$$

从而

$$\boldsymbol{v}_{\mathrm{r}}=\lim_{\Delta t\to 0}\frac{\overrightarrow{MM_2}}{\Delta t}=\lim_{\Delta t\to 0}\frac{\overrightarrow{M_1M'}}{\Delta t}\tag{8-5}$$

将式（8-3）两端除以 Δt，令 $\Delta t\to 0$，对式（8-3）两边取极限，并代入式（8-1）、式（8-4）和式（8-5）得到

$$\boldsymbol{v}_{\mathrm{a}}=\boldsymbol{v}_{\mathrm{e}}+\boldsymbol{v}_{\mathrm{r}}\tag{8-6}$$

由此得到点的速度合成定理：动点在某瞬时的绝对速度等于它在该瞬时的牵连速度与相对速度的矢量和。即动点的绝对速度可以由牵连速度与相对速度所构成的平行四边形的对角线来确定。这个平行四边形称为速度平行四边形。

在上述推导中，假定$\overrightarrow{MM_2}$为 Δt 时间间隔内动点相对于动参考系的位移，事实上，由于金属线也在运动，因此 Δt 时间间隔内动点的相对运动轨迹与曲线 AB 有所差异，但由式（8-5）可见，当 $\Delta t\to 0$ 时，由此带来的偏差为高阶无穷小量，可忽略不计。

式（8-6）也可以用较为严格的数学推导证明。如图 8-5 所示，取

Oxyz 为定坐标系，$O'x'y'z'$为动坐标系，动系坐标原点 O'在定系中的矢径为 $\boldsymbol{r}_{O'}$，沿动系坐标轴的三个单位矢量分别为 $\boldsymbol{i}'$，$\boldsymbol{j}'$，$\boldsymbol{k}'$。动点 M 在定系中的矢径为 $\boldsymbol{r}$，在动系中的矢径为 $\boldsymbol{r}'$，由图中几何关系，有

$$\boldsymbol{r}=\boldsymbol{r}_{O'}+\boldsymbol{r}' \qquad (8-7)$$

$$\boldsymbol{r}'=x'\boldsymbol{i}'+y'\boldsymbol{j}'+z'\boldsymbol{k}'$$

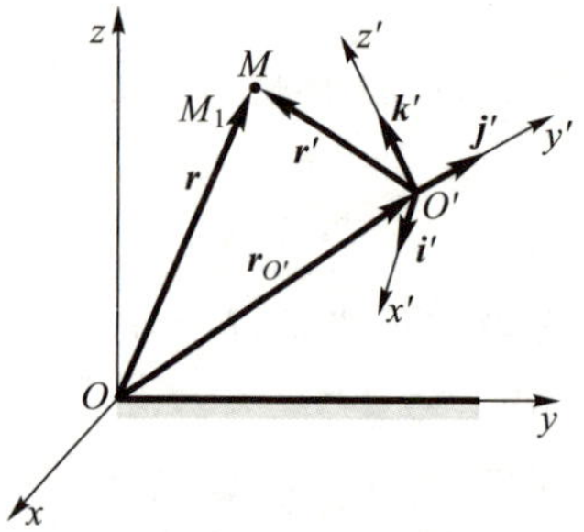

图 8-5

其中

$$x'=x'(t),\quad y'=y'(t),\quad z'=z'(t)$$

为动点 M 在动系中的坐标。由定义，动点 M 在瞬时 t 的相对速度为

$$\boldsymbol{v}_{\mathrm{r}}=\frac{\mathrm{d}x'}{\mathrm{d}t}\boldsymbol{i}'+\frac{\mathrm{d}y'}{\mathrm{d}t}\boldsymbol{j}'+\frac{\mathrm{d}z'}{\mathrm{d}t}\boldsymbol{k}'=\frac{\tilde{\mathrm{d}}\boldsymbol{r}'}{\mathrm{d}t} \qquad (8-8)$$

由于相对速度 v_{r} 是动点相对于动参考系的速度，因此在求导时将动系的三个单位矢量 $\boldsymbol{i}'$，$\boldsymbol{j}'$，$\boldsymbol{k}'$视为恒矢量。这种导数称为相对导数，在导数符号上加“~”表示。今后凡是导数符号上用这一符号均代表相对导数。

记瞬时 t 动点 M 的牵连点为 M_1，由于该瞬时点 M_1 与动点 M 相重合，因此点 M_1 在动坐标系中的坐标为 x'，y'，z'。注意到点 M_1 是动系上的一点，它在动系中的坐标是常数，故点 M_1 在定系中的运动方程为

$$\boldsymbol{r}_1=\boldsymbol{r}\big|_{x',y',z'=\mathrm{C}} \qquad (8-9)$$

其中 $\boldsymbol{r}_1$ 表示点 M_1 在定系中的矢径，下标 C 表示“常数”。由此得到牵连速度的表达式

$$\boldsymbol{v}_{\mathrm{e}}=\frac{\mathrm{d}\boldsymbol{r}_1}{\mathrm{d}t}=\frac{\mathrm{d}\boldsymbol{r}_{O'}}{\mathrm{d}t}+x'\frac{\mathrm{d}\boldsymbol{i}'}{\mathrm{d}t}+y'\frac{\mathrm{d}\boldsymbol{j}'}{\mathrm{d}t}+z'\frac{\mathrm{d}\boldsymbol{k}'}{\mathrm{d}t} \qquad (8-10)$$

将式（8-7）两边对 t 求导数，并注意到

$$\boldsymbol{v}_{\mathrm{a}}=\frac{\mathrm{d}\boldsymbol{r}}{\mathrm{d}t}$$

就得到式（8-6）的结果。应该指出，在上述推导过程中并未限制动参考系作什么样的运动，因此这个定理适用于牵连运动是任何运动的情况，即动参考系可作平移、转动或其他任何较复杂的运动。

下面举例说明点的速度合成定理的应用。

例 8-2 刨床的急回机构如图 8-6 所示。曲柄 OA 的一端 A 与滑块用铰链连接。当曲柄 OA 以匀角速度 ω 绕固定轴 O 转动时，滑块在摇杆 O_1B 上滑动，并带动摇杆 O_1B 绕固定轴 O_1 摆动。设曲柄长 $OA=r$，两轴间距离 $OO_1=l$。求当曲柄在水平位置时摇杆的角

速度 ω_1。

解：在本题中应选取曲柄端点 A 作为研究的动点，把动参考系 $O_1x'y'$ 固定在摇杆 O_1B 上，并与 O_1B 一起绕 O_1 轴摆动。

点 A 的绝对运动是以点 O 为圆心的圆周运动，相对运动是沿 O_1B 方向的直线运动，而牵连运动则是摇杆绕 O_1 轴的摆动。

于是，绝对速度 $\boldsymbol{v}_a$ 的大小和方向都是已知的，它的大小等于 $r\omega$，方向与曲柄 OA 垂直；相对速度 $\boldsymbol{v}_r$ 的方向是已知的，即沿 O_1B；而牵连速度 $\boldsymbol{v}_e$ 是杆 O_1B 上与点 A 重合的那一点的速度，它的方向垂直于 O_1B，也是已知的。共计有四个要素已知。由于 $\boldsymbol{v}_a$ 的大小和方向都已知，因此，这是一个速度分解的问题。

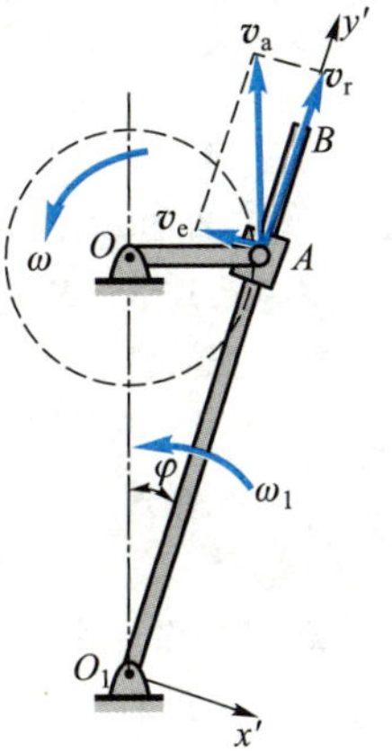

图 8-6

动画例 8-2

根据速度合成定理，作出速度平行四边形，如图 8-6 所示。由其中的直角三角形可求得

$$v_e = v_a \sin\varphi$$

又 $\sin\varphi = \dfrac{r}{\sqrt{l^2+r^2}}$，且 $v_a = r\omega$，所以

$$v_e = \frac{r^2\omega}{\sqrt{l^2+r^2}}$$

设摇杆在此瞬时的角速度为 ω_1，则

$$v_e = O_1A\times\omega_1 = \frac{r^2\omega}{\sqrt{l^2+r^2}}$$

式中，$O_1A=\sqrt{l^2+r^2}$。

由此得出此瞬时摇杆的角速度为

$$\omega_1 = \frac{r^2\omega}{l^2+r^2}$$

方向如图所示。

例 8-3　如图 8-7 所示，半径为 R、偏心距为 e 的凸轮，以匀角速度 ω 绕 O 轴转动，杆 AB 能在滑槽中上下平移，杆的端点 A 始终与凸轮接触，且 OAB 成一直线。试求在图示位置时，杆 AB 的速度。

解：因为杆 AB 作平移，各点速度相同，因此只要求出其上任一点的速度即可。选取杆 AB 的端点 A 作为研究的动点，动参考系随凸轮一起绕 O 轴转动。

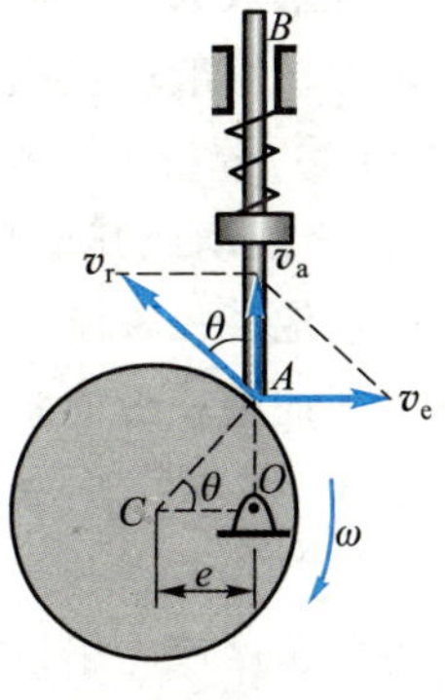

图 8-7

动画例 8-3

点 A 的绝对运动是直线运动，相对运动是以凸轮中心 C 为圆心的圆周运动，牵连运动则是凸轮绕 O 轴的转动。

于是，绝对速度方向沿 AB，相对速度方向沿凸轮圆周的切线，而牵连速度为凸轮上与杆端 A 点重合的那一点的速度，它的方向垂直于 OA，它的大小为 $v_e=\omega\times OA$。根据速度合成定理，已知四个要素，即可作出速度平行四边形，如图 8-7

所示。由三角关系求得杆的绝对速度为

$$v_a = v_e \cot\theta = \omega \times OA \frac{e}{OA} = \omega e$$

例 8－4 圆盘半径为 R，以角速度 ω_1 绕水平轴 CD 转动，支承 CD 的框架又以角速度 ω_2 绕铅直的 AB 轴转动，如图 8－8 所示。圆盘垂直于 CD，圆心在 CD 与 AB 的交点 O 处。试求当连线 OM 在水平位置时，圆盘边缘上的点 M 的绝对速度。

解： 以点 M 为动点，动参考系与框架固结。点 M 的相对运动是以 O 为圆心在铅直平面内的圆周运动，相对速度垂直于 OM，方向朝下，大小为

$$v_r = R\omega_1$$

动画例 8－4

点 M 的牵连速度应为动参考系上与动点 M 相重合的那一点的速度，是绕 z 轴以角速度 ω_2 转动的动参考系上该点的速度，因此

$$v_e = R\omega_2$$

速度矢 $\boldsymbol{v}_e$ 在水平面内，垂直于半径 OM，于是 $\boldsymbol{v}_e$ 垂直于 $\boldsymbol{v}_r$。根据点的速度合成定理

$$\boldsymbol{v}_a = \boldsymbol{v}_e + \boldsymbol{v}_r$$

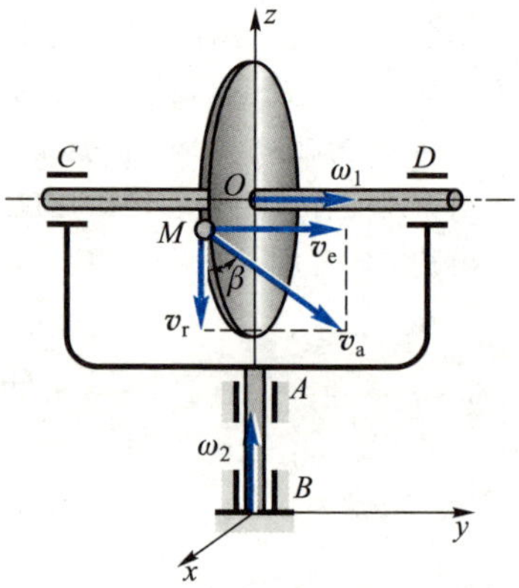

图 8－8

得

$$v_a = \sqrt{v_e^2 + v_r^2} = R\sqrt{\omega_2^2 + \omega_1^2}$$

$$\tan\beta = \frac{v_e}{v_r} = \frac{\omega_2}{\omega_1}$$

式中，β 为 $\boldsymbol{v}_a$ 与铅直线间的夹角。

总结以上各例的解题步骤如下：

（1）选取动点、动参考系和定参考系。所选的动参考系应能将动点的运动分解成为相对运动和牵连运动。因此，动点和动参考系不能选在同一个物体上，一般应使相对运动易于看清。

（2）分析三种运动和三种速度。相对运动是怎样的一种运动（直线运动、圆周运动或其他某种曲线运动）？牵连运动是怎样的一种运动（平移、转动或其他某一种刚体运动）？绝对运动是怎样的一种运动（直线运动、圆周运动或其他某一种曲线运动）？各种运动的速度都有大小和方向两个要素，只有已知四个要素时才能画出速度平行四边形。

（3）应用速度合成定理，画出速度平行四边形。必须注意，作图时要使绝对速度成为平行四边形的对角线。

（4）利用速度平行四边形中的几何关系解出未知数。

§8-3　牵连运动为平移时点的加速度合成定理

在点的合成运动中，加速度之间的关系比较复杂，因此，先分析动参考系作平移的简单情况。

设图 8-5 中动系 $O'x'y'z'$作平移，由于 x'，y'，z'各轴方向不变，故有

$$\frac{\mathrm{d}\boldsymbol{i}'}{\mathrm{d}t}=\frac{\mathrm{d}\boldsymbol{j}'}{\mathrm{d}t}=\frac{\mathrm{d}\boldsymbol{k}'}{\mathrm{d}t}=\mathbf{0}$$

此时相对导数与绝对导数相同，即

$$\boldsymbol{a}_{\mathrm{r}}=\frac{\tilde{\mathrm{d}}\boldsymbol{v}_{\mathrm{r}}}{\mathrm{d}t}=\frac{\mathrm{d}\boldsymbol{v}_{\mathrm{r}}}{\mathrm{d}t} \tag{8-11}$$

由于动系作平移，动系上各点的速度或加速度在任一瞬时都是相同的，因而动系原点 O'的速度$\boldsymbol{v}_{O'}$和加速度 $\boldsymbol{a}_{O'}$就等于牵连速度$\boldsymbol{v}_{\mathrm{e}}$ 和牵连加速度 $\boldsymbol{a}_{\mathrm{e}}$，即

$$\frac{\mathrm{d}\boldsymbol{v}_{\mathrm{e}}}{\mathrm{d}t}=\frac{\mathrm{d}\boldsymbol{v}_{O'}}{\mathrm{d}t}=\boldsymbol{a}_{O'}=\boldsymbol{a}_{\mathrm{e}}$$

将式（8-6）两端对时间求导数，得

$$\boldsymbol{a}_{\mathrm{a}}=\frac{\mathrm{d}\boldsymbol{v}_{\mathrm{a}}}{\mathrm{d}t}=\frac{\mathrm{d}\boldsymbol{v}_{\mathrm{e}}}{\mathrm{d}t}+\frac{\mathrm{d}\boldsymbol{v}_{\mathrm{r}}}{\mathrm{d}t}=\boldsymbol{a}_{\mathrm{e}}+\boldsymbol{a}_{\mathrm{r}} \tag{8-12}$$

上式表示牵连运动为平移时点的加速度合成定理：当牵连运动为平移时，动点在某瞬时的绝对加速度等于该瞬时它的牵连加速度与相对加速度的矢量和。

现在举例说明牵连运动为平移时点的加速度合成定理的应用。

例 8-5　曲柄 OA 绕固定轴 O 转动，T 形杆 BC 沿水平方向往复平移，如图 8-9 所示。铰接在曲柄端 A 的滑块，可在 T 形杆的铅直槽 DE 内滑动。设曲柄以角速度 ω 作匀速转动，$OA=r$，试求杆 BC 的加速度。

解： 因 T 形杆 BC 作平移，故杆 BC 以及铅直槽 DE 上所有各点的加速度完全相同。显然，只要求出铅直槽 DE 上在此瞬时与曲柄端 A 相重合的那一点的加速度即可。

选曲柄端 A 为动点，T 形杆 BC 为动系。于是，动系作平移，可应用加速度合成定理式(8-12)。

动点 A 的绝对运动是以点 O 为中心的圆周运动，因曲柄 OA 作匀速转动，故点 A 的绝对加速度 $\boldsymbol{a}_{\mathrm{a}}$只有法向分量，大小为 $r\omega^2$，方向由点 A 指向点 O；相对运动为沿槽 DE 的直线运动，相对加速度 $\boldsymbol{a}_{\mathrm{r}}$的方向沿铅直槽 DE；因动系作平移，各点轨迹为水平直线，

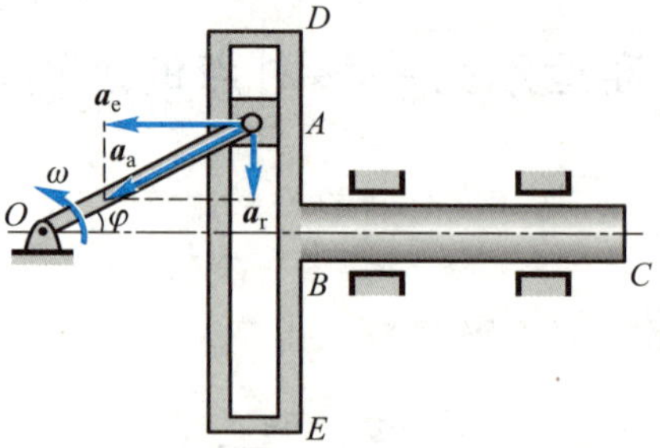

图 8－9

故牵连加速度 $\boldsymbol{a}_e$ 沿水平方向。作加速度平行四边形如图 8－9 所示。由图中三角关系求得

$$a_e = a_a \cos\varphi = r\omega^2 \cos\varphi$$

这就是杆 BC 的加速度。（注：本题也可以用解析法求解。利用 $x_A = r\cos\varphi$ 求导即可。）

例 8－6 凸轮在水平面上向右运动，如图 8－10a 所示。凸轮半径为 R，图示瞬时的速度和加速度分别为 $\boldsymbol{v}$ 和 $\boldsymbol{a}$。试求杆 AB 在图示位置时的加速度。

动画例 8－6

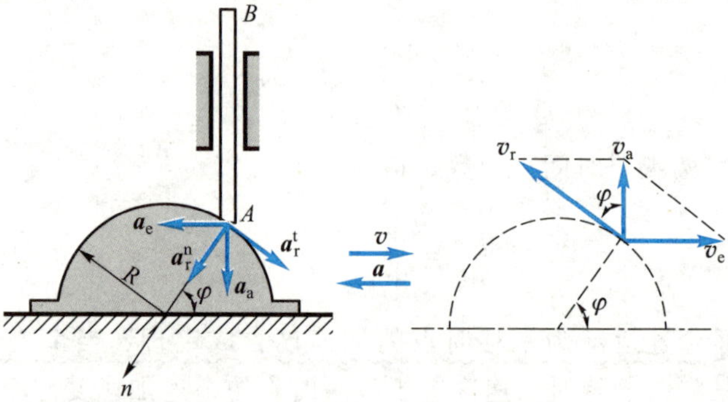

图 8－10

解： 以杆 AB 上的点 A 为动点，凸轮为动系，点 A 的绝对轨迹为直线，相对轨迹为凸轮轮廓曲线。由于牵连运动为平移，点的加速度合成定理为

$$\boldsymbol{a}_a = \boldsymbol{a}_e + \boldsymbol{a}_r$$

式中 $\boldsymbol{a}_a$ 的方向沿直线 AB，大小未知。

点 A 的牵连加速度

$$\boldsymbol{a}_e = \boldsymbol{a}$$

点 A 的相对加速度 $\boldsymbol{a}_r^t$ 大小未知，$\boldsymbol{a}_r^n$ 的方向如图所示，大小为

$$a_r^n = \frac{v_r^2}{R}$$

式中的相对速度$\boldsymbol{v}_r$可根据速度合成定理求出，它的方向如图 8－10b 所示，大小为

$$v_r = \frac{v_e}{\sin\varphi} = \frac{v}{\sin\varphi}$$

于是

$$a_r^n = \frac{1}{R}\frac{v^2}{\sin^2\varphi}$$

加速度合成定理可写成如下形式

$$\boldsymbol{a}_a = \boldsymbol{a}_e + \boldsymbol{a}_r^t + \boldsymbol{a}_r^n$$

假设 $\boldsymbol{a}_a$ 和 $\boldsymbol{a}_r^t$ 的指向如图 8－10a 所示。为计算 $\boldsymbol{a}_a$ 的大小，将上式投影到法线轴 n 上，得

$$a_a\sin\varphi = a_e\cos\varphi + a_r^n$$

解得

$$a_a = \frac{1}{\sin\varphi}\left(a\cos\varphi + \frac{v^2}{R\sin^2\varphi}\right) = a\cot\varphi + \frac{v^2}{R\sin^3\varphi}$$

当 $\varphi < 90°$时，$a_a > 0$，说明假设的 $\boldsymbol{a}_a$ 的指向恰是其真实指向。

例 8－7　图 8－11a 所示平面机构中，曲柄 $OA = r$，以匀角速度 ω_O 转动。套筒 A 可沿 BC 杆滑动。已知 $BC = DE$，且 $BD = CE = l$。试求图示位置时杆 BD 的角速度和角加速度。

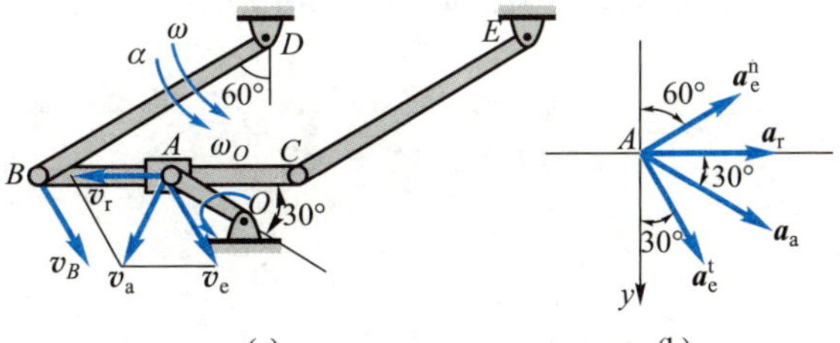

图 8－11

动画例 8－7

解： 由于 $DBCE$ 为平行四边形，因而杆 BC 作平移。以套筒 A 为动点，绝对速度$v_a = r\omega_O$。以杆 BC 为动系，牵连速度$\boldsymbol{v}_e$ 等于点 B 速度$\boldsymbol{v}_B$。其速度合成关系如图 8－11a 所示。

由图示几何关系解出

$$v_e = v_r = v_a = r\omega_O$$

因而杆 BD 的角速度 ω 方向如图 8－11a 所示，大小为

$$\omega = \frac{v_B}{l} = \frac{v_e}{l} = \frac{r\omega_O}{l} \tag{a}$$

动系 BC 为曲线平移，牵连加速度与点 B 加速度相同，应分解为 $\boldsymbol{a}_e^t$ 和 $\boldsymbol{a}_e^n$ 两项。由

加速度合成定理，有

$$\boldsymbol{a}_a=\boldsymbol{a}_e+\boldsymbol{a}_r=\boldsymbol{a}_e^t+\boldsymbol{a}_e^n+\boldsymbol{a}_r \tag{b}$$

式中

$$a_a=\omega_O^2 r,\quad a_e^n=\omega^2 l=\frac{\omega_O^2 r^2}{l}$$

而 a_e^t 和 a_r 为未知量，暂设 a_e^t 和 a_r 的指向如图 8－11b 所示。

将式(b)两端向 y 轴投影，得

$$a_a\sin 30°=a_e^t\cos 30°-a_e^n\sin 30°$$

解出

$$a_e^t=\frac{(a_a+a_e^n)\sin 30°}{\cos 30°}=\frac{\sqrt{3}\omega_O^2 r(l+r)}{3l}$$

解得 a_e^t 为正，表明所设 $\boldsymbol{a}_e^t$ 指向正确。

动系平移，点 B 的加速度等于牵连加速度，因而杆 BD 的角加速度方向如图 8－11a 所示，值为

$$\alpha=\frac{a_e^t}{l}=\frac{\sqrt{3}\omega_O^2 r(l+r)}{3l^2}$$

*§8－4　牵连运动为定轴转动时点的加速度合成定理

设图 8－5 中的动参考系作定轴转动，转轴通过点 O'，设沿转轴正向的单位矢量为 $\boldsymbol{e}_\xi$，定义角速度矢量 $\boldsymbol{\omega}=\omega\boldsymbol{e}_\xi$，动系的三个单位矢量 $\boldsymbol{i}'$，$\boldsymbol{j}'$，$\boldsymbol{k}'$对时间 t 的导数为

$$\frac{\mathrm{d}\boldsymbol{i}'}{\mathrm{d}t}=\boldsymbol{\omega}\times\boldsymbol{i}',\quad \frac{\mathrm{d}\boldsymbol{j}'}{\mathrm{d}t}=\boldsymbol{\omega}\times\boldsymbol{j}',\quad \frac{\mathrm{d}\boldsymbol{k}'}{\mathrm{d}t}=\boldsymbol{\omega}\times\boldsymbol{k}' \tag{8-13}$$

由式（8－7）、式（8－8）和式（8－13）得

$$\begin{aligned}\frac{\mathrm{d}\boldsymbol{r}'}{\mathrm{d}t}&=\frac{\mathrm{d}x'}{\mathrm{d}t}\boldsymbol{i}'+\frac{\mathrm{d}y'}{\mathrm{d}t}\boldsymbol{j}'+\frac{\mathrm{d}z'}{\mathrm{d}t}\boldsymbol{k}'+x'\frac{\mathrm{d}\boldsymbol{i}'}{\mathrm{d}t}+y'\frac{\mathrm{d}\boldsymbol{j}'}{\mathrm{d}t}+z'\frac{\mathrm{d}\boldsymbol{k}'}{\mathrm{d}t}\\&=\frac{\tilde{\mathrm{d}}\boldsymbol{r}'}{\mathrm{d}t}+\boldsymbol{\omega}\times(x'\boldsymbol{i}'+y'\boldsymbol{j}'+z'\boldsymbol{k}')=\frac{\tilde{\mathrm{d}}\boldsymbol{r}'}{\mathrm{d}t}+\boldsymbol{\omega}\times\boldsymbol{r}'\end{aligned} \tag{8-14}$$

依此类推

$$\frac{\mathrm{d}\boldsymbol{v}_r}{\mathrm{d}t}=\frac{\tilde{\mathrm{d}}\boldsymbol{v}_r}{\mathrm{d}t}+\boldsymbol{\omega}\times\boldsymbol{v}_r \tag{8-15}$$

将式（8－7）的两边对时间 t 求导，注意到 $\mathrm{d}\boldsymbol{r}_{O'}/\mathrm{d}t=\boldsymbol{0}$，并考虑式（8－8）及式（8－14），得到

$$\boldsymbol{v}_a=\boldsymbol{v}_r+\boldsymbol{\omega}\times\boldsymbol{r}' \tag{8-16}$$

引入牵连运动角加速度矢量

$$\boldsymbol{\alpha}=\frac{\mathrm{d}\boldsymbol{\omega}}{\mathrm{d}t}$$

将式（8－16）两边对时间 t 求导数，并将式（8－14），式（8－15）代入，得

$$\begin{aligned}\boldsymbol{a}_a&=\frac{\mathrm{d}\boldsymbol{v}_r}{\mathrm{d}t}+\frac{\mathrm{d}\boldsymbol{\omega}}{\mathrm{d}t}\times\boldsymbol{r}'+\boldsymbol{\omega}\times\frac{\mathrm{d}\boldsymbol{r}'}{\mathrm{d}t}\\&=\frac{\tilde{\mathrm{d}}\boldsymbol{v}_r}{\mathrm{d}t}+\boldsymbol{\omega}\times\boldsymbol{v}_r+\boldsymbol{\alpha}\times\boldsymbol{r}'+\boldsymbol{\omega}\times\left(\frac{\tilde{\mathrm{d}}\boldsymbol{r}'}{\mathrm{d}t}+\boldsymbol{\omega}\times\boldsymbol{r}'\right)\\&=\boldsymbol{a}_r+[\boldsymbol{\alpha}\times\boldsymbol{r}'+\boldsymbol{\omega}\times(\boldsymbol{\omega}\times\boldsymbol{r}')]+2\boldsymbol{\omega}\times\boldsymbol{v}_r\end{aligned} \tag{8-17}$$

上式中括号内表达式正是动系上牵连点 M_1 的加速度，即牵连加速度

$$\boldsymbol{a}_e=\boldsymbol{\alpha}\times\boldsymbol{r}'+\boldsymbol{\omega}\times(\boldsymbol{\omega}\times\boldsymbol{r}')$$

其中第 1 项为点 M_1 的切向加速度，第 2 项为点 M_1 的法向加速度。事实上，由点 M_1 的运动方程（8－9）也可以直接推得上述结果。令

$$\boldsymbol{a}_C=2\boldsymbol{\omega}\times\boldsymbol{v}_r \tag{8-18}$$

称为**科氏加速度**，则加速度合成公式（8－17）可以写成

$$\boldsymbol{a}_a=\boldsymbol{a}_e+\boldsymbol{a}_r+\boldsymbol{a}_C \tag{8-19}$$

即当动系作定轴转动时，动点在某瞬时的绝对加速度等于该瞬时它的牵连加速度、相对加速度与科氏加速度的矢量和。

$\boldsymbol{a}_C$的大小为

$$a_C=2\omega v_r\sin\theta$$

其中 θ 为 $\boldsymbol{\omega}$ 与 v_r 两矢量间的最小夹角。矢 $\boldsymbol{a}_C$垂直于 $\boldsymbol{\omega}$ 和$\boldsymbol{v}_r$，指向按右手法则确定。

例 8－8　试求例 8－2 中摇杆 O_1B 在图 8－12 所示位置时的角加速度。

解：动点和动系选择同例 8－2。动系作转动，加速度合成定理为

$$\boldsymbol{a}_a=\boldsymbol{a}_e+\boldsymbol{a}_r+\boldsymbol{a}_C$$

现在分析上式中的各项：

$\boldsymbol{a}_a$：动点的绝对运动是以 O 为圆心的匀速圆周运动，只有法向加速度，方向如图所示，大小为

$$a_a=r\omega^2$$

$\boldsymbol{a}_e$：摇杆上与动点相重合的那一点的加速度。摇杆摆动，其上点 A 的切向加速度 $\boldsymbol{a}_e^t$垂直于杆 O_1A，假设指向如图所示；法向加速度 $\boldsymbol{a}_e^n$，它的大小为

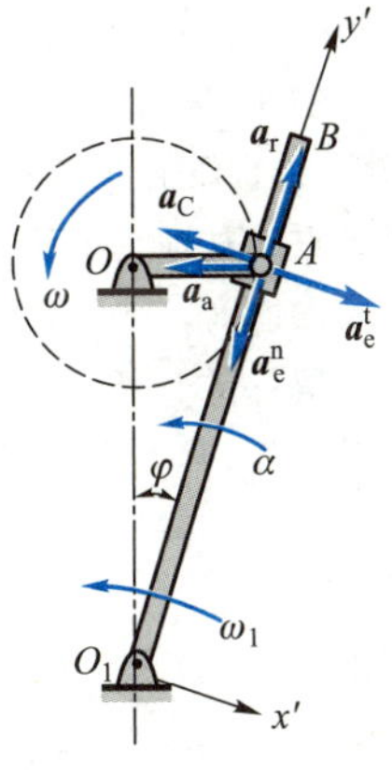

图 8－12

$$a_e^n = \omega_1^2 \cdot O_1A$$

方向如图所示。在例 8－2 中已求得 $\omega_1 = \frac{r^2\omega}{l^2 + r^2}$，且 $O_1A = \sqrt{l^2 + r^2}$，故有

$$a_e^n = \frac{r^4\omega^2}{(l^2 + r^2)^{3/2}}$$

$\boldsymbol{a}_r$：因相对轨迹为直线，故 $\boldsymbol{a}_r$ 沿 O_1A，大小未知。

$\boldsymbol{a}_C$：由 $\boldsymbol{a}_C = 2\boldsymbol{\omega} \times \boldsymbol{v}_r$ 知

$$a_C = 2\omega_1 v_r \sin 90°$$

由例 8－2 知

$$v_r = v_a \cos\varphi = \frac{\omega r l}{\sqrt{l^2 + r^2}}$$

于是有

$$a_C = \frac{2\omega^2 r^3 l}{(l^2 + r^2)^{3/2}}$$

方向如图所示。

为了求得 $\boldsymbol{a}_e^t$，将加速度合成定理向 O_1x'轴投影

$$-a_a \cos\varphi = a_e^t - a_C$$

解得

$$a_e^t = -\frac{rl(l^2 - r^2)}{(l^2 + r^2)^{3/2}}\omega^2$$

式中，$l^2 - r^2 > 0$，故 a_e^t 为负值。负号表示真实方向与图中假设的指向相反。

摇杆 O_1A 的角加速度

$$\alpha = \frac{a_e^t}{O_1A} = -\frac{rl(l^2 - r^2)}{(l^2 + r^2)^2}\omega^2$$

由负号知，α 的真实转向应为逆时针转向。

例 8－9 图 8－13 所示凸轮机构中，凸轮以匀角速度 ω 绕水平 O 轴转动，带动直杆 AB 沿铅直线上、下运动，且 O、A、B 共线。凸轮上与点 A 接触的点为 A'，图示瞬时凸轮上点 A'的曲率半径为 ρ_A，点 A'的法线与 OA 夹角为 θ，$OA = l$。试求该瞬时杆 AB 的速度及加速度。

解： 取杆 AB 上的点 A 为动点，凸轮为动系。绝对运动是点 A 的直线运动，牵连运动是凸轮绕 O 轴的定轴转动，相对运动是点 A 沿凸轮轮缘的运动。各速度矢方向如图 8－13a 所示。由点的速度合成定理

$$\boldsymbol{v}_a = \boldsymbol{v}_e + \boldsymbol{v}_r$$

式中，$v_e = \omega l$，可求得

$$v_a = \omega l \tan\theta, \quad v_r = \omega l / \cos\theta$$

绝对运动是直线运动，因此 $\boldsymbol{a}_a$ 沿直线 AB 方向；牵连运动是匀速定轴转动，因此 $\boldsymbol{a}_e$

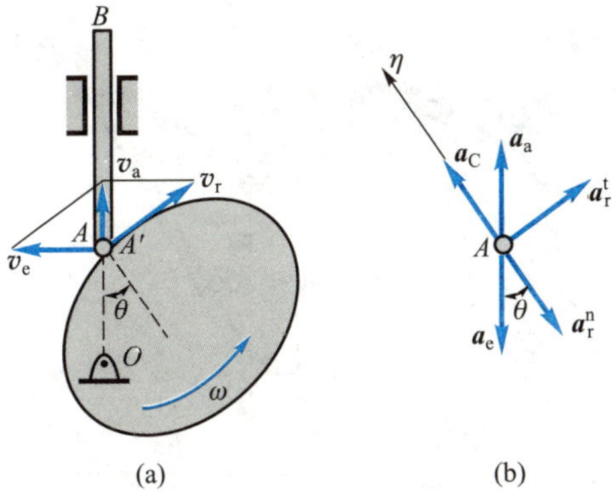

图 8-13

动画例 8-9

指向点 O；相对加速度有切向加速度 $\boldsymbol{a}_r^t$ 及法向加速度 $\boldsymbol{a}_r^n$ 两项组成。其中

$$a_e = l\omega^2, \quad a_r^n = \frac{v_r^2}{\rho_A} = \frac{\omega^2 l^2}{\rho_A \cos^2\theta}$$

由于牵连运动为转动，因此有科氏加速度

$$\boldsymbol{a}_C = 2\boldsymbol{\omega} \times \boldsymbol{v}_r$$

大小为

$$a_C = 2\omega v_r = 2\omega^2 l/\cos\theta$$

各加速度方向如图 8-13b 所示。点的加速度合成定理为

$$\boldsymbol{a}_a = \boldsymbol{a}_e + \boldsymbol{a}_r^t + \boldsymbol{a}_r^n + \boldsymbol{a}_C$$

在此矢量方程中，只有 $\boldsymbol{a}_a$ 的大小及 $\boldsymbol{a}_r^t$ 的大小未知。将此矢量方程向垂直于 $\boldsymbol{a}_r^t$ 的 η 轴上投影

$$a_a\cos\theta = -a_e\cos\theta - a_r^n + a_C$$

解得

$$a_a = -\omega^2 l\left(1 + \frac{l}{\rho_A\cos^3\theta} - \frac{2}{\cos^2\theta}\right)$$

习　　题

8-1　在图 a 和 b 所示的两种机构中，已知 $O_1O_2 = a = 200$ mm，$\omega_1 = 3$ rad/s。试求图示位置时杆 O_2A 的角速度。

8-2　图示曲柄滑道机构中，曲柄长 $OA = r$，并以等角速度 ω 绕 O 轴转动。装在水平杆上的滑槽 DE 与水平线成 60°角。试求当曲柄与水平线的交角分别为 $\varphi = 0°$、30°、60°时，杆 BC 的速度。

8-3　如图所示，摇杆机构的滑杆 AB 以等速 $\boldsymbol{v}$ 向上运动，初瞬时摇杆 OC 水平。摇

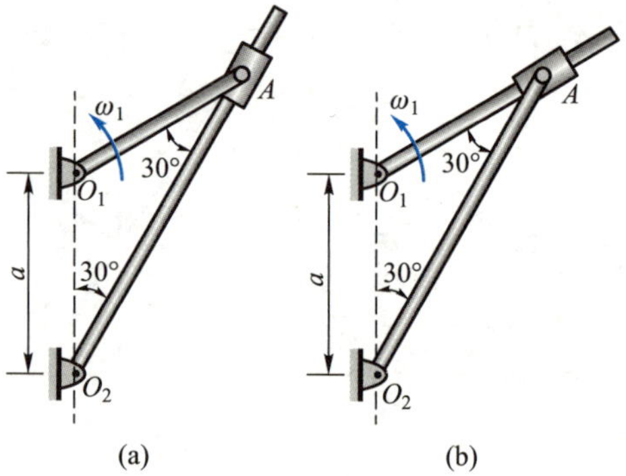

题 8－1 图

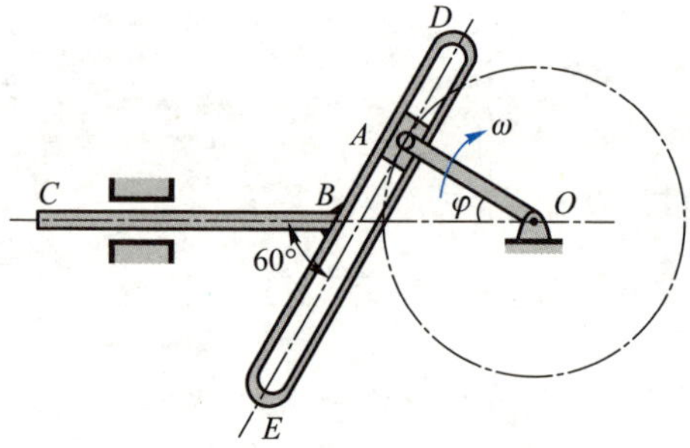

题 8－2 图

杆长 $OC=a$，距离 $OD=l$。试求当 $\varphi=\frac{\pi}{4}$ 时点 C 的速度的大小。

8－4　平底顶杆凸轮机构如图所示，顶杆 AB 可沿导槽上下移动，偏心圆盘绕轴 O 转动，轴 O 位于顶杆轴线上。工作时顶杆的平底始终接触凸轮表面。该凸轮半径为 R，偏心距 $OC=e$，凸轮绕轴 O 转动的角速度为 ω，OC 与水平线成夹角 φ。试求当 $\varphi=0°$ 时，顶杆的速度。

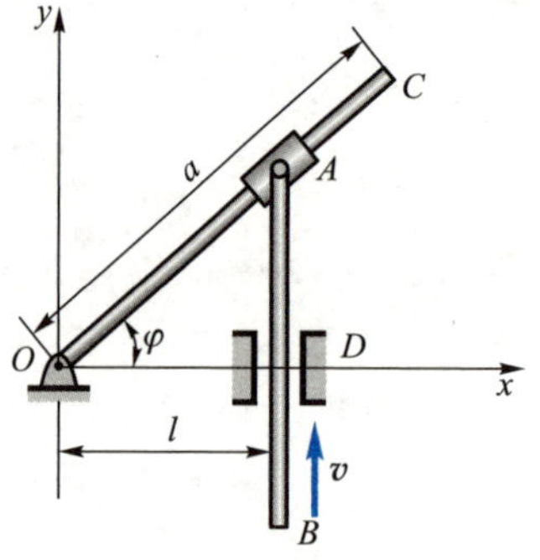

题 8－3 图

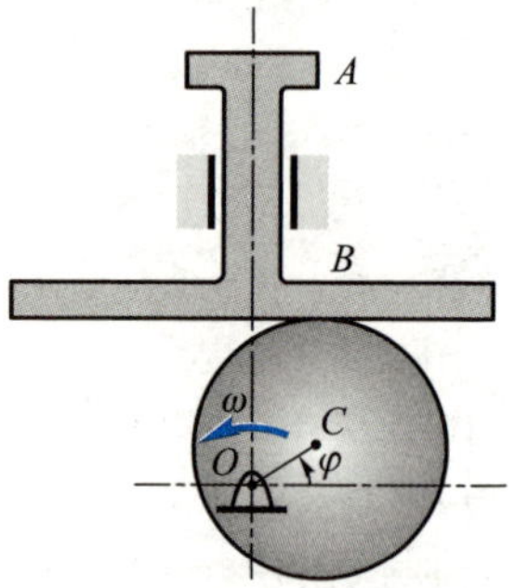

题 8－4 图

8-5　图示铰接四边形机构中，$O_1A=O_2B=100$ mm，又 $O_1O_2=AB$，杆 O_1A 以等角速度 $\omega=2$ rad/s 绕轴 O_1 转动。杆 AB 上有一套筒 C，此套筒与杆 CD 相铰接。机构的各部件都在同一铅直面内。试求当 $\varphi=60°$时，杆 CD 的速度和加速度。

8-6　如图所示，曲柄 OA 长 0.4 m，以等角速度 $\omega=0.5$ rad/s 绕 O 轴逆时针转向转动。由于曲柄的 A 端推动水平板 B，而使滑杆 C 沿铅直方向上升。试求当曲柄与水平线间的夹角 $\theta=30°$时，滑杆 C 的速度和加速度。

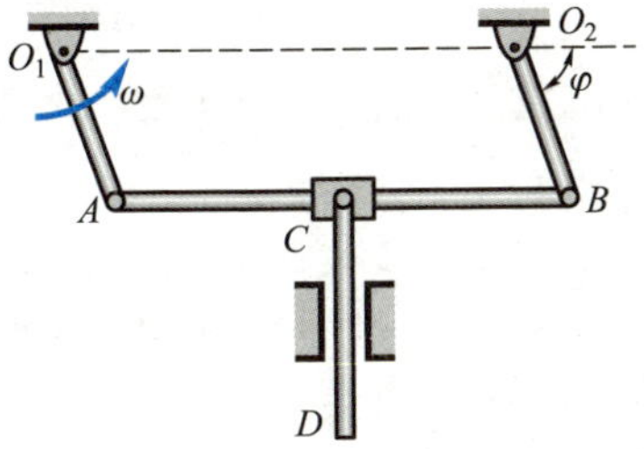

题 8-5 图

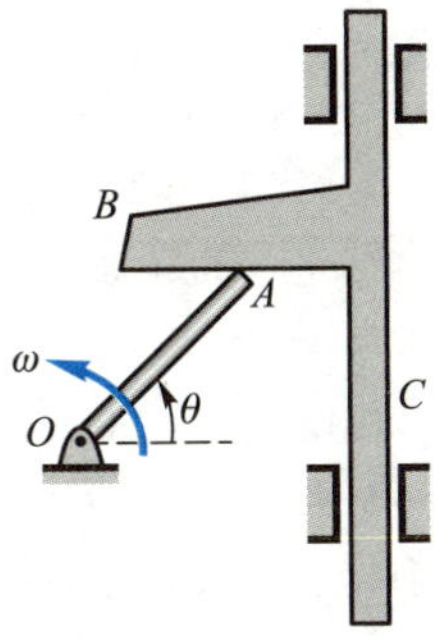

题 8-6 图

8-7　半径为 R 的半圆形凸轮 D 以等速 v_0 沿水平线向右运动，带动从动杆 AB 沿铅直方向上升，如图所示。试求 $\varphi=30°$时杆 AB 相对于凸轮的速度和加速度。

8-8　如图所示，斜面 AB 与水平面间成 45°角，以0.1 m/s^{2}的加速度沿 Ox 轴向右运动。物块 M 以匀相对加速度 $0.1\sqrt{2}$ m/s^2，沿斜面滑下，斜面与物块的初速都是零。物块的初位置为：坐标 $x=0$、$y=h$。试求物块的绝对运动方程、运动轨迹、速度和加速度。

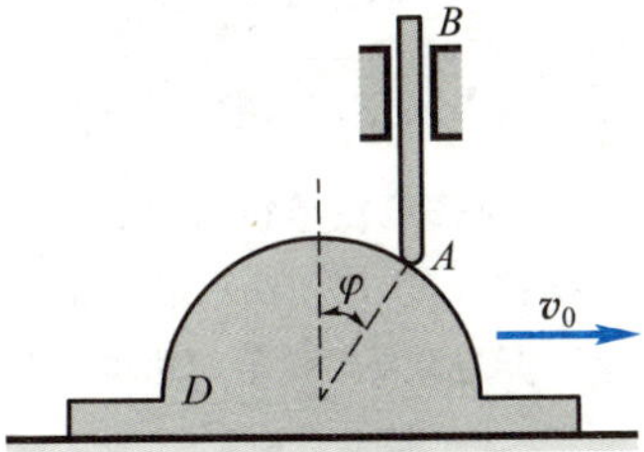

题 8-7 图

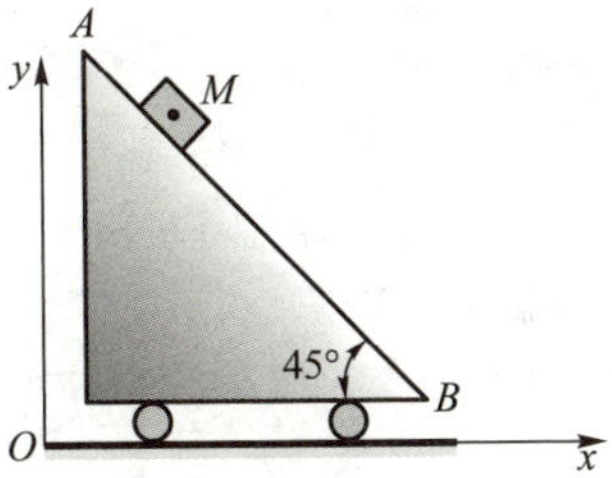

题 8-8 图

8-9　小车沿水平方向向右作加速运动，其加速度 $a=0.493$ m/s^2。在小车上有一轮绕 O 轴转动，转动的规律为 $\varphi=t^2$（t 以 s 计，φ 以 rad 计）。当 $t=1$ s 时，轮缘上点 A 的位置如图所示。如轮的半径 $r=0.2$ m，试求此时点 A 的绝对加速度。

***8-10**　图示直角曲杆 OBC 绕 O 轴转动，使套在其上的小环 M 沿固定直杆 OA 滑动。已知 $OB=0.1$ m，OB 与 BC 垂直，曲杆的角速度 $\omega=0.5$ rad/s，角加速度为零。试求当 $\varphi=60°$时，小环 M 的速度和加速度。

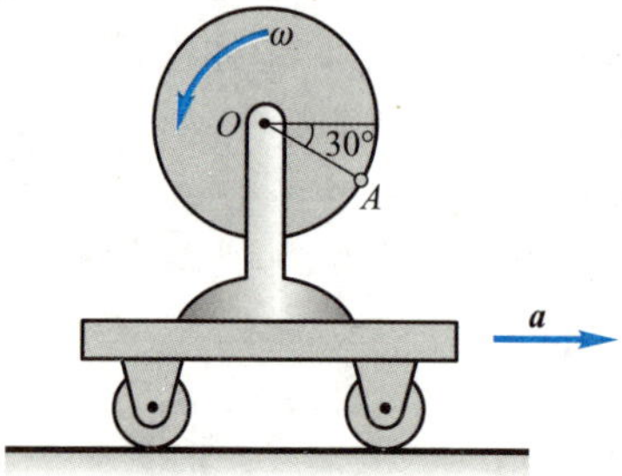

题 8－9 图

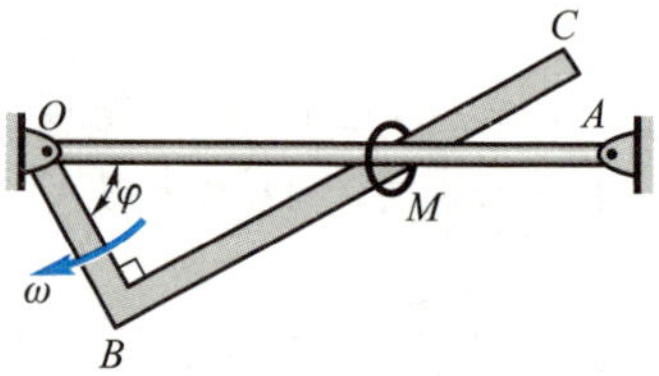

题 8－10 图

*8－11　牛头刨床机构如图所示。已知 $O_1A=200$ mm，角速度 $\omega_1=2$ rad/s，角加速度 $\alpha=0$。试求图示位置滑枕 CD 的速度和加速度。

*8－12　如图所示，点 M 以不变的相对速度 $\boldsymbol{v}_r$ 沿圆锥体的母线向下运动。此圆锥体以角速度 ω 绕 OA 轴作匀速转动。如 $\angle MOA=\theta$，且当 $t=0$ 时点在 M_0 处，此时距离 $OM_0=b$。试求在 t 秒时，点 M 的绝对加速度的大小。

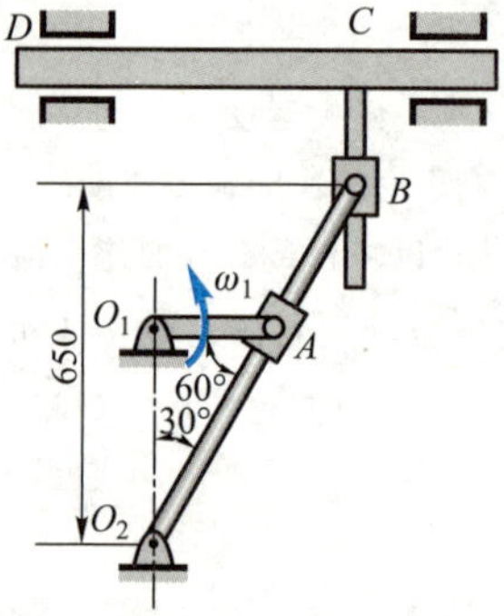

题 8－11 图

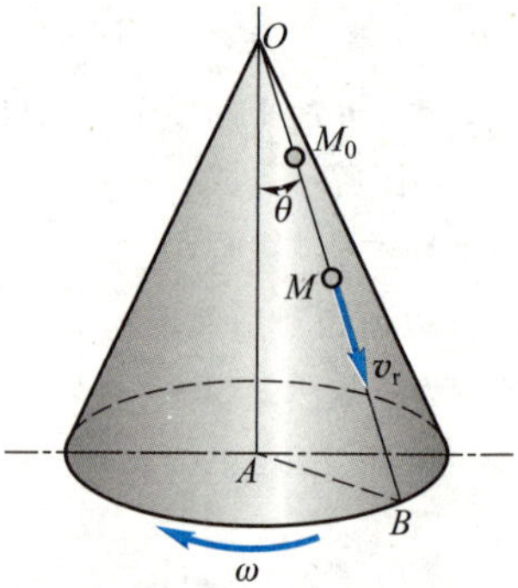

题 8－12 图

*8－13　图示偏心轮摇杆机构中，摇杆 O_1A 借助弹簧压在半径为 R 的偏心轮 C 上。偏心轮 C 绕轴 O 往复摆动，从而带动摇杆绕轴 O_1 摆动。设 $OC\perp OO_1$ 时，轮 C 的角速度为 ω，角加速度为零，$\theta=60°$。试求此时摇杆 O_1A 的角速度 ω_1 和角加速度 α_1。

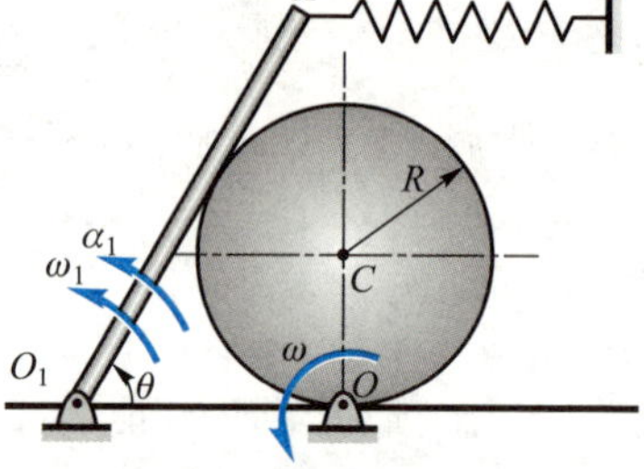

题 8－13 图

*8-14　如图所示，半径为 r 的圆环内充满液体，液体按箭头方向以相对速度 $\boldsymbol{v}$ 在环内作匀速运动。如圆环以等角速度 ω 绕 O 轴转动，试求在圆环内点 1 和点 2 处液体的绝对加速度的大小。

*8-15　图示圆盘绕 AB 轴转动，其角速度 $\omega = 2t$ rad/s。点 M 沿圆盘直径离开中心向外缘运动，其运动规律为 $OM = 40t^2$ mm。半径 OM 与 AB 轴间成 60°角。试求当 $t = 1$ s 时点 M 的绝对加速度的大小。

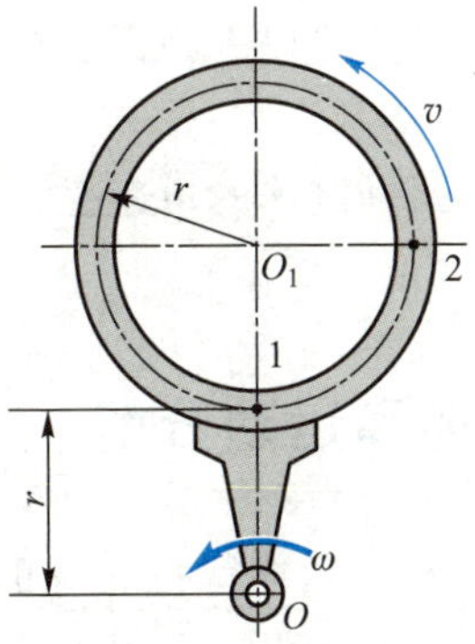

题 8-14 图

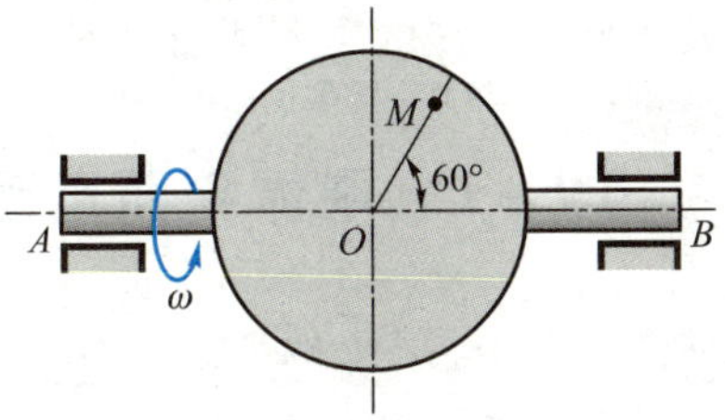

题 8-15 图

第九章　刚体的平面运动

刚体的平面运动是较为常见的一种刚体运动；它可以视为平移与转动的合成。

本章将分析刚体平面运动的分解，确定平面运动刚体的角速度、角加速度，以及刚体上各点的速度和加速度。

§9－1　刚体平面运动的概述和运动分解

刚体在运动中，其上的任意一点与某一固定平面始终保持相等的距离。称这种运动为**平面运动**。如沿直线轨道滚动的轮子，例 6－1 中的规尺 AB 都作平面运动。用与固定平面相平行的平面去截割刚体，所得截面为平面图形。由平面运动的定义可知，平面图形将始终在自身平面内运动，并且它完全代表了整个刚体的运动。

平面图形在其平面上的位置可由图形内任意线段 AB 的位置来确定，即由 A 点的坐标 x_A、y_A 及 AB 线段与 x 轴的夹角 φ 来确定(图 9－1)。当图形运动时，x_A、y_A 及 φ 都是时间 t 的函数，即

$$x_A = f_1(t),\quad y_A = f_2(t),\quad \varphi = f_3(t) \tag{9－1}$$

式(9－1)就是平面图形的运动方程。

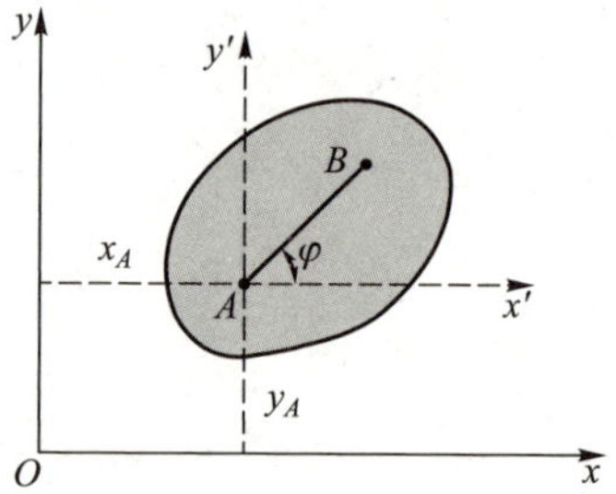

图 9－1

动画 9－1：刚体平面运动的分解

任取点 A 称为**基点**。在这一点假想安上一个平移参考系 $Ax'y'$，令其两轴方向在运动过程中始终不变，可令其分别平行于定坐标轴 Ox 和 Oy(图 9－1)，于是平面图形的平面运动(绝对运动)可以看成为随同基点的平移(牵连运动)和绕基点的转动(相对运动)这两部分运动的合成。

研究平面运动时，可以选择不同的点作为基点。一般平面图形上各点的运动情况是不相同的，如图 9－2 所示的曲柄连杆机构中连杆 AB 作平面运动，连杆上的点 B 作直线运动，点 A 作圆周

运动。因此，在平面图形上选取不同的基点，其动参考系的平移是不一样的，其速度和加速度也不相同。由图 9－2 还可看出：如果运动起始时 OA

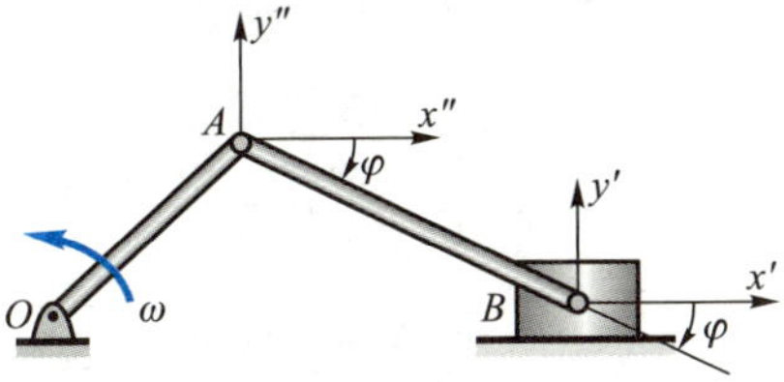

图 9－2

和 AB 都位于水平位置，运动中的任一时刻，AB 连线绕点 A 或绕点 B 的转角，相对于各自的平移参考系 $Ax''y''$ 或 $Bx'y'$ 都一样，都等于相对于固定参考系的转角 φ。由于任一时刻的转角相同，其角速度、角加速度也必然相同。于是可得结论：平面运动可取任意基点而分解为平移和转动，其中平移的速度和加速度与基点的选择有关，而平面图形绕基点转动的角速度和角加速度与基点的选择无关。

§9－2　求平面图形内各点速度的基点法

由前一节分析可知，平面图形的运动可分解为两个运动：(1)牵连运动，即随同基点 A 的平移；(2)相对运动，即绕基点 A 的转动。于是，平面图形内任一点 B 的运动也是两个运动的合成，可用速度合成定理来求它的速度，这种方法称为**基点法**。

因为牵连运动是平移，所以点 B 的牵连速度等于基点的速度 $\boldsymbol{v}_A$。又因为点 B 的相对运动是以点 A 为圆心的圆周运动，所以点 B 的相对速度就是平面图形绕点 A 转动时点 B 的速度，以 $\boldsymbol{v}_{BA}$ 表示，它垂直于 AB 而朝向图形的转动方向，大小为

$$v_{BA}=AB\omega$$

式中，ω 是平面图形的角速度。以速度 $\boldsymbol{v}_A$ 和 $\boldsymbol{v}_{BA}$ 为边作平行四边形(图 9－3)，点 B 的绝对速度就由这个平行四边形的对角线确定，即

$$\boldsymbol{v}_B=\boldsymbol{v}_A+\boldsymbol{v}_{BA} \qquad (9-2)$$

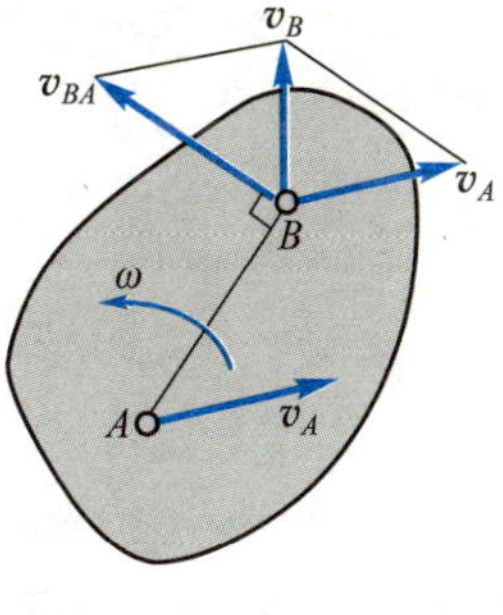

图 9－3

上式是平面图形内任意点 B 的速度分解式。

于是得结论：平面图形内任一点的速度等于基点的速度与该点随图形绕基点转动速度的矢

量和。

例 9-1 椭圆规尺的 A 端以速度 $\boldsymbol{v}_A$ 沿 x 轴的负向运动，如图 9-4 所示，$AB=l$。试求 B 端的速度以及尺 AB 的角速度。

解： 尺 AB 作平面运动，因而可用公式

$$\boldsymbol{v}_B=\boldsymbol{v}_A+\boldsymbol{v}_{BA}$$

由于 $\boldsymbol{v}_A$ 的大小和方向，以及 $\boldsymbol{v}_B$ 的方向都是已知的，$\boldsymbol{v}_{BA}$ 的方向垂直于 AB，作速度平行四边形如图 9-4 所示。

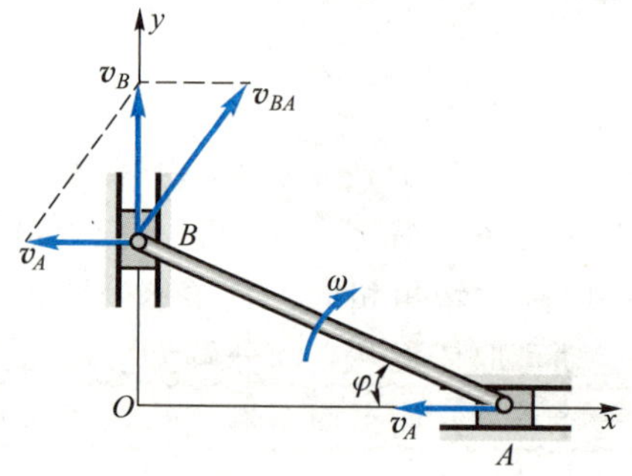

图 9-4

由图中的几何关系可得

$$v_B=v_A\cot\varphi,\quad v_{BA}=\frac{v_A}{\sin\varphi}$$

可得

$$\omega=\frac{v_{BA}}{AB}=\frac{v_{BA}}{l}=\frac{v_A}{l\sin\varphi}$$

动画例 9-2

例 9-2 图 9-5 所示平面机构中，$AB=BD=DE=l=300$ mm。在图示位置时，$BD/\!/AE$，杆 AB 的角速度为 $\omega=5$ rad/s。试求此瞬时杆 DE 的角速度和杆 BD 中点 C 的速度。

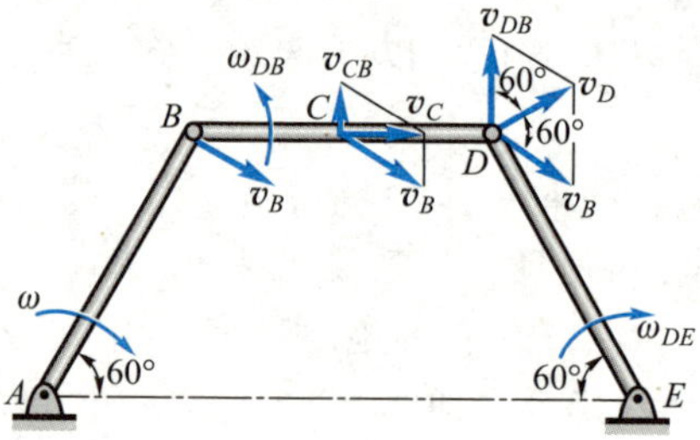

图 9-5

解： 杆 DE 绕点 E 转动，为求其角速度可先求点 D 的速度。杆 BD 作平面运动，而点 B 也是转动刚体 AB 上一点，其速度为

$$v_B = \omega l = 300\ \text{mm} \times 5\ \text{rad/s} = 1.5\ \text{m/s}$$

方向如图所示。

对平面运动的杆 BD，可以点 B 为基点，按式(9－2)得

$$\boldsymbol{v}_D = \boldsymbol{v}_B + \boldsymbol{v}_{DB}$$

式中，$\boldsymbol{v}_B$ 大小和方向均为已知，相对速度$\boldsymbol{v}_{DB}$的方向与 BD 垂直，点 D 的速度$\boldsymbol{v}_D$与 DE 垂直。作速度平行四边形如图所示，由几何关系，可得

$$v_D = v_{DB} = v_B = 1.5\ \text{m/s}$$

杆 DE 的角速度为

$$\omega_{DE} = v_D/l = \frac{1.5\ \text{m/s}}{0.3\ \text{m}} = 5\ \text{rad/s}$$

方向如图所示。

杆 BD 的角速度

$$\omega_{BD} = v_{DB}/l = \frac{1.5\ \text{m/s}}{0.3\ \text{m}} = 5\ \text{rad/s}$$

方向如图所示。在求得杆 BD 角速度的基础上，可以点 B 或 D 为基点，求出杆 BD 上任一点的速度。如仍以点 B 为基点，杆 BD 中点 C 的速度为

$$\boldsymbol{v}_C = \boldsymbol{v}_B + \boldsymbol{v}_{CB}$$

$\boldsymbol{v}_{CB}$方向与杆 BD 垂直，大小为 $v_{CB} = \omega_{BD} \times \dfrac{l}{2} = 0.75\ \text{m/s}$。速度平行四边形如图所示。由几何关系，得出此时$\boldsymbol{v}_C$ 的方向恰好沿杆 BD，大小为

$$v_C = \sqrt{v_B^2 - v_{CB}^2} \approx 1.299\ \text{m/s}$$

将式(9－2)投影到 AB 直线上，有

$$(\boldsymbol{v}_B)_{AB} = (\boldsymbol{v}_A)_{AB} + (\boldsymbol{v}_{BA})_{AB}$$

由于$\boldsymbol{v}_{BA}$垂直于线段 AB，因此$(\boldsymbol{v}_{BA})_{AB} = 0$。于是得

$$(\boldsymbol{v}_B)_{AB} = (\boldsymbol{v}_A)_{AB} \qquad (9-3)$$

从而有**速度投影定理**：同一平面图形上任意两点的速度在这两点连线上的投影相等。

例 9－3　图 9－6 所示的平面机构中，曲柄 OA 长 100 mm，以角速度 $\omega = 2$ rad/s 转动。连杆 AB 带动摇杆 CD，并拖动轮 E 沿水平面滚动。已知 $CD = 3CB$，图示位置时 A、B、E 三点恰在一水平线上，且 $CD \perp ED$。试求此瞬时点 E 的速度。

解：

$$v_A = \omega OA = 2\ \text{rad/s} \times 100\ \text{mm} = 0.2\ \text{m/s}$$

由速度投影定理，杆 AB 上点 A、B 的速度在 AB 线上投影相等，即

$$v_B \cos 30° = v_A$$

动画例 9－3

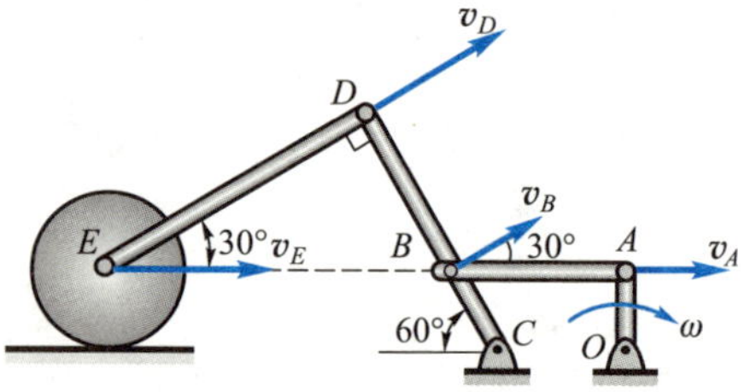

图 9－6

解出

$$v_B = 0.230\ 9\text{m/s}$$

摇杆 CD 绕点 C 转动，有

$$v_D = \frac{v_B}{CB} \times CD = 3v_B = 0.692\ 7\ \text{m/s}$$

轮 E 沿水平面滚动，轮心 E 的速度方向为水平，由速度投影定理，D、E 两点的速度关系为

$$v_E \cos 30° = v_D$$

解出

$$v_E = 0.8\ \text{m/s}$$

§9－3　求平面图形内各点速度的瞬心法

研究平面图形上各点的速度，还可以采用瞬心法。

1. 定理

一般情况下，在每一瞬时，平面图形上都唯一地存在一个速度为零的点。

证明：设有一个平面图形 S，如图 9－7 所示。取图形上的点 A 为基点，它的速度为 $\boldsymbol{v}_A$，图形的角速度为 ω，转向如图。图形上任一点 M 的速度可按下式计算

$$\boldsymbol{v}_M = \boldsymbol{v}_A + \boldsymbol{v}_{MA}$$

如果点 M 在 $\boldsymbol{v}_A$ 的垂线 AN 上（由 $\boldsymbol{v}_A$ 到 AN 的转向与图形的转向一致），由图中看出，$\boldsymbol{v}_A$ 和 $\boldsymbol{v}_{MA}$ 在同一直线上，而方向相反，故 $\boldsymbol{v}_M$ 的大小为

$$v_M = v_A - \omega AM$$

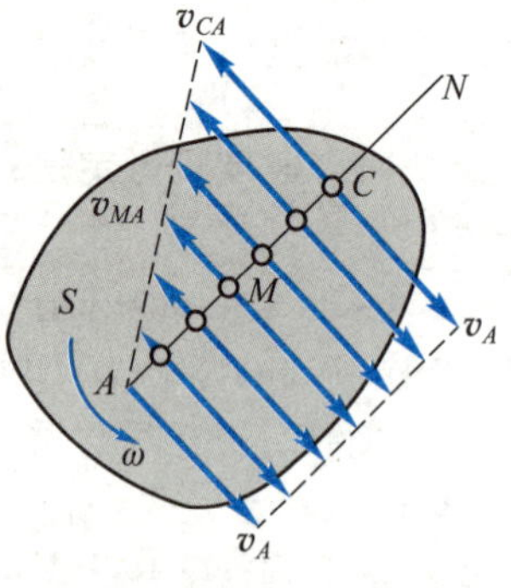

图 9－7

由上式可知，随着点 M 在垂线 AN 上的位置不同，$\boldsymbol{v}_M$ 的大小也不同，因此总可以找到一点 C，此点的瞬时速度等于零。如令

$$AC = \frac{v_A}{\omega}$$

则

$$v_C = v_A - AC\omega = 0$$

于是定理得证。在某一瞬时，平面图形内速度等于零的点称为瞬时速度中心，简称**速度瞬心**。

2. 平面图形内各点的速度及其分布

根据上述定理，每一瞬时在图形内都存在速度等于零的一点 C，即 $v_C = 0$。选取点 C 作为基点，图 9－8a 中 A、B、D 等各点的速度为

$$\boldsymbol{v}_A = \boldsymbol{v}_{AC}, \quad \boldsymbol{v}_B = \boldsymbol{v}_{BC}, \quad \boldsymbol{v}_D = \boldsymbol{v}_{DC}$$

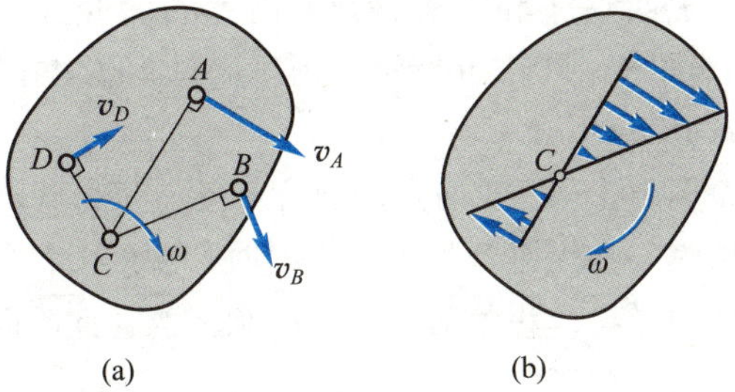

图 9－8

由此得结论：平面图形内任一点的速度等于该点随图形绕瞬时速度中心转动的速度。故有

$$v_A = v_{AC} = \omega AC, \quad v_B = v_{BC} = \omega BC, \quad v_D = v_{DC} = \omega DC$$

平面图形上各点速度在某瞬时的分布情况，与图形绕定轴转动时各点速度的分布情况相类似(图 9－8b)。于是，平面图形的运动可看成为绕速度瞬心的瞬时转动。

应该强调指出，刚体作平面运动时，一般情况下在每一瞬时，图形内必有一点成为速度瞬心；但是，在不同的瞬时，速度瞬心在图形内的位置是不同的。

综上所述，如果已知平面图形在某一瞬时的速度瞬心位置和角速度，则在该瞬时，图形内任一点的速度可以完全确定。确定速度瞬心位置的方法有下列几种：

（1）平面图形沿一固定表面作无滑动的滚动（纯滚动），如图 9－9 所示。图形与固定面的接触点 C 就是图形的速度瞬心。

（2）已知图形内任意两点 A 和 B 的速度的方向，如图 9－10 所示，速度瞬心 C 的位置必在每一点速度的垂线上。通过点 A、点 B，分别作垂直于 $\boldsymbol{v}_A$、$\boldsymbol{v}_B$ 方向的直线，两条直线的交点 C 就是平面图形的速度瞬心。

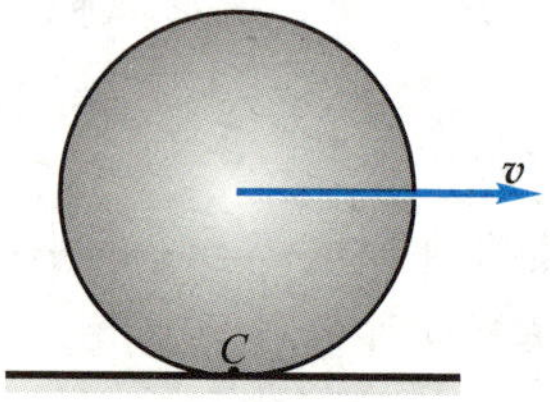

图 9－9

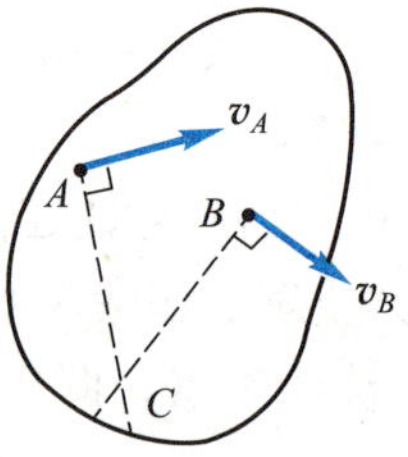

图 9－10

（3）已知图形上两点 A 和 B 的速度相互平行，并且速度的方向垂直于两点的连线 AB，如图 9－11a、b 所示，则速度瞬心必定在连线 AB 与速度矢 $\boldsymbol{v}_A$ 和 $\boldsymbol{v}_B$ 端点连线的交点 C 上。

（4）某瞬时，图形上 A、B 两点的速度相等，即 $\boldsymbol{v}_A=\boldsymbol{v}_B$ 时，如图 9－12 所示，图形的速度瞬心在无限远处。在该瞬时，图形上各点的速度分布如同图形作平移的情形一样，故称**瞬时平移**。必须注意，此瞬时各点的速度虽然相同，但加速度不同。

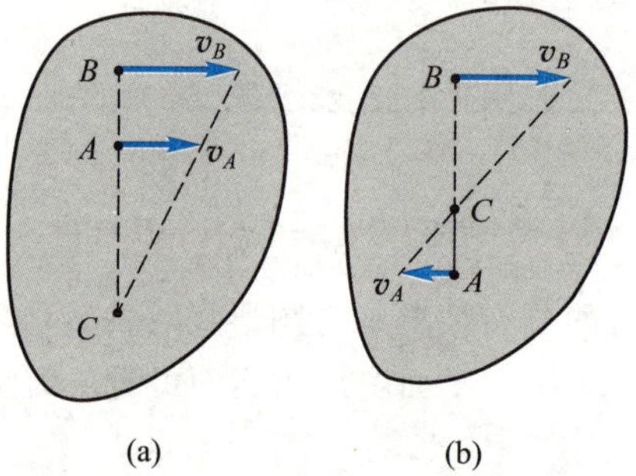

图 9－11

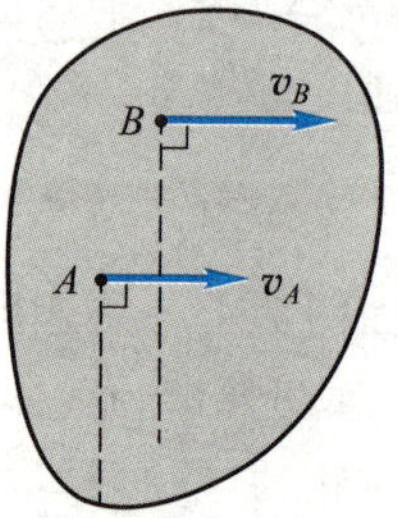

图 9－12

例 9－4 试用瞬心法解例 9－1。

解： 分别作 A 和 B 两点速度的垂线，两条直线的交点 C 就是图形 AB 的速度瞬心，如图 9－13 所示。于是图形的角速度为

$$\omega=\frac{v_A}{AC}=\frac{v_A}{l\sin\varphi}$$

点 B 的速度为

$$v_B = BC\omega = \frac{BC}{AC}v_A = v_A \cot \varphi$$

以上结果与例 9－1 求得的完全一样。

用瞬心法也可以求图形内任一点的速度。如杆 AB 中点 D 的速度为

$$v_D = DC\omega = \frac{l}{2} \times \frac{v_A}{l\sin \varphi} = \frac{v_A}{2\sin \varphi}$$

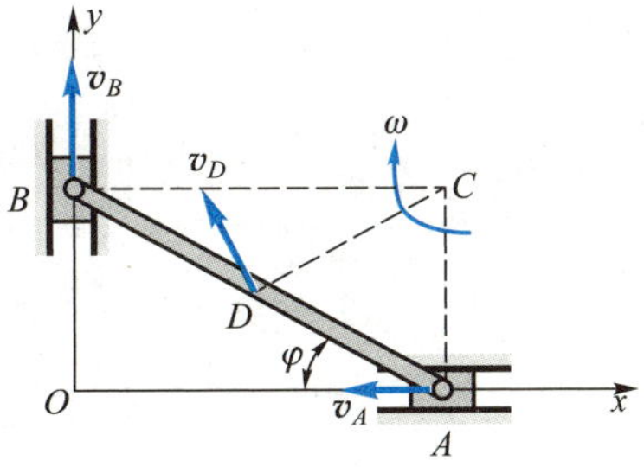

图 9－13

它的方向垂直于 DC，且朝向图形转动的一方。

例 9－5　矿石轧碎机的活动夹板 AB 长 600 mm，由曲柄 OE 借连杆组带动，使它绕 A 轴摆动，如图 9－14 所示。曲柄 OE 长 100 mm，角速度为 10 rad/s。连杆组由杆 BG、GD 和 GE 组成，杆 BG 和 GD 各长 500 mm。试求当机构在图示位置时，夹板 AB 的角速度。

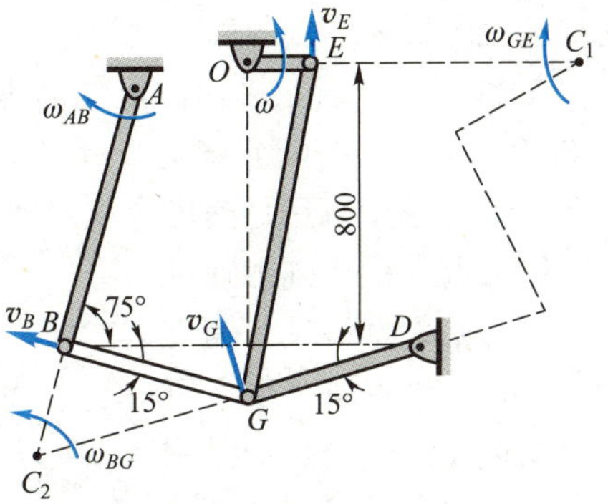

图 9－14

动画例 9－5

解： 此机构由五个刚体组成：杆 OE、GD 和 AB 绕固定轴转动，杆 GE 和 BG 作平面运动。

点 E 的速度方向垂直于 OE，点 G 的速度方向垂直于 GD。作 G、E 两点速度矢量的垂线，得交点 C_1，这就是在图示瞬时杆 GE 的速度瞬心。

由图中几何关系知

$$OG = 800\ \text{mm} + 500\ \text{mm} \times \sin 15° = 929.4\ \text{mm}$$

$$EC_1 = OC_1 - OE = OG \times \cot 15° - OE = 3\ 369\ \text{mm}$$

$$GC_1 = \frac{OG}{\sin 15°} = 3\ 591\ \text{mm}$$

于是，杆 GE 的角速度为

$$\omega_{GE} = \frac{v_E}{EC_1} = \frac{\omega OE}{EC_1} = 0.296\ 8\ \text{rad/s}$$

点 G 的速度为

$$v_G = \omega_{GE} GC_1 = 1.066\ \mathrm{m/s}$$

已知点 G 的速度方向，并知点 B 的速度垂直于 AB，作两速度矢量的垂线交于点 C_2，此点就是杆 BG 在图示瞬时的速度瞬心。按照上面的计算方法可求得

$$\omega_{BG} = \frac{v_G}{GC_2}$$

$$v_B = \omega_{BG} BC_2 = v_G \frac{BC_2}{GC_2} = v_G \cos 60^\circ$$

$$\omega_{AB} = \frac{v_B}{AB} = \frac{v_G \cos 60^\circ}{AB} = 0.888\ \mathrm{rad/s}$$

§9-4 用基点法求平面图形内各点的加速度

现在讨论如何确定平面图形内各点的加速度。

根据§9-1所述，如图9-15所示平面图形 S 的运动可分解为两部分：(1)随同基点 A 的平移(牵连运动)；(2)绕基点 A 的转动(相对运动)。于是，平面图形内任一点 B 的加速度可用加速度合成定理求出。

由于牵连运动为平移，点 B 的牵连加速度等于基点 A 的加速度 $\boldsymbol{a}_A$；点 B 的相对加速度 $\boldsymbol{a}_{BA}$ 是该点随图形绕基点 A 转动的加速度，可分为切向加速度与法向加速度两部分。于是用基点法求点的加速度合成公式为

$$\boldsymbol{a}_B = \boldsymbol{a}_A + \boldsymbol{a}_{BA}^{\mathrm{t}} + \boldsymbol{a}_{BA}^{\mathrm{n}} \qquad (9-4)$$

即：平面图形内任一点的加速度等于基点的加速度与该点随图形绕基点转动的切向加速度和法向加速度的矢量和。

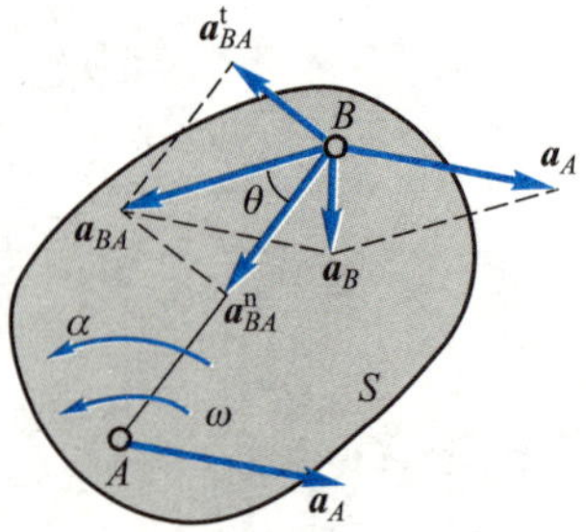

图 9-15

式(9-4)中，$\boldsymbol{a}_{BA}^{\mathrm{t}}$ 为点 B 绕基点 A 转动的切向加速度，方向与 AB 垂直，大小为

$$a_{BA}^{\mathrm{t}} = AB\alpha$$

α 为平面图形的角加速度。$\boldsymbol{a}_{BA}^{\mathrm{n}}$ 为点 B 绕基点 A 转动的法向加速度，指向基点 A，大小为

$$a_{BA}^{\mathrm{n}} = AB\omega^2$$

ω 为平面图形的角速度。

例 9-6 如图9-16所示，在椭圆规机构中，曲柄 OD 以匀角速度 ω 绕 O 轴转动，$OD = AD = BD = l$。试求当 $\varphi = 60^\circ$ 时，尺 AB 的角加速度和点 A 的加速度。

解：先分析机构各部分的运动：曲柄 OD 绕 O 轴转动，尺 AB 作平面运动。

取尺 AB 上的点 D 为基点，其加速度

$$a_D = l\omega^2$$

它的方向沿 OD 指向点 O。

点 A 的加速度为

$$\boldsymbol{a}_A = \boldsymbol{a}_D + \boldsymbol{a}_{AD}^{t} + \boldsymbol{a}_{AD}^{n}$$

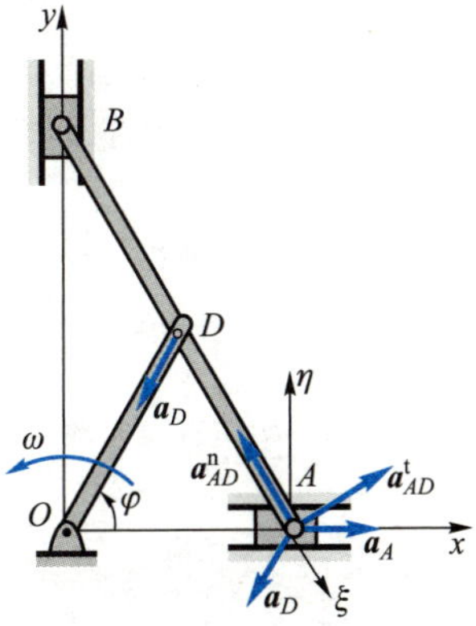

图 9－16

动画例 9－6

式中，$\boldsymbol{a}_D$ 的大小和方向以及 $\boldsymbol{a}_{AD}^{n}$ 的大小和方向都是已知的。因为点 A 作直线运动，可设 $\boldsymbol{a}_A$ 的方向如图所示；$\boldsymbol{a}_{AD}^{t}$ 垂直于 AD，其方向暂设如图所示。$\boldsymbol{a}_{AD}^{n}$ 沿 AD 指向点 D，它的大小为

$$a_{AD}^{n} = \omega_{AB}^2 AD$$

式中，ω_{AB} 为尺 AB 的角速度，可用基点法或瞬心法求得

$$\omega_{AB} = \omega$$

则

$$a_{AD}^{n} = \omega^2 AD = l\omega^2$$

现在求两个未知量 $\boldsymbol{a}_A$ 和 $\boldsymbol{a}_{AD}^{t}$ 的大小。取 ξ 轴垂直于 $\boldsymbol{a}_{AD}^{t}$，取 η 轴垂直于 $\boldsymbol{a}_A$，η 和 ξ 的正方向如图所示。将 $\boldsymbol{a}_A$ 的矢量合成式分别在 ξ 和 η 轴上投影，得

$$a_A\cos\varphi = a_D\cos(\pi - 2\varphi) - a_{AD}^{n}$$

$$0 = -a_D\sin\varphi + a_{AD}^{t}\cos\varphi + a_{AD}^{n}\sin\varphi$$

解得

$$a_A = \frac{a_D\cos(\pi - 2\varphi) - a_{AD}^{n}}{\cos\varphi} = \frac{\omega^2 l\cos 60° - \omega^2 l}{\cos 60°} = -l\omega^2$$

$$a_{AD}^{t} = \frac{a_D\sin\varphi - a_{AD}^{n}\sin\varphi}{\cos\varphi} = \frac{(\omega^2 l - \omega^2 l)\sin\varphi}{\cos\varphi} = 0$$

于是有

$$\alpha_{AB} = \frac{a_{AD}^{t}}{AD} = 0$$

由于 a_A 为负值，故 $\boldsymbol{a}_A$ 的实际方向与原假设的方向相反。本题也可以用解析法求解，读者可以试做。

例 9－7　车轮沿直线滚动，如图 9－17a 所示。已知车轮半径为 R，中心 O 的速度为 $\boldsymbol{v}_O$，加速度为 $\boldsymbol{a}_O$。设车轮与地面接触无相对滑动。试求车轮上速度瞬心的加速度。

解：只滚不滑时，车轮的角速度可按下式计算

$$\omega = \frac{v_O}{R}$$

车轮的角加速度 α 等于角速度对时间的一阶导数。上式对任何瞬时均成立，故可对时间求导，得

$$\alpha = \frac{\mathrm{d}\omega}{\mathrm{d}t} = \frac{\mathrm{d}}{\mathrm{d}t}\left(\frac{v_O}{R}\right)$$

因为 R 是常量，于是有

$$\alpha = \frac{1}{R}\frac{\mathrm{d}v_O}{\mathrm{d}t}$$

因为轮心 O 作直线运动，所以它的速度 v_O 对时间的一阶导数等于这一点的加速度 a_O。于是

$$\alpha = \frac{a_O}{R}$$

车轮作平面运动。取中心 O 为基点，按照式(9－4)求点 C 的加速度

$$\boldsymbol{a}_C = \boldsymbol{a}_O + \boldsymbol{a}_{CO}^{\mathrm{t}} + \boldsymbol{a}_{CO}^{\mathrm{n}}$$

式中

$$a_{CO}^{\mathrm{t}} = R\alpha = a_O, \quad a_{CO}^{\mathrm{n}} = R\omega^2 = \frac{v_O^2}{R}$$

它们的方向如图 9－17b 所示。

由于 $\boldsymbol{a}_O$ 与 $\boldsymbol{a}_{CO}^{\mathrm{t}}$ 的大小相等，方向相反，于是有

$$a_C = a_{CO}^{\mathrm{n}}$$

由此可知，速度瞬心 C 的加速度不等于零。当车轮在地面上只滚不滑时，速度瞬心 C 的加速度指向轮心 O，如图 9－17c 所示。

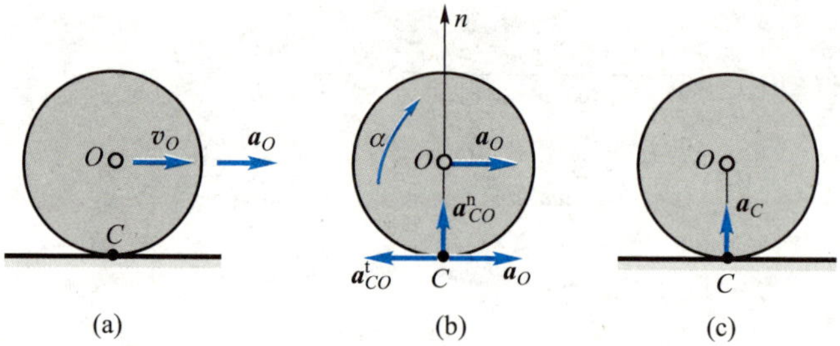

图 9－17

下面举例说明点的合成运动与刚体平面运动理论的综合应用。

例 9－8 如图 9－18 所示平面机构，AB 杆分别与滑块 A、B 铰接，DE 杆铰接的滑套 D 套在 AB 杆上。滑块 A 的速度 $v_A = 200$ mm/s，$AB = 400$ mm。试求当 $AD = DB$，$\varphi = 30°$时，杆 DE 的速度。

解： 杆 AB 作平面运动，其瞬心位于 A、B 两点速度垂线的交点 C 处，杆 AB 的角速度为

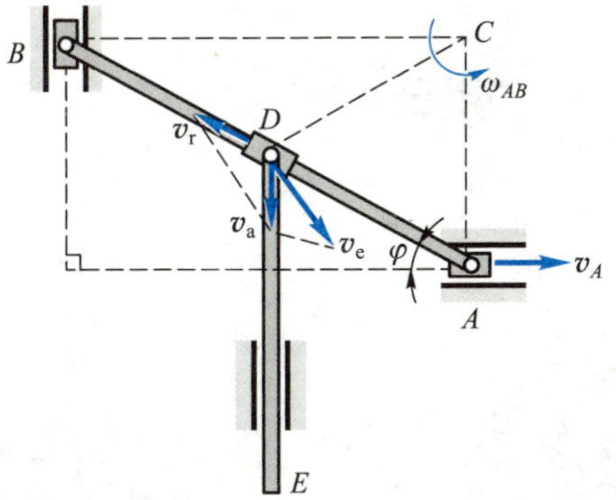

图 9－18

$$\omega_{AB}=\frac{v_A}{AB\sin\varphi}=1\ \text{rad/s}$$

选滑套上的点 D 为动点，杆 AB 为动系。滑套 D 的绝对运动为竖直向下的直线运动，相对运动为滑套 D 沿着 AB 杆的直线运动。根据速度合成定理 $\boldsymbol{v}_a=\boldsymbol{v}_e+\boldsymbol{v}_r$，作速度平行四边形(图 9－18)。滑套 D 的牵连速度为 AB 杆上 D 点的速度，其大小

$$v_e=DC\omega_{AB}=200\ \text{mm/s}$$

在速度四边形中，由正弦定理得

$$\frac{v_a}{\sin 30^\circ}=\frac{v_e}{\sin 120^\circ}$$

解得

$$v_a=115.5\ \text{mm/s}$$

这就是杆 DE 的速度。

动画例 9－8

例 9－9　半径为 R 的凸轮以速度 $\boldsymbol{v}$ 沿水平方向平移，推动 AB 杆沿铅垂导轨滑动；BD 杆分别与 AB 杆和滑块 D 铰接，滑块在水平滑道内滑动。BD 杆长 $l=\sqrt{2}R$，在图 9－19所示位置时 $\theta=45^\circ$，$\varphi=30^\circ$。试求滑块 D 的速度和加速度。

解：先分析一下机构中各构件之间的运动传递关系。凸轮通过接触面推动杆 AB 沿滑槽方向作平移，而 AB 杆通过连杆 BD 带动滑块 D 运动。凸轮和杆 AB 之间的运动学关系可以通过分析杆 AB 上接触点 A 的合成运动求得，而杆 AB 和滑块 D 之间的运动学关系可以通过分析连杆 BD 的平面运动得到。具体求解过程如下：

动画例 9－9

选 AB 杆的 A 点为动点，凸轮为动系。A 点的绝对速度沿 AB 直线，相对速度沿凸轮切线，牵连速度 $\boldsymbol{v}_e=\boldsymbol{v}$。由速度合成定理：$\boldsymbol{v}_a=\boldsymbol{v}_e+\boldsymbol{v}_r$，作速度四边形如图 9－19a 所示，解得

$$v_a=v_e\cot\theta=v\cot 45^\circ=v,\quad v_r=\sqrt{2}v$$

B 点的速度 $v_B=v_A=v$。

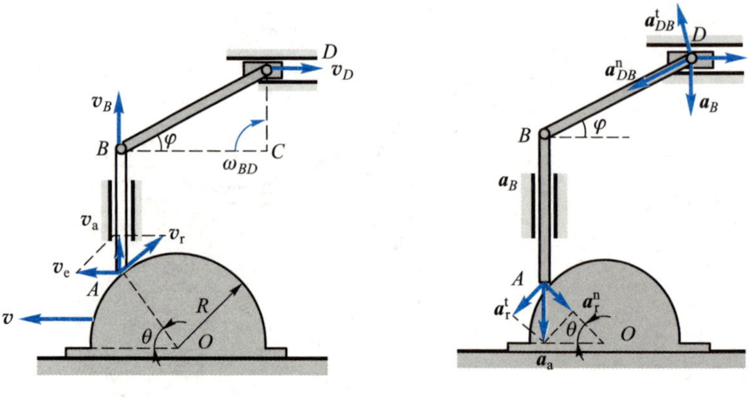

(a) (b)

图 9－19

确定 BD 杆的速度瞬心 C 位置如图 9－19a 所示。用瞬心法求得 BD 杆的角速度

$$\omega_{BD}=\frac{v_B}{BC}=\frac{v}{\sqrt{6}R/2}=\frac{\sqrt{6}v}{3R}$$

滑块 D 的速度

$$v_D=\omega_{BD}CD=\frac{\sqrt{6}v}{3R}\times\frac{\sqrt{2}R}{2}=\frac{\sqrt{3}}{3}v$$

方向向右。

加速度分析如图 9－19b 所示。动点、动系选择同前，由于凸轮匀速平移，牵连加速度 $a_e=0$；相对加速度有法向及切向两项，因而加速度合成公式可写为 $\boldsymbol{a}_a=\boldsymbol{a}_r^n+\boldsymbol{a}_r^t$，可作出加速度四边形如图 b 所示。相对法向加速度 $a_r^n=\dfrac{v_r^2}{R}=\dfrac{2v^2}{R}$，求得

$$a_a=\sqrt{2}a_r^n=\frac{2\sqrt{2}v^2}{R}$$

B 点的加速度 $a_B=a_A=\dfrac{2\sqrt{2}v^2}{R}$。

对 BD 杆，以 B 为基点，D 点的加速度 $\boldsymbol{a}_D=\boldsymbol{a}_B+\boldsymbol{a}_{DB}^n+\boldsymbol{a}_{DB}^t$。在此矢量式中，各加速度方向已知，相对法向加速度大小

$$a_{DB}^n=\omega_{BD}^2BD=\left(\frac{\sqrt{6}v}{3R}\right)^2\times\sqrt{2}R=\frac{2\sqrt{2}v^2}{3R}$$

加速度 $\boldsymbol{a}_B$ 及 $\boldsymbol{a}_{DB}^t$ 的大小未知。将上面矢量式向 BD 轴投影

$$a_D\cos\varphi=-a_B\sin\varphi-a_{DB}^n$$

求得

$$a_D = -\frac{2}{\sqrt{3}}\left(\frac{2\sqrt{2}}{R}v^2 \times \frac{1}{2} + \frac{2\sqrt{2}}{3R}v^2\right) = -\frac{10\sqrt{6}}{9R}v^2$$

加速度 a_D 的指向与图中所设相反，实际指向向左。

*例 9－10　图 9－20 所示平面机构中，杆 AB 以不变的速度$\boldsymbol{v}$沿水平方向运动，滑套 B 与杆 AB 的端点铰接，并套在绕 O 轴转动的杆 OC 上，可沿该杆滑动。已知 AB 和 OE 两平行线间的垂直距离为 b。试求在图示位置($\gamma=60°,\beta=30°,OD=BD$)时，杆 OC 的角速度和角加速度、滑块 E 的速度和加速度。

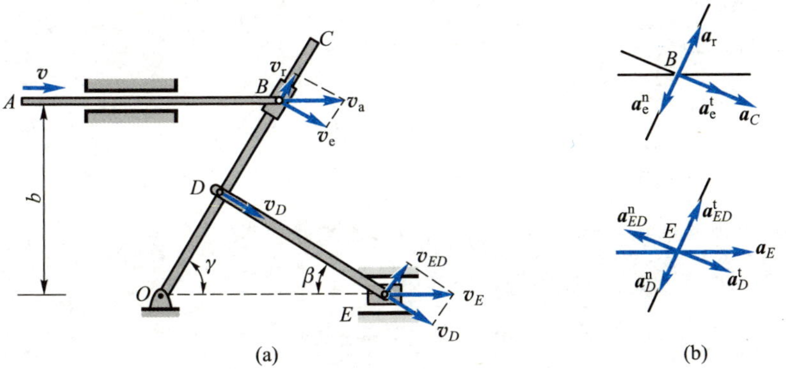

图 9－20

解：滑套 B 相对于 OC 杆有运动，根据点的合成运动的理论可求出杆 OC 的角速度和角加速度，进而求得 D 点的速度、加速度。DE 杆作平面运动，用基点法：以 D 为基点，求得 E 点的速度和加速度。

速度分析如图 9－20a 所示。选滑套上的点 B 为动点，OC 杆为动系，根据点的速度合成定理有 $\boldsymbol{v}_a=\boldsymbol{v}_e+\boldsymbol{v}_r=\boldsymbol{v}$，得

$$v_e=\frac{\sqrt{3}}{2}v_a=\frac{\sqrt{3}}{2}v,\quad v_r=\frac{1}{2}v_a=\frac{1}{2}v$$

OC 杆的角速度

$$\omega_{OC}=\frac{v_e}{OB}=\frac{3v}{4b}$$

转向如图 a 所示。

OC 杆上 D 点的速度 $v_D=\frac{1}{2}v_e=\frac{\sqrt{3}}{4}v$。

由$\boldsymbol{v}_E=\boldsymbol{v}_D+\boldsymbol{v}_{ED}$，速度四边形如图所示，得

$$v_E=\frac{2}{\sqrt{3}}v_D=\frac{1}{2}v,\quad v_{ED}=\frac{1}{4}v$$

v_E 方向水平向右。

加速度分析如图 9－20b 所示。动点、动系选择如前所述，由于 AB 杆匀速平移，滑套 B 的绝对加速度 $a_a=a_B=0$。其牵连加速度有法向及切向两项，相对加速度沿 OC 方向。根据牵连运动为转动时点的加速度合成定理

$$\boldsymbol{a}_a=\boldsymbol{a}_e^t+\boldsymbol{a}_e^n+\boldsymbol{a}_r+\boldsymbol{a}_C \tag{a}$$

科氏加速度 $\boldsymbol{a}_C$ 垂直于 OC，指向右方；其大小 $a_C=2\omega_{OC}v_r=\dfrac{3v^2}{4b}$。各项加速度方向均已知，未知量只有 a_r、a_e^t 的大小，共两个。将式(a)投影到与 $\boldsymbol{a}_r$ 垂直的 η 轴上，得

$$0=a_e^t+a_C,\quad a_e^t=-\frac{3v^2}{4b}$$

OC 杆的角加速度

$$\alpha_{OC}=\frac{a_e^t}{OB}=-\frac{3\sqrt{3}v^2}{8b^2}$$

转向与图中所示相反。

D 点的切向加速度 $a_D^t=\alpha_{OC}OD=-\dfrac{3v^2}{8b}$，法向加速度 a_D^n 可求。

对于 DE 杆，以 D 为基点，有

$$\boldsymbol{a}_E=\boldsymbol{a}_D^t+\boldsymbol{a}_D^n+\boldsymbol{a}_{ED}^t+\boldsymbol{a}_{ED}^n \tag{b}$$

上式中各加速度方向均已知，相对于基点的法向加速度的大小 $a_{ED}^n=\omega_{ED}^2ED=\dfrac{v^2}{16b}$。加速度 a_E 和 a_{ED}^t 的大小未知。将式(b)向 DE 轴投影，得

$$a_E\cos 30^\circ=a_D^t-a_{ED}^n$$

解得

$$a_E=-\frac{7v^2}{8\sqrt{3}b}$$

加速度 $\boldsymbol{a}_E$ 的实际指向与图中所设相反。

习 题

9－1 杆 AB 的 A 端沿水平线以等速 $\boldsymbol{v}$ 运动，运动时杆恒与一半圆周相切，半圆周的半径为 R，如图所示。如杆与水平线间的交角为 θ，试以角 θ 表示杆的角速度。

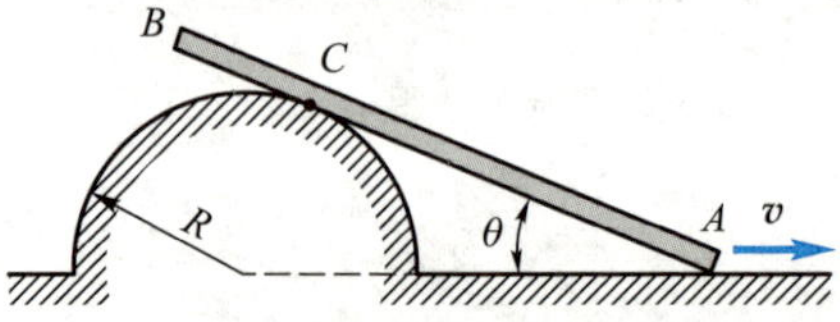

题 9－1 图

9－2　如图所示，在筛动机构中，筛子的摆动是由曲柄连杆机构所带动。已知曲柄 OA 的转速 $n_{OA}=40\ \text{r/min}$，$OA=0.3\ \text{m}$。当筛子 BC 运动到与点 O 在同一水平线上时，$\angle BAO=90°$。试求此瞬时筛子 BC 的速度。

9－3　四连杆机构中，连杆 AB 上固连一块三角板 ABD，如图所示。机构由曲柄 O_1A 带动。已知：曲柄的角速度 $\omega_{O_1A}=2\ \text{rad/s}$；曲柄 $O_1A=0.1\ \text{m}$，水平距离 $O_1O_2=0.05\ \text{m}$，$AD=0.05\ \text{m}$；当 $O_1A\perp O_1O_2$ 时，AB 平行于 O_1O_2，且 AD 与 AO_1 在同一直线上；$\varphi=30°$。试求三角板 ABD 的角速度和点 D 的速度。

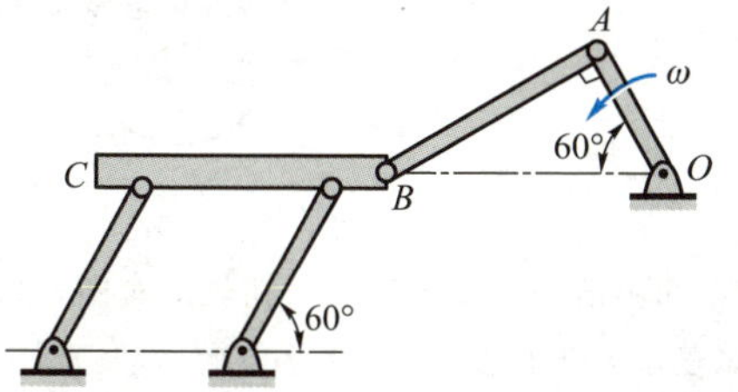

题 9－2 图

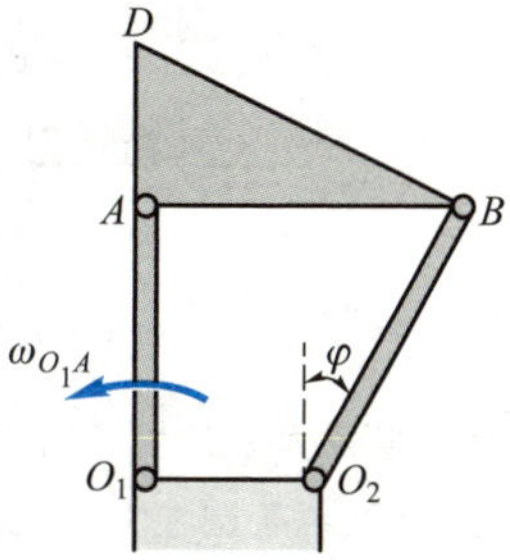

题 9－3 图

9－4　图示平面结构中，曲柄 OC 绕 O 轴转动时，带动滑块 A 和 B 在同一水平槽内。如 $AC=CB$，试证：

$$v_A : v_B = OA : OB$$

9－5　图示机构中，已知：$OA=0.1\ \text{m}$，$BD=0.1\ \text{m}$，$DE=0.1\ \text{m}$，$EF=0.1\sqrt{3}\ \text{m}$；曲柄 OA 的角速度 $\omega=4\ \text{rad/s}$。在图示位置时，曲柄 OA 与水平线 OB 垂直；且 B、D 和 F 在同一铅直线上，又 DE 垂直于 EF。试求点 F 的速度和杆 EF 的角速度。

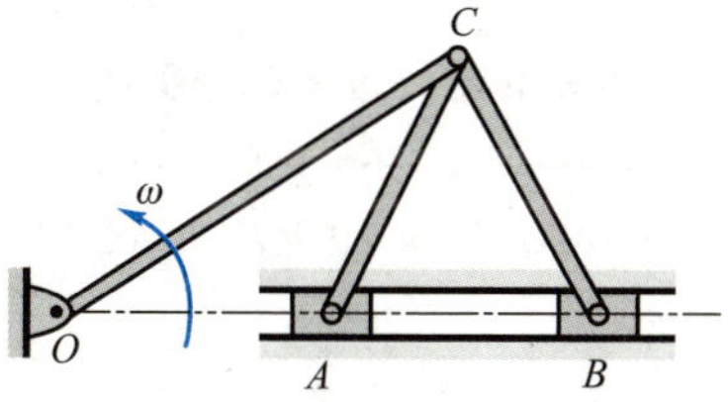

题 9－4 图

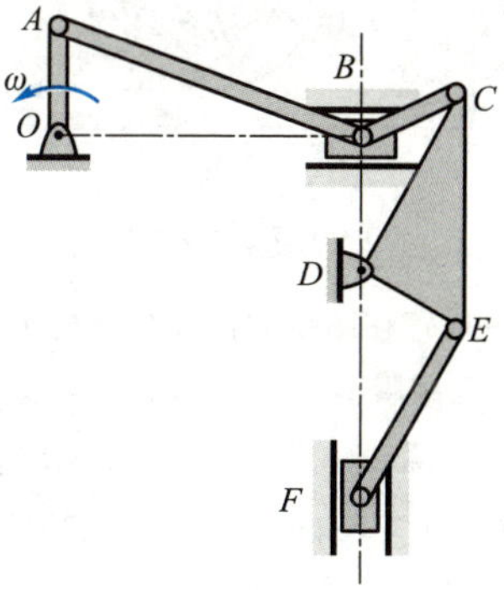

题 9－5 图

9－6　图示配汽机构中，曲柄 OA 的角速度 $\omega=20\ \text{rad/s}$，为常量。已知 $OA=0.4\ \text{m}$，$AC=BC=0.2\sqrt{37}\ \text{m}$。试求当曲柄 OA 在两铅直线位置和两水平位置时，配汽机构中气阀推杆 DE 的速度。

9－7 在瓦特行星传动机构中，平衡杆 O_1A 绕 O_1 轴转动，并借连杆 AB 带动曲柄 OB；而曲柄 OB 活动地装置在 O 轴上，如图所示。在 O 轴上装有齿轮Ⅰ，齿轮Ⅱ与连杆 AB 固连于一体。已知：$r_1=r_2=0.3\sqrt{3}$ m，$O_1A=0.75$ m，$AB=1.5$ m；又平衡杆的角速度 $\omega=6$ rad/s。求当 $\gamma=60°$ 且 $\beta=90°$时，曲柄 OB 和齿轮Ⅰ的角速度。

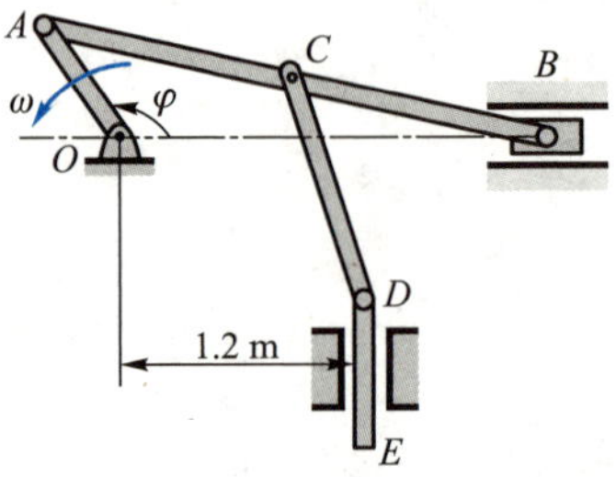

题 9－6 图

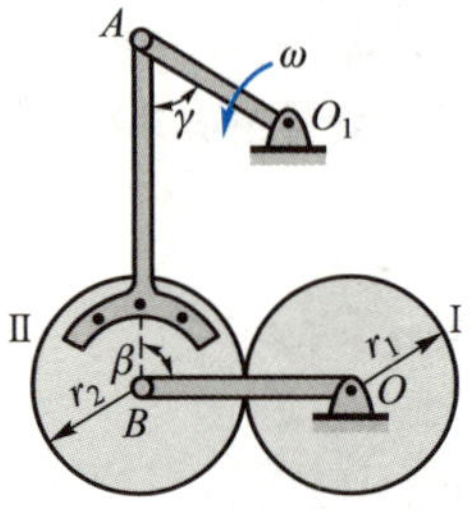

题 9－7 图

9－8 半径为 R 的轮子沿水平面滚动而不滑动，如图所示。在轮上有圆柱部分，其半径为 r。将线绕于圆柱上，线的 B 端以速度$\boldsymbol{v}$ 和加速度 $\boldsymbol{a}$ 沿水平方向运动。试求轮的轴心 O 的速度和加速度。

9－9 曲柄 OA 以恒定的角速度 $\omega=2$ rad/s 绕轴 O 转动，并借助连杆 AB 驱动半径为 r 的轮子在半径为 R 的圆弧槽中作无滑动的滚动。设 $OA=AB=R=2r=1$ m，试求图示瞬时点 B 和点 C 的速度与加速度。

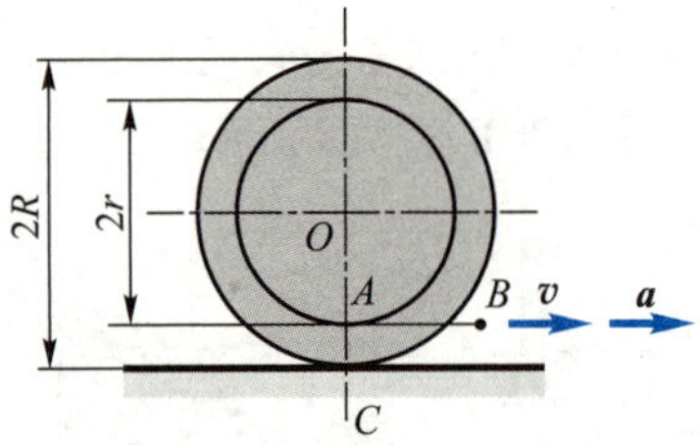

题 9－8 图

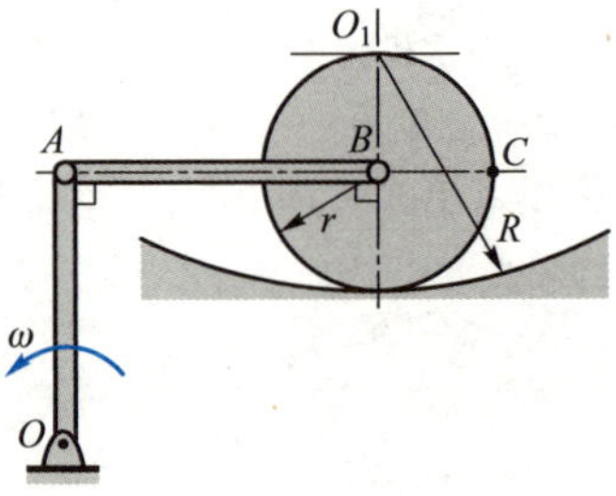

题 9－9 图

9－10 在图示曲柄连杆机构中，曲柄 OA 绕 O 轴转动，其角速度为 ω_O，角加速度为 α_O。在某瞬时曲柄与水平线间成60°角，而连杆 AB 与曲柄 OA 垂直。滑块 B 在圆形槽内滑动，此时半径 O_1B 与连杆 AB 间成 30°角。如 $OA=r$，$AB=2\sqrt{3}r$，$O_1B=2r$，试求在该瞬时，滑块 B 的切向和法向加速度。

9－11 在图示机构中，曲柄 OA 长为 r，绕 O 轴以等角速度 ω_O 转动，$AB=6r$，$BC=3\sqrt{3}r$。试求图示位置时，滑块 C 的速度和加速度。

9－12 为加快电缆释放速度，装有电缆卷轴的拖车以加速度 0.9 m/s^2 从静止开始运动。与此同时，另一卡车以加速度 0.6 m/s^2 水平地拉着电缆自由端向相反方向运动，如图所示。试求当运动刚开始时以及运动开始后 1 s 时，卷轴水平直径上点 A 的全加速度。

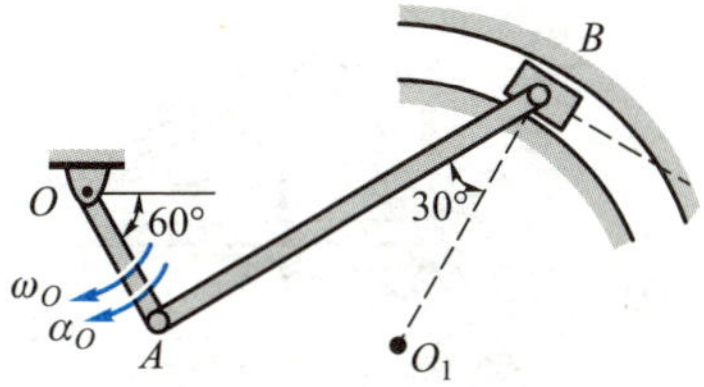

题 9－10 图

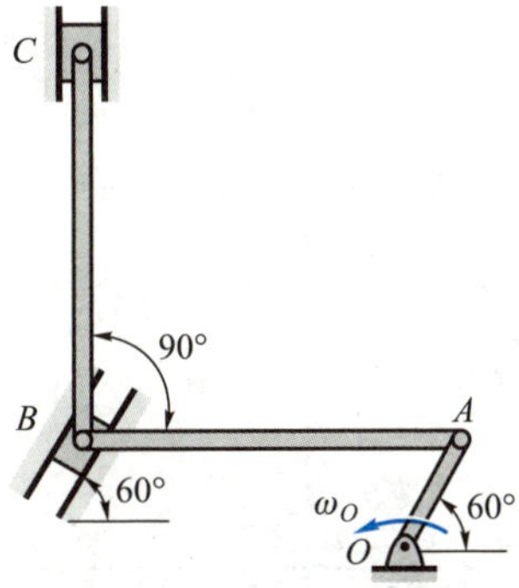

题 9－11 图

9－13　图示平面机构，轮沿地面作纯滚动，通过铰接的三角形板与套筒 A 铰接，并带动直角杆 EGH 作水平移动。已知：轮半径为 r，$O_1B=r$，三角形各边长为 $2r$，轮心速度为 $\boldsymbol{v}_O$。在图示位置时 O_1B 杆水平，B、D、O 三点在同一铅垂线上。试求该瞬时 EGH 杆的速度。

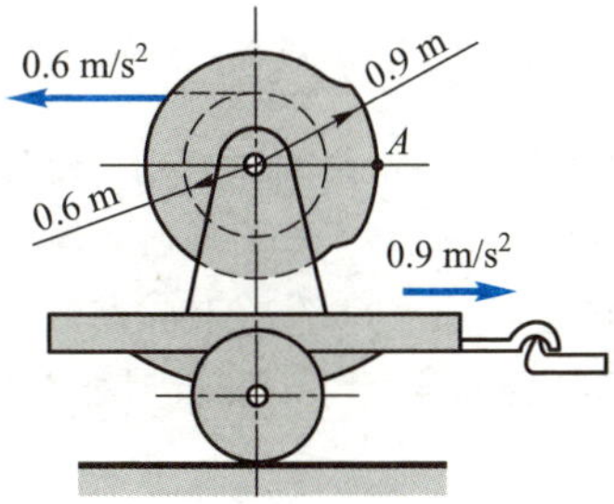

题 9－12 图

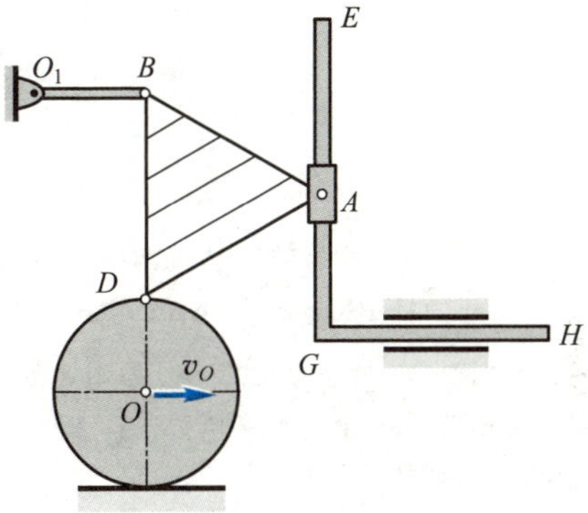

题 9－13 图

9－14　图示平面机构，等边三角形板 ABE 分别以铰链与滑套 A 及两杆连接，三角形边长为 l。图示位置时，$\theta=60°$，$OA=O_1B=l$，且 A、E、O_2 三点在同一水平线上。O_1B 杆铅垂，角速度为 ω_1。试求该瞬时三角板及 OD 杆的角速度。

9－15　平面机构的曲柄 OA 长为 $2l$，以匀角速度 ω_O 绕 O 轴转动。在图示位置时，$AB=BO$，并且 $\angle OAD=90°$。试求此时套筒 D 相对于杆 BC 的速度。

9－16　图示平面机构，AB 杆分别与 OA 杆、CE 杆铰接，与 O_1D 杆铰接的滑套套在 CE 杆上，$OA=AC=CB=l$。图示瞬时，O、A、B 三点在同一水平线上，$\theta=\varphi=30°$，OA 杆的角速度为 ω_O。试求该瞬时 AB 杆、CE 杆及 O_1D 杆的角速度。

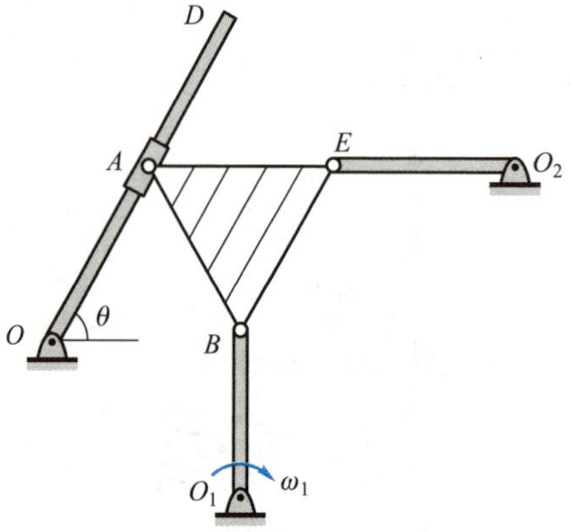

题 9－14 图

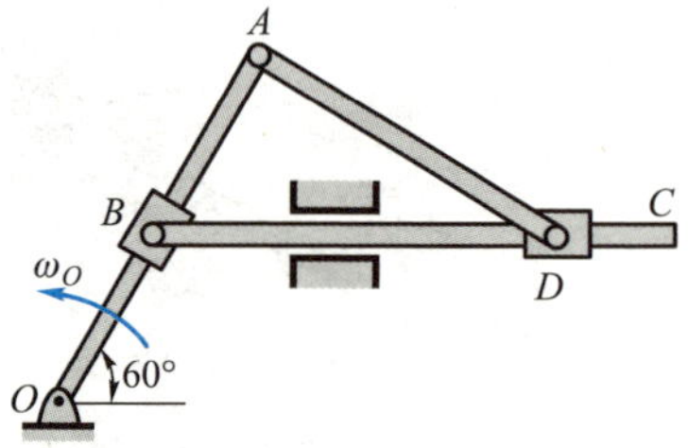

题 9－15 图

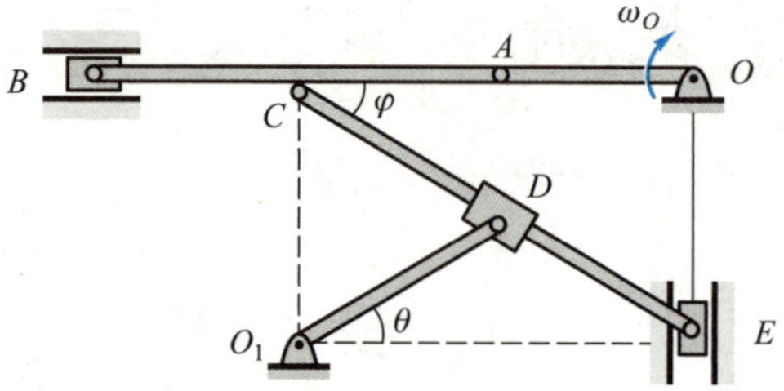

题 9－16 图

9－17 图示行星齿轮传动机构中，曲柄 OA 以匀角速度 ω_O 绕 O 轴转动，使与齿轮 A 固结在一起的杆 BD 运动。杆 BE 与 BD 在点 B 铰接，并且杆 BE 在运动时始终通过固定铰支的套筒 C。如定齿轮的半径为 $2r$，动齿轮半径为 r，且 $AB=\sqrt{5}r$。图示瞬时，曲柄 OA 在铅直位置，BDA 在水平位置，杆 BE 与水平线间成角 $\varphi=45°$。试求此时杆 BE 上与 C 相重合一点的速度。

9－18 杆 OC 与轮 I 在轮心 O 处铰接并以匀速 $\boldsymbol{v}$ 水平向左平移，如图所示。起始时点 O 与点 A 相距 l，AB 杆可绕 A 轴定轴转动，与轮 I 在 D 点接触，接触处有足够大的摩擦使之不打滑，轮 I 的半径为 r。试求当 $\theta=30°$时，轮 I 的角速度 ω_1 和 AB 杆的角速度。

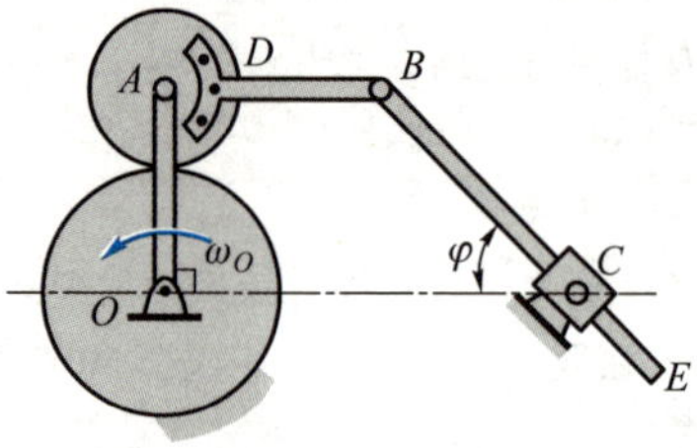

题 9－17 图

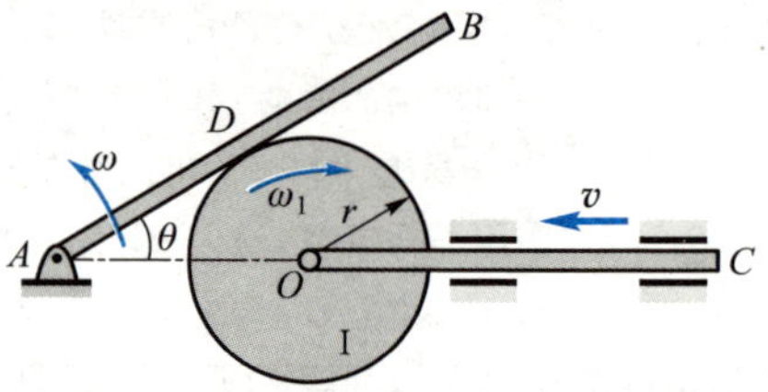

题 9－18 图

9－19　图示平面系统，三角形物块以速度$\boldsymbol{v}$、加速度$\boldsymbol{a}$向右平移，倾角为θ。BD杆置于铅垂滑道内与AB杆铰接，AB杆长l，位置水平。试求图示瞬时AB杆的角加速度。

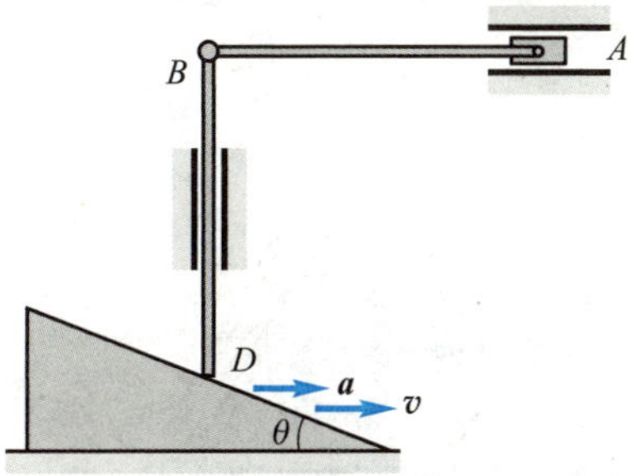

题 9－19 图

9－20　图示平面机构中，OA杆与BC杆及滑套A铰接，带动直角杆DE沿水平滑道移动。BC杆长l，位置水平；OA杆长$2l$，C为OA中点。滑块B速度$\boldsymbol{v}$为常量。试求图示瞬时DE杆的加速度。

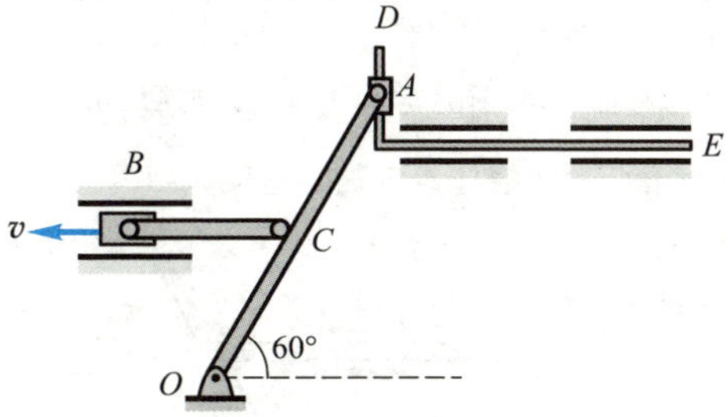

题 9－20 图

9－21　图示系统，与OA杆铰接的滑套A带动BD杆沿水平滑道移动，BD杆与作纯滚动的轮铰接。OA杆与轮半径r等长，倾角为φ，其角速度ω_0为常量。试求轮瞬心C点的加速度。

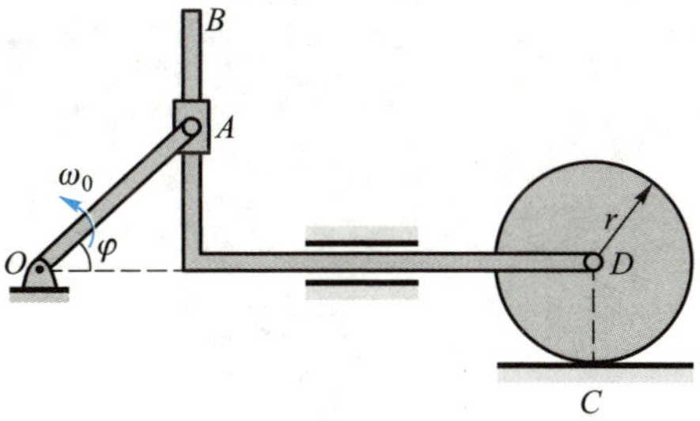

题 9－21 图

*__9－22__　如图所示，轮O在水平面上滚动而不滑动，轮心以匀速$v_O = 0.2$ m/s 运

动。轮缘上固连销钉 B，此销钉在摇杆 O_1A 的槽内滑动，并带动摇杆绕 O_1 轴转动。已知：轮的半径 $R=0.5\ \mathrm{m}$，在图示位置时，AO_1 是轮的切线，摇杆与水平面间的交角为 $60°$。试求摇杆在该瞬时的角速度和角加速度。

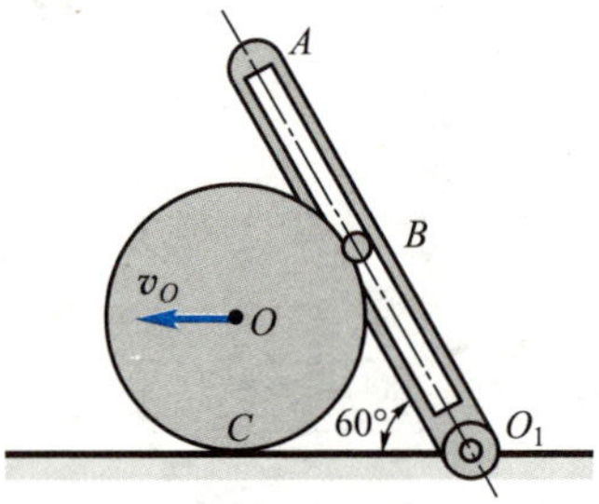

题 9－22 图

*9－23 轻型杠杆式推钢机，曲柄 OA 借连杆 AB 带动摇杆 O_1B 绕 O_1 轴摆动，杆 EC 以铰链与滑块 C 相连，滑块 C 可沿杆 O_1B 滑动；摇杆摆动时带动杆 EC 推动钢材，如图所示。已知 $OA=r$，$AB=\sqrt{3}r$，$O_1B=\dfrac{2}{3}l$（$r=0.2\ \mathrm{m}$，$l=1\ \mathrm{m}$），$\omega_{OA}=\dfrac{1}{2}\ \mathrm{rad/s}$，$\alpha_{OA}=0$。在图示位置时，$BC=\dfrac{4}{3}l$。求：(1) 滑块 C 的绝对速度和相对于摇杆 O_1B 的速度；(2) 滑块 C 的绝对加速度和相对于摇杆 O_1B 的加速度。

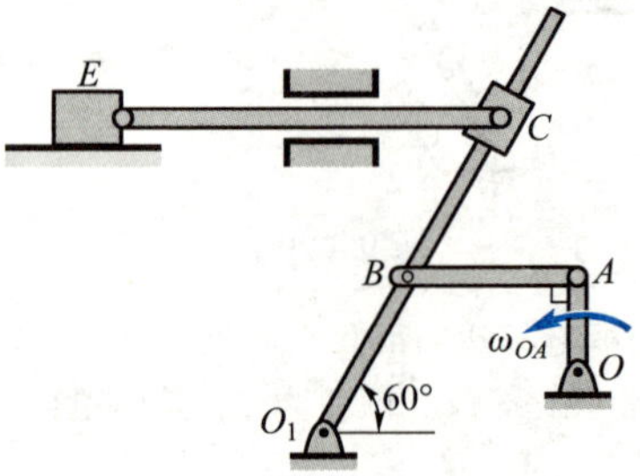

题 9－23 图

动　力　学

引　言

动力学研究物体的机械运动与作用力之间的关系。

在静力学中，分析了作用于物体的力，并研究物体在力系作用下的平衡问题。在运动学中，不考虑作用力，仅从几何方面分析物体的运动。动力学则对物体的机械运动进行全面分析，研究作用于物体的力与物体运动之间的关系，建立物体机械运动的普遍规律。

动力学中物体抽象的力学模型包括质点和质点系。质点是具有一定质量而几何形状和尺寸大小可以忽略不计的物体。如果物体的形状和大小在所研究的问题中不可忽略，则物体应抽象为质点系。所谓质点系是由几个或无限个相互有联系的质点所组成的系统。刚体是特殊的质点系，其任意两个质点间的距离保持不变。以人造地球卫星为例，当研究卫星的轨道时，可将卫星抽象为质量集中在质心的质点；当研究卫星的运动姿态时，需要将它抽象为刚体。

动力学可分为质点动力学和质点系动力学，前者是后者的基础。

第十章 质点动力学的基本方程

质点动力学基本方程给出了质点受力与其运动变化之间的联系。本章根据动力学基本定律得出质点动力学的基本方程，运用微积分方法，求解质点的动力学问题。

§10-1 动力学的基本定律

质点动力学的基础是牛顿三定律，这些定律是牛顿(公元1642年—1727年)在总结前人、特别是伽利略研究成果的基础上提出来的。

第一定律(惯性定律)

不受力作用的质点，将保持静止或作匀速直线运动。不受力作用的质点(包括受平衡力系作用的质点)，不是处于静止状态，就是保持其原有的速度（包括大小和方向)不变，这种性质称为**惯性**。

第二定律(力与加速度之间关系的定律)

第二定律可表示为

$$\frac{\mathrm{d}}{\mathrm{d}t}(m\boldsymbol{v})=\boldsymbol{F} \tag{10-1}$$

式中，m 为质点质量，$\boldsymbol{v}$ 为质点速度，而 $\boldsymbol{F}$ 为质点所受力。在经典力学范畴内，质量是守恒的，则有

$$m\boldsymbol{a}=\boldsymbol{F} \tag{10-2}$$

即质点的质量与加速度的乘积，等于作用于质点的力的大小，加速度的方向与力的方向相同。

式(10-2)是第二定律的数学表达式，它是质点动力学的基本方程。当质点上受到多个力作用时，式(10-1)和式(10-2)中的力 $\boldsymbol{F}$ 应为此汇交力系的合力。式(10-2)表明，质点的质量越大，其运动状态越不容易改变，也就是质点的惯性越大。因此，质量是质点惯性的度量。

国际单位制(SI)中，长度、质量和时间单位为基本单位，分别取 m(米)、kg(千克)和 s(秒)，力的单位是导出单位。质量为 1 kg 的质点，获得1 m/s^{2}的加速度时，作用在该质点上的力为 1 N(牛顿)，即

$$1\ \mathrm{N}=1\ \mathrm{kg}\times 1\ \mathrm{m/s^2}$$

在地球表面，任何物体都受到重力 $\boldsymbol{P}$ 的作用。在重力作用下得到的加速度称为**重力加速度**，用 $\boldsymbol{g}$ 表示。根据第二定律有

$$\boldsymbol{P}=m\boldsymbol{g} \quad 或 \quad m=\frac{P}{g}$$

根据国际计量委员会规定的标准，重力加速度的数值为 9.806 65 $\mathrm{m/s^2}$，一般取 9.8 $\mathrm{m/s^2}$。实际上在不同的地区，g 的数值有些微小的差别。

第三定律(作用与反作用定律)

两个物体间的作用力与反作用力总是大小相等，方向相反，沿着同一直线，且同时分别作用在这两个物体上。这一定律就是静力学的公理 4，它不仅适用于平衡的物体，也适用于任何运动的物体。

三个定律均适用的参考系称为**惯性参考系**。在一般的工程问题中，把固定于地面的坐标系或相对于地面作匀速直线平移的坐标系作为惯性参考系，可以得到相当精确的结果。在研究人造卫星的轨道、洲际导弹的弹道等问题时，地球自转的影响不可忽略，则应选取以地心为原点，三轴指向三个恒星的坐标系作为惯性参考系。在研究天体的运动时，地心运动的影响也不可忽略，又需取太阳为中心，三轴指向三个恒星的坐标系作为惯性参考系。在本书中，如无特别说明，我们均取固定在地球表面的坐标系为惯性参考系。

以牛顿三定律为基础的力学，称为古典力学(又称经典力学)。在古典力学范畴内，认为质量是不变的量，空间和时间是“绝对的”，与物体的运动无关。近代物理已经证明，质量、时间和空间都与物体运动的速度有关，但当物体的运动速度远小于光速时，物体的运动对于质量、时间和空间的影响是微不足道的，对于一般工程中的机械运动问题，应用古典力学都可得到足够精确的结果。

§10－2　质点的运动微分方程

质点受到 n 个力 $\boldsymbol{F}_1$、$\boldsymbol{F}_2$、…、$\boldsymbol{F}_n$ 作用时，由质点动力学第二定律，有

$$m\boldsymbol{a}=\sum \boldsymbol{F}_i \tag{10-3}$$

或

$$m\frac{\mathrm{d}^2\boldsymbol{r}}{\mathrm{d}t^2}=\sum \boldsymbol{F}_i \tag{10-3'}$$

式(10－3′)是质点的运动微分方程，应用时可采用它的投影形式。

1. 质点运动微分方程在直角坐标轴上投影

设矢径 $\boldsymbol{r}$ 在直角坐标轴上的投影分别为 x、y、z，力 $\boldsymbol{F}_i$ 在轴上的投影分

别为 F_{ix}、F_{iy}、F_{iz}，则式(10－3′)在直角坐标轴上的投影形式为

$$m\frac{\mathrm{d}^2x}{\mathrm{d}t^2}=\sum F_{ix},\quad m\frac{\mathrm{d}^2y}{\mathrm{d}t^2}=\sum F_{iy},\quad m\frac{\mathrm{d}^2z}{\mathrm{d}t^2}=\sum F_{iz} \tag{10-4}$$

2. 质点运动微分方程在自然轴上投影

由点的运动学知，点的全加速度 $\boldsymbol{a}$ 在切线与主法线构成的密切面内，点的加速度在副法线上的投影等于零，即

$$\boldsymbol{a}=a_{\mathrm{t}}\boldsymbol{e}_{\mathrm{t}}+a_{\mathrm{n}}\boldsymbol{e}_{n},\quad a_{\mathrm{b}}=0$$

式中，$\boldsymbol{e}_{\mathrm{t}}$ 和 $\boldsymbol{e}_{\mathrm{n}}$ 为沿轨迹切线和主法线的单位矢量。式(10－3)在自然轴系的投影为

$$m\frac{\mathrm{d}v}{\mathrm{d}t}=\sum F_{i\mathrm{t}},\quad m\frac{v^2}{\rho}=\sum F_{i\mathrm{n}},\quad 0=\sum F_{i\mathrm{b}} \tag{10-5}$$

式中，F_{it}、F_{in}和 F_{ib}分别是作用于质点的各力在切线、主法线和副法线上的投影，而 ρ 为轨迹的曲率半径。

3. 质点动力学的两类基本问题

质点动力学的问题可分为两类：一是已知质点的运动，求作用于质点的力；二是已知作用于质点的力，求质点的运动，称为质点动力学的两类基本问题。第一类基本问题比较简单，例如已知质点的运动方程，只需求两次导数得到质点的加速度，代入质点的运动微分方程中，即可求解。第二类基本问题，从数学的角度看，是解微分方程或求积分的问题，对此，需按作用力的函数规律进行积分，并根据具体问题的运动初始条件确定积分常数。初始条件一般采用 $t=0$ 时质点的空间位置(坐标)及速度。有的工程问题既需要求质点的运动规律，又需要求未知的约束力，是第一类基本问题与第二类基本问题综合在一起的动力学问题，称为混合问题。

例 10－1　曲柄连杆机构如图 10－1a 所示。曲柄 OA 以匀角速度 ω 转动，$OA=r$，$AB=l$，当 $\lambda=r/l$ 比较小时，以 O 为坐标原点，滑块 B 的运动方程可近似写为

动画例 10－1

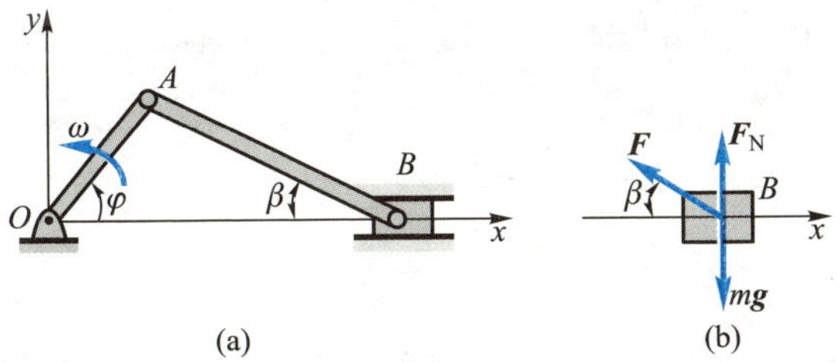

图 10－1

$$x=l\left(1-\frac{\lambda^2}{4}\right)+r\left(\cos\omega t+\frac{\lambda}{4}\cos 2\omega t\right)$$

如滑块的质量为 m，忽略摩擦及连杆 AB 的质量，试求当 $\varphi=\omega t=0$ 和$\frac{\pi}{2}$时，连杆 AB 所受的力。

解： 以滑块 B 为研究对象，当 $\varphi=\omega t$ 时，受力图如图 10－1b 所示。由于不计连杆质量，连杆应受平衡力系作用，AB 为二力杆，它对滑块 B 的力 $\boldsymbol{F}$ 沿 AB 方向。写出滑块沿 x 轴的运动微分方程

$$ma_x=-F\cos\beta$$

由题设的运动方程，可以求得

$$a_x=\frac{\mathrm{d}^2x}{\mathrm{d}t^2}=-r\omega^2(\cos\omega t+\lambda\cos 2\omega t)$$

当 $\omega t=0$ 时，$a_x=-r\omega^2(1+\lambda)$，且 $\beta=0$，得

$$F=mr\omega^2(1+\lambda)$$

AB 杆受拉力。

当 $\omega t=\frac{\pi}{2}$时，$a_x=r\omega^2\lambda$，而 $\cos\beta=\sqrt{l^2-r^2}/l$，则有

$$mr\omega^2\lambda=-F\sqrt{l^2-r^2}/l$$

得

$$F=-mr^2\omega^2/\sqrt{l^2-r^2}$$

AB 杆受压力。

上例属于动力学第一类基本问题。

例 10－2 质量为 m 的小球，在静止的水中缓慢下沉，其初速度为$\boldsymbol{v}_0$，沿水平方向，如图 10－2 所示。已知水的阻力 $\boldsymbol{F}$ 的大小与小球的速度有如下两种关系：(1) $\boldsymbol{F}=\mu\boldsymbol{v}$；(2) $\boldsymbol{F}=\mu\boldsymbol{v}^2$，$\mu$ 为黏滞系数，方向与速度方向相反。若水的浮力忽略不计，试求小球在重力和阻力作用下的运动速度和运动规律。

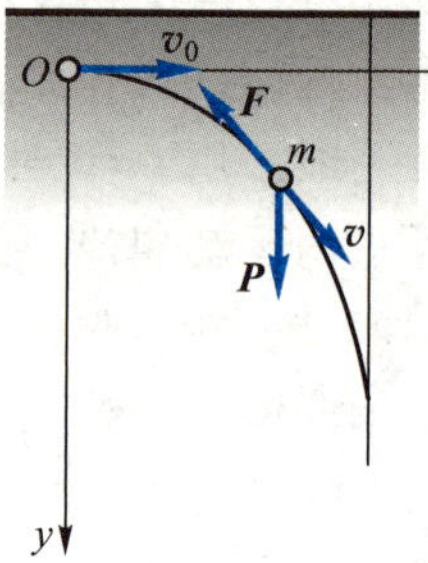

图 10－2

解： 取小球为研究对象。小球在运动过程中受到重力 $\boldsymbol{P}$ 和阻力 $\boldsymbol{F}$ 的作用。在小球运动的铅垂面内建立直角坐标系 Oxy，以小球初始位置为坐标原点，y 轴向下为正，如图 10－2所示。

(1) 小球的运动微分方程为

$$m\frac{\mathrm{d}^2x}{\mathrm{d}t^2}=m\frac{\mathrm{d}v_x}{\mathrm{d}t}=-F_x=-\mu\frac{\mathrm{d}x}{\mathrm{d}t}=-\mu v_x \tag{a}$$

$$m\frac{\mathrm{d}^2y}{\mathrm{d}t^2}=m\frac{\mathrm{d}v_y}{\mathrm{d}t}=mg-F_y=mg-\mu\frac{\mathrm{d}y}{\mathrm{d}t}=mg-\mu v_y \tag{b}$$

按题意，$t=0$ 时，$v_x=v_0$、$v_y=0$。式(a)、(b)的定积分分别为

$$\int_{v_0}^{v_x}\frac{1}{v_x}\mathrm{d}v_x=-\int_0^t\frac{\mu}{m}\mathrm{d}t \tag{c}$$

$$\int_{v_0}^{v_y}\frac{1}{\frac{mg}{\mu}-v_y}\mathrm{d}v_y=\int_0^t\frac{\mu}{m}\mathrm{d}t \tag{d}$$

解得小球速度随时间的变化规律为

$$v_x=v_0\mathrm{e}^{-\frac{\mu}{m}t},\quad v_y=\frac{mg}{\mu}(1-\mathrm{e}^{-\frac{\mu}{m}t}) \tag{e}$$

按题意，$t=0$ 时，$x=0$、$y=0$。作式(e)的定积分

$$\int_0^x\mathrm{d}x=\int_0^t v_0\mathrm{e}^{-\frac{\mu}{m}t}\mathrm{d}t,\quad \int_0^y\mathrm{d}y=\int_0^t\frac{mg}{\mu}(1-\mathrm{e}^{-\frac{\mu}{m}t})\mathrm{d}t$$

解得小球的运动方程为

$$x=v_0\frac{m}{\mu}(1-\mathrm{e}^{-\frac{\mu}{m}t}),\quad y=\frac{mg}{\mu}t-\frac{m^2g}{\mu^2}(1-\mathrm{e}^{-\frac{\mu}{m}t}) \tag{f}$$

(2) 小球的运动微分方程为

$$m\frac{\mathrm{d}^2x}{\mathrm{d}t^2}=-\mu v^2\cos\theta=-\mu vv_x \tag{g}$$

$$m\frac{\mathrm{d}^2y}{\mathrm{d}t^2}=mg-\mu v^2\sin\theta=mg-\mu vv_y \tag{h}$$

式(g)，(h)为非线性方程组，只能求解数值解。而且这一非线性问题水平和铅垂运动不是独立的，它们通过速度相互影响，这与线性问题有本质不同。

上例为质点动力学的第二类基本问题。求解过程一般需要积分，还要分析题意，合理应用运动**初始条件**确定积分常数，使问题得到确定的解。当质点受力复杂，特别是几个质点相互作用时，质点的运动微分方程难以积分求得解析解。使用计算机，选用适当的计算程序，逐步积分，可求其数值近似解。

例 10-3　粉碎机滚筒半径为 R，绕通过中心的水平轴匀速转动，筒内铁球由筒壁上的凸棱带着上升。为了使铁球获得粉碎矿石的能量，铁球应在 $\theta=\theta_0$ 时(参见图10-3)才掉下来。试求滚筒每分钟的转数 n。

动画例10-3

解： 视铁球为质点。质点在上升过程中，受到重力 mg 和筒壁的法向约束力 $\boldsymbol{F}_{\mathrm{N}}$，切向约束力 $\boldsymbol{F}$ 的作用。

列出质点运动微分方程在主法线上的投影式

$$m\frac{v^2}{R}=F_{\mathrm{N}}+mg\cos\theta$$

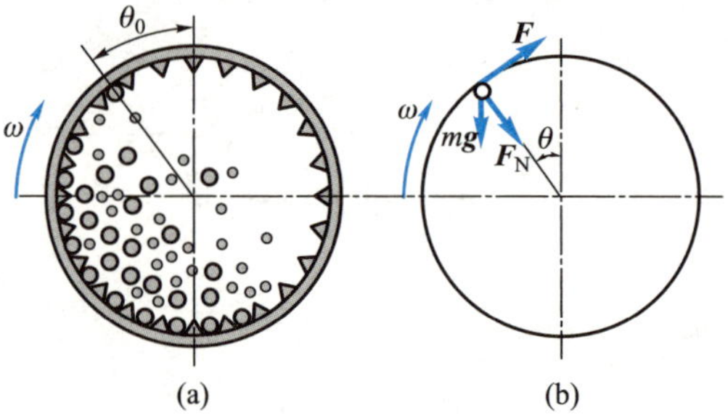

图 10－3

质点在未离开筒壁前的速度等于筒壁的速度，即

$$v=\frac{\pi n}{30}R$$

于是解得

$$n=\frac{30}{\pi R}\left[\frac{R}{m}(F_N+mg\cos\theta)\right]^{\frac{1}{2}}$$

当 $\theta=\theta_0$ 时，铁球将落下，这时 $F_N=0$，于是得

$$n=9.549\sqrt{\frac{g}{R}\cos\theta_0}$$

显然，θ_0 越小，要求 n 越大。当 $n=9.549\sqrt{\frac{g}{R}}$ 时，$\theta_0=0$，铁球就会紧贴筒壁转过最高点而不脱离筒壁落下，起不到粉碎矿石的作用。

习 题

10－1 一质量为 m 的物体放在匀速转动的水平转台上，它与转轴的距离为 r，如图所示。设物体与转台表面的摩擦因数为 f，试求当物体不致因转台旋转而滑出时，水平台的最大转速。

10－2 半径为 R 的偏心轮绕轴 O 以匀角速度 ω 转动，推动导板沿铅直轨道运动，如图所示。导板顶部放有一质量为 m 的物块 A，设偏心距 $OC=e$，开始时 OC 沿水平线。试求：(1) 物块对导板的最大压力；(2) 使物块不离开导板的 ω 最大值。

10－3 在图示离心浇注装置中，电动机带动支承轮 A、B 作同向转动，管模放在两轮上靠摩擦传动而旋转。使铁水浇入后均匀地紧贴管模的内壁而自动成型，从而可得到质量密实的管形铸件。如已知管模内径 $D=400$ mm，试求管模的最低转速 n。

10－4 为了使列车对铁轨的压力垂直于路基，在铁道弯曲部分，外轨要比内轨稍微提高。试就以下的数据求外轨高于内轨的高度 h。轨道的曲率半径为 $\rho=300$ m，列车的速度为 $v=12$ m/s，内、外轨道间的距离为 $b=1.6$ m。

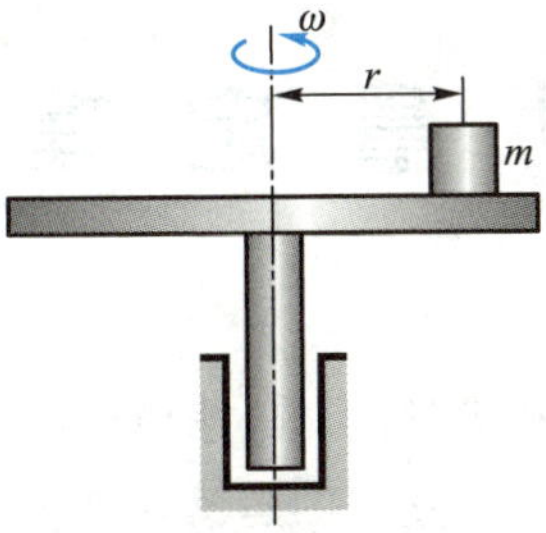

题 10－1 图

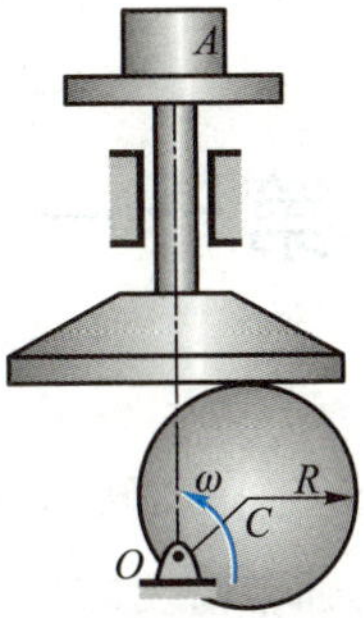

题 10－2 图

10－5　图示质量为 10 t 的物体随同跑车以 $v_0=1$ m/s 的速度沿桥式吊车的桥架移动。今因故急刹车，物体由于惯性绕悬挂点 C 向前摆动。绳长 $l=5$ m。求：(1) 刹车时绳子的张力；(2) 最大摆角 φ 的大小。

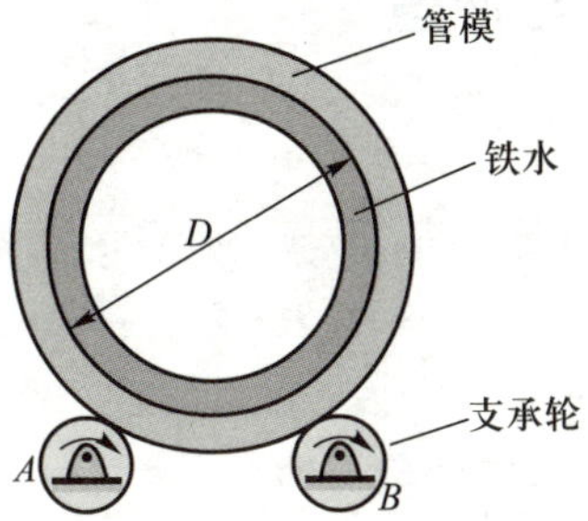

题 10－3 图

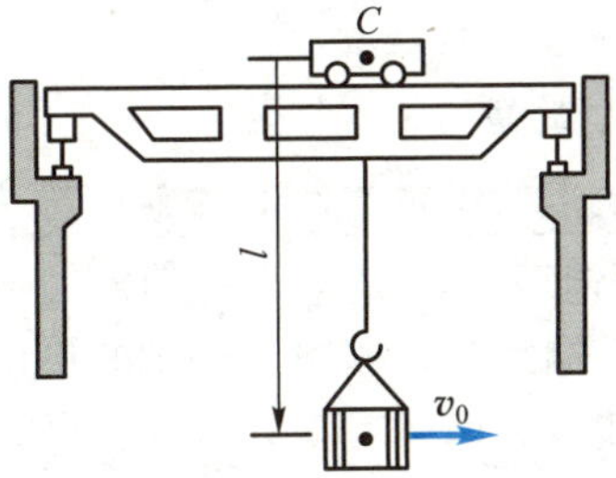

题 10－5 图

10－6　图示套管 A 的质量为 m，受绳子牵引沿铅直杆向上滑动。绳子的另一端绕过离杆距离为 l 的滑车 B 而缠在鼓轮上。当鼓轮转动时，其边缘上各点的速度大小为 v_0。试求绳子拉力与距离 x 之间的关系。

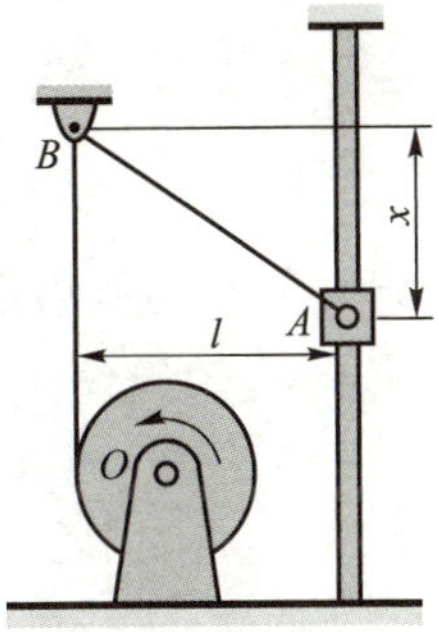

题 10－6 图

10－7　一物体质量 $m=10$ kg，在变力 $F=100(1-t)$N 作用下运动。设物体初速度为 $v_0=0.2$ m/s，开始时，力的方向与速度方向相同。试问经过多少时间后物体速度为零，此前走了多少路程？

10－8　物体由高度 h 处以速度 $\boldsymbol{v}_0$ 水平抛出。空气阻力可视为与速度的一次方成正比，即 $\boldsymbol{F}=-km\boldsymbol{v}$，其中 m 为物体的质量，$\boldsymbol{v}$ 为物体的速度，k 为常系数。试求物体的运动方程和轨迹。

第十一章 动 量 定 理

利用质点运动微分方程分析质点系动力学问题，求解既很复杂，而且也不必要，因为通常需要求解的是质点系某些整体的运动特征。动量、动量矩和动能定理从不同侧面揭示了质点和质点系整体运动变化与其受力之间的关系，可以求解质点系动力学问题。动量、动量矩和动能定理统称为动力学普遍定理。本章将阐明动量定理及其应用。

§11－1 动量与冲量

1. 动量

质点的质量与速度的乘积称为质点的**动量**，记为 $m\boldsymbol{v}$。质点的动量是矢量，它的方向与质点速度的方向一致。

在国际单位制中，动量的单位为 kg·m/s。

质点系内各质点动量的矢量和称为**质点系的动量**，即

$$\boldsymbol{p}=\sum m_i\boldsymbol{v}_i \tag{11-1}$$

式中，m_i 为第 i 个质点的质量，$\boldsymbol{v}_i$ 为该质点的速度。质点系的动量是矢量。

如质点系中任一质点 i 的矢径为 $\boldsymbol{r}_i$，代入式(11－1)，有

$$\boldsymbol{p}=\sum m_i\boldsymbol{v}_i=\sum m_i\frac{\mathrm{d}\boldsymbol{r}_i}{\mathrm{d}t}=\frac{\mathrm{d}}{\mathrm{d}t}\sum m_i\boldsymbol{r}_i$$

令 $m=\sum m_i$ 为质点系的总质量；与重心坐标相似，定义质点系**质量中心**(简称质心)C 的矢径为

$$\boldsymbol{r}_C=\frac{\sum m_i\boldsymbol{r}_i}{m} \tag{11-2}$$

所定义的质心位置反映出质点系质量分布的一种特征。质心的概念及质心运动在质点系(特别是刚体)动力学中具有重要地位。计算质心位置时，常用上式在直角坐标系的投影形式，得

$$x_C=\frac{\sum m_ix_i}{m},\quad y_C=\frac{\sum m_iy_i}{m},\quad z_C=\frac{\sum m_iz_i}{m} \tag{11-3}$$

将式(11－2)代入动量的表达式，得

$$\boldsymbol{p}=\frac{\mathrm{d}}{\mathrm{d}t}\sum m_i\boldsymbol{r}_i=\frac{\mathrm{d}}{\mathrm{d}t}(m\boldsymbol{r}_C)=m\boldsymbol{v}_C \tag{11-4}$$

式中，$\boldsymbol{v}_C$ 为质点系质心 C 的速度。上式表明，质点系的动量等于质心速度与其全部质量的乘积。这表明质点系的动量是描述质心运动的一个物理量。

刚体是无限多个质点组成的不变质点系，质心是刚体内某一确定点。对于质量均匀分布的规则刚体，质心也就是几何中心，用式(11-4)计算刚体的动量是非常方便的。

2. 冲量

如果作用力是常量，用力与作用时间的乘积来衡量力在这段时间内积累的作用。作用力与作用时间的乘积称为常力的**冲量**。以 $\boldsymbol{F}$ 表示此常力，作用的时间为 t，则此力的冲量为

$$\boldsymbol{I}=\boldsymbol{F}t \tag{11-5}$$

冲量是矢量，它的方向与常力的方向一致。

如果作用力 $\boldsymbol{F}$ 是变量，在微小时间间隔 $\mathrm{d}t$ 内，力 $\boldsymbol{F}$ 的冲量称为元冲量，即

$$\mathrm{d}\boldsymbol{I}=\boldsymbol{F}\mathrm{d}t$$

而力 $\boldsymbol{F}$ 在作用时间 t 内的冲量是矢量积分

$$\boldsymbol{I}=\int_0^t\boldsymbol{F}\mathrm{d}t \tag{11-6}$$

在国际单位制中，冲量的单位是 N·s。

§11-2　动量定理

1. 质点的动量定理

由式(10-1)有

$$\frac{\mathrm{d}}{\mathrm{d}t}(m\boldsymbol{v})=\boldsymbol{F},\quad 或\quad \mathrm{d}(m\boldsymbol{v})=\boldsymbol{F}\mathrm{d}t \tag{11-7}$$

式(11-7)是质点**动量定理**的微分形式，即质点动量的增量等于作用于质点上的力的元冲量。

对上式积分，如时间由 0 到 t，速度由 $\boldsymbol{v}_0$ 变为 $\boldsymbol{v}$，得

$$m\boldsymbol{v}-m\boldsymbol{v}_0=\int_0^t\boldsymbol{F}\mathrm{d}t=\boldsymbol{I} \tag{11-8}$$

式(11-8)是质点动量定理的积分形式，即在某一时间间隔内，质点动量的

变化等于作用于质点的力在此段时间内的冲量。

2. 质点系的动量定理

设质点系有 n 个质点，第 i 个质点的质量为 m_i，速度为$\boldsymbol{v}_i$；外界物体对该质点作用的力为 $\boldsymbol{F}_i^{(e)}$，称为**外力**，质点系内其他质点对该质点作用的力为 $\boldsymbol{F}_i^{(i)}$，称为**内力**。根据质点的动量定理有

$$\mathrm{d}(m_i\boldsymbol{v}_i)=(\boldsymbol{F}_i^{(e)}+\boldsymbol{F}_i^{(i)})\mathrm{d}t=\boldsymbol{F}_i^{(e)}\mathrm{d}t+\boldsymbol{F}_i^{(i)}\mathrm{d}t$$

这样的方程共有 n 个。将 n 个方程两端分别相加，因为质点系内质点相互作用的内力总是大小相等、方向相反地成对出现，相互抵消，因此内力冲量的矢量和等于零。又因 $\sum\mathrm{d}(m_i\boldsymbol{v}_i)=\mathrm{d}\sum(m_i\boldsymbol{v}_i)=\mathrm{d}\boldsymbol{p}$，是质点系动量的增量。于是得质点系动量定理的微分形式为

$$\mathrm{d}\boldsymbol{p}=\sum\boldsymbol{F}_i^{(e)}\mathrm{d}t=\sum\mathrm{d}\boldsymbol{I}_i^{(e)} \tag{11-9}$$

即质点系动量的增量等于作用于质点系的外力元冲量的矢量和。

式(11-9)也可写成

$$\frac{\mathrm{d}\boldsymbol{p}}{\mathrm{d}t}=\sum\boldsymbol{F}_i^{(e)} \tag{11-10}$$

即质点系的动量对时间的导数等于作用于质点系的外力的矢量和(或外力的主矢)。

设 $t=0$ 时，质点系的动量为 $\boldsymbol{p}_0$；在时刻 t，动量为 $\boldsymbol{p}$，将式(11-9)积分，得

$$\int_{p_0}^{p}\mathrm{d}\boldsymbol{p}=\sum\int_0^t\boldsymbol{F}_i^{(e)}\mathrm{d}t$$

或

$$\boldsymbol{p}-\boldsymbol{p}_0=\sum\boldsymbol{I}_i^{(e)} \tag{11-11}$$

式(11-11)为质点系动量定理的积分形式，即在某一时间间隔内，质点系动量的改变量等于在这段时间内作用于质点系外力冲量的矢量和。

由质点系动量定理可知，质点系的内力不能改变质点系的动量。

动量定理是矢量式，在应用时应取投影形式，如式(11-10)和式(11-11)在直角坐标系的投影式为

$$\frac{\mathrm{d}p_x}{\mathrm{d}t}=\sum F_x^{(e)},\quad \frac{\mathrm{d}p_y}{\mathrm{d}t}=\sum F_y^{(e)},\quad \frac{\mathrm{d}p_z}{\mathrm{d}t}=\sum F_z^{(e)} \tag{11-12}$$

和

$$p_x-p_{0x}=\sum I_x^{(e)},\quad p_y-p_{0y}=\sum I_y^{(e)},\quad p_z-p_{0z}=\sum I_z^{(e)} \tag{11-13}$$

例 11-1 电动机的外壳固定在水平基础上，定子和机壳的质量为 m_1，转子质量为 m_2，如图 11-1 所示。设定子的质心位于转轴的中心 O_1，但由于制造误差，转子的质心 O_2 到 O_1 的距离为 e。已知转子匀速转动，角速度为 ω。试求基础的水平及铅直约束力。

动画例 11-1

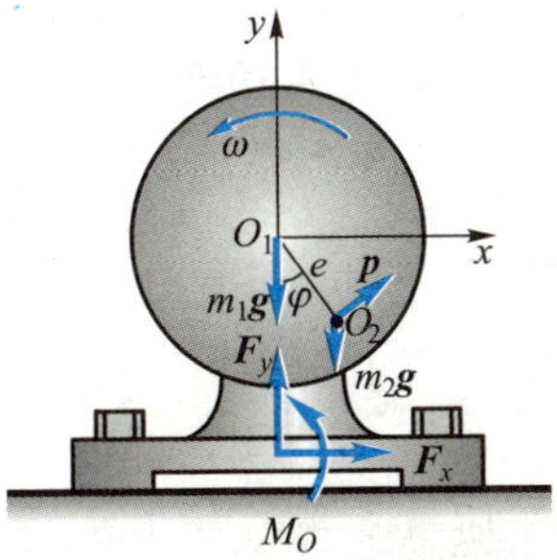

图 11-1

解： 取电动机外壳与转子组成质点系，外力有重力 $m_1\boldsymbol{g}$、$m_2\boldsymbol{g}$，基础的约束力 $\boldsymbol{F}_x$、$\boldsymbol{F}_y$ 和约束力偶 M_O。机壳不动，质点系的动量就是转子的动量，由式(11-4)，其大小为

$$p = m_2\omega e$$

方向如图所示。设 $t=0$ 时，O_1O_2 铅垂，有 $\varphi=\omega t$。由动量定理的投影式(11-12)，得

$$\frac{\mathrm{d}p_x}{\mathrm{d}t} = F_x, \quad \frac{\mathrm{d}p_y}{\mathrm{d}t} = F_y - m_1 g - m_2 g$$

而

$$p_x = m_2\omega e\cos\omega t, \quad p_y = m_2\omega e\sin\omega t$$

代入上式，解出基础约束力

$$F_x = -m_2 e\omega^2\sin\omega t, \quad F_y = (m_1+m_2)g + m_2 e\omega^2\cos\omega t$$

电机不转时，基础只有向上的约束力 $(m_1+m_2)g$，可称为**静约束力**；电机转动时基础的约束力可称为**动约束力**。动约束力与静约束力的差值是由于系统运动而产生的，可称为附加动约束力。此例中，由于转子偏心而引起的在 x 方向附加动约束力 $-m_2\omega^2 e\sin\omega t$ 和 y 方向附加动约束力 $m_2\omega^2 e\cos\omega t$ 都是谐变力，将会引起电机和基础的振动。

关于约束力偶 M_O，可利用后几章将要学到的动量矩定理或达朗贝尔原理进行求解。

3. 质点系动量守恒定律

如果作用于质点系的外力的主矢恒等于零，根据式(11-10)或式(11-11)可知，质点系的动量保持不变，即

$$\boldsymbol{p} = \boldsymbol{p}_0 = \text{恒矢量} \tag{11-14}$$

如果作用于质点系的外力主矢在某一坐标轴上的投影恒等于零，根据式(11-12)或式(11-13)可知，质点系的动量在该坐标轴上的投影保持不变，如 $\sum F_{ix}^{(e)}=0$，则

$$p_x = p_{0x} = \text{恒量} \qquad (11-14)'$$

以上结论称为质点系动量守恒定律。

应注意，内力虽不能改变质点系的动量，但是可改变质点系中各质点的动量。例如：枪、炮的反坐现象，火箭的反推等。

§11-3 质心运动定理

1. 质心运动定理

由于质点系的动量等于质点系的质量与质心速度的乘积，因此动量定理的微分形式可写成

$$\frac{\mathrm{d}}{\mathrm{d}t}(m\boldsymbol{v}_C)=\sum\boldsymbol{F}_i^{(\mathrm{e})}$$

对于质量不变的质点系，上式可改写为

$$m\frac{\mathrm{d}\boldsymbol{v}_C}{\mathrm{d}t}=\sum\boldsymbol{F}_i^{(\mathrm{e})}\quad 或\quad m\boldsymbol{a}_C=\sum\boldsymbol{F}_i^{(\mathrm{e})}\tag{11-15}$$

式中，$\boldsymbol{a}_C$ 为质心的加速度。上式表明，质点系的质量与质心加速度的乘积等于作用于质点系外力的矢量和(即等于外力的主矢)。这种规律称为**质心运动定理**。

式(11-15)与质点动力学的基本方程 $m\boldsymbol{a}=\sum\boldsymbol{F}$ 相似，因此质心运动定理可叙述如下：质点系质心的运动，可以看成为一个质点的运动，设想此质点集中了整个质点系的质量及其所受的力。例如：爆破山石时，可根据质心的运动轨迹，预估大部分土石堆落的地方。

由质心运动定理可知，质点系的内力不影响质心的运动，只有外力才能改变质心的运动。例如：汽车运动的原动力是气体的压力，但它是内力，不能改变汽车质心的运动，需通过运动机构使轮转动，靠轮与地面的摩擦力使汽车运动。

质心运动定理是矢量式，应用时取投影形式。

直角坐标轴上的投影式为

$$ma_{Cx}=\sum F_x^{(\mathrm{e})},\quad ma_{Cy}=\sum F_y^{(\mathrm{e})},\quad ma_{Cz}=\sum F_z^{(\mathrm{e})}\tag{11-16}$$

自然轴上的投影式为

$$m\frac{\mathrm{d}v_C}{\mathrm{d}t}=\sum F_{\mathrm{t}}^{(\mathrm{e})},\quad m\frac{v_C^2}{\rho}=\sum F_{\mathrm{n}}^{(\mathrm{e})},\quad 0=\sum F_{\mathrm{b}}^{(\mathrm{e})}\tag{11-17}$$

动画例 11-2

例 11-2 在图 11-2 所示曲柄滑杆机构中，曲柄以等角速度 ω 绕 O 轴转动。开始时，曲柄 OA 水平向右。已知曲柄质量为 m_1，质心在 OA 的中点，$OA=l$，滑块 A 的质量为 m_2，滑杆的质量为 m_3，质心在点 C。试求：(1) 机构质量中心的运动方程；(2) 作用在轴 O 处的最大水平约束力。

解：(1) 选取整个机构为研究的质点系，设质心为 P 点，由质心坐标公式有

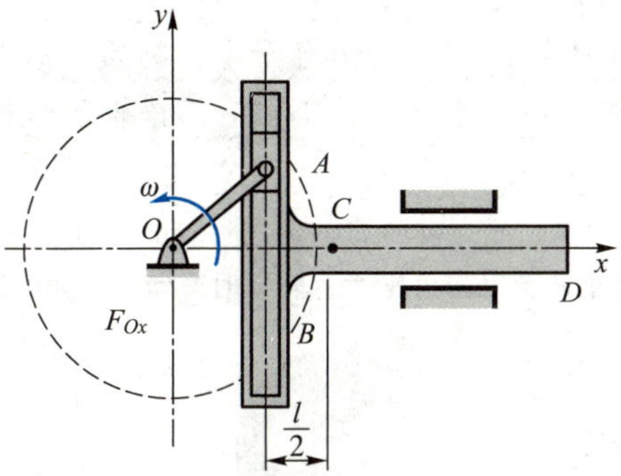

图 11－2

$$x_P=\frac{m_1\cdot\frac{l}{2}\cos\omega t+m_2\cdot l\cos\omega t+m_3\cdot\left(l\cos\omega t+\frac{l}{2}\right)}{m_1+m_2+m_3}$$

$$y_P=\frac{m_1\cdot\frac{l}{2}\sin\omega t+m_2\cdot l\sin\omega t}{m_1+m_2+m_3}$$

整理后得机构质心的运动方程为

$$x_P=\frac{m_1 l}{2(m_1+m_2+m_3)}+\frac{m_1+2m_2+2m_3}{2(m_1+m_2+m_3)}l\cos\omega t$$

$$y_P=\frac{m_1+2m_2}{2(m_1+m_2+m_3)}l\sin\omega t$$

(2) 分析整个机构，作用在水平方向的外力只有 F_{Ox}，由质心运动定理在 x 轴的投影有

$$(m_1+m_2+m_3)\ddot{x}_P=F_{Ox}$$

由质心 P 的 x 坐标对时间求二阶导数，得

$$\ddot{x}_P=-\frac{m_1+2m_2+2m_3}{2(m_1+m_2+m_3)}\omega^2 l\cos\omega t$$

代入后可得

$$F_{Ox}=-\frac{m_1+2m_2+2m_3}{2}\omega^2 l\cos\omega t$$

则最大的水平约束力为

$$F_{Ox\max}=-\frac{m_1+2m_2+2m_3}{2}\omega^2 l$$

2. 质心运动守恒定律

由质心运动定理知：如果作用于质点系的外力主矢恒等于零，则质心作

匀速直线运动；若初始静止，则质心位置始终保持不变。如果作用于质点系的所有外力在某轴上投影的代数和恒等于零，则质心速度在该轴上的投影保持不变；若初始时速度投影等于零，则质心沿该轴的坐标保持不变。

以上结论，称为质心运动守恒定律。

例 11－3 如图 11－3 所示，设例 11－1 中的电动机没用螺栓固定，各处摩擦不计，初始时电动机静止，试求转子以匀角速度 ω 转动时电动机外壳的运动。

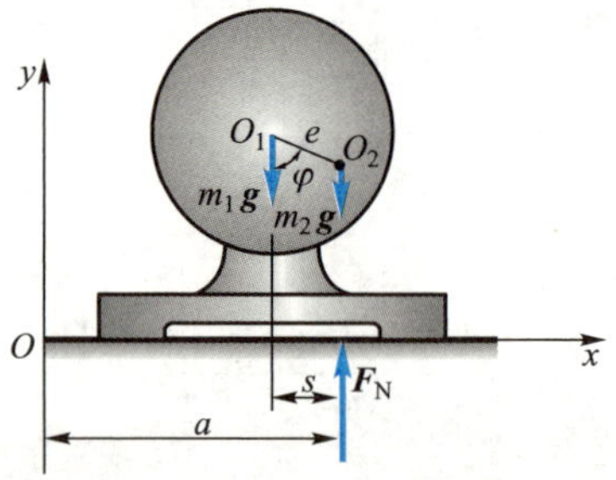

图 11－3

解： 电动机在水平方向没有受到外力，且初始为静止，因此系统质心的坐标 x_C 保持不变。

取坐标轴如图所示。转子在静止时质心 O_2 在最低点，设 $x_{C1}=a$。当转子转过角度 φ 时，定子应向左移动，设移动距离为 s，则质心坐标为

$$x_{C2}=\frac{m_1(a-s)+m_2(a+e\sin\varphi-s)}{m_1+m_2}$$

因为在水平方向质心守恒，所以有 $x_{C1}=x_{C2}$，解得

$$s=\frac{m_2}{m_1+m_2}e\sin\varphi$$

电机在水平面上往复运动。

顺便指出，支承面的法向约束力的最小值已由例 11－1 求得为

$$F_{y\min}=(m_1+m_2)g-m_2e\omega^2$$

当 $\omega>\sqrt{\frac{m_1+m_2}{m_2e}g}$时，有 $F_{y\min}<0$，如果电动机未用螺栓固定，将会跳起来。

习　　题

11－1 汽车以 36 km/h 的速度在水平直道上行驶。设车轮在制动后立即停止转动。试问车轮对地面的动摩擦因数 f_d 应为多大方能使汽车在制动后 6 s 停止。

11－2 跳伞者质量为 60 kg，自停留在高空中的直升机中跳出，落下 100 m 后，将

降落伞打开。设开伞前的空气阻力略去不计，伞重不计，开伞后所受的阻力不变，经5 s后跳伞者的速度减为4.3 m/s。试求阻力的大小。

11－3　图示浮动起重机举起质量 $m_1=2\ 000$ kg的重物。设起重机质量 $m_2=20\ 000$ kg，杆长 $OA=8$ m；开始时杆与铅直位置成60°角，水的阻力和杆重均略去不计。当起重杆 OA 转到与铅直位置成30°角时，试求起重机的位移。

11－4　图示水平面上放一均质三棱柱 A，在其斜面上又放一均质三棱柱 B。两三棱柱的横截面均为直角三角形。三棱柱 A 的质量 m_A 为三棱柱 B 质量 m_B 的3倍，其尺寸如图所示。设各处摩擦不计，初始时系统静止。试求当三棱柱 B 沿三棱柱 A 滑下接触到水平面时，三棱柱 A 移动的距离。

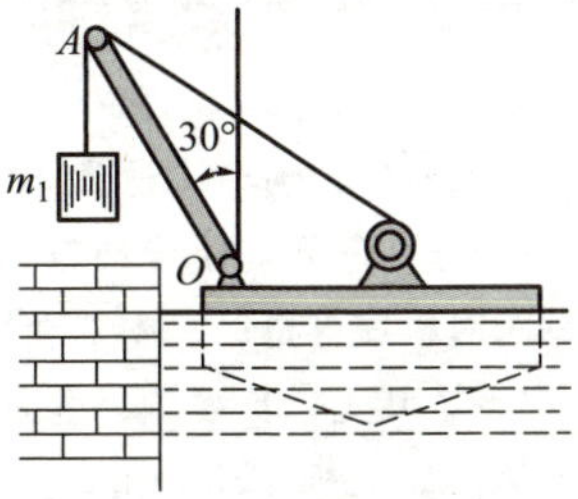

题 11－3 图

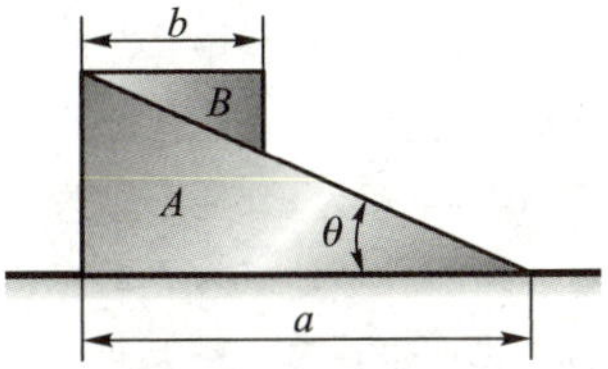

题 11－4 图

11－5　平台车质量 $m_1=500$ kg，可沿水平轨道运动。平台车上站有一人，质量 $m_2=70$ kg，车与人以共同速度 $\boldsymbol{v}_0$ 向右方运动。当人相对平台车以速度 $v_r=2$ m/s向左方跳出时，不计平台车水平方向的阻力及摩擦，试问平台车增加的速度为多少？

11－6　如图所示，均质杆 AB，长为 l，直立在光滑的水平面上。试求它从铅直位置无初速地倒下时，端点 A 相对图示坐标系的轨迹。

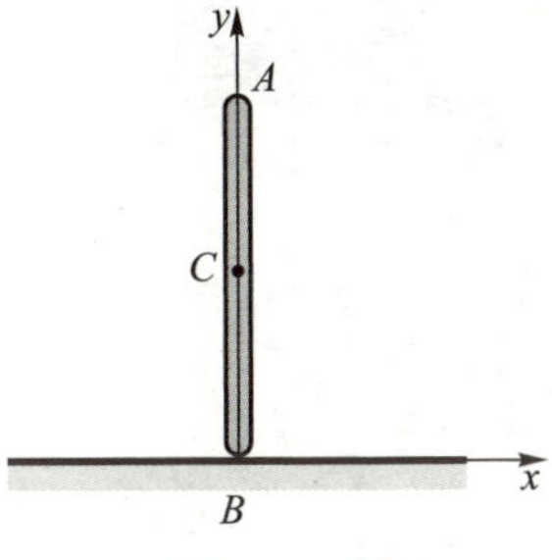

题 11－6 图

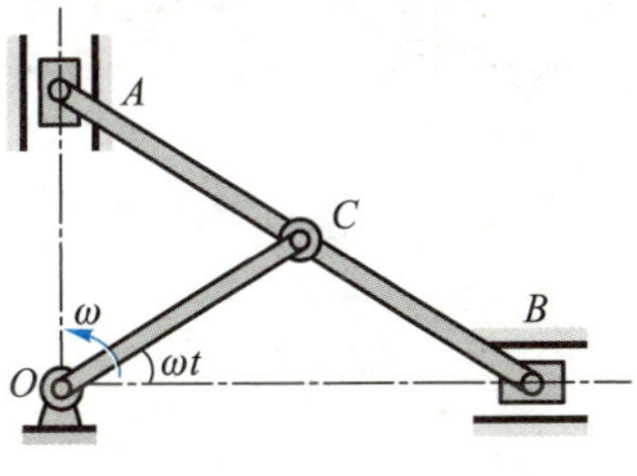

题 11－7 图

11－7　图示椭圆规尺 AB 的质量为 $2m_1$，曲柄 OC 的质量为 m_1，而滑块 A 和 B 的质量均为 m_2。已知：$OC=AC=CB=l$；曲柄和尺的质心分别在其中点上；曲柄绕 O 轴转动的角速度 ω 为常量。当开始时，曲柄水平向右，试求此时质点系的动量。

11－8　如图所示，均质杆 OA 长 $2l$，重为 $\boldsymbol{P}$，绕着通过 O 端的水平轴在铅直面内转动，当转到与水平成 φ 角时，角速度和角加速度分别为 ω 和 α。求此时 O 端的约束力。

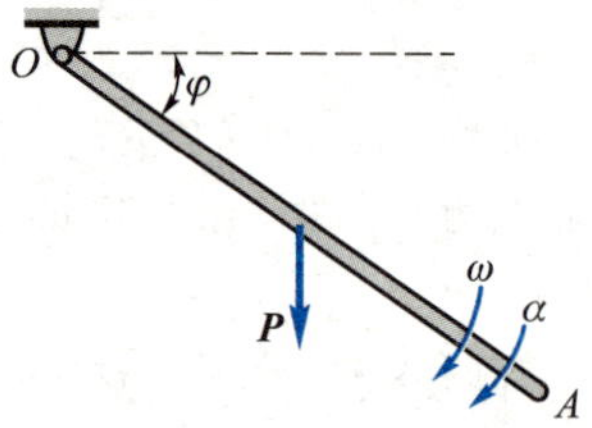

题 11-8 图

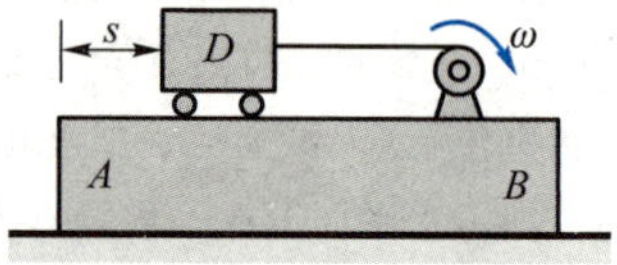

题 11-9 图

11-9 如图所示，质量为 m_1 的平台 AB，放于水平面上，平台与水平面间的动摩擦因数为 f_d。质量为 m_2 的小车 D，由绞车拖动，相对于平台的运动规律为 $s=\frac{1}{2}bt^2$，其中 b 为已知常数。不计绞车的质量，试求平台的加速度。

11-10 图示凸轮机构中，凸轮以等角速度 ω 绕定轴 O 转动。质量为 m_1 的滑杆 I 借右端弹簧的拉力而顶在凸轮上，当凸轮转动时，滑杆作往复运动。设凸轮为一均质圆盘，质量为 m_2，半径为 r，偏心距为 e。试求在任一瞬时机座螺钉的总附加动约束力。

11-11 如图所示，重为 $\boldsymbol{P}$ 的电机放在光滑的水平地基上，长为 $2l$，重为 $\boldsymbol{G}$ 的均质杆的一端与电机连接，另一端则焊上一重为 $\boldsymbol{Q}$ 的重物，如电机转动的角速度为 ω，求：(1) 电机的水平运动；(2) 如电机外壳用螺栓固定在基础上，则作用在螺栓上的最大水平约束力为多少？

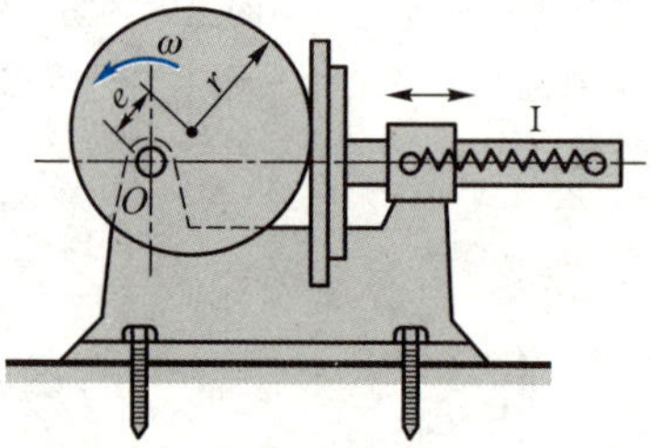

题 11-10 图

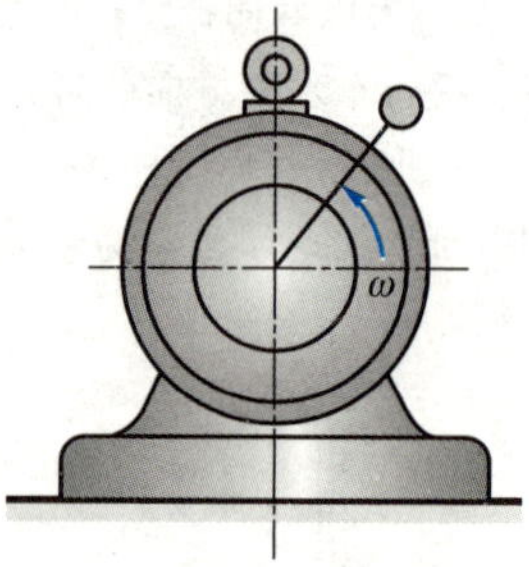

题 11-11 图

第十二章　动量矩定理

动量和动量定理，描述了质点系质心的运动状态及其变化规律。动量矩和动量矩定理则在一定程度上描述质点系相对于定点和质心的运动状态及其运动规律。本章将推导动量矩定理并阐明其应用。

§12-1　质点和质点系的动量矩

1. 质点的动量矩

设质点 Q 某瞬时的动量为 $m\boldsymbol{v}$，质点相对点 O 的位置用矢径 $\boldsymbol{r}$ 表示，如图 12-1 所示。质点 Q 的动量对于点 O 的矩，定义为质点对于点 O 的**动量矩**，即

$$\boldsymbol{M}_O(m\boldsymbol{v})=\boldsymbol{r}\times m\boldsymbol{v} \tag{12-1}$$

质点对于点 O 的动量矩是矢量，如图 12-1 所示。

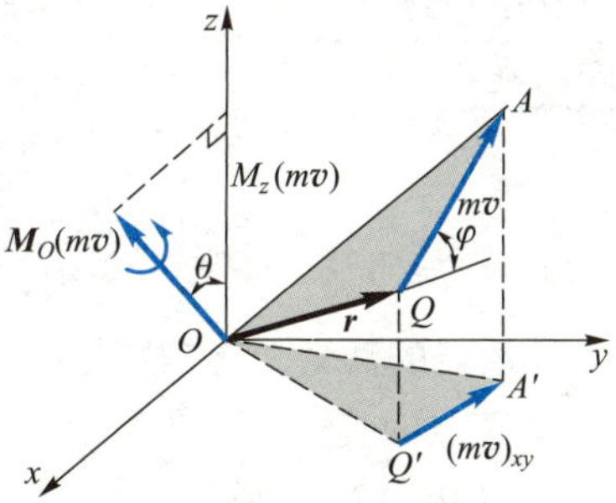

图 12-1

质点动量 $m\boldsymbol{v}$ 在 Oxy 平面内的投影 $(m\boldsymbol{v})_{xy}$ 对于点 O 的矩，定义为质点动量对于 z 轴的矩，简称对于 z 轴的动量矩。对轴的动量矩是代数量，由图 12-1 可见，质点对点 O 的动量矩与对 z 轴的动量矩和力对点与对轴的矩相似，有质点对点 O 的动量矩矢在 z 轴上的投影，等于对 z 轴的动量矩，即

$$[\boldsymbol{M}_O(m\boldsymbol{v})]_z=M_z(m\boldsymbol{v}) \tag{12-2}$$

在国际单位制中动量矩的单位为 $\mathrm{kg}\cdot\mathrm{m}^2/\mathrm{s}$。

2. 质点系的动量矩

质点系对某点 O 的动量矩等于各质点对同一点 O 的动量矩的矢量和，或称为质点系动量对点 O 的主矩，即

$$\boldsymbol{L}_O=\sum \boldsymbol{M}_O(m_i\boldsymbol{v}_i) \tag{12-3}$$

质点系对某轴 z 的动量矩等于各质点对同一轴 z 动量矩的代数和，即

$$L_z=\sum M_z(m_i\boldsymbol{v}_i) \tag{12-4}$$

利用式(12－2)，得

$$[\boldsymbol{L}_O]_z = L_z \tag{12-5}$$

即质点系对某点 O 的动量矩矢在通过该点的 z 轴上的投影等于质点系对于该轴的动量矩。

刚体平移时，可将全部质量集中于质心，作为一个质点计算其动量矩。

刚体绕定轴转动是工程中最常见的一种运动情况。绕 z 轴转动的刚体如图 12－2 所示，它对转轴的动量矩为

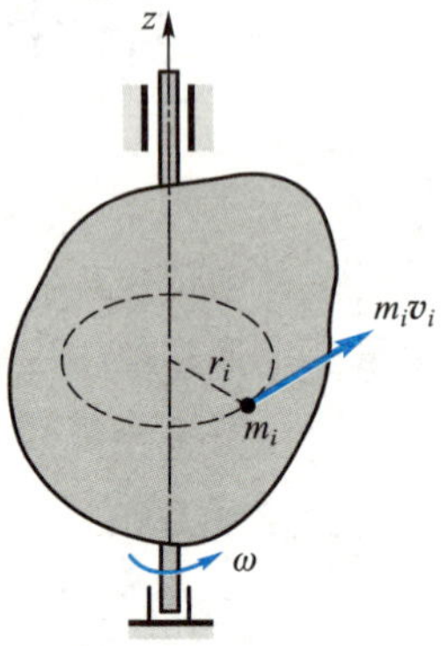

图 12－2

$$\begin{aligned} L_z &= \sum M_z(m_i\boldsymbol{v}_i) = \sum m_i v_i r_i \\ &= \sum m_i \omega r_i r_i = \omega \sum m_i r_i^2 \end{aligned}$$

令 $\sum m_i r_i^2 = J_z$，称为刚体对于 z 轴的**转动惯量**。于是得

$$L_z = J_z \omega \tag{12-6}$$

即：绕定轴转动刚体对其转轴的动量矩等于刚体对转轴的转动惯量与转动角速度的乘积。

§12－2　动量矩定理

1. 质点的动量矩定理

设质点对定点 O 的动量矩为 $\boldsymbol{M}_O(m\boldsymbol{v})$，作用力 $\boldsymbol{F}$ 对同一点的矩为 $\boldsymbol{M}_O(\boldsymbol{F})$，如图 12－3 所示。

将动量矩对时间取一次导数，得

$$\begin{aligned} \frac{\mathrm{d}}{\mathrm{d}t}\boldsymbol{M}_O(m\boldsymbol{v}) &= \frac{\mathrm{d}}{\mathrm{d}t}(\boldsymbol{r}\times m\boldsymbol{v}) \\ &= \frac{\mathrm{d}\boldsymbol{r}}{\mathrm{d}t}\times m\boldsymbol{v} + \boldsymbol{r}\times\frac{\mathrm{d}}{\mathrm{d}t}(m\boldsymbol{v}) \end{aligned}$$

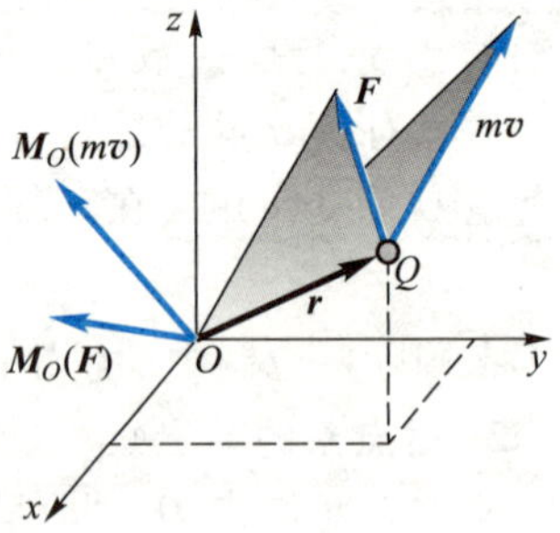

图 12－3

根据质点动量定理 $\frac{\mathrm{d}}{\mathrm{d}t}(m\boldsymbol{v}) = \boldsymbol{F}$，且 O 为定点，有 $\frac{\mathrm{d}\boldsymbol{r}}{\mathrm{d}t} = \boldsymbol{v}$，则上式可改写为

$$\frac{\mathrm{d}}{\mathrm{d}t}\boldsymbol{M}_O(m\boldsymbol{v}) = \boldsymbol{v}\times m\boldsymbol{v} + \boldsymbol{r}\times\boldsymbol{F}$$

因为 $\boldsymbol{v}\times m\boldsymbol{v} = \boldsymbol{0}$，$\boldsymbol{r}\times\boldsymbol{F} = \boldsymbol{M}_O(\boldsymbol{F})$，于是得

$$\frac{\mathrm{d}}{\mathrm{d}t}\boldsymbol{M}_O(m\boldsymbol{v})=\boldsymbol{M}_O(\boldsymbol{F}) \tag{12-7}$$

式(12-7)为质点**动量矩定理**：质点对某定点的动量矩对时间的一阶导数，等于作用力对同一点的矩。

取式(12-7)在直角坐标轴上的投影式，得

$$\frac{\mathrm{d}}{\mathrm{d}t}M_x(m\boldsymbol{v})=M_x(\boldsymbol{F}),\quad \frac{\mathrm{d}}{\mathrm{d}t}M_y(m\boldsymbol{v})=M_y(\boldsymbol{F}),\quad \frac{\mathrm{d}}{\mathrm{d}t}M_z(m\boldsymbol{v})=M_z(\boldsymbol{F}) \tag{12-8}$$

2. 质点系的动量矩定理

设质点系内有 n 个质点，作用于每个质点的力分为内力 $\boldsymbol{F}_i^{(\mathrm{i})}$ 和外力 $\boldsymbol{F}_i^{(\mathrm{e})}$。根据质点的动量矩定理有

$$\frac{\mathrm{d}}{\mathrm{d}t}\boldsymbol{M}_O(m_i\boldsymbol{v}_i)=\boldsymbol{M}_O(\boldsymbol{F}_i^{(\mathrm{i})})+\boldsymbol{M}_O(\boldsymbol{F}_i^{(\mathrm{e})})$$

这样的方程共有 n 个，相加后，由于内力总是大小相等、方向相反地成对出现，因此上式右端的第一项 $\sum\boldsymbol{M}_O(\boldsymbol{F}_i^{(\mathrm{i})})=\boldsymbol{0}$。上式左端为

$$\sum\frac{\mathrm{d}}{\mathrm{d}t}\boldsymbol{M}_O(m_i\boldsymbol{v}_i)=\frac{\mathrm{d}}{\mathrm{d}t}\sum\boldsymbol{M}_O(m_i\boldsymbol{v}_i)=\frac{\mathrm{d}\boldsymbol{L}_O}{\mathrm{d}t}$$

于是得

$$\frac{\mathrm{d}\boldsymbol{L}_O}{\mathrm{d}t}=\sum\boldsymbol{M}_O(\boldsymbol{F}_i^{(\mathrm{e})}) \tag{12-9}$$

式(12-9)为质点系动量矩定理：质点系对于某定点 O 的动量矩对时间的导数，等于作用于质点系的外力对于同一点的矩的矢量和(外力对点 O 的主矩)。

应用时，取投影式

$$\frac{\mathrm{d}L_x}{\mathrm{d}t}=\sum M_x(\boldsymbol{F}_i^{(\mathrm{e})}),\quad \frac{\mathrm{d}L_y}{\mathrm{d}t}=\sum M_y(\boldsymbol{F}_i^{(\mathrm{e})}),\quad \frac{\mathrm{d}L_z}{\mathrm{d}t}=\sum M_z(\boldsymbol{F}_i^{(\mathrm{e})}) \tag{12-10}$$

必须指出，上述动量矩定理的表达形式只适用于对固定点或固定轴。对于一般的动点或动轴，其动量矩定理具有较复杂的表达式。

例 12-1　高炉运送矿石用的卷扬机如图 12-4 所示。已知鼓轮的半径为 R，转动惯量为 J，作用在鼓轮上的力偶矩为 M。小车和矿石总质量为 m，轨道的倾角为 θ。设绳

的质量和各处摩擦均忽略不计，试求小车的加速度 $\boldsymbol{a}$。

解：取小车与鼓轮组成质点系，视小车为质点。以顺时针为正，此质点系对轴 O 的动量矩为

$$L_O = J\omega + mvR$$

作用于质点系的外力除力偶 M、重力 $\boldsymbol{P}_1$ 和 $\boldsymbol{P}_2$ 外，尚有轴承 O 的约束力 $\boldsymbol{F}_x$、$\boldsymbol{F}_y$ 和轨道对小车的约束力 $\boldsymbol{F}_N$。其中 $\boldsymbol{P}_1$、$\boldsymbol{F}_x$、$\boldsymbol{F}_y$ 对轴 O 力矩为零。系统外力对轴 O 的矩为

$$M^{(e)} = M - mg\sin\theta \times R$$

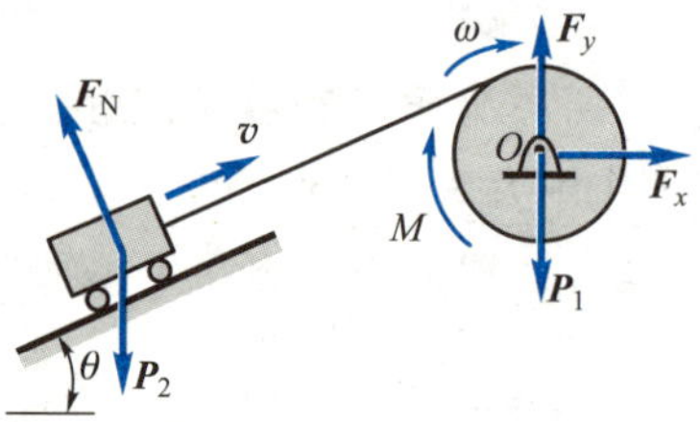

图 12－4

由质点系对轴 O 的动量矩定理，有

$$\frac{\mathrm{d}}{\mathrm{d}t}[J\omega + mvR] = M - mg\sin\theta \times R$$

因 $\omega = \dfrac{v}{R}$，$\dfrac{\mathrm{d}v}{\mathrm{d}t} = a$，于是解得

$$a = \frac{MR - mgR^2\sin\theta}{J + mR^2}$$

3. 动量矩守恒定律

如果作用于质点的力对于某定点 O 的矩恒等于零，则由式(12－7)知，质点对该点的动量矩保持不变，即

$$\boldsymbol{M}_O(m\boldsymbol{v}) = 恒矢量$$

如果作用于质点的力对于某定轴的矩恒等于零，则由式(12－8)知，质点对该轴的动量矩保持不变。如 $M_z(\boldsymbol{F}) = 0$，则

$$M_z(m\boldsymbol{v}) = 恒量$$

以上结论称为质点动量矩守恒定律。由质点的动量矩守恒定律可以推出面积速度定理：仅在有心力作用下运动的质点，其面积速度守恒。由此定理可知，当人造卫星绕地球运动时，离地心近时速度大，离地心远时速度小。

由式(12－9)可知，质点系的内力不能改变质点系的动量矩。因此，当外力对于某定点(或某定轴)的主矩等于零时，质点系对于该点(或该轴)的动量矩保持不变。这就是质点系动量矩守恒定律。例如：运动员在进行花样滑冰运动时，通过改变身体的姿势控制动作，可以利用动量矩守恒定律解释。

动画例 12－2

例 12－2 如图 12－5a 所示，小球 A，B 以细绳相连，质量皆为 m，其余构件质量不计。忽略摩擦，系统绕铅直轴 z 自由转动，初始时系统的角速度为 ω_0。如图 12－5b 所示，当细绳拉断后，求各杆与铅直线成 θ 角时系统的角速度。

解：系统受到的重力和轴承的约束力对于转轴的矩都等于零，因此，系统对于转轴的动量矩是守恒的。

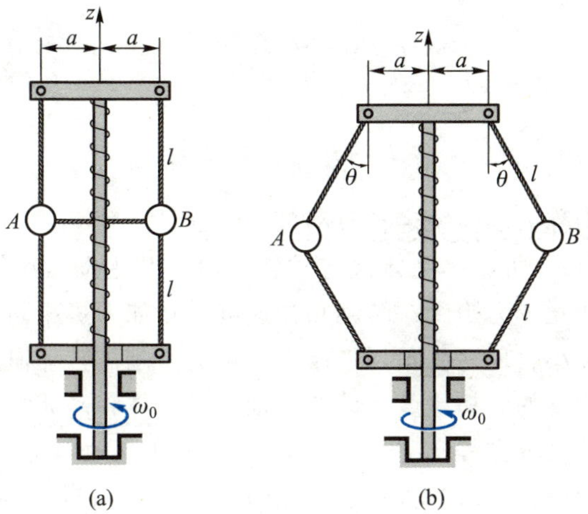

图 12－5

当 $\theta=0$ 时有

$$L_{z1}=2ma\omega_0\cdot a=2ma^2\omega_0$$

当 $\theta\neq0$ 时有

$$L_{z2}=2m(a+l\sin\theta)\omega\cdot(a+l\sin\theta)=2m(a+l\sin\theta)^2\omega$$

由 $L_{z1}=L_{z2}$，解得

$$\omega=\frac{a^2}{(a+l\sin\theta)^2}\omega_0$$

§12－3　刚体绕定轴的转动微分方程

设定轴转动刚体上作用有主动力 $\boldsymbol{F}_1$、$\boldsymbol{F}_2$、…、$\boldsymbol{F}_n$ 和轴承约束力 $\boldsymbol{F}_{N1}$、$\boldsymbol{F}_{N2}$，如图 12－6 所示，这些力都是外力。刚体对于 z 轴的转动惯量为 J_z，角速度为 ω，对于 z 轴的动量矩为 $J_z\omega$。

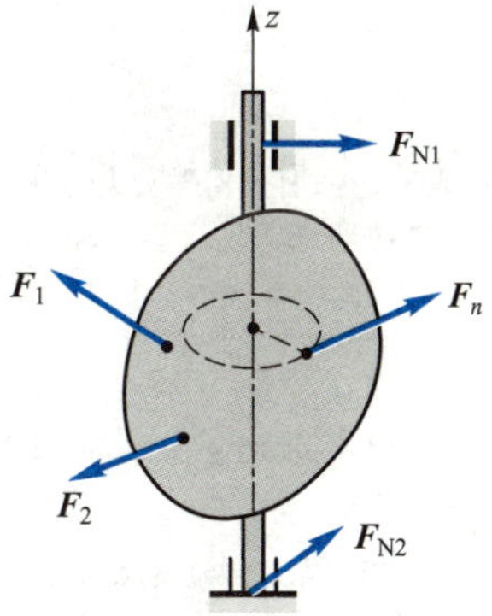

图 12－6

如果不计轴承中的摩擦，轴承约束力对于 z 轴的力矩等于零，根据质点系对于 z 轴的动量矩定理有

$$\frac{\mathrm{d}}{\mathrm{d}t}(J_z\omega)=\sum M_z(\boldsymbol{F}_i)$$

或

$$J_z\frac{\mathrm{d}\omega}{\mathrm{d}t}=\sum M_z(\boldsymbol{F}_i)\qquad(12-11)$$

上式也可写成

$$J_z\alpha = \sum M_z(\boldsymbol{F}) \tag{12-11$'$}$$

或

$$J_z\frac{\mathrm{d}^2\varphi}{\mathrm{d}t^2} = \sum M_z(\boldsymbol{F}) \tag{12-11$''$}$$

以上各式均称为刚体绕定轴转动微分方程。

由式(12-11)′可见，刚体绕定轴转动时，其主动力对转轴的矩使刚体转动状态发生变化。力矩大，转动角加速度大；如力矩相同，刚体转动惯量大，则角加速度小，反之，角加速度大。可见，刚体转动惯量的大小表现了刚体转动状态改变的难易程度，即**转动惯量**是刚体转动惯性的度量。

刚体的转动微分方程 $J_z\alpha = \sum M_z(\boldsymbol{F})$ 与质点的运动微分方程 $m\boldsymbol{a} = \sum \boldsymbol{F}$ 有相似的形式，因而，其求解方法也是相似的。

动画例 12-3

例 12-3 图 12-7 中物理摆(或称为复摆)的质量为 m，C 为其质心，摆对悬挂点的转动惯量为 J_O。试求微小摆动的周期。

解： 设 φ 角以逆时针方向为正。当 φ 角为正时，重力对点 O 之矩为负。由此，摆的转动微分方程为

$$J_O\frac{\mathrm{d}^2\varphi}{\mathrm{d}t^2} = -mga\sin\varphi$$

刚体作微小摆动，有 $\sin\varphi\approx\varphi$，于是转动微分方程可写为

$$J_O\frac{\mathrm{d}^2\varphi}{\mathrm{d}t^2} = -mga\varphi$$

或

$$\frac{\mathrm{d}^2\varphi}{\mathrm{d}t^2} + \frac{mga}{J_O}\varphi = 0$$

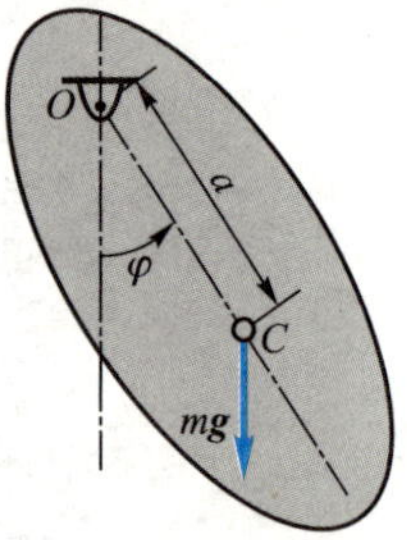

图 12-7

此微分方程的通解为

$$\varphi = \varphi_0\sin\left(\sqrt{\frac{mga}{J_O}}t+\theta\right)$$

φ_0 称为角振幅，θ 是初相位，它们都由运动初始条件确定。

摆动周期为

$$T = 2\pi\sqrt{\frac{J_O}{mga}}$$

工程中可用上式，通过测定零件(如曲柄、连杆等)的摆动周期，以计算其转动惯量。

例 12-4 传动轴系如图 12-8a 所示。设轴 Ⅰ 和 Ⅱ 的转动惯量分别为 J_1 和 J_2，传动比 $i_{12} = \dfrac{\omega_1}{\omega_2} = \dfrac{R_2}{R_1}$，$R_1$ 和 R_2 分别为轮 Ⅰ 和 Ⅱ 的半径。今在轴 Ⅰ 上作用主动力矩 M_1，轴 Ⅱ

上有阻力矩 M_2，转向如图所示。设各处摩擦忽略不计，试求轴 I 的角加速度。

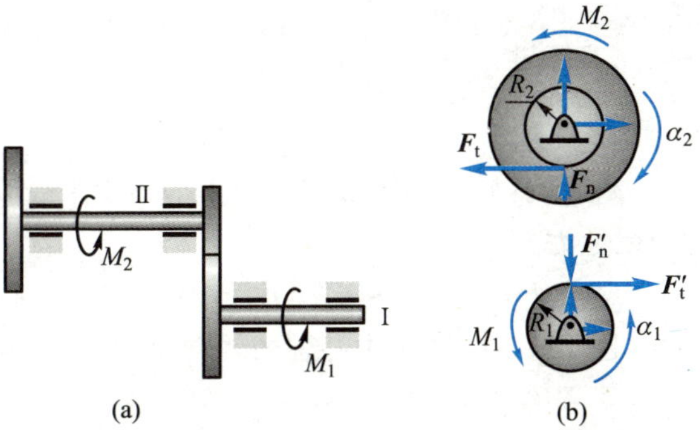

图 12－8

解：轴 I 与轴 II 为两个转动刚体，应分别取为两个研究对象，受力情况如图 12－8b 所示。

两轴对轴心的转动微分方程分别为

$$J_1\alpha_1 = M_1 - F_t'R_1,\ J_2\alpha_2 = F_tR_2 - M_2$$

因 $F_t' = F_t$，$\dfrac{\alpha_1}{\alpha_2} = i_{12} = \dfrac{R_2}{R_1}$，于是得

$$\alpha_1 = \left(M_1 - \frac{M_2}{i_{12}}\right) \Big/ \left(J_1 + \frac{J_2}{i_{12}^2}\right)$$

§12－4　刚体对轴的转动惯量

刚体的转动惯量是刚体转动时惯性的度量，刚体对任意轴 z 的转动惯量定义为

$$J_z = \sum m_i r_i^2 \tag{12-12}$$

由上式可见，转动惯量的大小不仅与质量大小有关，而且与质量的分布情况有关。在国际单位制中其单位为 $\mathrm{kg \cdot m^2}$。

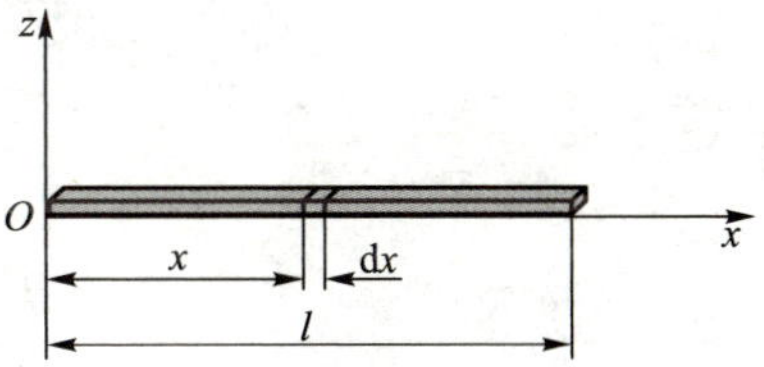

图 12－9

1. 简单形状物体的转动惯量计算

(1) 均质细直杆(图 12－9)对于 z 轴的转动惯量

设杆长为 l，单位长度的质量为 ρ_l，取杆上一微段 $\mathrm{d}x$，其质量 $m = \rho_l \mathrm{d}x$，则此杆对于 z 轴的转动惯量为

$$J_z = \int_0^l (\rho_l \mathrm{d}x \times x^2) = \rho_l \times \frac{l^3}{3}$$

杆的质量 $m=\rho_l l$，于是

$$J_z=\frac{1}{3}ml^2 \tag{12-13}$$

（2）均质薄圆环（图 12－10）对于中心轴的转动惯量

设圆环质量为 m，所有质点到中心轴的距离都等于半径 R，所以圆环对于中心轴 z 的转动惯量为

$$J_z=\sum m_iR^2=R^2\sum m_i=mR^2 \tag{12-14}$$

（3）均质圆板（图 12－11）对于中心轴的转动惯量

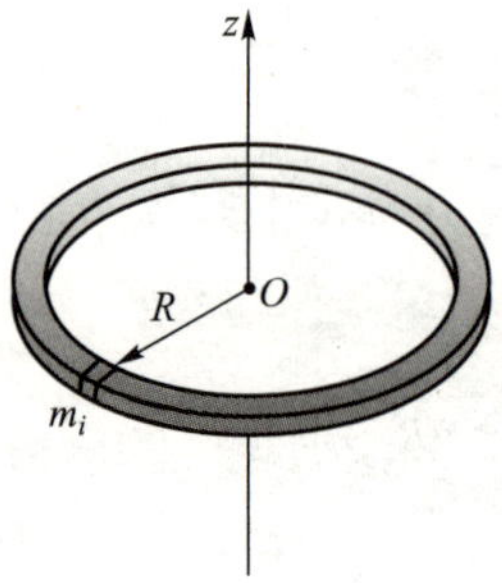

图 12－10

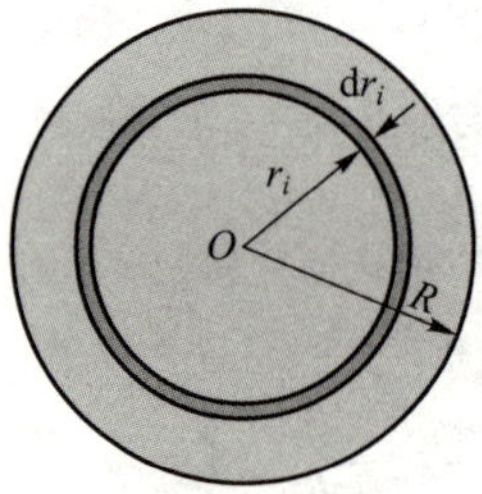

图 12－11

设圆板的半径为 R，质量为 m。将圆板分为无数同心的薄圆环，任一圆环的半径为 r_i，宽度为 dr_i，则薄圆环的质量为

$$m_i=2\pi r_i dr_i\times\rho_A$$

式中，$\rho_A=\dfrac{m}{\pi R^2}$，是均质圆板单位面积的质量。因此圆板对于中心轴的转动惯量为

$$J_O=\int_0^R 2\pi r\rho_A dr\times r^2=2\pi\rho_A\times\frac{R^4}{4}$$

或

$$J_O=\frac{1}{2}mR^2 \tag{12-15}$$

2. 回转半径（或惯性半径）

回转半径（或惯性半径）定义为

$$\rho_z=\sqrt{\frac{J_z}{m}} \tag{12-16}$$

对于几何形状相同的均质物体，其回转半径的公式是相同的。由式(12－16)，有

$$J_z = m\rho_z^2 \tag{12-17}$$

即物体的转动惯量等于该物体的质量与回转半径平方的乘积。

在机械工程手册中，列出了简单几何形状或几何形状已标准化的零件的回转半径，以供工程技术人员查阅。

3. 平行轴定理

定理　刚体对于任一轴的转动惯量，等于刚体对于通过质心、并与该轴平行的轴的转动惯量，加上刚体的质量与两轴间距离平方的乘积，即

$$J_z = J_{zC} + md^2 \tag{12-18}$$

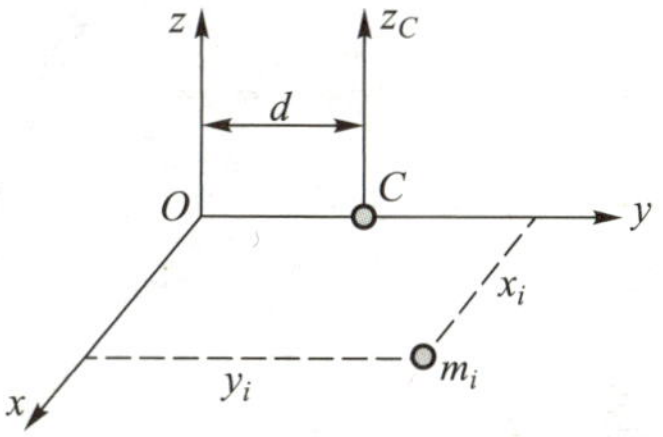

图 12－12

证明：如图 12－12 所示，设点 C 为刚体的质心，刚体对于通过质心的 z_C 轴的转动惯量为 J_{zC}，刚体对于平行于该轴的另一轴 z 的转动惯量为 J_z，两轴间距离为 d。由图可见

$$J_z = \sum m_i(x_i^2 + y_i^2)$$

$$J_{zC} = \sum m_i\left[x_i^2 + (y_i - d)^2\right] = \sum m_i(x_i^2 + y_i^2) + \sum m_i d^2 - 2d\sum m_i y_i$$

由质心坐标公式 $y_C\sum m_i = \sum m_i y_i$，又由于 $y_C = d$，于是有

$$J_{zC} = J_z - md^2$$

定理证毕。

由平行轴定理可知，刚体对于诸平行轴，以对通过质心的轴的转动惯量为最小。

例 12－5　钟摆简化如图 12－13 所示。已知均质细杆和均质圆盘的质量分别为 m_1 和 m_2，杆长为 l，圆盘直径为 d。试求摆对于通过悬挂点 O 的水平轴的转动惯量。

动画例 12－5

解：摆对于水平轴 O 的转动惯量

$$J_O = J_{O杆} + J_{O盘}$$

式中，$J_{O杆} = \frac{1}{3}m_1 l^2$，设 J_C 为圆盘对于中心 C 的转动惯量，则

$$J_{O盘} = J_C + m_2\left(l + \frac{d}{2}\right)^2 = \frac{1}{2}m_2\left(\frac{d}{2}\right)^2 + m_2\left(l + \frac{d}{2}\right)^2 = m_2\left(\frac{3}{8}d^2 + l^2 + ld\right)$$

于是得

$$J_O = \frac{1}{3}m_1 l^2 + m_2\left(\frac{3}{8}d^2 + l^2 + ld\right)$$

工程中，对于几何形状复杂的物体，常用实验方法测定其转动惯量。例如，欲求曲

柄对于轴 O 的转动惯量，可将曲柄在轴 O 悬挂起来，并使其作微幅摆动，如图 12－14 所示。由例 12－3 有

$$T=2\pi\sqrt{\frac{J}{mgl}}$$

式中，T 为摆动周期，J 为转动惯量，l 为重心距轴心的距离，mg 为重力。

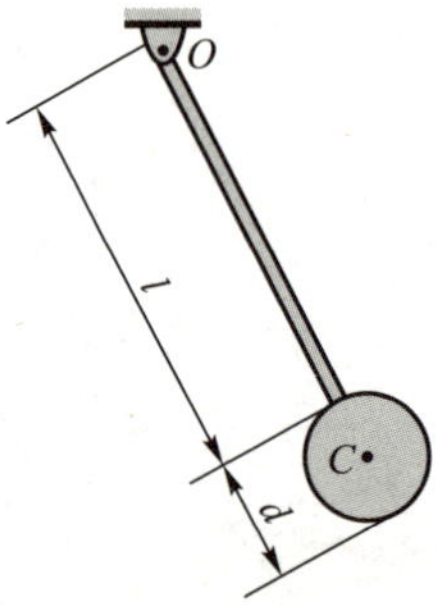

图 12－13

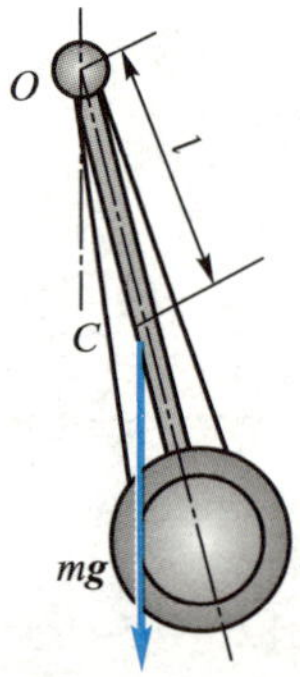

图 12－14

则转动惯量为

$$J=\frac{T^2mgl}{4\pi^2} \tag{12-19}$$

还可用单摆扭振、三线悬挂扭振等方法测定扭振周期，根据周期和转动惯量之间的关系计算转动惯量。

*§12－5　刚体的平面运动微分方程

1. 对质心的动量矩

以质心 C 为原点，取一平移参考系 $Cx'y'z'$ 如图 12－15 所示。在此平移参考系内，任一质点 m_i 的相对矢径为 $\boldsymbol{r}_i'$、相对速度为 $\boldsymbol{v}_{ri}$、绝对速度为 $\boldsymbol{v}_i$。由于质点系对某一点的动量矩一般总是指它在绝对运动中对该点的动量矩，因此质点系对质心的动量矩为

$$\boldsymbol{L}_C=\sum \boldsymbol{M}_C(m_i\boldsymbol{v}_i)=\sum \boldsymbol{r}_i'\times m_i\boldsymbol{v}_i \tag{12-20}$$

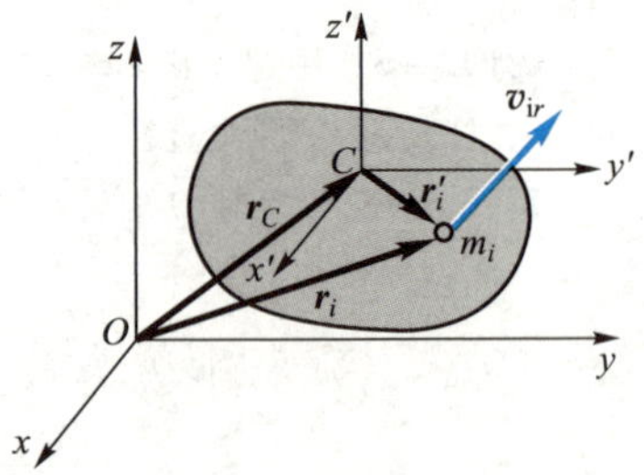

图 12－15

以点 m_i 为动点，以平移坐标系 $Cx'y'z'$ 为动系，则有 $\boldsymbol{v}_i=\boldsymbol{v}_C+\boldsymbol{v}_{ri}$。将其代入式(12－20)，有

$$\boldsymbol{L}_C=\sum m_i\boldsymbol{r}_i'\times(\boldsymbol{v}_C+\boldsymbol{v}_{ri})=\sum m_i\boldsymbol{r}_i'\times\boldsymbol{v}_C+\sum m_i\boldsymbol{r}_i'\times\boldsymbol{v}_{ri}$$

由于 $\sum m_i\boldsymbol{r}_i'=\sum m_i\boldsymbol{r}_C'=\boldsymbol{0}$（因为 $\boldsymbol{r}_C'=\boldsymbol{0}$），于是有

$$\boldsymbol{L}_C=\sum \boldsymbol{r}_i'\times m_i\boldsymbol{v}_{ri}=\sum \boldsymbol{M}_C(m_i\boldsymbol{v}_{ri}) \tag{12-21}$$

这表明，以质点的相对速度或以其绝对速度计算质点系对于质心的动量矩，其结果

是相等的。即：质点系相对于质心的动量矩也等于质点系内各质点相对于质心平移参考系的动量对质心 C 的矩的矢量和。

在证明式(12－21)时应用了质心的特殊性质，因此式(12－21)仅对质心成立。这进一步表明了质心在动力学中的特殊地位。

对一般的点，欲求质点系对该点的动量矩，通常用质点系中各质点在绝对运动中的动量对该点取矩再求矢量和。这是由于对一般的点，质点系在绝对运动中和在以该点为基点的平移坐标系的相对运动中计算的对该点的动量矩是不等的。

如图 12－15 所示质点 m_i 对点 O 的矢径为 $\boldsymbol{r}_i$、绝对速度为 $\boldsymbol{v}_i$，则质点系对点 O 的动量矩为

$$\boldsymbol{L}_O = \sum \boldsymbol{M}_O(m_i\boldsymbol{v}_i) = \sum \boldsymbol{r}_i \times m_i\boldsymbol{v}_i$$

其中

$$\boldsymbol{r}_i = \boldsymbol{r}_C + \boldsymbol{r}_i'$$

于是

$$\begin{aligned}\boldsymbol{L}_O &= \sum(\boldsymbol{r}_C + \boldsymbol{r}_i') \times m_i\boldsymbol{v}_i \\ &= \boldsymbol{r}_C \times \sum m_i\boldsymbol{v}_i + \sum \boldsymbol{r}_i' \times m_i\boldsymbol{v}_i\end{aligned}$$

根据点的速度合成定理，有

$$\boldsymbol{v}_i = \boldsymbol{v}_C + \boldsymbol{v}_{ri}$$

由质点系动量计算式(11－1)，有

$$\sum m_i\boldsymbol{v}_i = m\boldsymbol{v}_C$$

式中，m 为质点系总质量，$\boldsymbol{v}_C$ 为其质心 C 的速度。将上两式代入，则质点系对于定点 O 的动量矩可写为

$$\boldsymbol{L}_O = \boldsymbol{r}_C \times m\boldsymbol{v}_C + \sum \boldsymbol{r}_i' \times m_i\boldsymbol{v}_C + \sum \boldsymbol{r}_i' \times m_i\boldsymbol{v}_{ri}$$

上式最后一项就是 $\boldsymbol{L}_C$，而由质心坐标公式有

$$\sum m_i\boldsymbol{r}_i' = m\boldsymbol{r}_C'$$

式中，$\boldsymbol{r}_C'$为质心 C 对于动系 $Cx'y'z'$ 的矢径。此处 C 为此动系的原点，显然$\boldsymbol{r}_C' = \boldsymbol{0}$，即 $\sum m_i\boldsymbol{r}_i' = \boldsymbol{0}$，于是上式中间一项为零，因此

$$\boldsymbol{L}_O = \boldsymbol{r}_C \times m\boldsymbol{v}_C + \boldsymbol{L}_C \tag{12－22}$$

式(12－22)表明质点系对任一点 O 的动量矩，等于质点系随质心平移时对点 O 的动量矩($\boldsymbol{r}_C \times m\boldsymbol{v}_C$)加上质点系相对于质心的动量矩($\boldsymbol{L}_C$)。

例 12－6　如图 12－16 所示均质圆盘，质量为 m、半径为 R，沿地面纯滚动，角速度为 ω。试求圆盘对图中 A、C、P 三点的动量矩。

解： 点 C 为质心，在以点 C 为基点的平移坐标系中计算 L_C 是方便的，有

$$L_C = J_C\omega = \frac{mR^2}{2}\omega$$

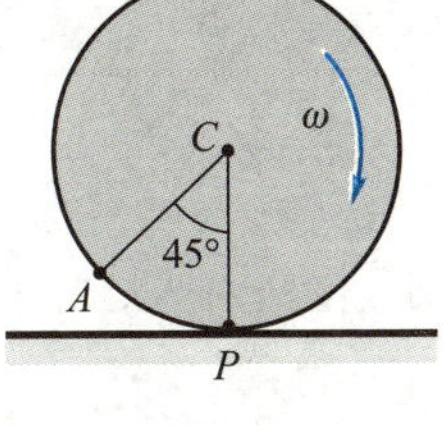

图 12－16

点 P 是速度瞬心，各点速度分布如同绕点 P 作定轴转动一样，因此

$$L_P = J_P\omega = \frac{3}{2}mR^2\omega$$

也可以利用式(12－22)求对点 P 的动量矩，即

$$L_P = mv_C R + L_C = m\omega R^2 + \frac{mR^2}{2}\omega = \frac{3}{2}mR^2\omega$$

两种算法所得结果相同。

对点 A 的动量矩，若利用各点在绝对运动中的动量对点 A 取矩，计算起来很复杂。通常对任意点(非质心)利用式(12－22)计算动量矩较方便，有

$$L_A = mv_C \times \frac{\sqrt{2}}{2}R + L_C = \frac{\sqrt{2}+1}{2}mR^2\omega$$

在以点 A 为基点的平移坐标系中，利用相对运动的动量对点 A 取矩，可得相对运动的动量矩为

$$L'_A = J_A\omega = (J_C + mR^2)\omega = \frac{3}{2}mR^2\omega$$

可见 $L_A \neq L'_A$。这表明用绝对运动的动量和相对运动中的动量对点 A 的动量矩是不同的。

如果过点 A 作一与质心速度 $\boldsymbol{v}_C$ 平行的直线，则圆盘对该直线上所有点的动量矩是相同的。

2. 相对于质心的动量矩定理

质点系对于定点 O 的动量矩定理可写为

$$\frac{\mathrm{d}\boldsymbol{L}_O}{\mathrm{d}t} = \frac{\mathrm{d}}{\mathrm{d}t}(\boldsymbol{r}_C \times m\boldsymbol{v}_C + \boldsymbol{L}_C) = \sum \boldsymbol{r}_i \times \boldsymbol{F}_i^{(e)}$$

展开上式，注意右端项中 $\boldsymbol{r}_i = \boldsymbol{r}_C + \boldsymbol{r}'_i$(参见图 12－15)，于是上式化为

$$\frac{\mathrm{d}\boldsymbol{r}_C}{\mathrm{d}t} \times m\boldsymbol{v}_C + \boldsymbol{r}_C \times \frac{\mathrm{d}}{\mathrm{d}t}m\boldsymbol{v}_C + \frac{\mathrm{d}\boldsymbol{L}_C}{\mathrm{d}t} = \sum \boldsymbol{r}_C \times \boldsymbol{F}_i^{(e)} + \sum \boldsymbol{r}'_i \times \boldsymbol{F}_i^{(e)}$$

因为

$$\frac{\mathrm{d}\boldsymbol{r}_C}{\mathrm{d}t} = \boldsymbol{v}_C, \quad \frac{\mathrm{d}\boldsymbol{v}_C}{\mathrm{d}t} = \boldsymbol{a}_C$$

$$\boldsymbol{v}_C \times \boldsymbol{v}_C = \boldsymbol{0}, \quad m\boldsymbol{a}_C = \sum \boldsymbol{F}_i^{(e)}$$

于是上式成为

$$\frac{\mathrm{d}\boldsymbol{L}_C}{\mathrm{d}t} = \sum \boldsymbol{r}'_i \times \boldsymbol{F}_i^{(e)}$$

上式右端是外力对于质心的主矩，于是得

$$\frac{\mathrm{d}\boldsymbol{L}_C}{\mathrm{d}t} = \sum \boldsymbol{M}_C(\boldsymbol{F}_i^{(e)}) \tag{12－23}$$

即质点系相对于质心的动量矩对时间的导数，等于作用于质点系的外力对质心的主矩。这个结论称为质点系对于质心的动量矩定理。该定理在形式上与质点系对于固定点的动量矩定理完全一样，因此与对定点的动量矩定理有关的陈述也适用于对质心的动量矩定理，如应用时可用投影式及动量矩守恒等。

对于质心之外的一般的动点或动轴，动量矩定理具有较复杂的形式，由于这一内容超出了本书的范围，这里不予介绍。

3. 刚体的平面运动微分方程

在工程中，做平面运动的刚体常常有质量对称平面，且平行于此平面运动，现仅讨论这种情况下的平面运动刚体的运动微分方程。平面运动刚体的位置，可由基点的位置与刚体绕基点的转角确定。取质心 C 为基点，如图 12－17 所示，它的坐标为 x_C、y_C。设 D 为刚体上的任一点，CD 与 x 轴的夹角为 φ，则刚体的位置可由 x_C、y_C 和 φ 确定。刚体的运动分解为随质心的平移和绕质心的转动两部分。

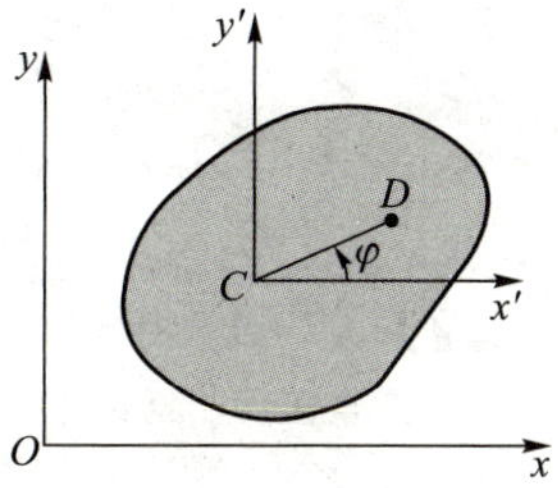

图 12－17

图 12－17 中 $Cx'y'$ 为固连于质心 C 的平移参考系，平面运动刚体相对于此动系的运动就是绕质心 C 的转动，则刚体对质心的动量矩为

$$L_C = J_C\omega \tag{12-24}$$

式中，J_C 为刚体对通过质心 C 且与运动平面垂直的轴的转动惯量，ω 为其角速度。

设在刚体上作用的外力可向质心所在的运动平面简化为一平面力系（$\boldsymbol{F}_1$，$\boldsymbol{F}_2$，$\boldsymbol{F}_3$，…，$\boldsymbol{F}_n$），则应用质心运动定理和相对于质心的动量矩定理，得

$$m\boldsymbol{a}_C = \sum \boldsymbol{F}^{(e)}, \quad \frac{\mathrm{d}}{\mathrm{d}t}(J_C\omega) = J_C\alpha = \sum M_C(\boldsymbol{F}^{(e)}) \tag{12-25}$$

式中，m 为刚体质量，$\boldsymbol{a}_C$ 为质心加速度，$\alpha = \dfrac{\mathrm{d}\omega}{\mathrm{d}t}$为刚体角加速度。上式也可写为

$$m\frac{\mathrm{d}^2\boldsymbol{r}_C}{\mathrm{d}t^2} = \sum \boldsymbol{F}^{(e)}, \quad J_C\frac{\mathrm{d}^2\varphi}{\mathrm{d}t^2} = \sum M_C(\boldsymbol{F}^{(e)}) \tag{12-26}$$

以上两式均称为刚体的平面运动微分方程。

应用时常利用它们在笛卡儿直角坐标系或自然轴系上的投影式

$$\left.\begin{aligned} ma_{Cx} &= \sum F_x \\ ma_{Cy} &= \sum F_y \\ J_C\alpha &= \sum M_C(\boldsymbol{F}^{(e)}) \end{aligned}\right\} \tag{12-27}$$

$$\left.\begin{aligned} ma_C^{\mathrm{t}} &= \sum F_{\mathrm{t}} \\ ma_C^{\mathrm{n}} &= \sum F_{\mathrm{n}} \\ J_C\alpha &= \sum M_C(\boldsymbol{F}^{(e)}) \end{aligned}\right\} \tag{12-28}$$

式（12－27）（或式（12－28））也称为刚体平面运动微分方程，它是三个独立的方程，可求三个未知量。如果 $a_C = \alpha = 0$，则式（12－27）退化为平面任意力系的平衡方程。

动画例 12－7

要注意，点 C 必须是质心。对一般的动点，式(12－25)～(12－28)一般不成立。这再一次表明了质心在动力学中的重要性和特殊地位。

例 12－7 半径为 r、质量为 m 的均质圆轮沿水平直线滚动，如图 12－18 所示。设轮的惯性半径为 ρ_C，作用于圆轮的力偶矩为 M。试求轮心的加速度。如果圆轮对地面的静滑动摩擦因数为 f_s，试问力偶矩 M 必须符合什么条件方不致使圆轮滑动？

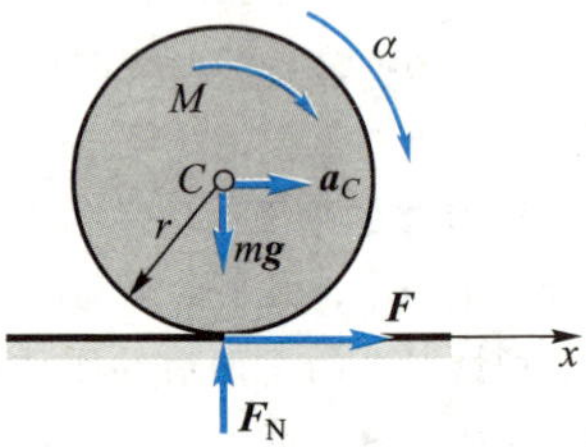

图 12－18

解： 根据刚体的平面运动微分方程可列出如下三个方程

$$ma_{Cx} = F$$

$$ma_{Cy} = F_N - mg$$

$$m\rho_C^2\alpha = M - Fr$$

式中，M 和 α 均以顺时针转向为正。因 $a_{Cy}=0$，故 $a_{Cx}=a_C$。

根据圆轮滚而不滑的条件，有 $a_C = r\alpha$。以此式与上列三方程联立求解，得

$$F = ma_C,\quad F_N = mg$$

$$a_C = \frac{Mr}{m(\rho_C^2 + r^2)},\quad M = \frac{F(r^2+\rho_C^2)}{r}$$

欲使圆轮滚动而不滑动，必须有 $F \leqslant f_s F_N$，或 $F \leqslant f_s mg$。于是得圆轮只滚不滑的条件为

$$M \leqslant f_s mg\frac{r^2+\rho_C^2}{r}$$

例 12－8 图示均质杆 AB 长为 l，放在铅垂面内，杆的一端 A 靠在光滑铅垂墙上，另一端放在光滑的水平地板上，并与水平面成 φ_0 角。此后，杆由静止状态倒下。求：(1) 杆在脱离墙面前的任一位置时的角速度和角加速度；(2) 当杆脱离墙时，此杆与水平面的夹角。

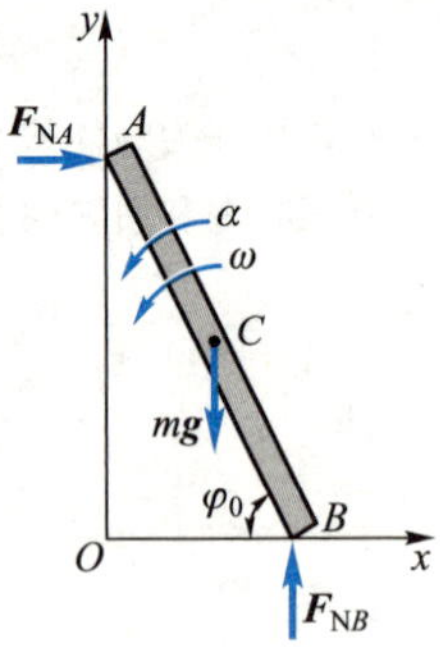

图 12－19

解： (1) 设杆运动到任意位置时，与水平面的夹角为 φ。杆 AB 受力如图 12－19 所示。

由平面运动刚体的运动微分方程有

$$ma_{Cx} = F_{NA} \tag{a}$$

$$ma_{Cy} = F_{NB} - mg \tag{b}$$

$$\frac{1}{12}ml^2\cdot\alpha = F_{NB}\cdot\frac{l}{2}\cos\varphi - F_{NA}\cdot\frac{l}{12}\sin\varphi \tag{c}$$

式(a)、(b)、(c)共三个方程，而未知量为 a_{Cx}、a_{Cy}、α、F_{NA}、F_{NB}，共 5 个，必须补充方程。在动力学中经常补充运动学关系。建立如图 12－19 所示的坐标系，则质心 C 的坐标为

$$x_C = \frac{l}{2}\cos\varphi,\quad y_C = \frac{l}{2}\sin\varphi$$

又

$$\dot{\varphi} = -\omega, \quad \ddot{\varphi} = -\alpha$$

有

$$a_{Cx} = \ddot{x}_C = \frac{l}{2}(\alpha\sin\varphi - \omega^2\cos\varphi) \tag{d}$$

$$a_{Cy} = \ddot{y}_C = -\frac{l}{2}(\alpha\cos\varphi + \omega^2\sin\varphi) \tag{e}$$

联立(a)(b)(c)(d)(e)解得

$$\alpha = \frac{3g}{2l}\cos\varphi$$

由于

$$\alpha = \frac{\mathrm{d}\omega}{\mathrm{d}t} = \frac{\mathrm{d}\omega}{\mathrm{d}\varphi}\cdot\frac{\mathrm{d}\varphi}{\mathrm{d}t} = \frac{3g}{2l}\cos\varphi$$

则

$$\int_0^{\omega}\omega\mathrm{d}\omega = \int_{\varphi_0}^{\varphi} -\frac{3g}{2l}\cos\varphi\cdot\mathrm{d}\varphi$$

解得

$$\omega = \sqrt{\frac{3g}{l}(\sin\varphi_0 - \sin\varphi)}$$

(2)脱离墙壁时有 $F_{NA} = 0$，即

$$F_{NA} = ma_{Cx} = \frac{ml}{2}(\alpha\sin\varphi - \omega^2\cos\varphi) = 0$$

则

$$\sin\varphi = \frac{2}{3}\sin\varphi_0$$

解得

$$\varphi = \arcsin\left(\frac{2}{3}\sin\varphi_0\right)$$

例 12-9　均质圆轮半径为 r，质量为 m，受到轻微扰动后，在半径为 R 的圆弧上往复滚动，如图 12-20 所示。设表面足够粗糙，使圆轮在滚动时无滑动。求质心 C 的运动规律。

动画例 12-9

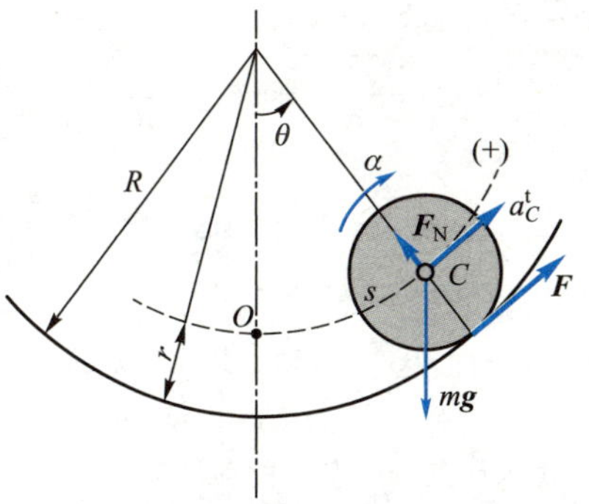

图 12-20

解：圆轮在曲面上作平面运动，受到的外力有重力 mg，圆弧表面的法向约束力 F_N 和摩擦力 F。

设 θ 角以逆时针方向为正，取切线轴的正向如图，并设圆轮以顺时针转动为正，则图示瞬时刚体平面运动微分方程在自然轴上的投影式为

$$ma_C^t = F - mg\sin\theta \tag{a}$$

$$m\frac{v_C^2}{R-r} = F_N - mg\cos\theta \tag{b}$$

$$J_C\alpha = -Fr \tag{c}$$

由运动学知，当圆轮只滚不滑时，角加速度的大小为

$$\alpha = \frac{a_C^t}{r} \tag{d}$$

取 s 为质心的弧坐标，由图 12－20 有

$$s = (R-r)\theta$$

注意到 $a_C^t = \dfrac{d^2s}{dt^2}$，$J_C = \dfrac{1}{2}mr^2$，当 θ 很小时，$\sin\theta \approx \theta$，联立式(a)、(c)、(d)求得

$$\frac{3}{2}\frac{d^2s}{dt^2} + \frac{g}{R-s}s = 0$$

令 $\omega_0^2 = \dfrac{2g}{3(R-r)}$，则上式成为

$$\frac{d^2s}{dt^2} + \omega_0^2 s = 0$$

此方程的解为

$$s = s_0\sin(\omega_0 t + \beta)$$

式中，s_0 和 β 为两个常数，由运动初始条件确定。如 $t=0$ 时，$s=0$，初速度为 v_0，于是

$$0 = s_0\sin\beta,\quad v_0 = s_0\omega_0\cos\beta$$

解得

$$\tan\beta = 0,\quad \beta = 0^0,\quad s_0 = \frac{v_0}{\omega_0} = v_0\sqrt{\frac{3(R-r)}{2g}}$$

最后得质心沿轨迹的运动方程

$$s = v_0\sqrt{\frac{3(R-r)}{2g}}\sin\left(\sqrt{\frac{2}{3}\frac{g}{R-r}}t\right)$$

习　　题

12－1　质量为 m 的点在平面 Oxy 内运动，其运动方程为

$$x = a\cos\omega t,\quad y = b\sin 2\omega t$$

其中，a、b 和 ω 为常量。试求质点对原点 O 的动量矩。

12－2　(1) 计算图 a，b 所示的系统对 O 点的动量矩。其中均质滑轮的半径为 r，

质量为 m。物块 A，B 的质量均为 m_1，速度为 v，绳质量不计。(2) 计算图 c 所示的系统对 AB 轴的动量矩。其中小球 C，D 质量均为 m，用质量为 m_1，长为 $2l$ 的均质杆连接，杆与铅直轴 AB 固结，且 $DO=OC$，交角为 θ，轴以匀角速度 ω 转动。

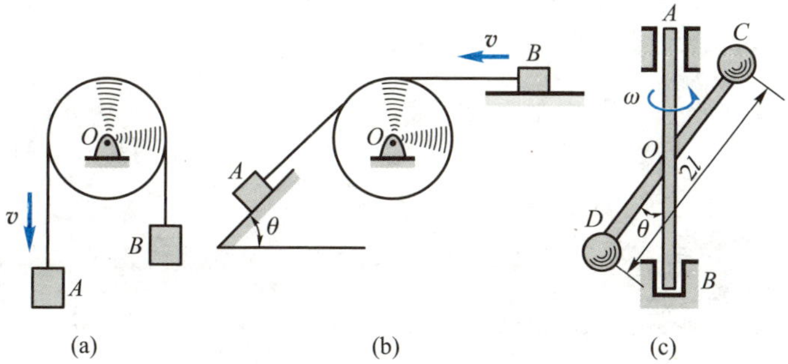

题 12－2 图

12－3　小球 A 的质量为 m，连接在长为 l 的杆 AB 上，并被放在盛有液体的容器内，如图所示。杆以初角速度 ω_0 绕铅直轴 O_1O_2 转动，液体的阻力与小球质量和角速度乘积成正比，即 $F=km\omega$，其中 k 为比例常数。问经过多长时间，角速度减为初角速度的一半。

12－4　图示水平圆板可绕 z 轴转动。在圆板上有一质点 M 作圆周运动，已知其速度的大小为常量，等于 v_0，质点 M 的质量为 m，圆的半径为 r，圆心到 z 轴的距离为 l，点 M 在圆板上的位置由角 φ 确定，如图所示。如圆板的转动惯量为 J，并且当点 M 离 z 轴最远在点 M_0 时，圆板的角速度为零。轴的摩擦和空气阻力略去不计，试求圆板的角速度与 φ 角的关系。

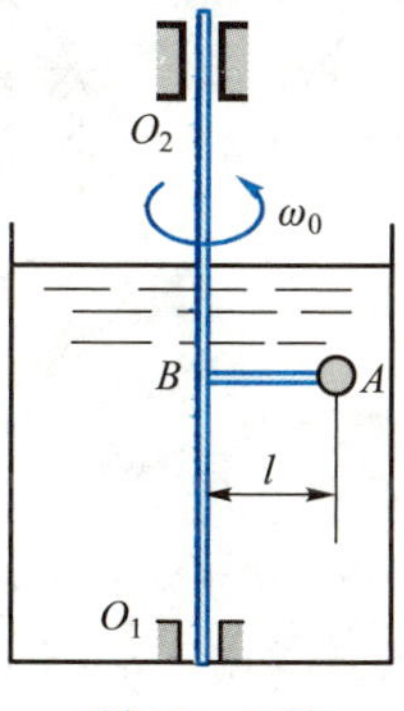

题 12－3 图

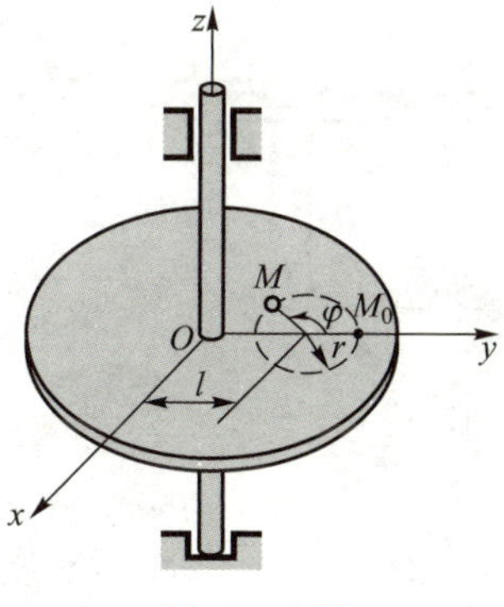

题 12－4 图

12－5　图示 A 为离合器，开始时轮 2 静止，轮 1 具有角速度 ω_0。当离合器接合后，依靠摩擦使轮 2 启动。已知轮 1 和轮 2 的转动惯量分别为 J_1 和 J_2。试求：(1) 当离合器接合后，两轮共同转动的角速度；(2) 若经过时间 t 后两轮的转速相同，求离合器应有多大的摩擦力矩。

12-6 如图所示，为求半径 $R=0.5$ m 的飞轮对于通过其重心轴 A 的转动惯量，在飞轮上绕以细绳，绳的末端系一质量为 $m_1=8$ kg 的重锤，重锤自高度 $h=2$ m 处落下，测得落下时间 $t_1=16$ s。为消去轴承摩擦的影响，再用质量为 $m_2=4$ kg 的重锤作第二次试验，此重锤自同一高度落下的时间为 $t_2=25$ s。假定摩擦力矩为一常数，且与重锤的重量无关，试求飞轮的转动惯量和轴承的摩擦力矩。

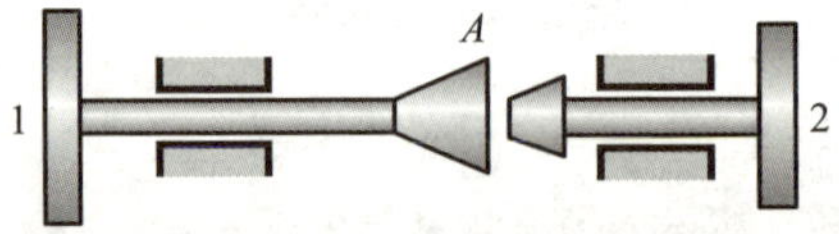

题 12-5 图

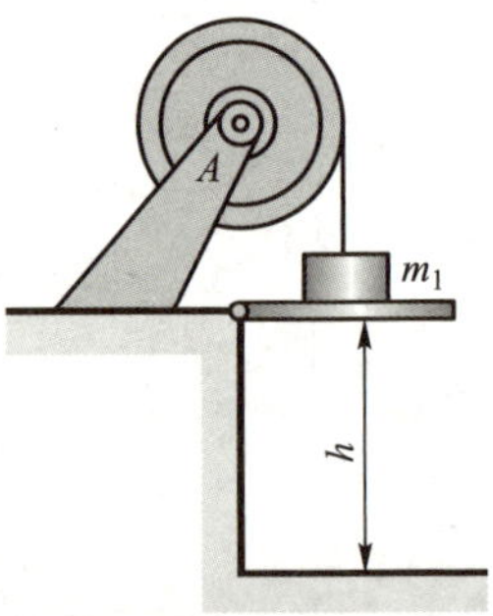

题 12-6 图

12-7 为求刚体对于通过重心 G 的轴 AB 的转动惯量，用两杆 AD，BE 与刚体牢固连接，并借两杆将刚体活动地挂在水平轴 DE 上，如图所示。轴 AB 平行于 DE，然后使刚体绕轴 DE 作微小摆动，求出振动周期 T。如果刚体的质量为 m，轴 AB 与 DE 间的距离为 h，杆 AD 和 BE 的质量忽略不计。试求刚体对轴 AB 的转动惯量。

12-8 在铅直平面内有质量为 m 的细铁环和质量为 m 的均质圆盘，分别如图 a、b 所示。当 OC 为水平时，由静止释放，试求各自的初始角加速度及铰链 O 的约束力。

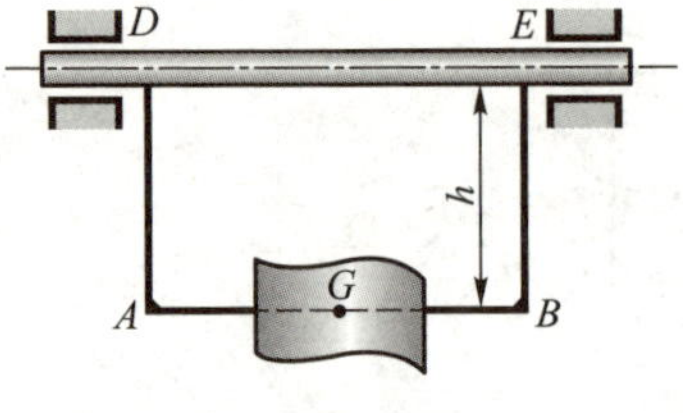

题 12-7 图

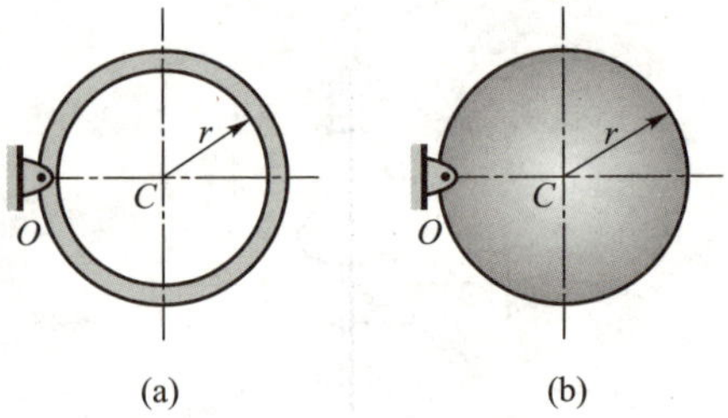

题 12-8 图

12-9 一刚性均质杆重为 200 N。A 处为光滑面约束，B 处为光滑铰链支座，如图所示。当杆位于水平位置时，C 处的弹簧拉伸了 76 mm，弹簧刚度系数为 8 750 N/m。试求当约束 A 突然移去时，支座 B 处的约束力。

***12-10** 半径为 r 的均质圆柱体的质量为 m，放在粗糙的水平面上，如图所示。设其质心 C 的初速度为 $\boldsymbol{v}_0$，方向水平向右，同时圆柱如图所示方向转动，其初角速度为 ω_0，且有 $r\omega_0<v_0$。如圆柱体与水平面的摩擦因数为 f，试问经过多少时间，圆柱体才能只滚不滑地向前运动，并求该瞬时圆柱体中心的速度。

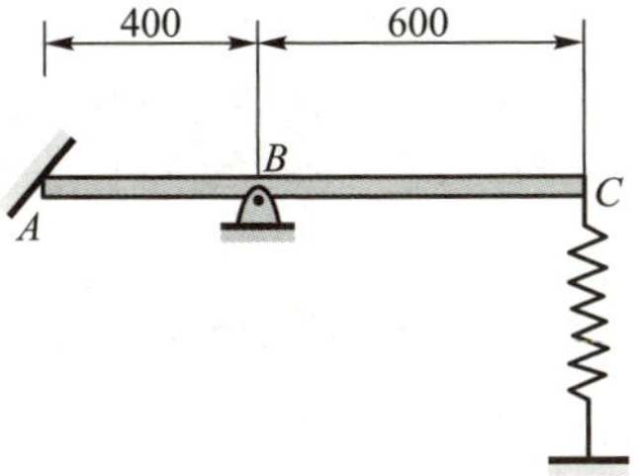

题 12-9 图

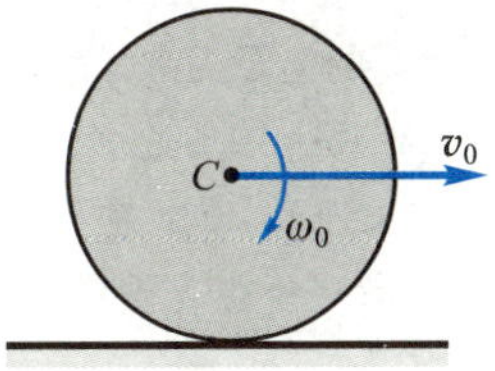

题 12-10 图

***12-11**　如图所示均质圆环半径为 r，质量为 m，其上焊接刚杆 OA，杆长为 r，质量也为 m。用手扶住圆环，使其在 OA 水平位置静止。试求刚放开手的瞬时，圆环的角加速度 α、水平地面的摩擦力大小 F_a 及法向约束力大小 F_N。设圆环与地面之间为纯滚动。

***12-12**　如图所示，有一轮子，轴的直径为 50 mm，无初速地沿倾角 $\theta = 20°$ 的轨道只滚不滑，5 s 内轮心滚过的距离为 $s = 3$ m。试求轮子对轮心的惯性半径。

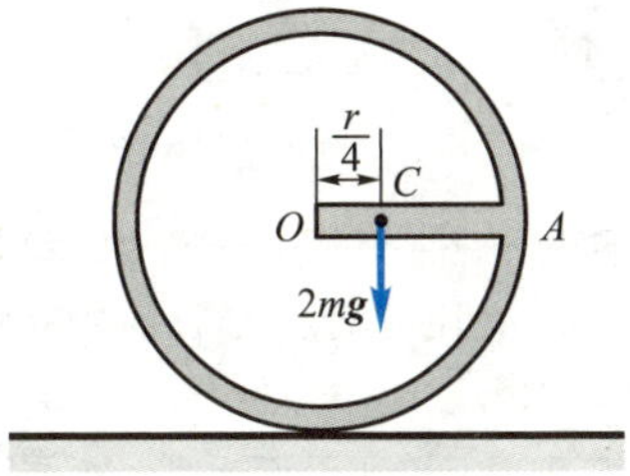

题 12-11 图

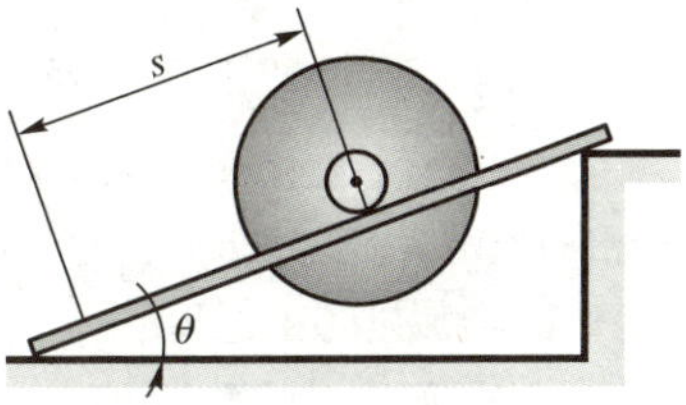

题 12-12 图

***12-13**　图示均质圆柱体的质量为 m，半径为 r，放在倾角为 60°的斜面上。一细绳缠绕在圆柱体上，其一端固定于点 A，此绳与点 A 相连部分与斜面平行。若圆柱体与斜面间的摩擦因数 $f = \dfrac{1}{3}$，试求其中心沿斜面落下的加速度 a_C。

***12-14**　均质杆 AB 的质量为 m，长为 l，靠在光滑支撑 D 上，杆与铅垂线间的夹角为 φ，D 点到杆的质心间的距离 $DC = d$，如图所示。现将杆在此位置无初速释放，试求运动初瞬时杆质心的加速度，以及支撑 D 对杆的作用力。

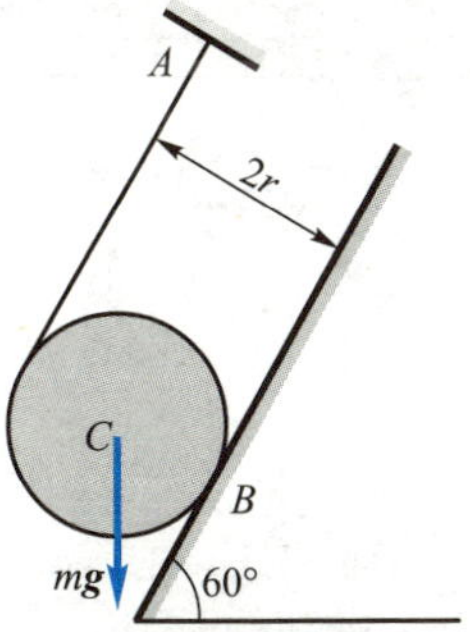

题 12-13 图

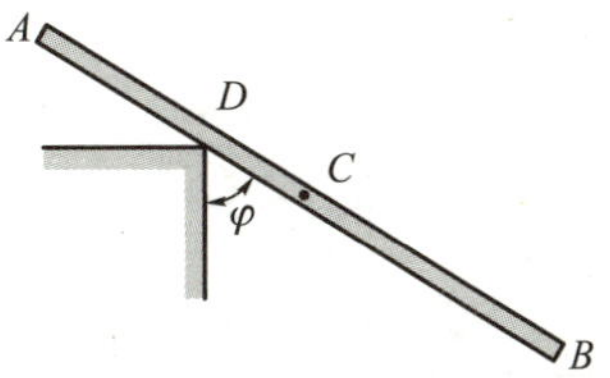

题 12-14 图

*12-15 重物 A 质量为 m_1，系在绳子上，绳子跨过不计质量的固定滑轮 D，并绕在鼓轮 B 上，如图所示。由于重物下降，带动了轮 C，使它沿水平轨道只滚不滑。设鼓轮半径为 r，轮 C 的半径为 R，两者固连在一起，总质量为 m_2，对于其水平轴 O 的回转半径为 ρ。试求重物 A 的加速度。

*12-16 长为 l，质量为 m 的均质杆 AB，BD 用铰链 B 连接，并用铰链 A 固定，位于图示位置平衡。今在 D 端作用一水平力 $\boldsymbol{F}$，求此瞬时两杆的角加速度。

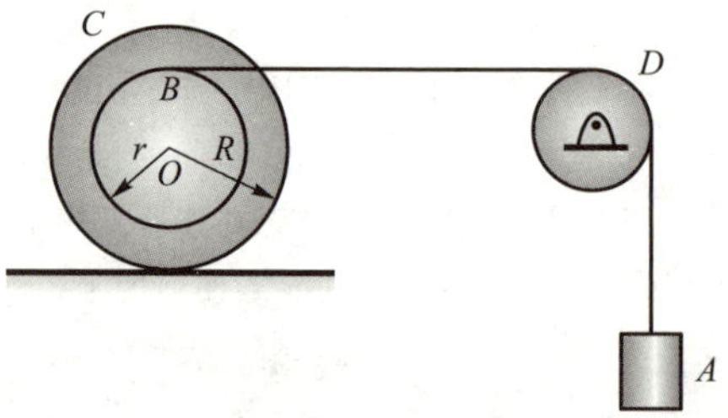

题 12-15 图

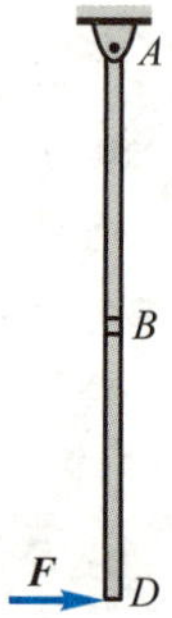

题 12-16 图

*12-17 均质实心圆柱体 A 和薄铁环 B 的质量均为 m，半径都等于 r，两者用杆 AB 铰接，无滑动地沿斜面滚下，斜面与水平面的夹角为 θ，如图所示。如杆的质量忽略不计，试求杆 AB 的加速度及其内力。

*12-18 如图所示，板的质量为 m_1，受水平力 $\boldsymbol{F}$ 作用，沿水平面运动，板与平面间的动摩擦因数为 f_d。在板上放一质量为 m_2 的均质实心圆柱，此圆柱对板只滚不滑。试求板的加速度。

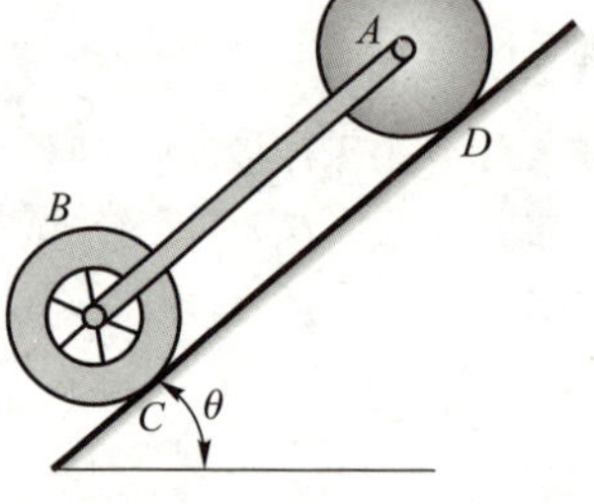

题 12-17 图

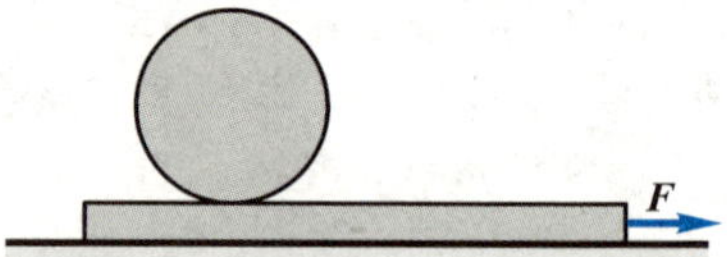

题 12-18 图

第十三章 动 能 定 理

能量转换与功之间的关系是自然界中各种形式运动的普遍规律，在机械运动中则表现为**动能定理**。不同于动量和动量矩定理，动能定理是从能量的角度来分析质点和质点系的动力学问题，有时这是更为方便和有效的。同时，它还可以建立机械运动与其他形式运动之间的联系。

本章将讨论力的功、动能和势能等重要概念，推导动能定理和机械能守恒定律，并将综合运用动量定理、动量矩定理和动能定理分析较复杂的动力学问题。

§13-1 力 的 功

质点 M 在大小和方向都不变的力 $\boldsymbol{F}$ 作用下，沿直线走过一段路程 s，力 $\boldsymbol{F}$ 在这段路程内所积累的效应用力的**功**来量度，以 W 记之，定义为

$$W = F\cos\theta \times s$$

式中，θ 为力 $\boldsymbol{F}$ 与直线位移方向之间的夹角。功是代数量，在国际单位制中，功的单位为 J(焦耳)，等于 1 N 的力在同方向 1 m 路程上作的功。如果路程用矢量 $\boldsymbol{s}$ 来表达，则力 $\boldsymbol{F}$ 的功可写为

$$W = \boldsymbol{F} \cdot \boldsymbol{s} \tag{13-1}$$

质点 M 在变力 $\boldsymbol{F}$ 作用下沿曲线运动，力 $\boldsymbol{F}$ 在无限小位移 $\mathrm{d}\boldsymbol{r}$ 中可视为常力。在无限小位移中力作的功称为元功，记为 δW(为了将元功与函数 W 的全微分 $\mathrm{d}W$ 相区别，因此记为 δW)，于是有

$$\delta W = \boldsymbol{F} \cdot \mathrm{d}\boldsymbol{r} \tag{13-2}$$

质点沿曲线由 M_1 运动到 M_2 位置，变力 $\boldsymbol{F}$ 的功为

$$W = \int_{M_1}^{M_2} \boldsymbol{F} \cdot \mathrm{d}\boldsymbol{r} \tag{13-3}$$

由上式可知，当力始终与质点位移垂直时，该力不作功。

在直角坐标系中，$\boldsymbol{i}$、$\boldsymbol{j}$、$\boldsymbol{k}$ 为三坐标轴的单位矢量，则

$$\boldsymbol{F} = F_x\boldsymbol{i} + F_y\boldsymbol{j} + F_z\boldsymbol{k}, \qquad \mathrm{d}\boldsymbol{r} = \mathrm{d}x\boldsymbol{i} + \mathrm{d}y\boldsymbol{j} + \mathrm{d}z\boldsymbol{k}$$

将以上两式代入式(13－3)，得到作用力从 M_1 到 M_2 的过程中所作的功为

$$W_{12} = \int_{M_1}^{M_2} (F_x \mathrm{d}x + F_y \mathrm{d}y + F_z \mathrm{d}z) \tag{13-4}$$

下面计算几种常见力所作的功。

1. 重力的功

设质点由点 $M_1(x_1, y_1, z_1)$沿任意空间曲线运动到点 $M_2(x_2, y_2, z_2)$，其重力 $\boldsymbol{P}=m\boldsymbol{g}$ 在直角坐标轴上的投影为 $F_x=0$，$F_y=0$，$F_z=-mg$。将其代入式(13－4)中，得重力的功为

$$W_{12} = \int_{z_1}^{z_2} -mg\mathrm{d}z = mg(z_1 - z_2) \tag{13-5}$$

可见重力作功仅与质点运动开始和末了位置的高度差(z_1-z_2)有关，与运动轨迹的形状无关。

对于质点系，设质点 i 的质量为 m_i，运动始末的高度差为$(z_{i1}-z_{i2})$，则全部重力作功之和为

$$\sum W_{12} = \sum m_i g(z_{i1} - z_{i2})$$

由质心坐标公式，有

$$mz_C = \sum m_i z_i$$

由此可得

$$\sum W_{12} = mg(z_{C1} - z_{C2}) \tag{13-6}$$

式中，m 为质点系全部质量之和，$(z_{C1}-z_{C2})$为运动始末位置其质心的高度差。质心下降，重力作正功；质心上移，重力作负功。质点系重力作功仍与质心的运动轨迹形状无关。

2. 弹性力的功

以弹簧为例，设弹簧自然长度为 l_0，弹性力大小与其变形量 δ 成正比，即

$$F = k\delta \tag{13-7}$$

力的方向总是指向未变形时的自然位置。比例系数 k 称为**弹簧刚度系数**(或刚性系数)。在国际单位制中，k 的单位为 N/m 或 N/mm。

以 O 为原点，沿弹簧方向为 x 轴，如图13－1 所示。物体受弹性力作用，作用点 A 由图中点 A_1 运动到点 A_2，弹性力的功为

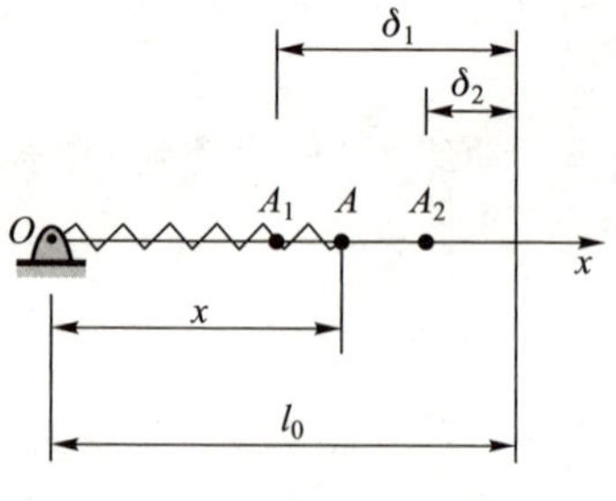

图 13－1

$$
\begin{aligned}
W_{12} &= \int_{A_1}^{A_2} k(l_0 - x)\,\mathrm{d}x \\
&= \int_{A_1}^{A_2} -k(l_0 - x)\,\mathrm{d}(l_0 - x) \\
&= \frac{k}{2}[(l_0 - A_1)^2 - (l_0 - A_2)^2]
\end{aligned}
$$

由于 $\delta_1 = l_0 - A_1$，$\delta_2 = l_0 - A_2$，因此弹性力的功为

$$W_{12} = \frac{k}{2}(\delta_1^2 - \delta_2^2) \tag{13-8}$$

在上面的推导中，如果 Ox 轴同时也绕点 O 任意转动，即点 A 的轨迹是任意曲线，弹性力的功仍由式(13-8)决定。由此可见，弹性力作的功只与弹簧在初始和末了位置的变形量 δ 有关，与力作用点 A 的轨迹形状无关。由式(13-8)可见，当 $\delta_1 > \delta_2$ 时，弹性力作正功；$\delta_1 < \delta_2$ 时，弹性力作负功。

3. 定轴转动刚体上作用力的功

设力 $\boldsymbol{F}$ 与力作用点 A 处的轨迹切线之间的夹角为 θ，如图 13-2 所示，则力 $\boldsymbol{F}$ 在切线上的投影为

$$F_t = F\cos\theta$$

当刚体绕定轴转动时，转角 φ 与弧长 s 的关系为

$$\mathrm{d}s = R\mathrm{d}\varphi$$

式中，R 为力作用点 A 到轴的垂距。力 $\boldsymbol{F}$ 的元功为

$$\delta W = \boldsymbol{F}\cdot\mathrm{d}\boldsymbol{r} = F_t\mathrm{d}s = F_tR\mathrm{d}\varphi$$

因为 F_tR 等于力 $\boldsymbol{F}$ 对于转轴 z 的力矩 M_z，于是

$$\delta W = M_z\mathrm{d}\varphi \tag{13-9}$$

力 $\boldsymbol{F}$ 在刚体从角 φ_1 到 φ_2 转动过程中作的功为

$$W_{12} = \int_{\varphi_1}^{\varphi_2} M_z\mathrm{d}\varphi \tag{13-10}$$

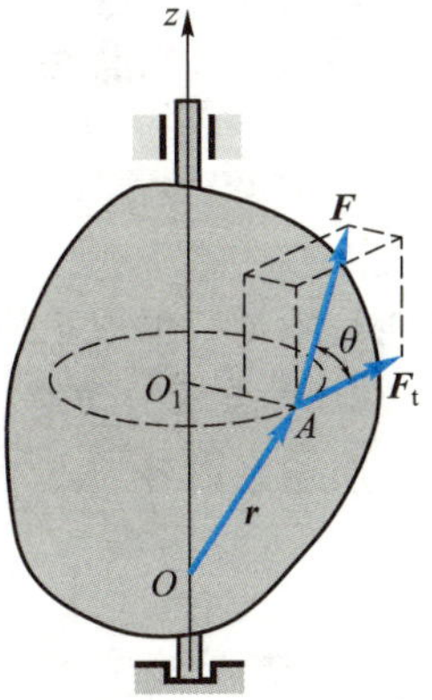

图 13-2

如果刚体上作用一力偶，则力偶所作的功仍可用上式计算，其中 M_z 为力偶对转轴 z 的矩，也等于力偶矩矢 $\boldsymbol{M}$ 在 z 轴上的投影。

4. 任意运动刚体上力系的功

无论刚体作何种运动，力系的功总等于力系中所有各力作功的代数和。

利用静力学简化的方法可以将力系向刚体的任意点简化，得到一个力和一个力偶，这个力和这个力偶所作的元功等于力系中所有力所作元功的代数

和，即

$$\delta W = \boldsymbol{F}'_{\mathrm{R}} \cdot \mathrm{d}\boldsymbol{r}_C + \boldsymbol{M}_C \mathrm{d}\boldsymbol{\varphi} \tag{13-11}$$

式中，$\mathrm{d}\boldsymbol{r}_C$ 为点 C 的位移增量，$\mathrm{d}\boldsymbol{\varphi}$ 为刚体转角的增量；$\boldsymbol{F}'_{\mathrm{R}}$为力系的主矢，$\boldsymbol{M}_C$ 为力系对点 C 的主矩。点 C 可以是刚体上任意一点，这里取为质心。

对于平面运动刚体，力系的元功为

$$\delta W = \boldsymbol{F}'_{\mathrm{R}} \cdot \mathrm{d}\boldsymbol{r}_C + \boldsymbol{M}_C \mathrm{d}\varphi \tag{13-12}$$

当刚体质心 C 由 C_1 运动到 C_2，刚体由 φ_1 转到 φ_2 时，力系作功为

$$W_{12} = \int_{C_1}^{C_2} \boldsymbol{F}'_{\mathrm{R}} \cdot \mathrm{d}\boldsymbol{r}_C + \int_{\varphi_1}^{\varphi_2} \boldsymbol{M}_C \mathrm{d}\varphi \tag{13-12$'$}$$

可见，平面运动刚体上力系的功等于力系向质心简化所得到的力和力偶作功的和。

如果 C 点不是质心，而是刚体上任意一点，式(13-11)(13-12)(13-12)′仍然成立。

§13-2 质点和质点系的动能

1. 质点的动能

设质点的质量为 m，速度为$\boldsymbol{v}$，则质点的**动能**为

$$T = \frac{1}{2} m v^2$$

动能是标量，恒取正值。在国际单位制中动能的单位为 J(焦耳)。

2. 质点系的动能

质点系内各质点动能的算术和称为质点系的动能，即

$$T = \sum \frac{1}{2} m_i v_i^2 \tag{13-13}$$

刚体是由无数质点组成的质点系。刚体作不同的运动时，各质点的速度分布不同，刚体的动能应按照刚体的运动形式来计算。

(1) 平移刚体的动能

刚体作平移时，各点的速度都相同，可以质心速度 $\boldsymbol{v}_C$ 为代表，于是得平移刚体的动能为

$$T = \sum \frac{1}{2} m_i v_i^2 = \frac{1}{2} v_C^2 \sum m_i$$

或写成

$$T=\frac{1}{2}mv_C^2 \tag{13-14}$$

式中，$m=\sum m_i$ 是刚体的质量。

（2）定轴转动刚体的动能

如图 13－3 所示，刚体绕定轴 z 转动时，任一点 m_i 的速度为

$$v_i=r_i\omega$$

式中，ω 为刚体的角速度，r_i 为质点 m_i 到转轴的垂直距离。

则绕定轴转动刚体的动能为

$$T=\sum\frac{1}{2}m_iv_i^2=\sum\frac{1}{2}m_ir_i^2\omega^2=\frac{1}{2}\omega^2\sum m_ir_i^2$$

式中，$\sum m_ir_i^2=J_Z$，为刚体对 z 轴的转动惯量，于是得

$$T=\frac{1}{2}J_Z\omega^2 \tag{13-15}$$

（3）平面运动刚体的动能

取刚体质心 C 所在的平面图形如图 13－4 所示。设图形中的点 P 是某瞬时的瞬心，ω 是平面图形转动的角速度。此瞬时，刚体上各点速度的分布与绕点 P 转动的刚体相同，于是作平面运动的刚体的动能为

$$T=\frac{1}{2}J_P\omega^2$$

式中，J_P 是刚体对于瞬时轴的转动惯量。然而在不同时刻，刚体以不同的点作为瞬心，因此用上式计算动能在有些情况下是不方便的。

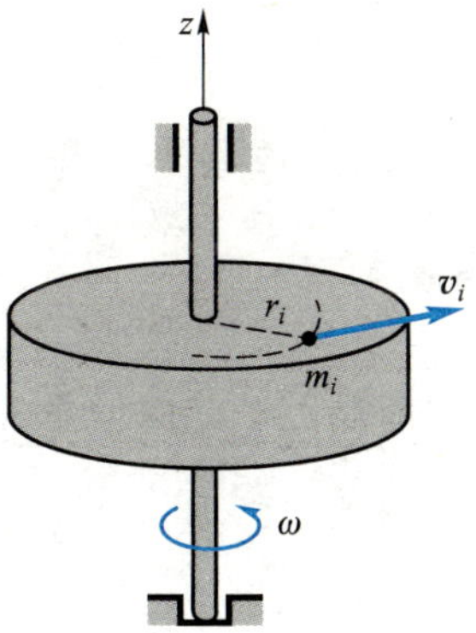

图 13－3

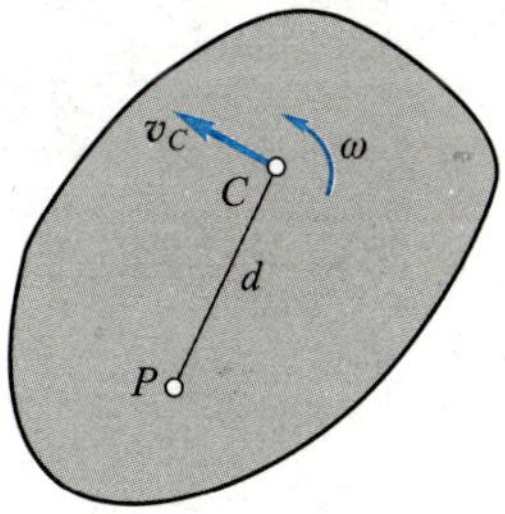

图 13－4

如 C 为刚体的质心，根据计算转动惯量的平行轴定理有

$$J_P = J_C + md^2$$

式中，m 为刚体的质量，$d = CP$，J_C 为对于质心的转动惯量。代入计算动能的公式中，得

$$T = \frac{1}{2}(J_C + md^2)\omega^2 = \frac{1}{2}J_C\omega^2 + \frac{1}{2}m(d\omega)^2$$

因 $d\omega = v_C$，于是得

$$T = \frac{1}{2}mv_C^2 + \frac{1}{2}J_C\omega^2 \tag{13-16}$$

即作平面运动的刚体的动能，等于随质心平移的动能与绕质心转动的动能的和。

§13-3 动 能 定 理

1. 质点的动能定理

取质点运动微分方程的矢量形式

$$m\frac{\mathrm{d}\boldsymbol{v}}{\mathrm{d}t} = \boldsymbol{F}$$

在方程两边点乘 $\mathrm{d}\boldsymbol{r}$，得

$$m\frac{\mathrm{d}\boldsymbol{v}}{\mathrm{d}t}\cdot\mathrm{d}\boldsymbol{r} = \boldsymbol{F}\cdot\mathrm{d}\boldsymbol{r}$$

因 $\mathrm{d}\boldsymbol{r} = \boldsymbol{v}\mathrm{d}t$，于是上式可写成

$$m\boldsymbol{v}\cdot\mathrm{d}\boldsymbol{v} = \boldsymbol{F}\cdot\mathrm{d}\boldsymbol{r}$$

或

$$\mathrm{d}\left(\frac{1}{2}mv^2\right) = \delta W \tag{13-17}$$

式(13-17)称为质点**动能定理**的微分形式，即质点动能的增量等于作用在质点上力的元功。

积分上式，得

$$\frac{1}{2}mv_2^2 - \frac{1}{2}mv_1^2 = W_{12} \tag{13-18}$$

这就是质点动能定理的积分形式：在质点运动的某个过程中，质点动能的改变量等于作用于质点的力作的功。

由式(13－17)或式(13－18)可见，力作正功，质点动能增加；力作负功，质点动能减小。

2. 质点系的动能定理

质点系内任一质点，质量为 m_i，速度为 $\boldsymbol{v}_i$，根据质点动能定理的微分形式，有

$$\mathrm{d}\left(\frac{1}{2}m_iv_i^2\right)=\delta W_i$$

式中，δW_i 表示作用于这个质点的力 $\boldsymbol{F}_i$ 所作的元功。

设质点系有 n 个质点，对于每个质点都可列出一个如上的方程，将 n 个方程相加，得

$$\sum\mathrm{d}\left(\frac{1}{2}m_iv_i^2\right)=\sum\delta W_i$$

或

$$\mathrm{d}\left[\sum\left(\frac{1}{2}m_iv_i^2\right)\right]=\sum\delta W_i$$

式中，$\sum\left(\frac{1}{2}m_iv_i^2\right)$是质点系的动能，以 T 表示。于是上式可写成

$$\mathrm{d}T=\sum\delta W_i \qquad (13-19)$$

式(13－19)为质点系动能定理的微分形式：质点系动能的增量，等于作用于质点系全部力所作的元功的和。

对上式积分，得

$$T_2-T_1=\sum W_i \qquad (13-20)$$

式中，T_1 和 T_2 分别是质点系在某一段运动过程的起点和终点的动能。式(13－20)为质点系动能定理的积分形式：质点系在某一段运动过程中，起点和终点的动能的改变量，等于作用于质点系的全部力在这段过程中所作功的和。

3. 约束力及内力的功

对于光滑固定面和一端固定的绳索等约束，其约束力垂直于力作用点的位移，约束力不作功。又如光滑铰支座、固定端等约束，其约束力也不作功。这些约束均为理想约束(理想约束的严格定义参见 §15.1 节)。在理想约束条件下，质点系动能的改变只与主动力作功有关，则式(13－19)和式

(13－20)中只需计算主动力所作的功。

光滑铰链、刚性二力杆以及不可伸长的细绳等作为系统内的约束时，其中单个的约束力不一定不作功，但一对约束力作功之和等于零，也都是理想约束。如图 13－5a 所示的铰链，铰链处相互作用的约束力 $\boldsymbol{F}$ 和 $\boldsymbol{F}'$是等值反向的，它们在铰链中心的任何位移 $\mathrm{d}\boldsymbol{r}$ 上作功之和都等于零。又如图 13－5b 中，跨过光滑支持轮的细绳对系统中两个质点的拉力 $F_1=F_2$，如绳索不可伸长，则两端的位移 $\mathrm{d}\boldsymbol{r}_1$ 和 $\mathrm{d}\boldsymbol{r}_2$ 沿绳索的投影必相等，因而两约束力 $\boldsymbol{F}_1$ 和 $\boldsymbol{F}_2$ 作功之和等于零。至于图 13－5c 所示的二力杆对 A、B 两点的约束力，有$F_1=F_2$，而两端位移沿 AB 连线的投影又是相等的，显然两约束力 $\boldsymbol{F}_1$、$\boldsymbol{F}_2$ 作功之和也等于零。

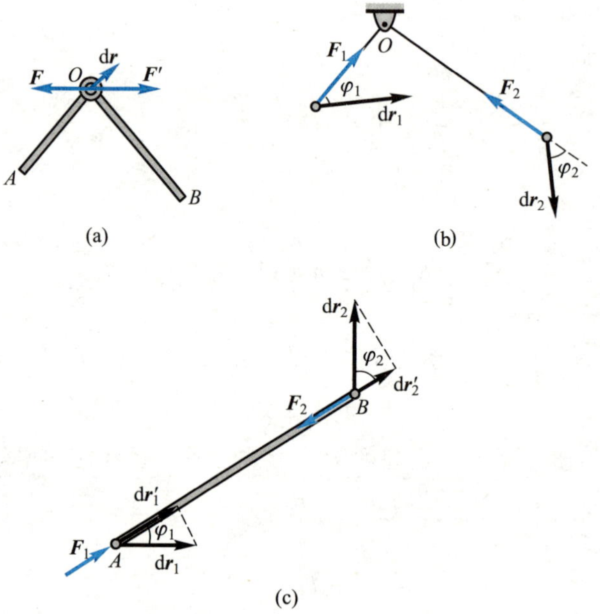

图 13－5

一般情况下摩擦力作功，应用动能定理时需要计入摩擦力的功。但当轮子在固定面上只滚不滑时，接触点为速度瞬心，滑动摩擦力的作用点没动，此时滑动摩擦力不作功。因此不计滚动摩阻时，纯滚动的接触点为理想约束。

工程中很多约束可视为理想约束，此时未知的约束力并不作功，这对动能定理的应用是非常方便的。

必须注意，作用于质点系的力既有外力，也有内力，在某些情形下，内力虽然等值而反向，但所作功的和并不等于零。例如，手雷爆炸时其内力就作功。

同时也应注意，在不少情况下内力作功之和为零。如刚体，其上任意两点之间距离保持不变，而内力总是成对出现，两力总是等值、反向、共线，因此内力作功之和必为零。

从以上分析可见，在应用质点系的动能定理时，要根据具体情况仔细分析所有的作用力，以确定它是否作功。应注意：理想约束的约束力不作功，而质点系的内力作功之和并不一定等于零。

例 13-1 卷扬机如图 13-6 所示。鼓轮在力偶 M 的作用下将圆柱由静止沿斜坡上拉。已知鼓轮的半径为 R_1，质量为 m_1，质量分布在轮缘上；圆柱的半径为 R_2，质量为 m_2，质量均匀分布。设斜坡的倾角为 θ，圆柱只滚不滑。试求圆柱中心 C 经过路程 s 时的速度与加速度。

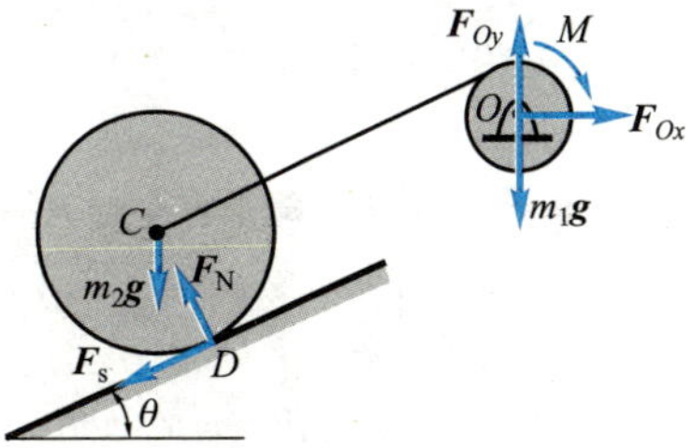

图 13-6

动画例 13-1

解： 取圆柱和鼓轮一起组成的质点系。作用于该质点系的外力有：重力 $m_1\boldsymbol{g}$ 和 $m_2\boldsymbol{g}$，外力偶 M，水平轴约束力 $\boldsymbol{F}_{Ox}$ 和 $\boldsymbol{F}_{Oy}$，斜面对圆柱的法向约束力 $\boldsymbol{F}_N$ 和静摩擦力 $\boldsymbol{F}_s$。

因为点 O 没有位移，力 $\boldsymbol{F}_{Ox}$、$\boldsymbol{F}_{Oy}$ 和 $m_1\boldsymbol{g}$ 所作的功等于零；圆柱沿斜面只滚不滑，瞬心 D 点速度为零，因此作用于点 D 的法向约束力 $\boldsymbol{F}_N$ 和静摩擦力 $\boldsymbol{F}_s$ 不作功，此系统只受理想约束，且内力作功为零。主动力所作的功为

$$W_{12} = M\varphi - m_2 g\sin\theta \times s$$

质点系的动能为

$$T_1 = 0, \quad T_2 = \frac{1}{2}J_1\omega_1^2 + \frac{1}{2}m_2 v_C^2 + \frac{1}{2}J_C\omega_2^2$$

式中，J_1、J_C 分别为鼓轮对于中心轴 O、圆柱对于过质心 C 的轴的转动惯量

$$J_1 = m_1 R_1^2, \quad J_C = \frac{1}{2}m_2 R_2^2$$

ω_1 和 ω_2 分别为鼓轮和圆柱的角速度，即

$$\omega_1 = \frac{v_C}{R_1}, \quad \omega_2 = \frac{v_C}{R_2}$$

于是

$$T_2 = \frac{v_C^2}{4}(2m_1 + 3m_2)$$

由质点系的动能定理，得

$$\frac{v_C^2}{4}(2m_1+3m_2)-0=M\varphi-m_2g\sin\theta\times s \tag{a}$$

以 $\varphi=\frac{s}{R_1}$ 代入，解得

$$v_C=2\sqrt{\frac{(M-m_2gR_1\sin\theta)s}{R_1(2m_1+3m_2)}}$$

系统运动过程中，速度 v_C 与路程 s 都是时间的函数，将式(a)两端对时间求一阶导数，有

$$\frac{1}{2}(2m_1+3m_2)v_Ca_C=M\frac{v_C}{R_1}-m_2g\sin\theta\times v_C \tag{b}$$

求得圆柱中心 C 的加速度为

$$a_C=\frac{2(M-m_2gR_1\sin\theta)}{(2m_1+3m_2)R_1}$$

例 13-2 利用动能定理求解例 12-8 的第(1)问。

解： 以杆为研究对象，受力如图 13-7 所示。由于 A，B 处为理想约束，$\boldsymbol{F}_{NA}$ 和 $\boldsymbol{F}_{NB}$ 不作功，只有重力作功。

当杆由 φ_0 运动到任一位置 φ 时，主动力作功为

$$W=mg\cdot\frac{l}{2}(\sin\varphi_0-\sin\varphi)$$

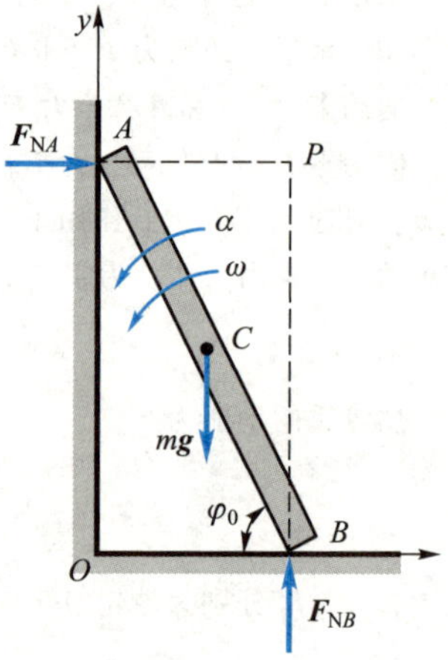

图 13-7

杆的动能为

$$T_1=0,\quad T_2=\frac{1}{2}mv_C^2+\frac{1}{2}J_C\omega^2$$

如图 13-7 所示，P 为该瞬时 AB 杆的速度瞬心，则有

$$v_C=\omega\cdot PC=\omega\cdot\frac{l}{2}$$

又有 $J_C=\frac{1}{12}ml^2$，得

$$T_2=\frac{1}{6}ml^2\omega^2$$

由质点系的动能定理有

$$\frac{1}{6}ml^2\omega^2-0=mg\cdot\frac{l}{2}(\sin\varphi_0-\sin\varphi) \tag{a}$$

解得

$$\omega=\sqrt{\frac{3g}{l}(\sin\varphi_0-\sin\varphi)}$$

杆在运动过程中，式(a)均成立，将两端对时间求导，注意 $\dot{\varphi}=-\omega$，解得

$$\alpha=\frac{3g}{2l}$$

§13-4　功率·功率方程·机械效率

1. 功率

在工程中，需要知道一部机器单位时间内能作多少功。单位时间内力所作的功称为**功率**，以 P 表示。

功率的数学表达式为

$$P=\frac{\delta W}{\mathrm{d}t} \tag{13-21}$$

因为 $\delta W=\boldsymbol{F}\cdot\mathrm{d}\boldsymbol{r}$，因此功率可写成

$$P=\boldsymbol{F}\cdot\frac{\mathrm{d}\boldsymbol{r}}{\mathrm{d}t}=\boldsymbol{F}\cdot\boldsymbol{v}=F_t v \tag{13-22}$$

式中，$\boldsymbol{v}$ 是力 $\boldsymbol{F}$ 作用点的速度。功率等于切向力与力作用点速度的乘积。每台机床、每部机器能够输出的最大功率是一定的，因此用机床加工时，如果切削力较大，必须选择较小的切削速度。又如汽车上坡时，由于需要较大的驱动力，这时驾驶员须换用低速挡，以求在发动机功率一定的条件下，产生大的驱动力。

作用在转动刚体上的力的功率为

$$P=\frac{\delta W}{\mathrm{d}t}=M_z\frac{\mathrm{d}\varphi}{\mathrm{d}t}=M_z\omega \tag{13-23}$$

式中，M_z 是力对转轴 z 的矩，ω 是角速度。即：作用于转动刚体上的力的功率等于该力对转轴的矩与角速度的乘积。

在国际单位制中，每秒力所作的功等于 1 J 时，其功率定为 1 W（瓦特）（1 W = 1 J/s）。工程中常用 kW（千瓦）作单位，1 000 W = 1 kW。

2. 功率方程

取质点系动能定理的微分形式，两端除以 $\mathrm{d}t$，得

$$\frac{\mathrm{d}T}{\mathrm{d}t}=\sum\frac{\delta W_i}{\mathrm{d}t}=\sum P_i \tag{13-24}$$

上式称为**功率方程**，即质点系动能对时间的一阶导数，等于作用于质点系的所有力的功率的代数和。

功率方程常用来研究机器在工作时能量的变化和转化的问题。如车床工作时，电场对电机转子作用的力作正功，使转子转动，电场力的功率称为输

入功率。由于胶带传动、齿轮传动和轴承与轴之间都有摩擦，摩擦力作负功，使一部分机械能转化为热能；传动系统中的零件也会相互碰撞，也要损失一部分功率。这些功率都取负值，称为无用功率或损耗功率。车床切削工件时，切削阻力对夹持在车床主轴上的工件作负功，这是车床加工零件必须付出的功率，称为有用功率或输出功率。

每部机器的功率都可分为上述三部分。在一般情形下，式(13－24)可写成

$$\frac{\mathrm{d}T}{\mathrm{d}t}=P_{输入}-P_{有用}-P_{无用} \tag{13－25}$$

或

$$P_{输入}=P_{有用}+P_{无用}+\frac{\mathrm{d}T}{\mathrm{d}t} \tag{13－25$'$}$$

3. 机械效率

工程中，要用到有效功率的概念，有效功率 $=P_{有用}+\frac{\mathrm{d}T}{\mathrm{d}t}$，有效功率与输入功率的比值称为机器的机械效率，用 η 表示，即

$$\eta=\frac{有效功率}{输入功率} \tag{13－26}$$

由上式可知，机械效率 η 表明机器对输入功率的有效利用程度，它是评定机器质量好坏的指标之一。显然，一般情况下，$\eta<1$。

一部机器的传动部分一般由许多零件组成。如图 13－8 所示系统，轴承与轴之间、胶带与轮之间、齿轮与齿轮之间各级传动都因摩擦而消耗功率，各级传动都有各自的效率。设Ⅰ－Ⅱ、Ⅱ－Ⅲ、Ⅲ－Ⅳ各级的效率分别为 η_1、η_2、η_3，则Ⅰ－Ⅳ的总效率为

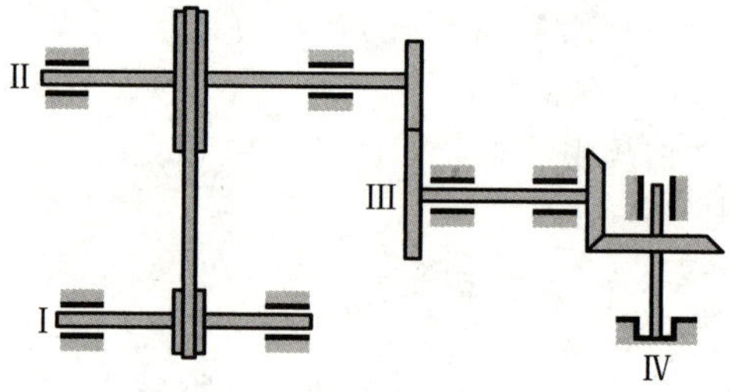

图 13－8

$$\eta=\eta_1\times\eta_2\times\eta_3$$

对于有 n 级传动的系统，总效率等于各级效率的连乘积，即

$$\eta=\eta_1\times\eta_2\times\cdots\times\eta_n$$

§13-5　势力场·势能·机械能守恒定律

1. 势力场

如果一物体在某空间任一位置都受到一个大小和方向完全由所在位置确定的力作用，则这部分空间称为**力场**。

如果物体在力场内运动，作用于物体的力所作的功只与力作用点的初始位置和终了位置有关，而与该点的轨迹形状无关，这种力场称为**势力场**，或保守力场。在势力场中，物体受到的力称为**有势力**或保守力。重力、弹性力作的功都有这个特点，因此它们都是保守力。可以证明，万有引力也是保守力。于是重力场、弹性力场、万有引力场都是势力场。

2. 势能

在势力场中，质点从点 M 运动到任选的点 M_0，有势力所作的功称为质点在点 M 相对于点 M_0 的**势能**。以 V 表示为

$$V=\int_{M}^{M_0}\boldsymbol{F}\cdot\mathrm{d}\boldsymbol{r}=\int_{M}^{M_0}(F_x\mathrm{d}x+F_y\mathrm{d}y+F_z\mathrm{d}z)\tag{13-27}$$

点 M_0 的势能等于零，称为零势能点。在势力场中，势能的大小是相对于零势能点而言的。零势能点 M_0 可以任意选取，对于不同的零势能点，在势力场中同一位置的势能可有不同的数值。

现在计算几种常见的势能。

(1) 重力场中的势能

重力场中，以铅垂轴为 z 轴，z_0 处为零势能点。质点于 z 坐标处的势能 V 等于重力 $m\boldsymbol{g}$ 由 z 到 z_0 处所作的功，即

$$V=\int_{z}^{z_0}-mg\mathrm{d}z=mg(z-z_0)\tag{13-28}$$

(2) 弹性力场中的势能

设弹簧的一端固定，另一端与物体连接，弹簧的刚度系数为 k。以变形量为 δ_0 处为零势能点，则变形量为 δ 处的弹簧势能 V 为

$$V=\frac{k}{2}(\delta^2-\delta_0^2)\tag{13-29}$$

如果取弹簧的自然位置为零势能点，则有 $\delta_0=0$，于是得

$$V=\frac{k}{2}\delta^2 \tag{13-29$'$}$$

如质点系受到多个有势力的作用，各有势力可有各自的零势能点。质点系的“零势能位置”是各质点都处于其零势能点的一组位置。质点系从某位置到其“零势能位置”的运动过程中，各有势力作功的代数和称为此质点系在该位置的势能。

如质点系在重力场中，取各质点的 z 坐标为 $(z_{10}, z_{20}, \cdots, z_{n0})$ 时为零势能位置；则质点系各质点 z 坐标为 $(z_1, z_2, \cdots, z_n)$ 时的势能为

$$V=\sum m_i g(z_i-z_{i0})$$

与质点系重力作功式(13－6)相似，质点系重力势能可写为

$$V=mg(z_C-z_{C0}) \tag{13-30}$$

式中，m 为质点系全部质量，z_C 为质心的 z 坐标，z_{C0} 为零势能位置质心的 z 坐标。

可见，对于不同的零势能位置，系统的势能是不相同的。对于常见的重力－弹力系统，以其平衡位置为零势能点，往往更简便。

质点系在势力场中运动，有势力的功可通过势能计算。设某个有势力的作用点在质点系的运动过程中，从点 M_1 到点 M_2，该力所作的功为 W_{12}。若取 M_0 为零势能点，则从 M_1 到 M_0 和从 M_2 到 M_0 有势力所作的功分别为 M_1 和 M_2 位置的势能 V_1 和 V_2。因有势力的功与轨迹形状无关，而由 M_1 经 M_2 到达 M_0 时，有势力的功为

$$W_{10}=W_{12}+W_{20}$$

注意到 $W_{10}=V_1$，$W_{20}=V_2$，于是得

$$W_{12}=V_1-V_2 \tag{13-31}$$

即有势力所作的功等于质点系在运动过程的初始与终了位置的势能的差。

3. 机械能守恒定律

质点系在某瞬时的动能与势能的代数和称为**机械能**。设质点系在运动过程的初始和终了瞬时的动能分别为 T_1 和 T_2，所受力在此过程中所作的功为 W_{12}，根据动能定理有

$$T_2-T_1=W_{12}$$

如系统运动中，只有有势力作功，则有势力的功可用势能计算，即

$$T_2-T_1=W_{12}=V_1-V_2$$

移项后得

$$T_1+V_1=T_2+V_2 \tag{13-32}$$

上式就是机械能守恒定律的数学表达式，即质点系仅在有势力的作用下运动

时，其机械能保持不变。此类质点系称为**保守系统**。

§13-6 普遍定理的综合应用举例

质点和质点系的普遍定理包括动量定理、动量矩定理和动能定理。这些定理可分为两类：动量定理和动量矩定理属于一类，动能定理属于另一类。前者是矢量形式，后者是标量形式；两者都用于研究机械运动，而后者还可用于研究机械运动与其他运动形式有能量转化的问题。

质心运动定理与动量定理一样，也是矢量形式，常用来分析质点系受力与质心运动的关系；它与相对于质心的动量矩定理联合，共同描述了质点系机械运动的总体情况；特别是联合用于刚体，可建立起刚体运动的基本方程，如平面运动微分方程。应用动量定理或动量矩定理时，质点系的内力不能改变系统的动量和动量矩，只需考虑质点系所受的外力。

动能定理是标量形式，在很多实际问题中约束力不作功，因而应用动能定理分析系统的速度变化是比较方便的。功率方程可视为动能定理的另一种微分形式，便于计算系统的加速度。但应注意，在有些情况下质点系的内力作功并不等于零，应用时要具体分析质点系内力作功问题。

普遍定理提供了解决动力学问题的一般方法，而在求解比较复杂的问题时，往往需要根据各定理的特点，联合运用。

例 13-3 均质圆轮半径为 r，质量为 m，受到轻微扰动后，在半径为 R 的圆弧上往复滚动，如图 13-9 所示。设表面足够粗糙，使圆轮在滚动时无滑动。试求质心 C 的运动微分方程。

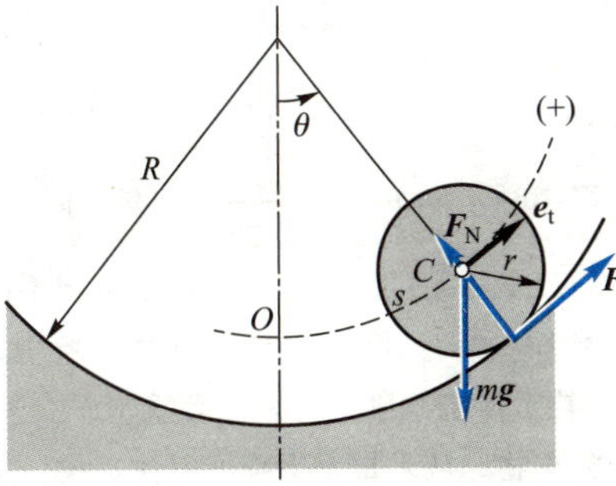

图 13-9

解：均质圆轮作平面运动，如图 13-9 所示，动能为

$$T=\frac{1}{2}mv_C^2+\frac{1}{2}J_C\omega^2=\frac{3}{4}mv_C^2$$

轮与地面接触点为瞬心，接触点的约束力不作功。重力的功率为

$$\begin{aligned}P&=m\boldsymbol{g}\cdot\boldsymbol{v}=m\boldsymbol{g}\cdot\left(\frac{\mathrm{d}s}{\mathrm{d}t}\boldsymbol{e}_t\right)\\&=m\frac{\mathrm{d}s}{\mathrm{d}t}\boldsymbol{g}\cdot\boldsymbol{e}_t=m\frac{\mathrm{d}s}{\mathrm{d}t}(-g\sin\theta)\\&=-mg\sin\theta\frac{\mathrm{d}s}{\mathrm{d}t}\end{aligned}$$

应用功率方程

$$\frac{\mathrm{d}T}{\mathrm{d}t}=P$$

得

$$\frac{3}{4}m\times 2v_C\frac{\mathrm{d}v_C}{\mathrm{d}t}=-mg\sin\theta\frac{\mathrm{d}s}{\mathrm{d}t}$$

因$\frac{\mathrm{d}v_C}{\mathrm{d}t}=\frac{\mathrm{d}^2s}{\mathrm{d}t^2}$，$\frac{\mathrm{d}s}{\mathrm{d}t}=v_C$，$\theta=\frac{s}{R-r}$，当 θ 很小时 $\sin\theta\approx\theta$，于是得质心 C 的运动微分方程为

$$\frac{\mathrm{d}^2s}{\mathrm{d}t^2}+\frac{2g}{3(R-r)}s=0$$

此系统的机械能守恒，也可通过机械能守恒建立质心的运动微分方程。

取质心的最低位置 O 为重力场零势能点，圆轮在任一位置的势能为

$$V=mg(R-r)(1-\cos\theta)$$

同一瞬时的动能为

$$T=\frac{3}{4}mv_C^2$$

由机械能守恒，有

$$\frac{\mathrm{d}}{\mathrm{d}t}(V+T)=0$$

把 V 和 T 的表达式代入，取导数后得

$$mg(R-r)\sin\theta\frac{\mathrm{d}\theta}{\mathrm{d}t}+\frac{3}{2}mv_C\frac{\mathrm{d}v_C}{\mathrm{d}t}=0$$

因$\frac{\mathrm{d}\theta}{\mathrm{d}t}=\frac{v_C}{R-r}$，$\frac{\mathrm{d}v_C}{\mathrm{d}t}=\frac{\mathrm{d}^2s}{\mathrm{d}t^2}$，于是得

$$\frac{\mathrm{d}^2s}{\mathrm{d}t^2}+\frac{2}{3}g\sin\theta=0$$

当 θ 很小时，$\sin\theta\approx\theta=\frac{s}{R-r}$，于是得同样的质心运动微分方程。

通过本例题可见，同一个问题可用不同的理论求解，结果是相同的。

例 13-4 如图 13-10 所示的系统中，物块及两均质轮的质量皆为 m，轮半径皆为 R。滚轮上缘绕一刚度为 k 的无重水平弹簧，轮与地面间无滑动。现于弹簧的原长处自由释放重物，试求重物下降 h 时的速度、加速度以及滚轮与地面间的摩擦力。

动画例 13-4

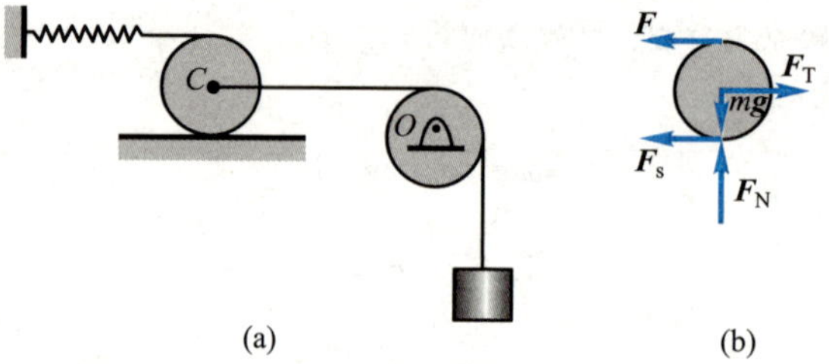

图 13-10

解： 为求重物下降 h 时的速度和加速度，可用动能定理。系统初始动能为零，当物块有速度 v 时，两轮的角速度皆为 $\omega=v/R$，系统动能为

$$T=\frac{1}{2}mv^2+\frac{1}{2}\times\frac{1}{2}mR^2\omega^2+\frac{1}{2}\left(mv^2+\frac{1}{2}mR^2\omega^2\right)=\frac{3}{2}mv^2$$

重物下降 h 时弹簧拉长 $2h$，重力和弹簧力作功的和为

$$W=mgh-\frac{1}{2}k(2h)^2=mgh-2kh^2$$

由动能定理

$$\frac{3}{2}mv^2-0=mgh-2kh^2 \tag{a}$$

求得重物的速度

$$v=\sqrt{\frac{2(mg-2kh)h}{3m}}$$

为求重物加速度，可用动能定理的微分形式(13－19)或功率方程(13－24)。上面式(a)已给出速度 v 与下降距离 h 之间的函数关系，式(a)两端对时间求一次导数，得

$$3mv\frac{\mathrm{d}v}{\mathrm{d}t}=(mg-4kh)\frac{\mathrm{d}h}{\mathrm{d}t}$$

从而求得重物加速度

$$a=\frac{g}{3}-\frac{4kh}{3m}$$

为求地面摩擦力，可取滚轮为研究对象，如图 13－10b 所示，其中弹簧力 $F=2kh$。应用对质心 C 的动量矩定理，即

$$\frac{\mathrm{d}}{\mathrm{d}t}\left(\frac{1}{2}mR^2\times\frac{v}{R}\right)=(F_s-F)R \tag{b}$$

求得地面摩擦力

$$F_s=F+\frac{1}{2}ma \tag{c}$$

代入 F 及 a 的值，得地面摩擦力

$$F_s=\frac{mg}{6}+\frac{4}{3}kh$$

由此例可见，为求系统运动时的作用力，需先计算加速度，为此可用动能定理的微分形式。而求作用力时，应用动量定理或动量矩定理。当然，对此问题，也可以分别对两轮以及重物各列出其相应的微分方程，再联立求解力与加速度。

例 13－5　均质细杆长为 l、质量为 m，静止直立于光滑水平面上。当杆受微小干扰

动画例 13－5

而倒下时，试求杆刚刚平达地面时的角速度和地面约束力。

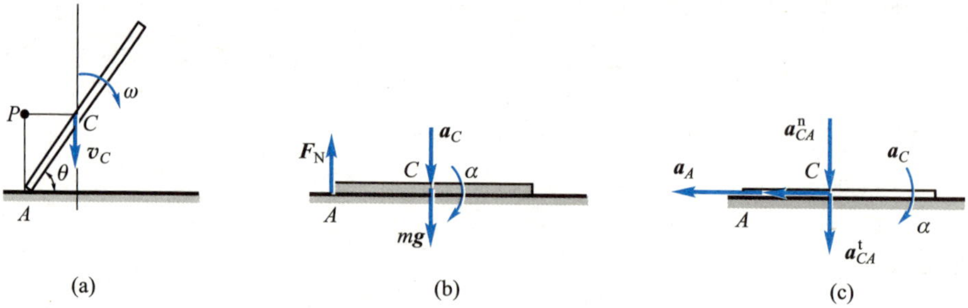

图 13－11

解： 由于地面光滑，直杆沿水平方向不受力，倒下过程中质心将铅直下落。设杆左滑于任一角度 θ，如图 13－11a 所示，P 为杆的瞬心。由运动学知，杆的角速度

$$\omega=\frac{v_C}{CP}=\frac{2v_C}{l\cos\theta}$$

此时杆的动能为

$$T=\frac{1}{2}mv_C^2+\frac{1}{2}J_C\omega^2=\frac{1}{2}m\left(1+\frac{1}{3\cos^2\theta}\right)v_C^2$$

初始动能为零，此过程中只有重力作功，由动能定理

$$\frac{1}{2}m\left(1+\frac{1}{3\cos^2\theta}\right)v_C^2=mg\,\frac{l}{2}(1-\sin\theta)$$

当 $\theta=0$ 时解出

$$v_C=\frac{1}{2}\sqrt{3gl},\quad \omega=\sqrt{\frac{3g}{l}}$$

杆刚平达地面时，受力及加速度如图 13－11b 所示，由刚体平面运动微分方程，得

$$mg-F_N=ma_C \tag{a}$$

$$F_N\frac{l}{2}=J_C\alpha=\frac{ml^2}{12}\alpha \tag{b}$$

点 A 的加速度 $\boldsymbol{a}_A$ 为水平，由质心守恒，$\boldsymbol{a}_C$ 应为铅垂，如图 13－11c 所示。由运动学知

$$\boldsymbol{a}_C=\boldsymbol{a}_A+\boldsymbol{a}_{CA}^n+\boldsymbol{a}_{CA}^t$$

沿铅垂方向投影，得

$$a_C=a_{CA}^t=\alpha\times\frac{l}{2} \tag{c}$$

式(a)、(b)及(c)联立，解出

$$F_N=\frac{mg}{4}$$

由此例可见，求解动力学问题，常要按运动学知识分析速度、加速度之

间的关系；有时还要先判明是否属于动量或动量矩守恒情况。如果是守恒的，则要利用守恒条件给出的结果，才能进一步求解。

习　　题

13－1　圆盘的半径 $r=0.5$ m，可绕水平轴 O 转动。在绕过圆盘的绳上吊有两物块 A、B，质量分别为 $m_A=3$ kg、$m_B=2$ kg。绳与盘之间无相对滑动。在圆盘上作用一力偶，力偶矩按 $M=4\varphi$ 的规律变化（M 以 N · m 计，φ 以 rad 计）。试求由 $\varphi=0$ 到 $\varphi=2\pi$ 时，力偶 M 与物块 A、B 的重力所作功之总和。

13－2　图示坦克的履带质量为 m，两个车轮的质量均为 m_1。车轮可视为均质圆盘，半径为 R，两车轮轴间的距离为 πR。设坦克前进速度为$\boldsymbol{v}$，试计算此质点系的动能。

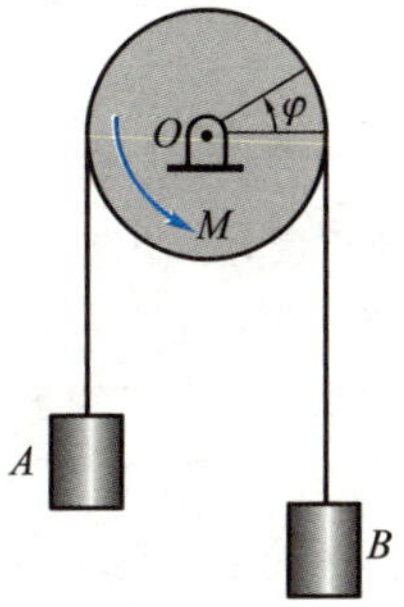

题 13－1 图

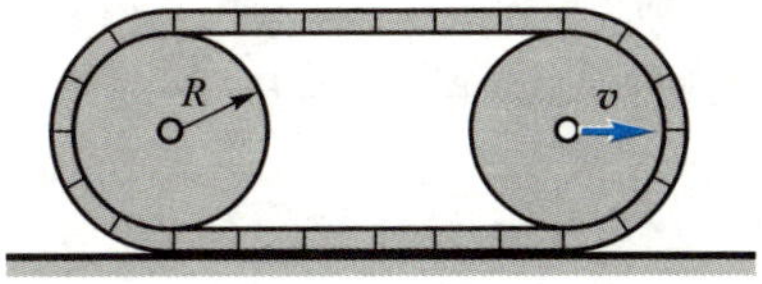

题 13－2 图

13－3　质量为 2 kg 的物块 A 在弹簧上静止，如图所示。弹簧的刚性系数 k 为 400 N/m。现将质量为 4 kg 的物块 B 放置在物块 A 上，刚接触就释放它。试求：(1) 弹簧对两物块的最大作用力；(2) 两物块得到的最大速度。

13－4　图示冲床冲压工件时冲头受的平均工作阻力 $F=52$ kN，工作行程 $s=10$ mm。飞轮的转动惯量 $J=40$ kg · m^2，转速 $n=415$ r/min。假定冲压工件所需的全部能量都由飞轮供给，试计算冲压结束后飞轮的转速。

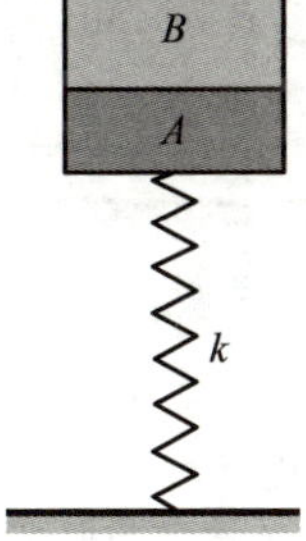

题 13－3 图

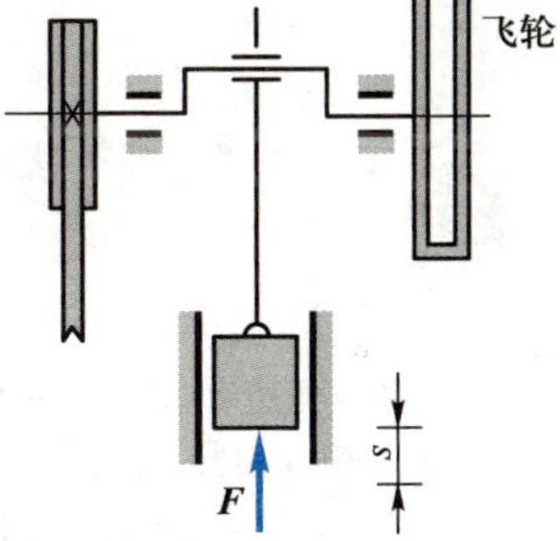

题 13－4 图

13－5 图示轴Ⅰ和Ⅱ(连同安装在其上的带轮和齿轮等)的转动惯量分别为 $J_1 = 5\ \mathrm{kg\cdot m^2}$ 和 $J_2 = 4\ \mathrm{kg\cdot m^2}$。已知齿轮的传动比 $\dfrac{\omega_2}{\omega_1}=\dfrac{3}{2}$，作用于轴Ⅰ上的力偶矩 $M_1 = 50\ \mathrm{N\cdot m}$，系统由静止而运动。试问Ⅱ轴要经过多少转后，转速才能达到 $n_2 = 120\ \mathrm{r/min}$。

13－6 图示曲柄连杆机构位于水平面内，曲柄 OA 重为 P，长为 r，连杆 AB 重为 Q，长为 l，滑块 B 重为 G，曲柄和连杆可视为均质细杆。今在曲柄上作用一不变的矩为 M 的力偶，当 OA 与 AB 垂直时，A 点的速度为 v。求曲柄转至水平位置时 A 点的速度。

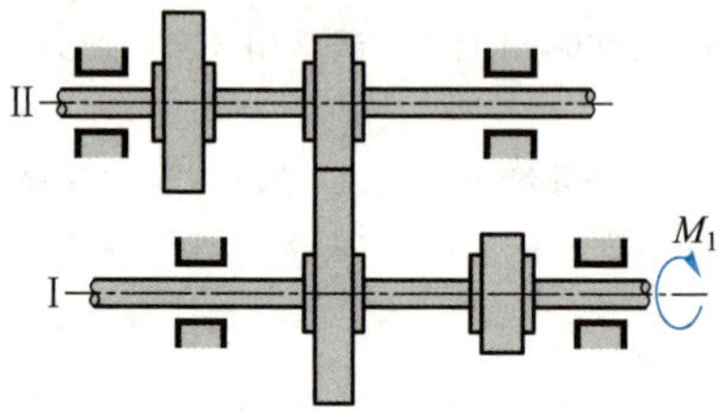

题 13－5 图

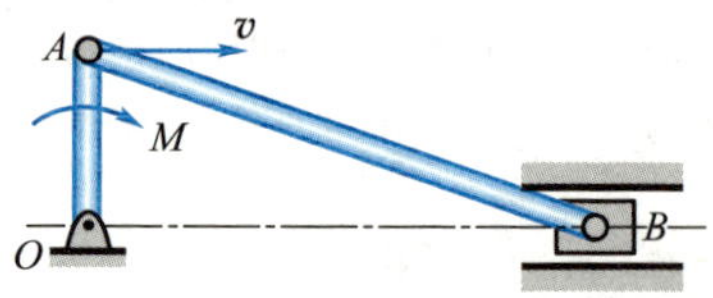

题 13－6 图

13－7 在图示滑轮组中悬挂两个重物，其中重物Ⅰ的质量为 m_1，重物Ⅱ的质量为 m_2。定滑轮 O_1 的半径为 r_1，质量为 m_3；动滑轮 O_2 的半径为 r_2，质量为 m_4。两轮都视为均质圆盘。如绳重和摩擦略去不计，并设 $m_2 > 2m_1 - m_4$。试求重物Ⅱ由静止下降距离 h 时的速度。

13－8 力偶矩 M 为常量，作用在绞车的鼓轮上，使轮转动，如图所示。轮的半径为 r，质量为 m_1。缠绕在鼓轮上的绳子系一质量为 m_2 的重物，使其沿倾角为 θ 的斜面上升。重物与斜面间的摩擦因数为 f，绳子质量不计，鼓轮可视为均质圆柱。在开始时，此系统静止。试求鼓轮转过 φ 角时的角速度和角加速度。

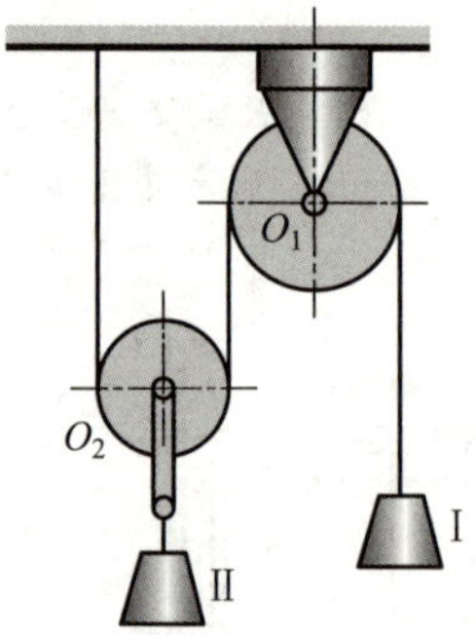

题 13－7 图

题 13－8 图

13－9 图示系统从静止开始释放，此时弹簧的初始伸长量为 100 mm。设弹簧的刚度系数 $k = 0.4\ \mathrm{N/mm}$，滑轮重 120 N，对中心轴的回转半径为 450 mm，轮的半径 500 mm，物块重 200 N。求滑轮下降 25 mm 时，滑轮中心的速度和加速度。

13－10 均质杆 OA 长为 l，质量为 m_1，可绕水平轴 O 转动。另一端有一均质圆盘，

半径为 R，质量为 m_2，可绕 A 在铅垂面内自由旋转，如图所示。摩擦不计，初始时杆 OA 水平，杆和圆盘静止。求杆与水平线成 θ 角时，杆的角速度和角加速度。

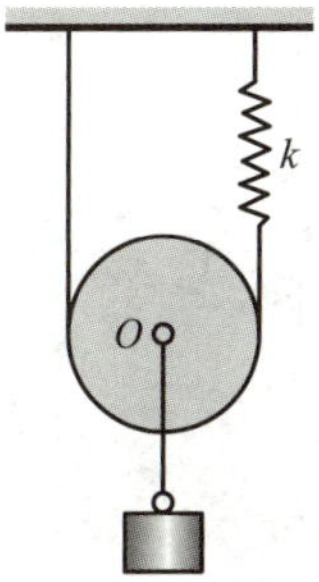

题 13－9 图

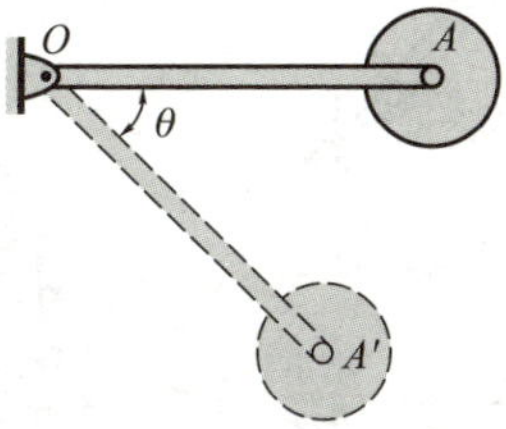

题 13－10 图

13－11 周转齿轮传动机构放在水平面内，如图所示。已知动齿轮半径为 r，质量为 m_1，可看成为均质圆盘；曲柄 OA，质量为 m_2，可看成为均质杆；定齿轮半径为 R。在曲柄上作用一不变的力偶，其矩为 M，使此机构由静止开始运动。试求曲柄转过 φ 角后的角速度和角加速度。

13－12 椭圆规尺机构由曲柄 OA，规尺 BD 以及滑块 B 和 D 组成。已知曲柄长为 l，质量为 m_1；规尺长为 $2l$，质量为 $2m_1$，且二者都可看成均质细杆，两滑块的质量都为 m_2。整个机构放在水平面内，并在曲柄上作用矩为 M_0 的常力偶。求曲柄的角加速度。

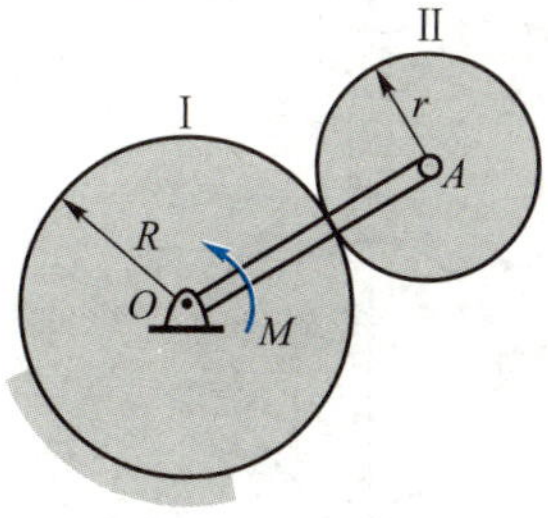

题 13－11 图

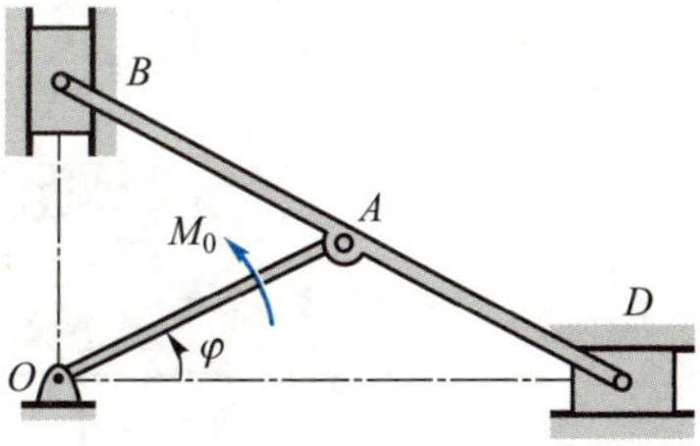

题 13－12 图

综合问题习题

综－1 图示一撞击试验机，主要部分为一质量 $m=20$ kg 的钢铸物，固定在杆上，杆重和轴承摩擦均忽略不计。钢铸物的中心到铰链 O 的距离为 $l=1$ m，钢铸物由最高位置 A 无初速地落下。试求轴承约束力与杆的位置 φ 之间的关系。并讨论 φ 等于多少时杆受力为最大或最小。

综－2 正方形均质板的质量为 40 kg，在铅直平面内以三根软绳拉住，板的边长 $b=100$ mm，如图所示。试求：（1）当软绳 FG 剪断后，木板开始运动的加速度以及 AD 和

BE 两绳的张力；(2) 当 AD 和 BE 两绳位于铅直位置时，板中心 C 的加速度和两绳的张力。

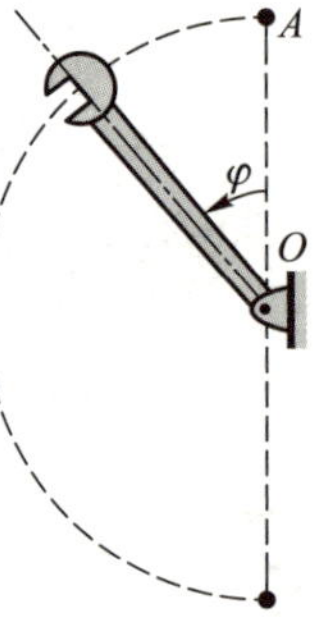

题综－1 图

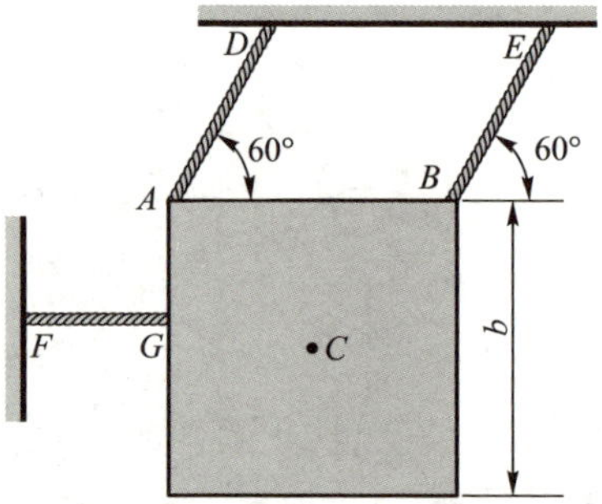

题综－2 图

综－3 均质棒 AB 的质量为 $m=4$ kg，其两端悬挂在两条平行绳上，棒处在水平位置，如图所示。设其中一绳突然断了，试求此瞬时另一绳的张力 $\boldsymbol{F}$。

综－4 图示圆环以角速度 ω 绕铅直轴 AC 自由转动。此圆环半径为 R，对轴的转动惯量为 J。在圆环中的点 A 放一质量为 m 的小球。设由于微小的干扰小球离开点 A，小球与圆环间的摩擦忽略不计。试求当小球到达点 B 和点 C 时，圆环的角速度和小球的速度。

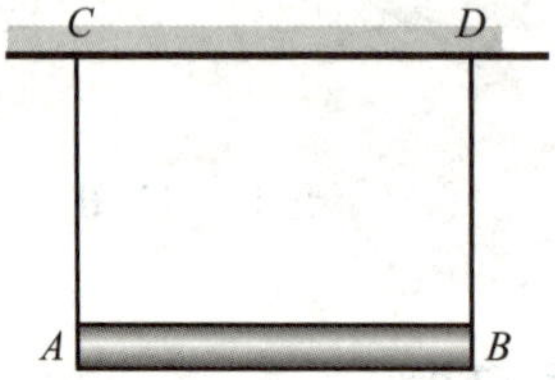

题综－3 图

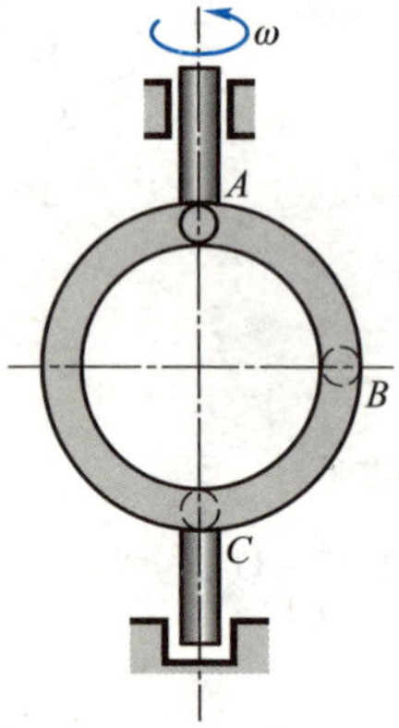

题综－4 图

综－5 图示正圆锥体可绕其中心轴 z 自由转动，转动惯量为 J_z。当它处于静止状态时，一质量为 m 的小球自圆锥顶 A 无初速地沿此圆锥表面的光滑螺旋槽滑下。滑至锥底点 B 时，小球沿水平切线方向脱离锥体。一切摩擦均可忽略。求刚脱离的瞬时，小球的速度 v 和锥体的角速度 ω。

综－6 图示均质圆柱体 C 自桌角 O 滚离桌面。当 $\theta=0°$时，其角速度为零；当 $\theta=30°$时发生滑动现象。试求圆柱体与桌面的摩擦因数。

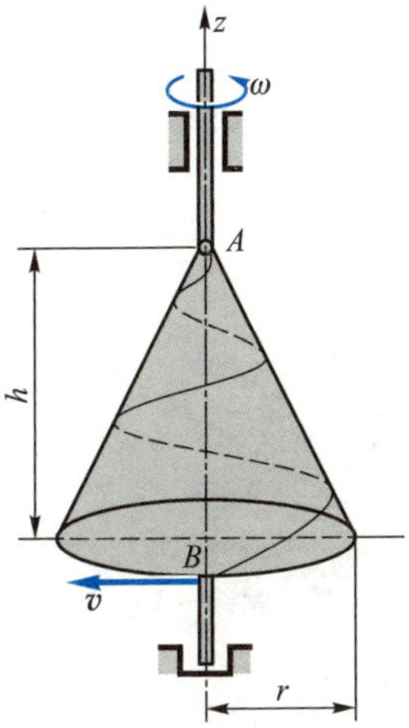

题综 -5 图

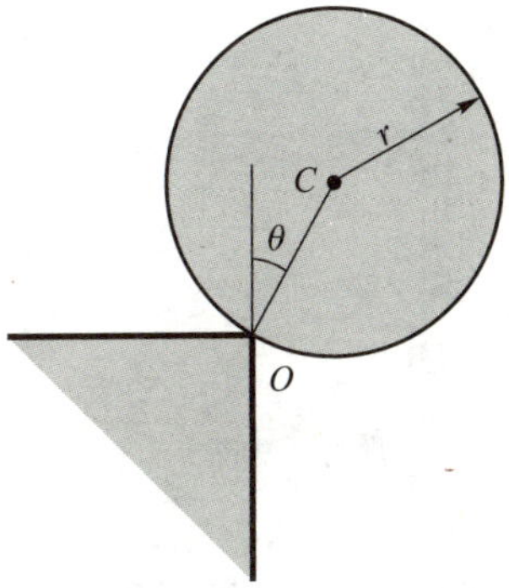

题综 -6 图

综 -7　将长为 l 的均质细杆的一段平放在水平桌面上，使其质量中心 C 与桌缘的距离为 a，如图所示。若当杆与水平面之夹角超过 θ_0 时，开始相对桌缘滑动，试求摩擦因数。

综 -8　均质细杆 AB 长为 l，质量为 m，初始紧靠在铅垂墙壁上，由于微小干扰，杆绕 B 点倾倒，如图所示。不计摩擦，求：(1) B 端未脱离墙时杆 AB 的角速度、角加速度和 B 处的约束力；(2) B 端脱离墙壁时的角度；(3) 杆着地时质心的速度和杆的角速度。

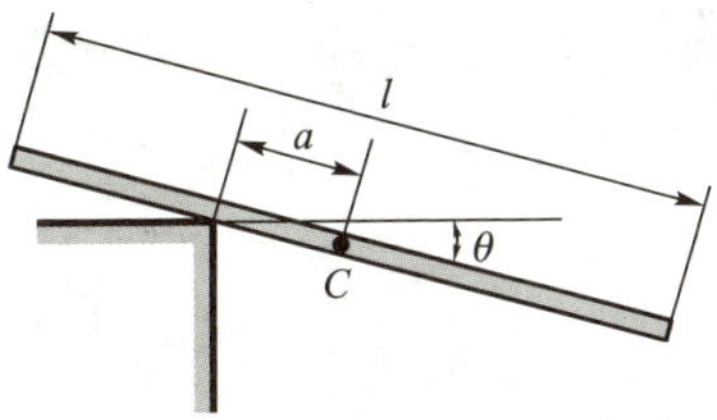

题综 -7 图

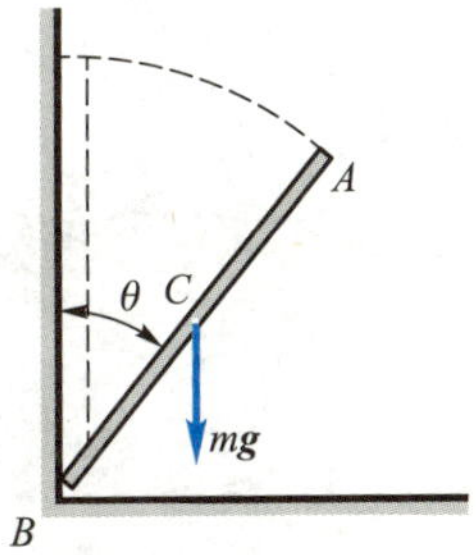

题综 -8 图

综 -9　图示均质直杆 OA，杆长为 l，质量为 m，在常力偶的作用下在水平面内从静止开始绕轴 z 转动，设力偶矩为 M。试求：(1) 经过时间 t 后系统的动量、对轴 z 的动量矩和动能的变化；(2) 轴承的动约束力。

综 -10　在图示系统中，纯滚动的均质圆轮与物块 A 的质量均为 m，圆轮的半径为 r，斜面倾角为 θ，物块 A 与斜面间的摩擦因数为 f。不计杆 OA 的质量。试求：(1) O 点的加速度；(2) 杆 OA 的内力。

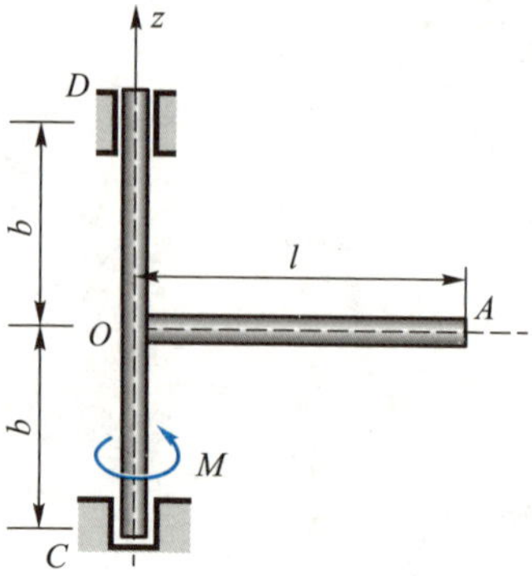

题综 -9 图

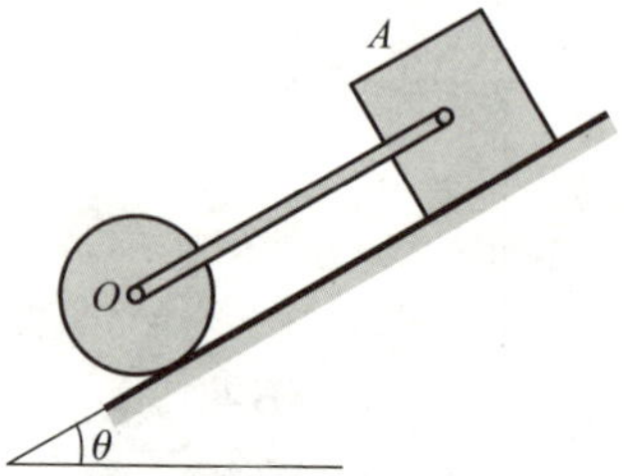

题综 -10 图

综 -11 滚子 A 质量为 m_1，沿倾角为 θ 的斜面向下只滚不滑，如图所示。滚子借一跨过滑轮 B 的绳提升质量为 m_2 的物体 C，同时滑轮 B 绕 O 轴转动。滚子 A 与滑轮 B 的质量相等，半径相等，且都为均质圆盘。试求滚子重心的加速度和系在滚子上绳的张力。

综 -12 图示机构中，物块 A、B 的质量均为 m，两均质圆轮 C、D 的质量均为 $2m$，半径均为 R。C 轮铰接于无重悬臂梁 CK 上，D 为动滑轮，梁的长度为 $3R$，绳与轮间无滑动，系统由静止开始运动。试求：(1) A 物块上升的加速度；(2) HE 段绳的拉力；(3) 固定端 K 处的约束力。

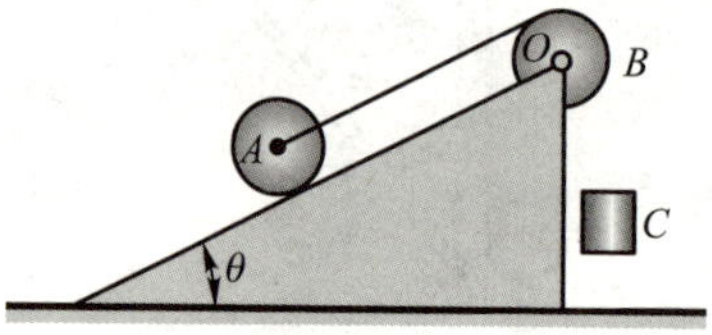

题综 -11 图

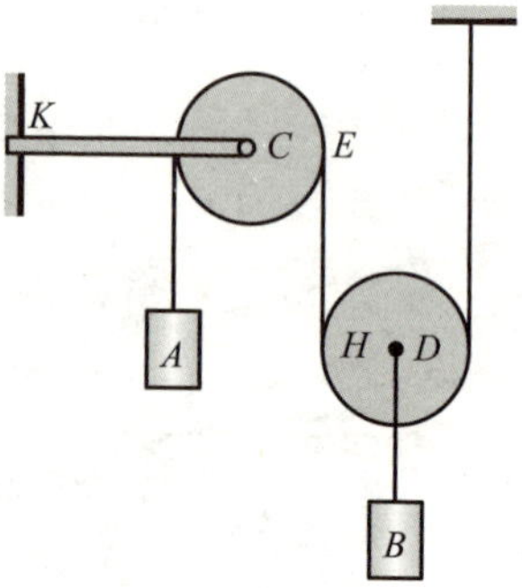

题综 -12 图

第十四章　达朗贝尔原理

本章引入惯性力的概念，推出质点和质点系的达朗贝尔原理。达朗贝尔原理提供了研究动力学问题的一个新的方法，即利用静力学方法分析动力学问题，称为动静法。

§14－1　惯性力·达朗贝尔原理

1. 质点的达朗贝尔原理

设质点的质量为 m，加速度为 $\boldsymbol{a}$，作用于质点的主动力为 $\boldsymbol{F}$，约束力为 $\boldsymbol{F}_N$，如图 14－1 所示。由牛顿第二定律有

$$m\boldsymbol{a}=\boldsymbol{F}+\boldsymbol{F}_N$$

将上式移项写为

$$\boldsymbol{F}+\boldsymbol{F}_N-m\boldsymbol{a}=\boldsymbol{0}$$

令

$$\boldsymbol{F}_I=-m\boldsymbol{a} \tag{14-1}$$

有

$$\boldsymbol{F}+\boldsymbol{F}_N+\boldsymbol{F}_I=\boldsymbol{0} \tag{14-2}$$

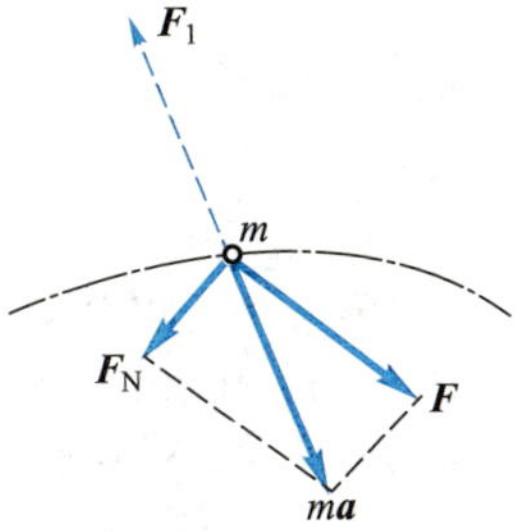

图 14－1

$\boldsymbol{F}_I$ 具有力的量纲，且与质点的质量有关，称其为质点的**惯性力**，它的大小等于质点的质量与加速度的乘积，它的方向与质点加速度的方向相反。式(14－2)可解释为：作用在质点上的主动力、约束力和虚加的惯性力在形式上组成平衡力系。这就是质点的**达朗贝尔原理**。

应该强调指出，质点并非处于平衡状态，这样做的目的是将动力学问题转化为静力学问题求解。对质点系动力学问题，这一方法具有很多优越性，因此在工程中应用比较广泛。同时，达朗贝尔原理与下一章的虚位移原理构成了分析力学的基础。

2. 质点系的达朗贝尔原理

设质点系由 n 个质点组成。由质点的达朗贝尔原理可知，每个质点上的外力、内力和它的惯性力在形式上组成平衡力系。这表明，整个质点系受到的所有外力、内力及惯性力在形式上也必然组成平衡力系。

把作用于第 i 个质点上的所有力分为外力的合力 $\boldsymbol{F}_i^{(e)}$，内力的合力 $\boldsymbol{F}_i^{(i)}$。由静力学知，空间任意力系平衡的充分必要条件是力系的主矢和对于任一点的主矩等于零，即

$$\sum \boldsymbol{F}_i^{(e)} + \sum \boldsymbol{F}_i^{(i)} + \sum \boldsymbol{F}_{Ii} = \boldsymbol{0}$$
$$\sum \boldsymbol{M}_O(\boldsymbol{F}_i^{(e)}) + \sum \boldsymbol{M}_O(\boldsymbol{F}_i^{(i)}) + \sum \boldsymbol{M}_O(\boldsymbol{F}_{Ii}) = \boldsymbol{0}$$

由于质点系的内力总是成对存在，且等值、反向、共线，因此有 $\sum \boldsymbol{F}_i^{(i)} = \boldsymbol{0}$ 和 $\sum \boldsymbol{M}_O(\boldsymbol{F}_i^{(i)}) = \boldsymbol{0}$，于是有

$$\left.\begin{aligned} &\sum \boldsymbol{F}_i^{(e)} + \sum \boldsymbol{F}_{Ii} = \boldsymbol{0} \\ &\sum \boldsymbol{M}_O(\boldsymbol{F}_i^{(e)}) + \sum \boldsymbol{M}_O(\boldsymbol{F}_{Ii}) = \boldsymbol{0} \end{aligned}\right\} \tag{14-3}$$

式(14－3)表明，作用在质点系上的所有外力与虚加在每个质点上的惯性力在形式上组成平衡力系，这就是质点系的达朗贝尔原理。

由于式(14－3)与静力学的平衡方程在形式上相同，因此静力学中关于平衡力系的一切陈述及求解方法都适用于质点系的达朗贝尔原理。应用时一般用其投影式，如对平面任意力系，方程为

$$\left.\begin{aligned} &\sum F_x^{(e)} + \sum F_{Ix} = 0 \\ &\sum F_y^{(e)} + \sum F_{Iy} = 0 \\ &\sum M_O(\boldsymbol{F}^{(e)}) + \sum M_O(\boldsymbol{F}_I) = 0 \end{aligned}\right\}$$

其矩心 O 可以任意选择，也可以采用二矩一投影式或三矩式方程。

动画例 14－1

例 14－1 如图 14－2 所示，定滑轮的半径为 r，质量为 m，均匀分布在轮缘上，绕水平轴 O 转动。跨过滑轮的无重绳的两端挂有质量为 m_1 和 m_2（$m_1 > m_2$）的重物，绳与轮间不打滑，轴承摩擦忽略不计。求重物的加速度。

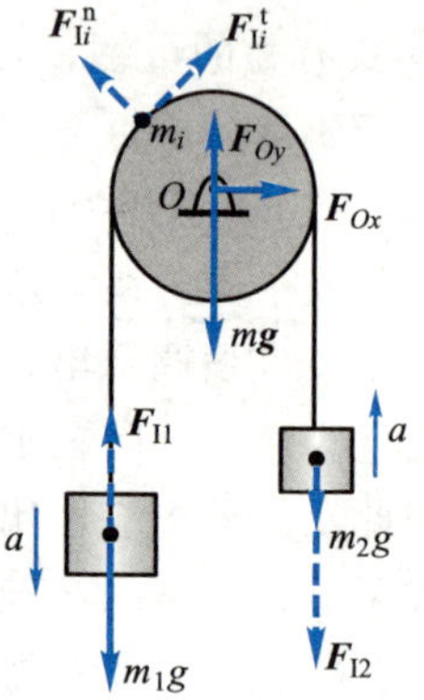

图 14－2

解： 取滑轮和重物组成的质点系为研究对象。

作用于质点系的外力有重力 m_1g，m_2g，mg，轴承的约束力 $\boldsymbol{F}_{Ox}$，$\boldsymbol{F}_{Oy}$。对两重物加惯性力如图 14－2 所示，大小分别为

$$F_{I1} = m_1 a, \quad F_{I2} = m_2 a$$

在滑轮边缘上取一质点 m_i，有切向和法向加速度，加惯性力如图所示，大小分别为

$$F_{Ii}^t = m_i a_i^t = m_i \alpha r = m_i a, \quad F_{Ii}^n = m_i a_i^n = m_i \frac{v^2}{r}$$

利用达朗贝尔原理，列平衡方程

$$\sum M_O = 0, \quad (m_1 g - F_{I1} - m_2 g - F_{I2}) r - \sum F_{Ii}^t \cdot r = 0$$

即

$$(m_1 g - m_1 a - m_2 g - m_2 a) r - \sum m_i a \cdot r = 0$$

解得

$$a = \frac{m_1 - m_2}{m_1 + m_2 + m} g$$

§14－2　刚体惯性力系的简化·轴承的附加动约束力

质点系内每个质点都有各自的惯性力，这些惯性力构成的力系称为惯性力系。惯性力系的简化是应用达朗贝尔原理解题时常遇到的问题。在静力学中力系的简化是基于作用于刚体上力系的等效原理进行的。所谓等效，就是作用效果相同，与静止或运动无关，因此静力学中关于力系简化的内容也适用于刚体惯性力系的简化。

1. 质点系惯性力系的主矢和主矩

由质点系的达朗贝尔原理知，外力与惯性力系构成平衡力系，将它们向任一点简化，必有

$$\boldsymbol{F}'_{\mathrm{R}}+\boldsymbol{F}_{\mathrm{IR}}=\boldsymbol{0},\quad \boldsymbol{M}_{O}+\boldsymbol{M}_{\mathrm{I}O}=\boldsymbol{0} \tag{14-4}$$

式中，$\boldsymbol{F}'_{\mathrm{R}}$与$\boldsymbol{F}_{\mathrm{IR}}$为外力及惯性力系的主矢，$\boldsymbol{M}_{O}$与$\boldsymbol{M}_{\mathrm{I}O}$为外力及惯性力系向点$O$简化的主矩。由质心运动定理$\boldsymbol{F}'_{\mathrm{R}}=m\boldsymbol{a}_{C}$，因此惯性力系的主矢为

$$\boldsymbol{F}_{\mathrm{IR}}=-m\boldsymbol{a}_{C} \tag{14-5}$$

由对定点及对质心的动量矩定理$\boldsymbol{M}_{O}=\dfrac{\mathrm{d}\boldsymbol{L}_{O}}{\mathrm{d}t}$，$\boldsymbol{M}_{C}=\dfrac{\mathrm{d}\boldsymbol{L}_{C}}{\mathrm{d}t}$，再利用式(14－4)，即得惯性力系向定点$O$及质心$C$简化的主矩

$$\boldsymbol{M}_{\mathrm{I}O}=-\frac{\mathrm{d}\boldsymbol{L}_{O}}{\mathrm{d}t},\quad \boldsymbol{M}_{\mathrm{I}C}=-\frac{\mathrm{d}\boldsymbol{L}_{C}}{\mathrm{d}t} \tag{14-6}$$

即质点系惯性力系的主矢等于总质量与加速度的乘积，方向与质心加速度方向相反，该结论适用于任意质点系作任意运动；惯性力系向定点和质心简化的主矩等于负的相应动量矩对时间的导数，该方法只适用于向定点或质心简化。

与静力学中力系简化的原理一样，惯性力系的主矢与简化中心无关，而主矩一般与简化中心有关。

2. 平移刚体惯性力系的简化

刚体平移时$\boldsymbol{L}_{C}\equiv\boldsymbol{0}$，因此$\boldsymbol{M}_{\mathrm{I}C}=\boldsymbol{0}$。惯性力系向质心简化为一合力，其大小、方向等于惯性力系的主矢

$$\boldsymbol{F}_{\mathrm{IR}}=-m\boldsymbol{a}_{C}$$

即平移刚体的惯性力系可以简化为通过质心的合力，其大小等于刚体的质量与质心加速度的乘积，方向与加速度方向相反。

注意：如果不是向质心简化，一般情况下惯性力系主矩不为零。

3. 定轴转动刚体惯性力系的简化及轴承的附加动约束力

由式(14－5)有定轴转动刚体惯性力系的主矢为

$$\boldsymbol{F}_{\mathrm{IR}}=-m\boldsymbol{a}_C=-m(\boldsymbol{a}_C^{\mathrm{t}}+\boldsymbol{a}_C^{\mathrm{n}}) \tag{14－7}$$

下面推导定轴转动刚体惯性力系的主矩。如图 14－3a 所示的定轴转动刚体，角速度为 ω，角加速度为 α。为简单起见，在转轴上任取一点 O 为简化中心，以 O 为原点建如图所示直角坐标系。在刚体内任取一点，质量为 m_i，距转轴的垂直距离为 r_i，坐标为 x_i，y_i，z_i。质点的惯性力分解为切向惯性力和法向惯性力，方向如图所示，大小分别为

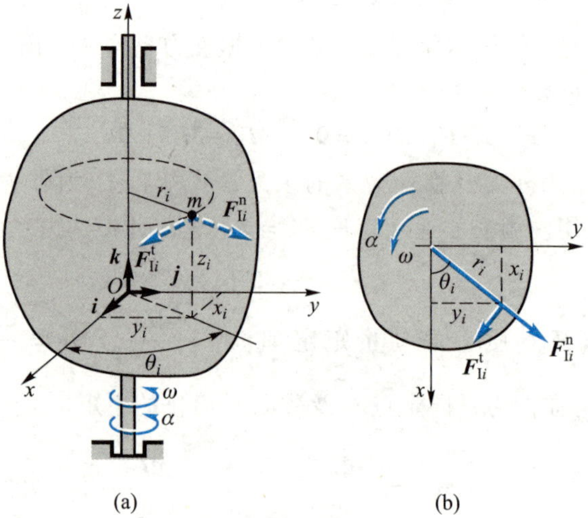

图 14－3

$$F_{\mathrm{I}i}^{\mathrm{t}}=m_i a_i^{\mathrm{t}}=m_i\alpha r,\quad F_{\mathrm{I}i}^{\mathrm{n}}=m_i a_i^{\mathrm{n}}=m_i r_i\omega^2$$

惯性力系对 x 轴的矩为(参见图 14－3b)

$$\begin{aligned}M_{\mathrm{I}x}&=\sum M_x(F_{\mathrm{I}i})=\sum M_x(F_{\mathrm{I}i}^{\mathrm{t}})+\sum M_x(F_{\mathrm{I}i}^{\mathrm{n}})\\&=\sum m_i r_i\alpha\cos\theta_i\cdot z_i+\sum m_i r_i\omega^2\sin\theta_i\cdot z_i\end{aligned}$$

因

$$\cos\theta_i=\frac{x_i}{r_i},\quad \sin\theta_i=\frac{y_i}{r_i}$$

可得

$$M_{\mathrm{I}x}=\alpha\sum m_i x_i z_i-\omega^2\sum m_i y_i z_i$$

记

$$J_{xz}=\sum m_i x_i z_i,\quad J_{yz}=\sum m_i y_i z_i \tag{14－8}$$

称其为对于 z 轴的惯性积，它反映了刚体质量对于坐标轴的分布情况。于

是，惯性力系对于 x 轴的矩为

$$M_{\mathrm{I}x}=J_{xz}\alpha-J_{yz}\omega^2 \tag{14-9}$$

同理可得惯性力系对于 y 轴的矩为

$$M_{\mathrm{I}y}=J_{yz}\alpha+J_{xz}\omega^2 \tag{14-10}$$

惯性力系对于 z 轴的矩为

$$\begin{aligned}M_{\mathrm{I}z}&=\sum M_z(F_{\mathrm{I}i})=\sum M_z(F_{\mathrm{I}i}^{\mathrm{t}})+\sum M_z(F_{\mathrm{I}i}^{\mathrm{n}})=\sum M_z(F_{\mathrm{I}i}^{\mathrm{t}})\\&=\sum -m_ir_i\alpha\cdot r_i=-\left(\sum m_ir_i^2\right)\alpha=-J_z\alpha\end{aligned} \tag{14-11}$$

因此可以得到刚体定轴转动时，惯性力系向转轴上一点 O 简化的主矩为

$$\begin{aligned}\boldsymbol{M}_{\mathrm{I}O}&=M_{\mathrm{I}x}\boldsymbol{i}+M_{\mathrm{I}y}\boldsymbol{j}+M_{\mathrm{I}z}\boldsymbol{k}\\&=(J_{xz}\alpha-J_{yz}\omega^2)\boldsymbol{i}+(J_{yz}\alpha+J_{xz}\omega^2)\boldsymbol{j}-J_z\alpha\boldsymbol{k}\end{aligned} \tag{14-12}$$

工程中的定轴转动刚体常常具有质量对称平面。如果定轴转动刚体有质量对称平面，且该平面与转轴 z 垂直，简化中心 O 取为此平面和转轴 z 的交点，则

$$J_{xz}=\sum m_ix_iz_i=0,\quad J_{yz}=\sum m_iy_iz_i=0$$

则惯性力系简化的主矩为

$$M_{\mathrm{I}O}=M_{\mathrm{I}z}=-J_z\alpha \tag{14-13}$$

于是得到结论：当刚体有质量对称平面且绕垂直于此对称平面的轴作定轴转动时，惯性力系向转轴简化为此对称平面内的一个力和一个力偶。这个力等于刚体质量与质心加速度的乘积，方向与质心加速度方向相反，作用线通过转轴；这个力偶的矩等于刚体对于转轴的转动惯量与角加速度的乘积，转向与角加速度转向相反。

在转轴上的点 O 处加上惯性力系的简化结果后，可以利用静力学的方法求出轴承处的约束力，所求得的结果减去静约束力（静态问题的约束力）即得轴承的附加动约束力，很显然附加动约束力与 $\boldsymbol{F}_{\mathrm{IR}}$ 和 $\boldsymbol{M}_{\mathrm{I}O}$ 有关。附加动约束力常常引起定轴转动刚体的振动、噪声，甚至造成破坏。因此，应使附加动约束力为零。

参见式(14-7)和(14-12)，其中 $M_{\mathrm{I}z}$ 是惯性力系主矩沿 z 轴的分量，不会引起轴承的附加动约束力。因此要使附加动约束力为零，必须有

$$\boldsymbol{a}_C=0,\quad J_{xz}=J_{yz}=0 \tag{14-14}$$

如果刚体对于通过某点的 z 轴的惯性积 J_{xz}，J_{yz} 等于零，则称此轴为过该点的惯性主轴。通过质心的惯性主轴称为中心惯性主轴。所以可以得到如下结论：避免出现轴承附加动约束力的条件是刚体的转轴应是中心惯性主轴。

如果刚体的转轴通过质心，且刚体除重力外，没有受到其他主动力作用，则刚体可以在任意位置静止不动，称这种现象为静平衡。当刚体的转轴通过质心且为惯性主轴时，刚体转动时不会出现轴承的附加动约束力，称这种现象为动平衡。能够静平衡的定轴转动刚体不一定能够实现动平衡，但能够动平衡的定轴转动刚体一定能够实现静平衡。

4. 平面运动刚体惯性力系的简化

工程中，作平面运动的刚体常常有质量对称平面，且平行于此平面运动，现仅限于讨论这种情况下惯性力系的简化。与刚体绕定轴转动相似，刚体作平面运动，其上各质点的惯性力组成的空间力系，可简化为在质量对称平面内的平面力系。取质量对称平面内的平面图形如图 14－4 所示。由运动学知，平面图形的运动可分解为随基点的平移与绕基点的转动。现取质心 C 为基点，设质心的加速度为 $\boldsymbol{a}_C$，绕质心转动的角速度为 ω，角加速度为 α，与刚体绕定轴转动相似，此时惯性力系向质心 C 简化的主矩为

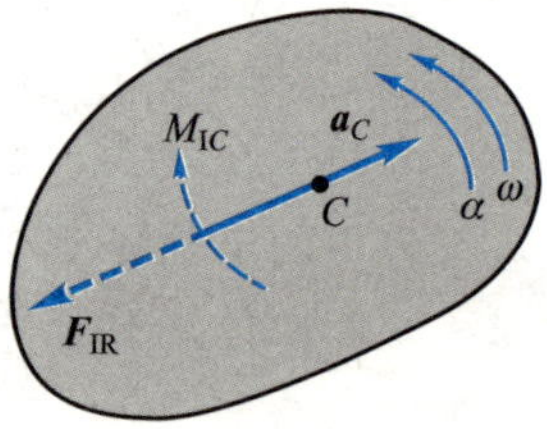

图 14－4

$$M_{IC} = -J_C\alpha \tag{14-15}$$

式中，J_C 为刚体对通过质心且垂直于质量对称平面的轴的转动惯量。

于是得结论：有质量对称平面的刚体，平行于此平面运动时，刚体的惯性力系简化为在此平面内的一个力和一个力偶。这个力通过质心，其大小等于刚体的质量与质心加速度的乘积，其方向与质心加速度的方向相反；这个力偶的矩等于刚体对过质心且垂直于质量对称面的轴的转动惯量与角加速度的乘积，转向与角加速度相反。

动画例 14－2

例 14－2 如图 14－5a 所示均质杆的质量为 m，长为 l，绕定轴 O 转动的角速度为 ω，角加速度为 α。试求惯性力系向点 O 简化的结果（方向在图上画出）。

解：该杆作定轴转动，惯性力系向点 O 简化的主矢、主矩大小为

$$F_{IO}^{t} = m\times\frac{l}{2}\alpha,\quad F_{IO}^{n} = m\times\frac{l}{2}\omega^2,\quad M_{IO} = \frac{1}{3}ml^2\times\alpha$$

方向分别如图 14－5b 所示。

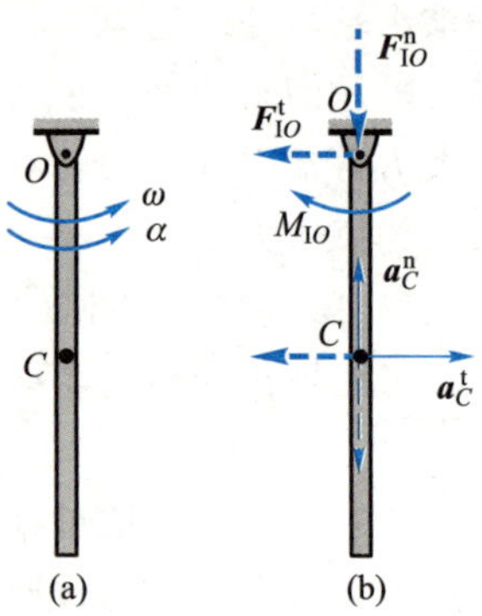

图 14－5

注意，能不能以 $\boldsymbol{F}_{IR} = -m\boldsymbol{a}_C$、惯性力和质心加速度 $\boldsymbol{a}_C$ 相反为由，把惯性力系的主矢画在点 C，如图 14－5b 中 C 处的虚线所示？

例 14-3　如图 14-6 所示，电动绞车安装在梁上，梁的两端搁在支座上，绞车与梁共重为 P。绞盘半径为 R，与电机转子固结在一起，转动惯量为 J，质心位于 O 处。绞车以加速度 $\boldsymbol{a}$ 提升质量为 m 的重物，其他尺寸如图。试求支座 A、B 受到的附加动约束力。

动画例 14-3

解： 取整个系统为研究对象，作用于质点系的外力有重力 $m\boldsymbol{g}$，$\boldsymbol{P}$ 及支座 A、B 对梁的法向约束力 $\boldsymbol{F}_A$、$\boldsymbol{F}_B$（忽略支座处摩擦力）。重物作平移，加惯性力如图 14-6 所示，其大小为

$$F_I = ma$$

绞盘与电机转子共同绕 O 转动，由于质心位于转轴上，所以只有惯性力矩，其大小为

$$M_{IO} = J\alpha = J\frac{a}{R}$$

方向如图 14-6 所示。

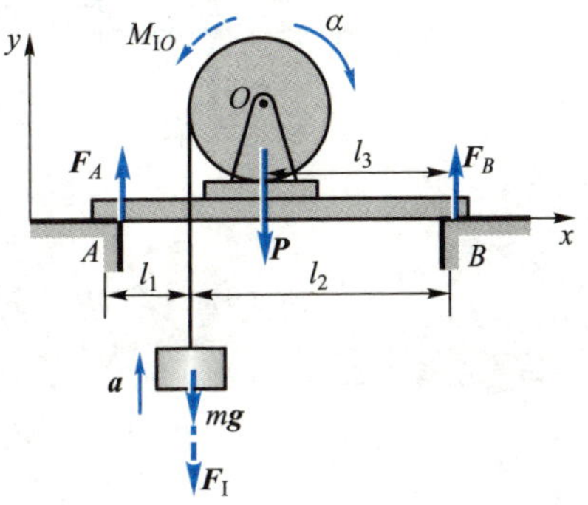

图 14-6

由质点系的达朗贝尔原理，列平衡方程有

$$\sum M_B = 0,\quad mgl_2 + F_Il_2 + Pl_3 + M_{IO} - F_A(l_1 + l_2) = 0$$

$$\sum F_y = 0,\quad F_A + F_B - mg - P - F_I = 0$$

解得

$$F_A = \frac{1}{l_1 + l_2}\left[mgl_2 + Pl_3 + a\left(ml_2 + \frac{J}{R}\right)\right]$$

$$F_B = \frac{1}{l_1 + l_2}\left[mgl_1 + P(l_1 + l_2 - l_3) + a\left(ml_1 - \frac{J}{R}\right)\right]$$

上式中前两项为支座静约束力，因此支座 A、B 受到的附加动约束力为

$$F'_A = \frac{a}{l_1 + l_2}\left(ml_2 + \frac{J}{R}\right),\quad F'_B = \frac{a}{l_1 + l_2}\left(ml_1 - \frac{J}{R}\right)$$

附加动约束力（或附加压力）决定于惯性力系，只求附加动约束力时，列方程时可以不考虑惯性力以外的其他主动力。

例 14-4　均质圆盘质量为 m_1，半径为 R。均质细杆长 $l = 2R$，质量为 m_2。杆端 A 和轮心为光滑铰接，如图 14-7a 所示。如在 A 处加一水平力 F，使轮沿水平面纯滚动。问：力 F 为多大方能使杆的 B 端刚好离开地面？又为了保证纯滚动，轮与地面的静摩擦因数为多大？

动画例 14-4

解： 分析细杆，其作平移运动，设加速度为 a，则惯性力为 $F_{IC} = m_2a$，杆的受力如图 14-7b 所示，当 B 刚好离开地面时，B 处没有约束力。

由质点系达朗贝尔原理，列平衡方程

$$\sum M_A = 0,\quad m_2aR\sin 30° - m_2gR\cos 30° = 0$$

分析整体，受力如图 14-7a，其中

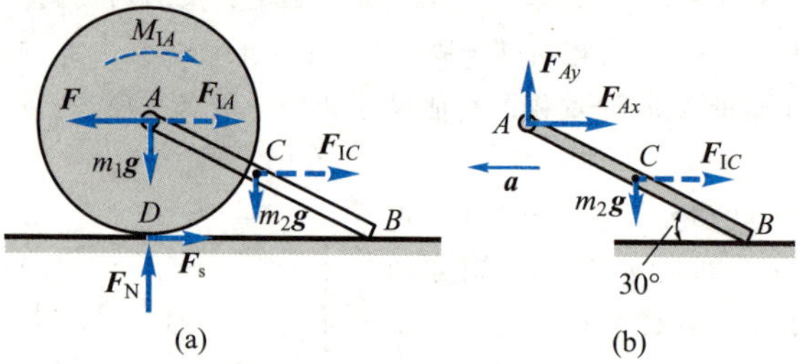

图 14－7

$$F_{IA}=m_1a, \quad M_{IA}=J_A\alpha_A=\frac{1}{2}m_1R^2\frac{a}{R}=\frac{1}{2}m_1Ra$$

由质点系达朗贝尔原理，列平衡方程

$$\sum M_D=0, \quad FR-F_{IA}R-M_{IA}-m_2aR\sin 30^\circ-m_2gR\cos 30^\circ=0$$

解得

$$F=\left(\frac{3}{2}m_1+m_2\right)\sqrt{3}g$$

$$\sum F_x=0, \quad F-F_s-(m_1+m_2)a=0$$

解得

$$F_s=\frac{\sqrt{3}}{2}m_1g$$

如果为纯滚动，则有

$$F_s\leqslant f_sF_N=f_s(m_1+m_2)g$$

解得

$$f_s\geqslant\frac{\sqrt{3}m_1}{2(m_1+m_2)}$$

由以上例题可见，用动静法求解动力学问题的步骤与求解静力学平衡问题相似，只是在分析物体受力时，应再加上相应的惯性力；对于刚体，则应按其运动形式的不同，加上相应惯性力系的简化结果。为计算方便，加惯性力时，主矢与主矩的方向在图上最好与加速度 $\boldsymbol{a}$ 及角加速度 α 反向，而列出的惯性力的表达式只表示大小，在实际计算时，按图示方向考虑正负即可，而不用再加负号了。

习 题

14－1 图示轿车，总质量为 m，重心离地面的高度为 h，到前后轴的水平距离分别为 l_1 和 l_2。轿车以速度 v 行驶在水平路面上，因故急刹车，刹车后滑行了一段距离 s。设刹车过程中轿车作匀减速直线平移，求在刹车过程中地面对前后轮的法向约束力。并与轿车静止或匀速直线运动时的法向约束力比较，从而解释轿车在急刹车时的“点头”现象。

14－2　图示矩形块质量 $m_1=100\ \mathrm{kg}$，置于平台车上，车质量 $m_2=50\ \mathrm{kg}$，此车沿光滑的水平面运动。车和矩形块在一起由质量为 m_3 的物体牵引，使之作加速运动。设物块与车之间的摩擦力足够阻止相互滑动，试求能够使车加速运动的质量 m_3 的最大值，以及此时车的加速度大小。

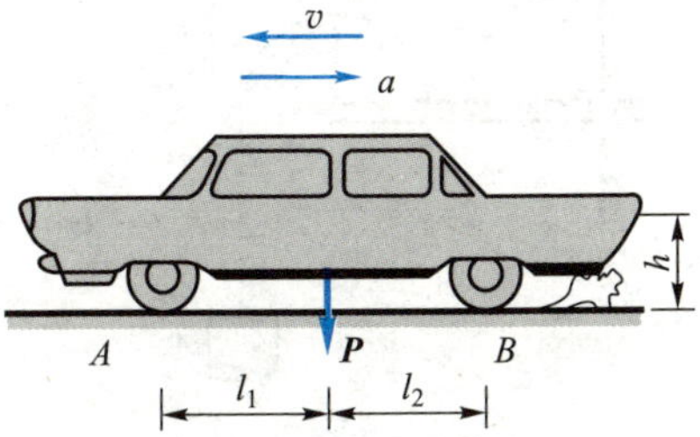

题 14－1 图

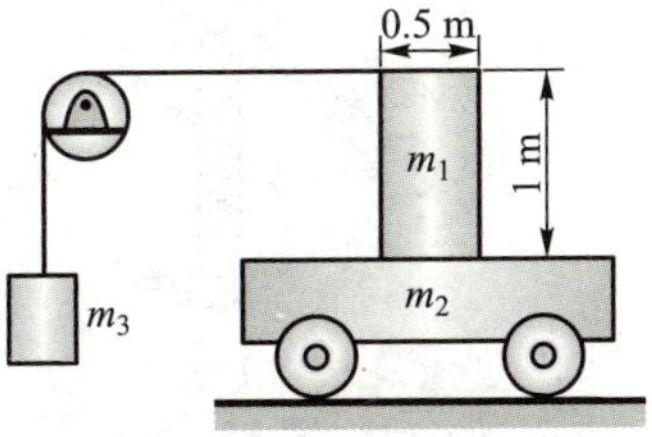

题 14－2 图

14－3　图示振动器用于压实土壤表面。已知基座重 $\boldsymbol{G}$，对称的偏心锤重 $\boldsymbol{P}_1=\boldsymbol{P}_2=\boldsymbol{P}$，偏心距为 e，两锤以相同的匀角速度 ω 相向转动。求振动器对地面的最大压力。

14－4　一等截面均质杆 OA，长为 l、质量为 m，在水平面内以匀角速度 ω 绕铅直轴 O 转动，如图所示。试求在距转动轴 h 处断面上的轴向力，并分析在哪个截面上的轴向力最大？

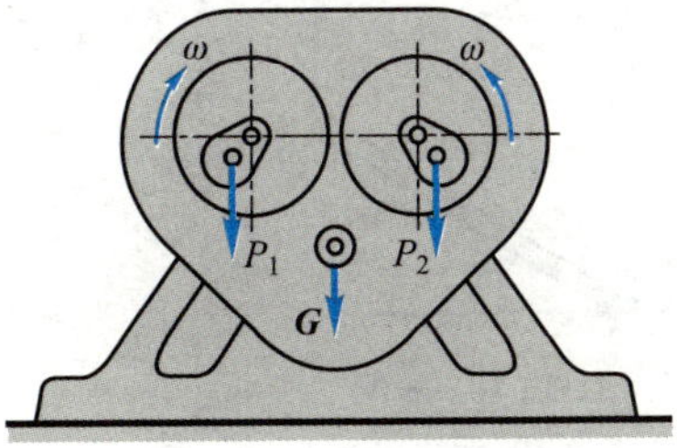

题 14－3 图

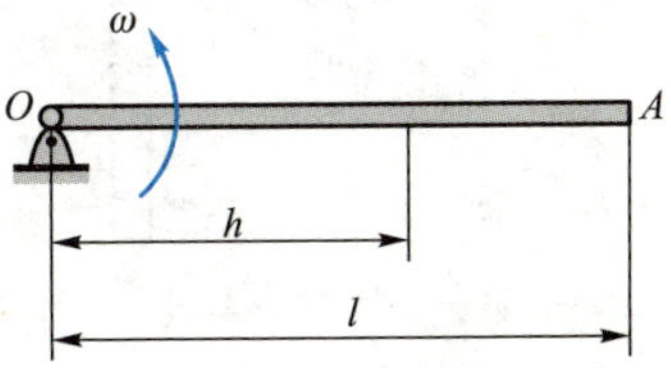

题 14－4 图

14－5　转速表的简化模型如图所示。杆 CD 的两端各有质量为 m 的 C 球和 D 球，杆 CD 与转轴 AB 铰接于各自的中点，质量不计。当转轴 AB 转动时，杆 CD 的转角 φ 就发生变化。设 $\omega=0$ 时，$\varphi=\varphi_0$，且盘簧中无力。盘簧产生的力矩 M 与转角 φ 的关系为 $M=k(\varphi-\varphi_0)$，式中 k 为盘簧刚度系数。轴承 A、B 间距离为 $2b$。试求：(1) 角速度 ω 与角 φ 的关系；(2) 当系统处于图示位置时，轴承 A、B 的约束力。

14－6　如图所示，质量为 m_1 的物体 A 下落时，带动质量为 m_2 的均质圆盘 B 转动，不计支架和绳子的重量及轴上的摩擦，$BC=a$，盘 B 的半径为 R。试求固定端 C 的约束力。

14－7　图示曲柄 OA 质量为 m_1，长为 r，以等角速度 ω 绕水平轴 O 逆时针方向转动。曲柄的 A 端推动水平板 B，使质量为 m_2 的滑杆 C 沿铅直方向运动。忽略摩擦，试求当曲柄与水平方向夹角 $\theta=30°$ 时的力偶矩 M 及轴承 O 的约束力。

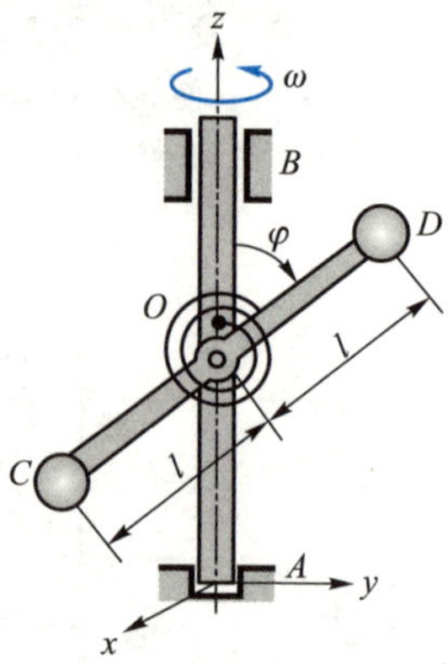

题 14－5 图

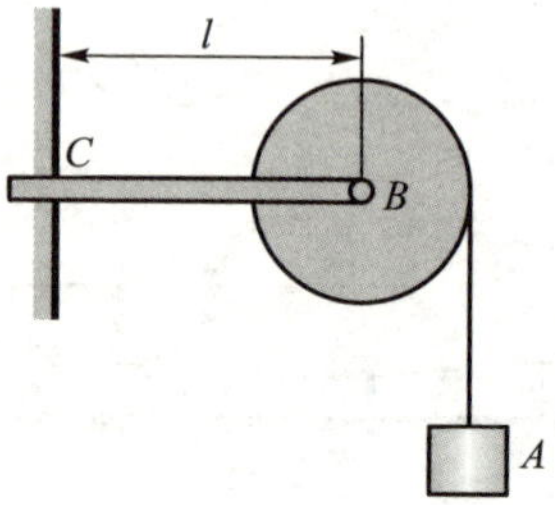

题 14－6 图

14－8 均质细杆 AB 的质量为 $m=45.4\ \mathrm{kg}$，A 端搁在光滑的水平面上，B 端用不计质量的软绳 BD 固定，如图所示。杆长 $l=3.05\ \mathrm{m}$，绳长 $h=1.22\ \mathrm{m}$。当绳子铅垂时，杆与水平面的倾角 $\theta=30°$，点 A 以匀速度 $v_A=2.44\ \mathrm{m/s}$ 向左运动。求在该瞬时：(1) 杆的角加速度；(2) A 端的约束力；(3) 绳中的拉力 $\boldsymbol{F}_{\mathrm{T}}$。

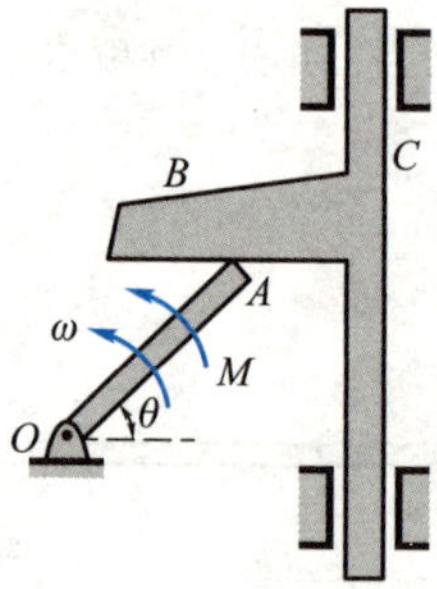

题 14－7 图

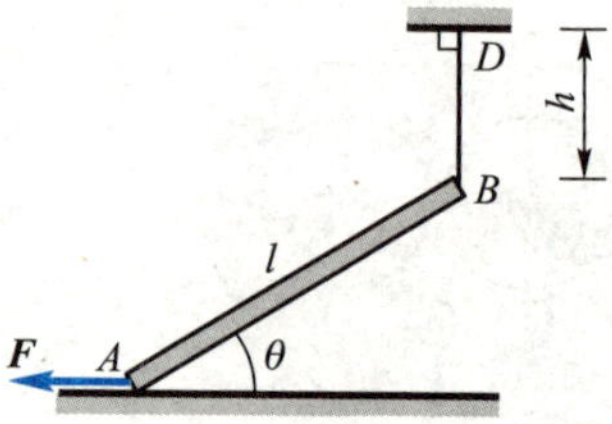

题 14－8 图

14－9 图示均质板质量为 m，放在两个均质圆柱滚子上，滚子质量皆为$\dfrac{m}{2}$，其半径均为 r。如在板上作用一水平力 $\boldsymbol{F}$，并设滚子无滑动，试求板的加速度。

14－10 圆柱形滚子质量为 20 kg，其上绕有细绳，绳沿水平方向拉出，跨过无重滑轮 B 系有质量为 10 kg 的重物 A，如图所示。如滚子沿水平面只滚不滑，试求滚子中心 C 的加速度。

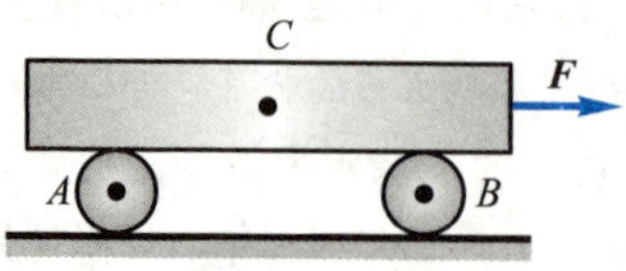

题 14－9 图

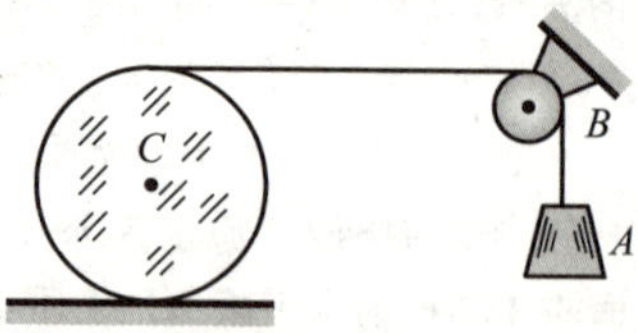

题 14－10 图

第十五章 虚位移原理

虚位移原理应用功的概念分析系统的平衡问题，是研究静力学平衡问题的另一途径。对于只具有理想约束的物体系统，由于未知的约束力不作功，有时应用虚位移原理求解比列平衡方程更方便。

虚位移原理与达朗贝尔原理结合起来组成动力学普遍方程，为求解复杂系统的动力学问题提供了另一种普遍的方法。这些理论构成分析力学体系的基础。本书只介绍虚位移原理的工程应用，而不按分析力学体系追求其完整性和严密性。

§15-1 约束·虚位移·虚功

1. 约束

工程中大多数物体的运动都受到周围物体的限制，不能任意运动，这种质点系称为非自由质点系。与静力学有所不同，为分析问题方便，这里把限制非自由质点系运动的条件称为约束。如图15-1中的曲柄 OA 受到铰链 O 的约束，只能绕 O 转动；滑块 B 受到滑道的约束只能沿滑道运动；连杆 AB 又使曲柄和滑块间的距离 AB 保持不变，等等，这些都是约束。限制质点或质点系在空间的几何位置的条件称为几何约束。表示限制条件的数学方程称为约束方程。如图15-1中滑块 B 的约束方程为 $y_B=0$，点 A 的约束方程为 $x_A^2+y_A^2=OA^2$。如果约束方程中不显含时间 t，称为定常约束。如果约束方程中不包含坐标对时间的导数，或者包含坐标对时间的导数但可以积分为有限形式，这类约束称为完整约束。如果约束方程为等式，称为双侧约束。本章研究的是定常、完整的双侧几何约束，其约束方程的一般形式为

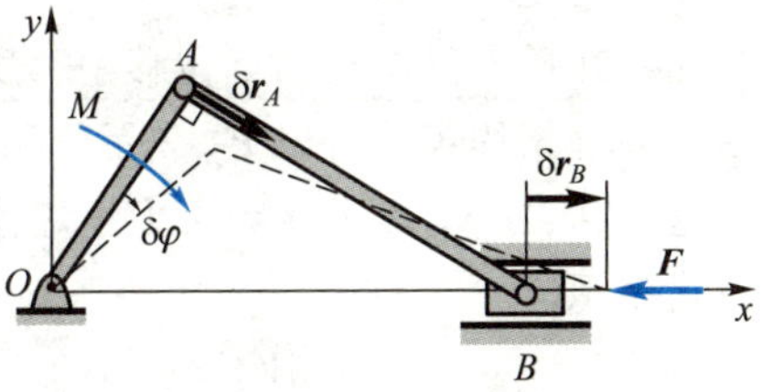

图 15-1

$$f_j(x_1,\ y_1,\ z_1,\ \cdots,\ x_n,\ y_n,\ z_n)=0\quad (j=1,\ 2,\ \cdots,\ s)$$

式中，n 为质点系的质点数，s 为约束方程数。

2. 虚位移

对于定常约束，在某瞬时，质点系在约束允许的条件下，可能实现的任何无限小的位移称为**虚位移**。虚位移可以是线位移，也可以是角位移。虚位移用符号 δ 表示，它是变分符号，“变分”包含有无限小的“变更”的意思。如图 15－1 所示，尽管系统在 $\boldsymbol{M}$ 及 $\boldsymbol{F}$ 作用下处于平衡，并不运动，但点 B 仍可有虚位移 $\delta\boldsymbol{r}_B$，点 A 有虚位移 $\delta\boldsymbol{r}_A$。因为这是约束允许的(不破坏约束)、可能实现的(并不需要真实实现)无限小的位移。

必须注意，虚位移与实际位移(简称实位移)是不同的概念。实位移是质点系在一定时间内真正实现的位移，它除了与约束条件有关外，还与时间、主动力以及运动的初始条件有关；而虚位移仅与约束条件有关。因为虚位移是任意的无限小的位移，所以在定常约束的条件下，实位移只是所有虚位移中的一个，而虚位移视约束情况，可以有多个，甚至无穷多个。

3. 虚功

质点或质点系所受的力在虚位移上所作的功称为虚功。力在虚位移上作功的计算与力在真实小位移上所作元功的计算是一样的。如图 15－1 所示，设机构在 $\boldsymbol{F}$ 及 $\boldsymbol{M}$ 作用下处于平衡状态。按图示的虚位移，力 $\boldsymbol{F}$ 的虚功大小为 $F\delta r_B$，是负功；力偶 $\boldsymbol{M}$ 的虚功为 $M\delta\varphi$ 是正功。一般情况，力 $\boldsymbol{F}$ 在虚位移 $\delta\boldsymbol{r}$ 上所作的虚功可表示为 $\delta W=\boldsymbol{F}\cdot\delta\boldsymbol{r}$。应该指出，虚位移只是假想的，而不是真实发生的，因而虚功也是假想的。图 15－1 的机构处于静止的平衡状态，显然任何力都没作功。

4. 理想约束

如果在质点系的任何虚位移中，所有约束力所作虚功的和等于零，称这种约束为理想约束。若以 $\boldsymbol{F}_{Ni}$ 表示作用在某质点 i 上的约束力，$\delta\boldsymbol{r}_i$ 表示该质点的虚位移，δW_{Ni} 表示该约束力在虚位移中所作的功，则理想约束可以用数学公式表示为

$$\delta W_N=\sum\delta W_{Ni}=\sum\boldsymbol{F}_{Ni}\cdot\delta\boldsymbol{r}_i=0$$

在动能定理一章已说明光滑固定面约束、光滑铰链、无重刚杆、不可伸长的柔索、固定端等约束为理想约束，现从虚位移原理的角度看，这些约束也为理想约束。

§15－2 虚位移原理

设有一质点系处于静止平衡状态，取质点系中任一质点 m_i，如图 15－2

所示，作用在该质点上的主动力的合力为 $\boldsymbol{F}_i$，约束力的合力为 $\boldsymbol{F}_{\mathrm{N}i}$。因为质点系处于平衡状态，则这个质点也处于平衡状态，因此有

$$\boldsymbol{F}_i+\boldsymbol{F}_{\mathrm{N}i}=\boldsymbol{0}$$

若给质点系以某种虚位移，其中质点 m_i 的虚位移为 $\delta\boldsymbol{r}_i$，则作用在质点 m_i 上的力 $\boldsymbol{F}_i$ 和 $\boldsymbol{F}_{\mathrm{N}i}$的虚功的和为

$$\boldsymbol{F}_i\cdot\delta\boldsymbol{r}_i+\boldsymbol{F}_{\mathrm{N}i}\cdot\delta\boldsymbol{r}_i=0$$

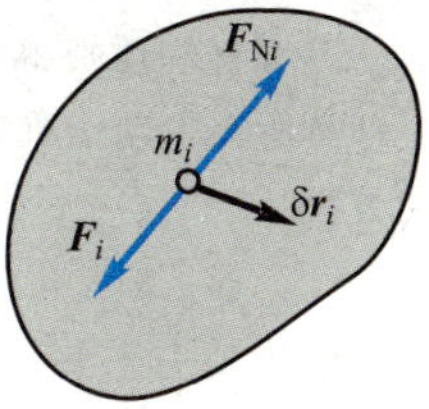

图 15－2

对于质点系内所有质点，都可以得到与上式同样的等式。将这些等式相加，得

$$\sum\boldsymbol{F}_i\cdot\delta\boldsymbol{r}_i+\sum\boldsymbol{F}_{\mathrm{N}i}\cdot\delta\boldsymbol{r}_i=0$$

如果质点系具有理想约束，则约束力在虚位移中所作虚功的和为零，即 $\sum\boldsymbol{F}_{\mathrm{N}i}\cdot\delta\boldsymbol{r}_i=0$，代入上式得

$$\sum\boldsymbol{F}_i\cdot\delta\boldsymbol{r}_i=0 \qquad (15-1)$$

用 $\delta W_{\mathrm{F}i}$代表作用在质点 m_i 上的主动力的虚功，由于 $\delta W_{\mathrm{F}i}=\boldsymbol{F}_i\cdot\delta\boldsymbol{r}_i$，则上式可以写为

$$\sum\delta W_{\mathrm{F}i}=0 \qquad (15-2)$$

可以证明，上式不仅是质点系平衡的必要条件，也是充分条件。

因此可得结论：对于具有理想约束的质点系，其平衡的充分必要条件是：作用于质点系的所有主动力在任何虚位移中所作虚功的和等于零。上述结论称为**虚位移原理**，又称为**虚功原理**，式(15－1)、(15－2)又称为虚功方程。

式(15－1)也可写成解析表达式，即

$$\sum(F_{xi}\delta x_i+F_{yi}\delta y_i+F_{zi}\delta z_i)=0 \qquad (15-3)$$

式中，F_{xi}、F_{yi}、F_{zi}为作用于质点 m_i 的主动力 $\boldsymbol{F}_i$ 在直角坐标轴上的投影；δx_i、δy_i、δz_i 为虚位移 $\delta\boldsymbol{r}_i$ 在直角坐标轴上的投影。

应该指出，虽然应用虚位移原理的条件是质点系应具有理想约束，但也可以用于有摩擦的情况，只要把摩擦力当作主动力，在虚功方程中计入摩擦力所作的虚功即可。

例 15－1　如图 15－3 所示，在螺旋压榨机的手柄 AB 上作用一在水平面内的力偶($\boldsymbol{F}$，$\boldsymbol{F}'$)，其力偶矩 $M=2Fl$，螺杆的螺距为 h。试求机构平衡时加在被压榨物体上的力。

解：研究以手柄、螺杆和压板组成的平衡系统。若忽略螺杆和螺母间的摩擦，则约束是理想的。

作用于平衡系统上的主动力为：作用于手柄上的力偶($\boldsymbol{F}$，$\boldsymbol{F}'$)，被压物体对压板的

阻力 F_N。

给系统以虚位移，将手柄按螺纹方向转过极小角 $\delta\varphi$，于是螺杆和压板得到向下的位移 δs。

计算所有主动力在虚位移中所作虚功的和，列出虚功方程

$$\sum \delta W_F = -F_N\delta s + 2Fl\delta\varphi = 0$$

由机构的传动关系知：对于单头螺纹，手柄 AB 转一周，螺杆上升或下降一个螺距 h，故有

$$\frac{\delta\varphi}{2\pi} = \frac{\delta s}{h}, \quad \delta s = \frac{h}{2\pi}\delta\varphi$$

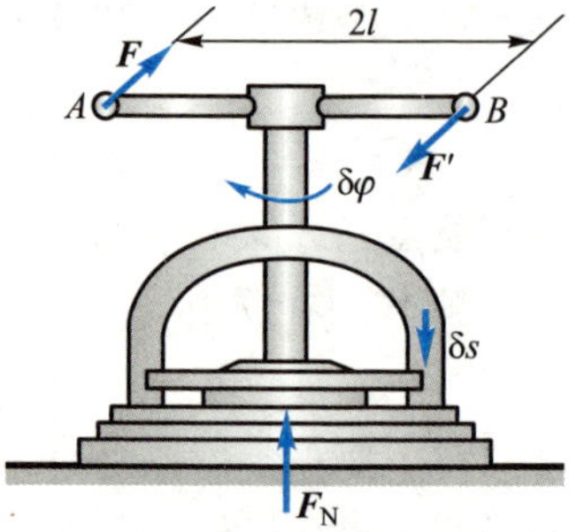

图 15－3

将上述虚位移 δs 与 $\delta\varphi$ 的关系式代入虚功方程中，得

$$\sum \delta W_F = \left(2Fl - \frac{F_N h}{2\pi}\right)\delta\varphi = 0$$

因 $\delta\varphi$ 是任意的，故

$$2Fl - \frac{F_N h}{2\pi} = 0$$

解得

$$F_N = \frac{4\pi l}{h}F$$

作用于被压榨物体上的力与此力等值反向。

例 15－2 如图 15－4 所示椭圆规机构中，连杆 AB 长为 l，滑块 A、B 与杆重均不计，忽略各处摩擦，机构在图示位置平衡。试求主动力 $\boldsymbol{F}_A$ 与 $\boldsymbol{F}_B$ 之间的关系。

解： 研究整个机构，系统的约束为理想约束。对此题，可用下述几种方法求解。

(1) 设给滑块 A 一图示的虚位移 $\delta\boldsymbol{r}_A$，在约束允许的条件下，滑块 B 的虚位移 $\delta\boldsymbol{r}_B$ 如图所示，由虚位移原理

$$\sum \boldsymbol{F}_i \cdot \delta\boldsymbol{r}_i = 0$$

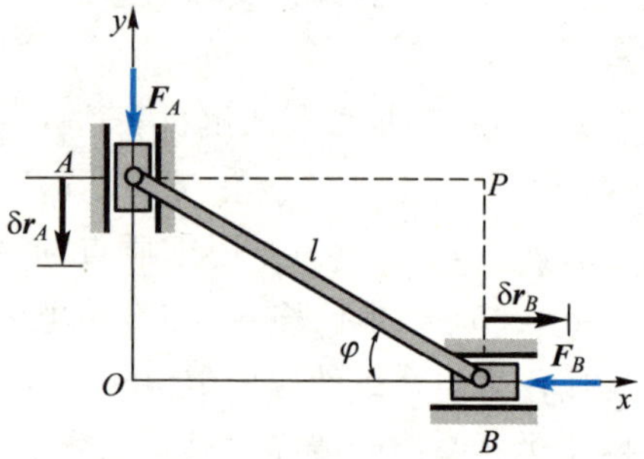

图 15－4

有

$$F_A\delta r_A - F_B\delta r_B = 0 \tag{a}$$

为求得 F_A 与 F_B 的关系，应找出虚位移 δr_A 与 δr_B 的关系。由于 AB 杆为刚性杆，A、B 两点的虚位移在 AB 连线上的投影应该相等，由图有 $\delta r_B\cos\varphi = \delta r_A\sin\varphi$，即

$$\delta r_A = \delta r_B\cot\varphi \tag{b}$$

将式(b)代入式(a)，得

$$F_A \cot\varphi - F_B = 0$$

因 δr_B 是任意的，解得

$$F_A = F_B \tan\varphi$$

（2）用解析法。建立图示坐标系，由

$$\sum (F_{xi}\delta x_i + F_{yi}\delta y_i + F_{zi}\delta z_i) = 0$$

有

$$-F_B\delta x_B - F_A\delta y_A = 0 \tag{c}$$

写出 A、B 点的坐标，为

$$x_B = l\cos\varphi, \quad y_A = l\sin\varphi$$

实施变分运算（类似微分运算），有

$$\delta x_B = -l\sin\varphi\delta\varphi, \quad \delta y_A = l\cos\varphi\delta\varphi$$

将 δx_B 与 δy_A 代入式（c），解得

$$F_A = F_B \tan\varphi$$

（3）为求虚位移间的关系，也可以用所谓的“虚速度法”。我们可以假想虚位移 $\delta \boldsymbol{r}_A$、$\delta \boldsymbol{r}_B$ 是在某个极短的时间 dt 内发生的，这时对应点 A 和点 B 的速度 $\boldsymbol{v}_A = \dfrac{\delta \boldsymbol{r}_A}{\mathrm{d}t}$ 和 $\boldsymbol{v}_B = \dfrac{\delta \boldsymbol{r}_B}{\mathrm{d}t}$ 称为虚速度。代入式（a）得

$$F_B v_B - F_A v_A = 0 \tag{d}$$

由速度投影定理

$$v_B \cos\varphi = v_A \sin\varphi$$

得

$$v_B = v_A \tan\varphi \tag{e}$$

把式（e）代入式（d）得

$$F_A = F_B \tan\varphi$$

例 15－3　如图 15－5 所示机构，不计各构件自重与各处摩擦，试求机构在图示位置平衡时，主动力偶矩 M 与主动力 $\boldsymbol{F}$ 之间的关系。

解：系统的约束为理想约束，假想杆 OA 在图示位置逆时针转过一微小角度 $\delta\theta$，则点 C 将会有水平虚位移 $\delta \boldsymbol{r}_C$，由

$$\delta W_F = 0$$

有

$$M\delta\theta - F\delta r_C = 0 \tag{a}$$

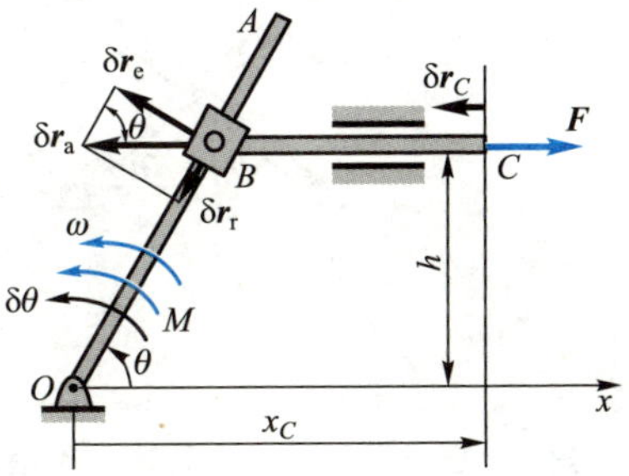

图 15－5

现在的问题是应找出 $\delta\theta$ 与 δr_C 的关系，杆 OA 的微小转角 $\delta\theta$ 将引起滑块 B 的牵连位移 $\delta \boldsymbol{r}_e$，从而有绝对位移 $\delta \boldsymbol{r}_a$ 与相对位移 $\delta \boldsymbol{r}_r$，如图所示。由图中可看出

$$\delta r_a = \frac{\delta r_e}{\sin\theta}$$

而

$$\delta r_e = OB\delta\theta = \frac{h}{\sin\theta}\delta\theta, \quad \delta r_C = \delta r_a = \frac{h\delta\theta}{\sin^2\theta}$$

代入式(a)，解得

$$M = \frac{Fh}{\sin^2\theta}$$

若用虚速度法，有 $M\omega - Fv_C = 0$，虚角速度 ω 与点 C 的虚速度 $\boldsymbol{v}_C$ 类似于图中的虚位移关系，只需把各虚位移改为虚速度即可，即

$$v_e = OB\omega = \frac{h}{\sin\theta}\omega, \quad v_a = v_C = \frac{h\omega}{\sin^2\theta}$$

有

$$M = \frac{Fh}{\sin^2\theta}$$

也可建图示坐标系，由 $\delta W_F = 0$，有

$$M\delta\theta + F\delta x_C = 0$$

而

$$x_C = h\cot\theta + BC, \quad \delta x_C = -\frac{h\delta\theta}{\sin^2\theta}$$

解得

$$M = \frac{Fh}{\sin^2\theta}$$

例 15-4 如图 15-6a 中所示结构，各杆自重不计，在 G 点作用一铅直向上的力 $\boldsymbol{F}$，$AC = CE = CD = CB = DG = GE = l$。试求支座 B 的水平约束力。

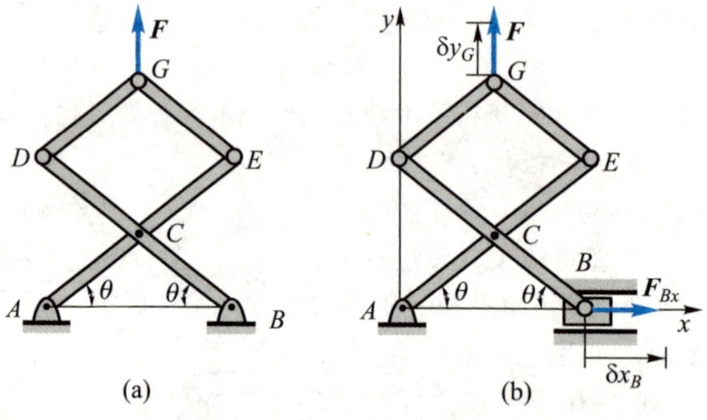

图 15-6

解： 此题涉及的是一个结构，无论如何假想产生虚位移，结构都不允许。为求 B 处水平约束力，需把 B 处水平约束解除，以力 $\boldsymbol{F}_{Bx}$ 代替，把此力当作主动力，则结构变成如图 15-6b 所示的机构，此时就可以假想产生虚位移，用虚位移原理求解。

用解析法。建坐标系如图所示，列虚功方程

$$\delta W_F = 0, \quad F_{Bx}\delta x_B + F\delta y_G = 0$$

写出点 B 的坐标 x_B 与点 G 的坐标 y_G

$$x_B = 2l\cos\theta,\quad y_G = 3l\sin\theta$$

其变分为

$$\delta x_B = -2l\sin\theta\delta\theta,\quad \delta y_G = 3l\cos\theta\delta\theta$$

将 δx_B、δy_G 代入虚功方程，得

$$F_{Bx}(-2l\sin\theta\delta\theta) + F\times 3l\cos\theta\delta\theta = 0$$

解得
$$F_{Bx} = \frac{3}{2}F\cot\theta$$

习　　题

15－1　图示曲柄式压榨机的销钉 B 上作用有水平力 $\boldsymbol{F}$，此力位于平面 ABC 内，作用线平分 $\angle ABC$，$AB=BC$，各处摩擦及杆重不计，试求对物体的压缩力。

15－2　在压缩机的手轮上作用一力偶，其矩为 M。手轮轴的两端各有螺距同为 h，但方向相反的螺纹。螺纹上各套有一个螺母 A 和 B，这两个螺母分别与长为 a 的杆相铰接，四杆形成菱形框，如图所示。此菱形框的点 D 固定不动，而点 C 连接在压缩机的水平压板上。试求当菱形框的顶角等于 2θ 时，压缩机对被压物体的压力。

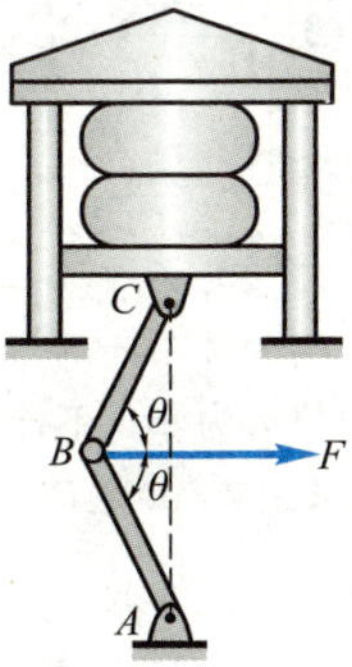

题 15－1 图

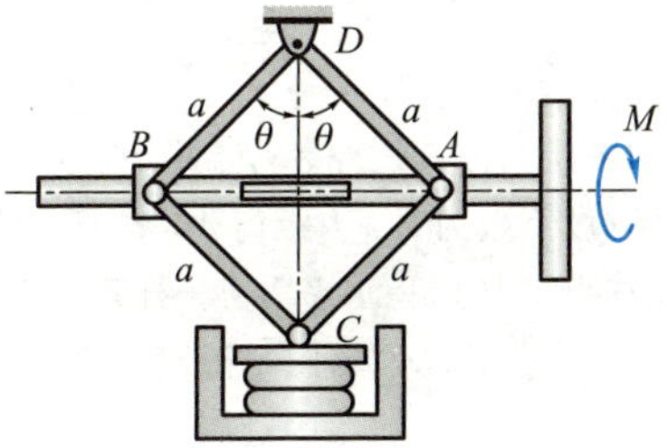

题 15－2 图

15－3　在图示机构中，当曲柄 OC 绕轴 O 摆动时，滑块 A 沿曲柄滑动，从而带动杆 AB 在铅直导槽内移动，不计各构件自重与各处摩擦。试求机构平衡时力 $\boldsymbol{F}_1$ 与 $\boldsymbol{F}_2$ 的关系。

15－4　在图示机构中，曲柄 OA 上作用一力偶，其矩为 M，另在滑块 D 上作用水平力 $\boldsymbol{F}$。机构尺寸如图所示，不计各构件自重与各处摩擦。试求当机构平衡时，力 $\boldsymbol{F}$ 与力偶矩 M 的关系。

15－5　滑轮机构将两物体 A 和 B 悬挂如图。如绳和滑轮重量不计，当两物体平衡时，试求重量 P_A 与 P_B 的关系。

15－6　图示滑套 D 套在直杆 AB 上，并带动杆 CD 在铅直滑道上滑动。已知 $\theta=0°$ 时弹簧为原长，弹簧刚度系数为 5 kN/m，不计各构件自重与各处摩擦。试求在任意位置

平衡时，应加多大的力偶矩 M？

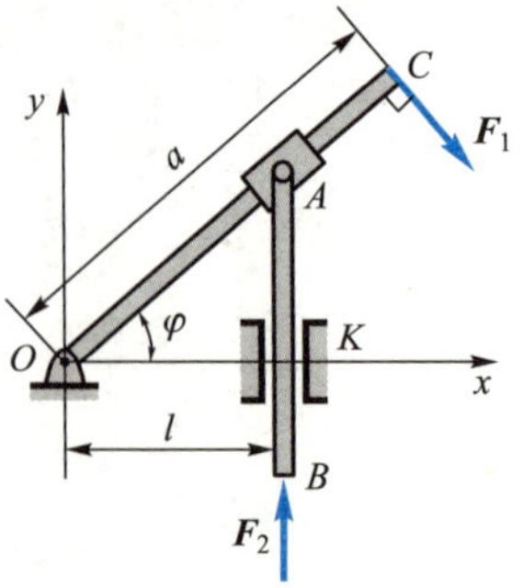

题 15－3 图

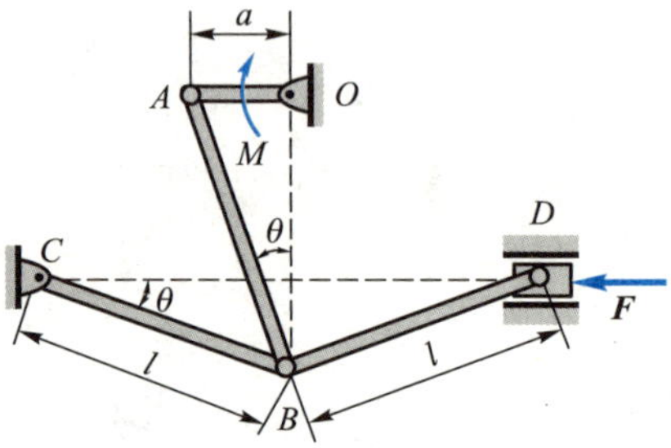

题 15－4 图

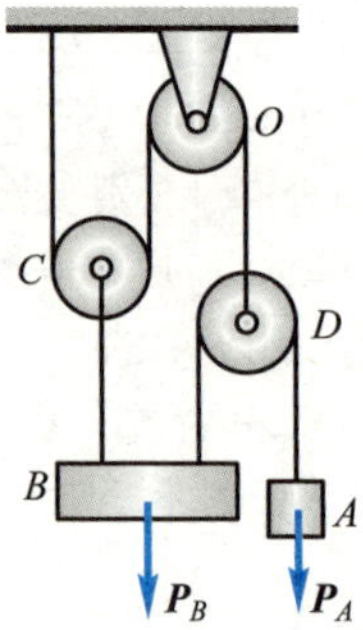

题 15－5 图

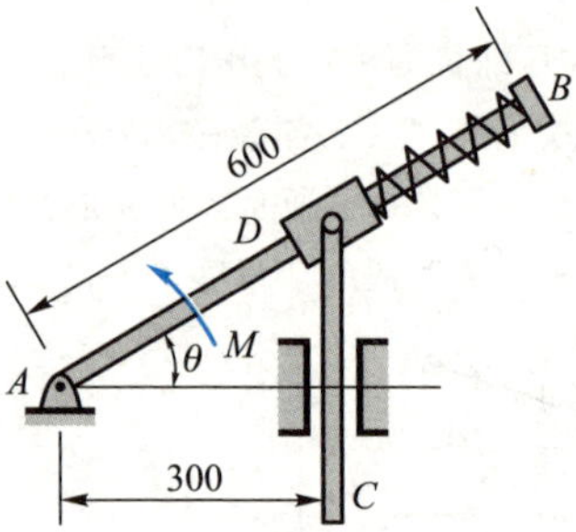

题 15－6 图

15－7 如图所示两等长杆 AB 与 BC 在点 B 用铰链连接，又在杆的 D，E 两点连一弹簧。弹簧的刚度系数为 k，当距离 AC 等于 a 时，弹簧内拉力为零，不计各构件自重与各处摩擦。如在点 C 作用一水平力 $\boldsymbol{F}$，杆系处于平衡，试求距离 AC 之值。

15－8 试用虚位移原理求图示桁架中杆 3 的内力。

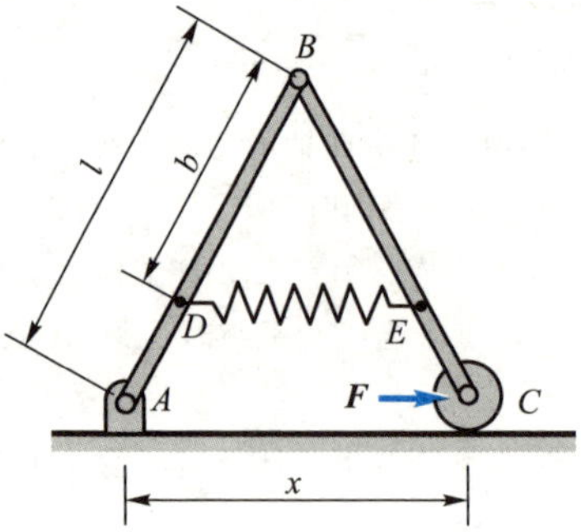

题 15－7 图

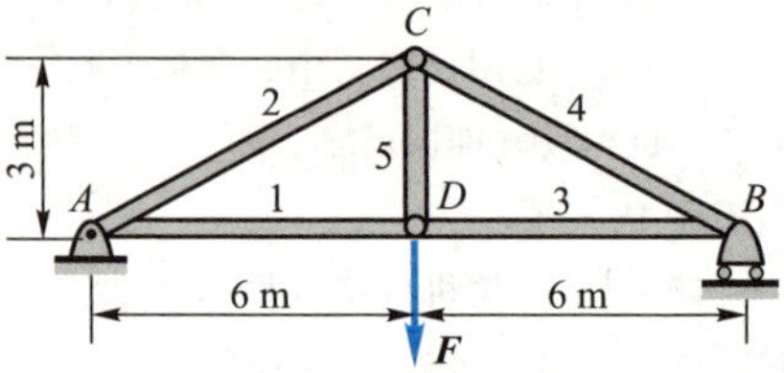

题 15－8 图

15－9 组合梁载荷分布如图所示，已知跨度 $l=8\ \text{m}$，$F=4\ 900\ \text{N}$，均布载荷 $q=$

2 450 N/m，力偶矩 $M=4\ 900\ \text{N}\cdot\text{m}$。试求支座约束力。

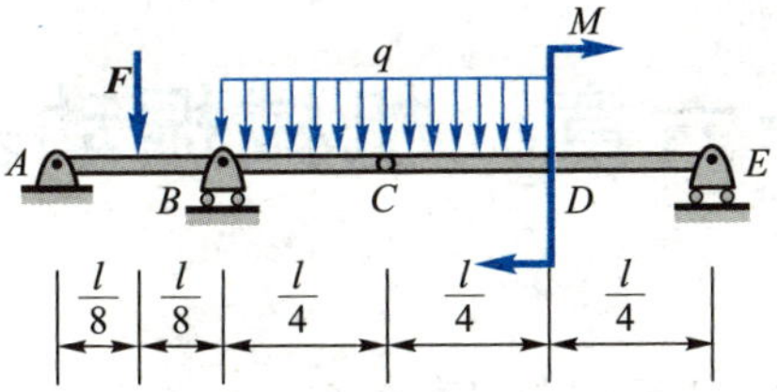

题 15－9 图

第十六章　机械振动基础

振动是日常生活和工程中普遍存在的现象，有**机械振动**、电磁振荡、光的波动等不同的形式。本书只研究机械振动，如钟摆的摆动、汽车的颠簸、混凝土振动捣实以至地震等，其特点是物体围绕其平衡位置往复运动。

机械系统的振动往往是很复杂的，应根据具体情况及要求，简化为单自由度系统、多自由度系统以至连续体等物理模型，再运用力学原理及数学工具进行分析。本章只研究单自由度系统的振动，单自由度系统的振动反映了振动的一些最基本的规律。

§16－1　单自由度系统的自由振动

1. 自由振动微分方程

确定某个机械系统几何位置的独立参数的数目称为自由度数。如果独立参数只有一个，称它为单自由度系统。许多振动系统可简化为具有一个自由度的弹簧－质量系统，假设其在重力影响下沿铅垂方向振动，简化为如图16－1所示的模型。

设弹簧原长为 l_0，刚度系数为 k。在重力 $\boldsymbol{P}=m\boldsymbol{g}$ 的作用下弹簧的变形为 δ_{st}，称为静变形，这一位置为平衡位置。平衡时重力 $\boldsymbol{P}$ 和弹性力 $\boldsymbol{F}$ 大小相等，即 $P=k\delta_{st}$，由此有

$$\delta_{st}=P/k \tag{16－1}$$

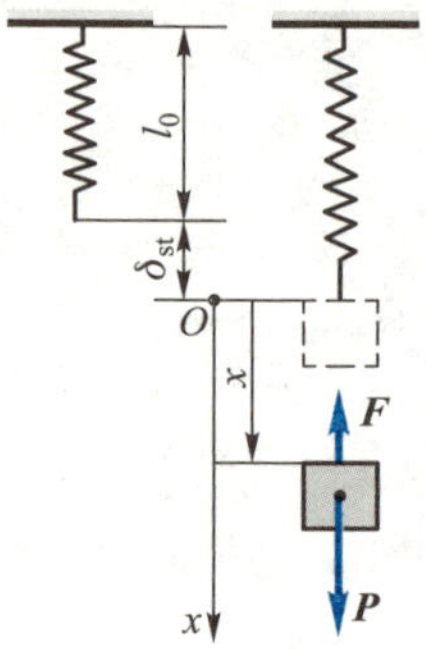

图 16－1

取重物的平衡位置点 O 为坐标原点，取 x 轴的正向铅直向下，则重物在任意位置 x 处弹簧力 $\boldsymbol{F}$ 在 x 轴上的投影为

$$F_x=-k\delta=-k(\delta_{st}+x)$$

其运动微分方程为

$$m\frac{\mathrm{d}^2x}{\mathrm{d}t^2}=P-k(\delta_{st}+x)$$

考虑式(16－1)，则上式变为

$$m\frac{d^2x}{dt^2}=-kx \tag{16-2}$$

上式表明，物体偏离平衡位置于坐标 x 处，将受到与偏离距离成正比而与偏离方向相反的合力，称此力为恢复力。只在恢复力作用下维持的振动称为无阻尼**自由振动**。上例中的重力对于振动系统是一般常力的特例，常力加在振动系统上都只改变其平衡位置，只要将坐标原点取在平衡位置，都将得到如式(16-2)的运动微分方程。

将式(16-2)两端除以质量 m，并设

$$\omega_0^2=\frac{k}{m} \tag{16-3}$$

移项后得

$$\frac{d^2x}{dt^2}+\omega_0^2x=0 \tag{16-4}$$

上式为无阻尼自由振动微分方程的标准形式，它是一个二阶齐次线性常系数微分方程。其解具有如下形式

$$x=C_1\cos\omega_0t+C_2\sin\omega_0t \tag{16-5}$$

其中 C_1 和 C_2 是积分常数，由运动的初始条件确定。令

$$A=\sqrt{C_1^2+C_2^2},\quad \tan\theta=\frac{C_1}{C_2}$$

则式(16-5)可改写为

$$x=A\sin(\omega_0t+\theta) \tag{16-6}$$

上式表示无阻尼自由振动是简谐振动，其运动图线如图16-2所示。

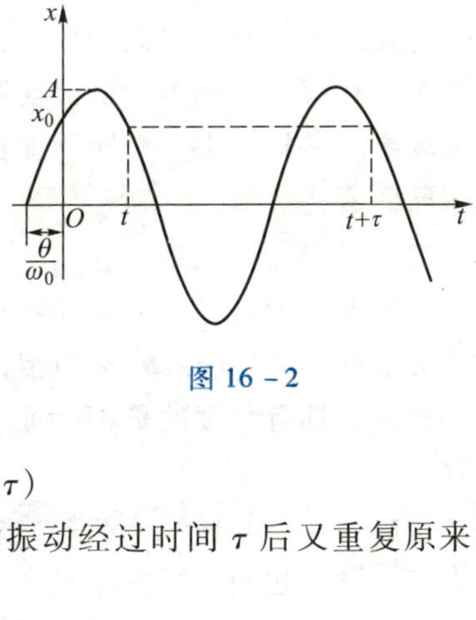

图 16-2

2. 无阻尼自由振动的特点

(1) 固有频率

无阻尼自由振动是简谐振动，是一种周期振动。所谓周期振动，是指对任何瞬时 t，其运动规律 $x(t)$ 总可以写为

$$x(t)=x(t+\tau)$$

其中 τ 为常数，称为**周期**，单位为 s。这种振动经过时间 τ 后又重复原来的运动。

由式(16-6)，其角度周期为 2π，则有

$$[\omega_0(t+\tau)+\theta]-(\omega_0t+\theta)=2\pi$$

由此得自由振动的周期为

$$\tau = \frac{2\pi}{\omega_0} \tag{16-7}$$

从上式得

$$\omega_0 = 2\pi \frac{1}{\tau} = 2\pi f \tag{16-8}$$

式中，$f = \frac{1}{\tau}$称为振动的频率，表示每秒钟的振动次数，其单位为 s^{-1}或 Hz（赫兹）。

因为 $\omega_0 = 2\pi f$，所以 ω_0 表示 2π 秒内的振动次数，单位为 rad/s（弧度/秒）。由式（16-3）知

$$\omega_0 = \sqrt{\frac{k}{m}} \tag{16-9}$$

上式表示 ω_0 只与表征系统本身特性的质量 m 和刚度 k 有关，而与运动的初始条件无关，它是振动系统固有的特性，所以称 ω_0 为固有角（圆）频率（一般也称为**固有频率**）。固有频率是振动理论中的重要概念，它反映了振动系统的动力学特性，计算系统的固有频率是研究系统振动问题的重要课题之一。

将 $m = P/g$ 和 $k = P/\delta_{st}$代入式（16-9），得

$$\omega_0 = \sqrt{\frac{g}{\delta_{st}}} \tag{16-10}$$

上式表明：对上述振动系统，只要知道重力作用下的静变形，就可求得系统的固有频率。例如，可以根据车厢下面弹簧的压缩量来估算车厢上下振动的频率。显然，满载车厢的弹簧静变形比空载车厢大，则其振动频率比空载车厢低。

（2）振幅与初相角

在简谐振动表达式（16-6）中，A 表示相对于振动中心点 O 的最大位移，称为**振幅**。$(\omega_0 t + \theta)$称为**相位**（或**相位角**），相位决定了质点在某瞬时 t 的位置，它具有角度的量纲，而 θ 称为**初相角**，它决定了质点运动的起始位置。

自由振动中的振幅 A 和初相角 θ 是两个待定常数，它们由运动的初始条件确定。设在起始 $t=0$ 时，物块的坐标 $x = x_0$，速度 $v = v_0$。为求 A 和 θ，现将式（16-6）两端对时间 t 求一阶导数，得物块的速度

$$v = \frac{dx}{dt} = A\omega_0 \cos(\omega_0 t + \theta) \tag{16-11}$$

然后将初始条件代入（16-6）和（16-11）两式得

$$x_0 = A\sin\theta,\quad v_0 = A\omega_0\cos\theta$$

由上述两式，得到振幅 A 和初相角 θ 的表达式为

$$A = \sqrt{x_0^2 + \frac{v_0^2}{\omega_0^2}},\quad \tan\theta = \frac{\omega_0 x_0}{v_0} \tag{16-12}$$

从上式可以看到，自由振动的振幅和初相角都与初始条件有关。

例 16-1　质量为 $m = 0.5$ kg 的物块，沿光滑斜面无初速度滑下，如图 16-3 所示。当物块下落高度 $h = 0.1$ m 时撞于无质量的弹簧上并与弹簧不再分离。弹簧刚度系数 $k = 0.8$ kN/m，倾角 $\beta = 30°$，试求此系统振动的固有频率和振幅，并给出物块的运动方程。

动画例 16-1

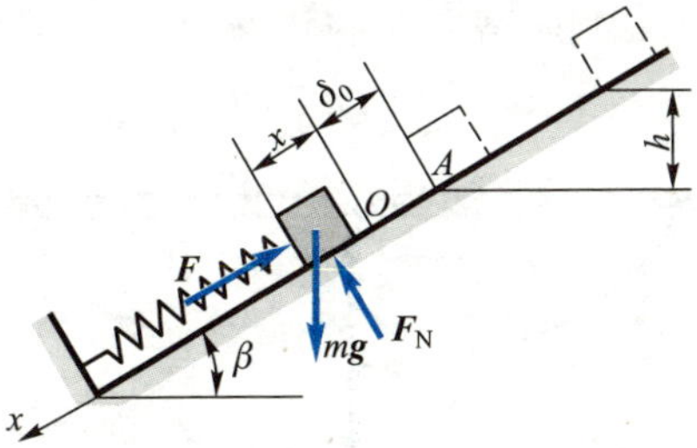

图 16-3

解： 物块于弹簧的自然位置 A 处碰上弹簧。若物块平衡时，由于斜面的影响，弹簧应有变形量

$$\delta_0 = \frac{mg\sin\beta}{k} \tag{a}$$

以物块平衡位置 O 为原点，取 x 轴如图。物块在任意位置 x 处受重力 $\boldsymbol{mg}$、斜面约束力 $\boldsymbol{F}_N$ 和弹性力 $\boldsymbol{F}$ 作用，物块沿 x 轴的运动微分方程为

$$m\frac{\mathrm{d}^2x}{\mathrm{d}t^2} = mg\sin\beta - k(\delta_0 + x)$$

将式(a)代入上式，得

$$m\frac{\mathrm{d}^2x}{\mathrm{d}t^2} = -kx$$

上式与式(16-2)完全相同，表明斜面倾角 β 与物块运动微分方程无关。由式(16-6)，此系统的通解为

$$x = A\sin(\omega_0 t + \theta) \tag{b}$$

由式(16-3)，得固有频率

$$\omega_0 = \sqrt{\frac{k}{m}} = \sqrt{\frac{0.8\ \text{N/m}\times 1\ 000}{0.5\ \text{kg}}} = 40\ \text{rad/s}$$

显然，固有频率与斜面倾角 β 无关。

当物块碰上弹簧时，取时间 $t = 0$，作为振动的起点，此时物块的坐标即为初位移

$$x_0 = -\delta_0 = -\frac{0.5\ \text{kg} \times 9.8\ \text{m/s}^2 \times \sin 30°}{0.8\ \text{N/m} \times 1\ 000} = -3.06 \times 10^{-3}\ \text{m}$$

物块碰上弹簧时，初始速度为

$$v_0 = \sqrt{2gh} = \sqrt{2 \times 9.8\ \text{m/s}^2 \times 0.1\ \text{m}} = 1.4\ \text{m/s}$$

代入式(16－12)，得振幅及初相角

$$A = \sqrt{x_0^2 + \frac{v_0^2}{\omega_0^2}} = 35.1\ \text{mm},\quad \theta = \arctan\frac{\omega_0 x_0}{v_0} = -0.087\ \text{rad}$$

则此物块的运动方程为

$$x = 35.1\sin(40t - 0.087)\,\text{mm}\quad (\text{式中 } t \text{ 以 s 计})$$

动画例 16－2

例 16－2 图 16－4 所示无重弹性梁，当其中部放置质量为 m 的物块时，其静挠度为2 mm。若将此物块在梁未变形位置处无初速释放，试求系统的振动规律。

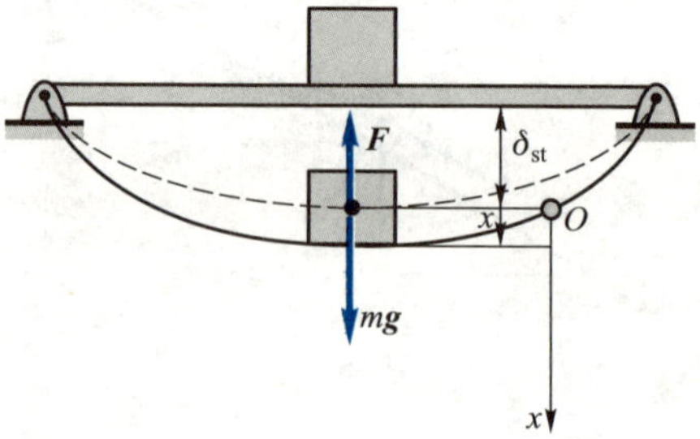

图 16－4

解： 此无重弹性梁相当于一弹簧，其静挠度相当于弹簧的静伸长，则梁的刚度系数为

$$k = \frac{mg}{\delta_{st}}$$

重物在梁上振动时，所受的力有重力 mg 和弹性力 $\boldsymbol{F}$，若取其平衡位置为坐标原点，x 轴方向铅直向下，可列出运动微分方程为

$$m\frac{\mathrm{d}^2x}{\mathrm{d}t^2} = mg - k(\delta_{st} + x) = -kx$$

设 $\omega_0^2 = \frac{k}{m}$，则上式可改写为

$$\frac{\mathrm{d}^2x}{\mathrm{d}t^2} + \omega_0^2 x = 0$$

上述振动微分方程的解为

$$x = A\sin(\omega_0 t + \theta)$$

其中固有频率

$$\omega_0 = \sqrt{\frac{k}{m}} = \sqrt{\frac{g}{\delta_{st}}} = 70\ \text{rad/s}$$

在初瞬时 $t = 0$，物块位于未变形的梁上，其坐标 $x_0 = -\delta_{st} = -2$ mm，重物初速 $v_0 =$

0，则振幅为

$$A=\sqrt{x_0^2+\frac{v_0^2}{\omega_0^2}}=2\ \text{mm}$$

初相角

$$\theta=\arctan\frac{\omega_0 x_0}{v_0}=\arctan(-\infty)=-\frac{\pi}{2}$$

最后得系统的自由振动规律为

$$x=-2\cos(70t)\,\text{mm}\quad（式中\ t\ 以\ \text{s}\ 计）$$

3. 弹簧的并联与串联

图 16－5 表示两个刚度系数分别为 k_1、k_2 的弹簧的两种并联系统。图 16－6 表示两个刚度系数分别为 k_1、k_2 的弹簧串联系统。下面分别研究这两个系统的固有频率和等效弹簧刚度系数。

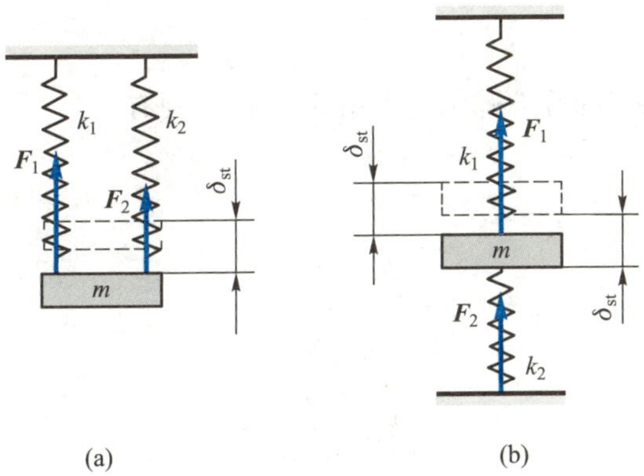

图 16－5

动画 16－1.1：并联弹簧 1

动画 16－1.2：并联弹簧 2

（1）弹簧并联　设物块在重力 $m\boldsymbol{g}$ 作用下作平移，其静变形为 δ_{st}，两个弹簧分别受力 $\boldsymbol{F}_1$ 和 $\boldsymbol{F}_2$（图 16－5a、b），因弹簧变形量相同，因此

$$F_1=k_1\delta_{st},\quad F_2=k_2\delta_{st}$$

在平衡时有

$$mg=F_1+F_2=(k_1+k_2)\delta_{st}$$

令

$$k_{eq}=k_1+k_2 \tag{16-13}$$

k_{eq} 称为等效弹簧刚度系数，上式成为

$$mg=k_{eq}\delta_{st}$$

或

$$\delta_{st}=mg/k_{eq}$$

因此上述并联系统的固有频率为

$$\omega_0=\sqrt{\frac{k_{eq}}{m}}=\sqrt{\frac{k_1+k_2}{m}}$$

此系统相当于有一个等效弹簧，当两个弹簧并联时，其等效弹簧刚度系数等于两个弹簧刚度系数的和。这一结论也可以推广到多个弹簧并联的情形。

动画 16-1.3：串联弹簧

(2) 弹簧串联　如图 16-6 所示两个弹簧串联，每个弹簧受的力都等于物块的重量 mg，因此两个弹簧的静伸长分别为

$$\delta_{st1}=\frac{mg}{k_1},\quad \delta_{st2}=\frac{mg}{k_2}$$

两个弹簧总的静伸长

$$\delta_{st}=\delta_{st1}+\delta_{st2}=mg\left(\frac{1}{k_1}+\frac{1}{k_2}\right)$$

若设串联弹簧系统的等效弹簧刚度系数为 k_{eq}，则有

$$\delta_{st}=mg/k_{eq}$$

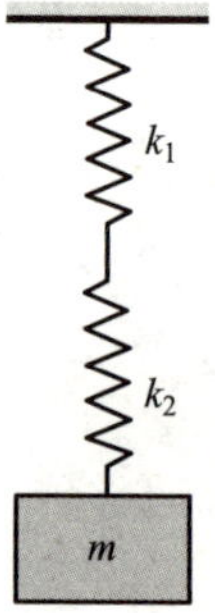

图 16-6

比较上面两式得

$$\frac{1}{k_{eq}}=\frac{1}{k_1}+\frac{1}{k_2} \tag{16-14}$$

或

$$k_{eq}=\frac{k_1k_2}{k_1+k_2} \tag{16-14$'$}$$

上述串联弹簧系统的固有频率为

$$\omega_0=\sqrt{\frac{k_{eq}}{m}}=\sqrt{\frac{k_1k_2}{m(k_1+k_2)}}$$

由此可见，当两个弹簧串联时，其等效弹簧刚度系数的倒数等于两个弹簧刚度系数倒数的和。这一结论也可以推广到多个弹簧串联的情形。

4. 其他类型的单自由度振动系统

除弹簧与质量组成的振动系统外，工程中还有很多振动系统，如扭振系统、多体系统等，这些系统形式上虽然不同，但它们的运动微分方程却具有相同的形式。

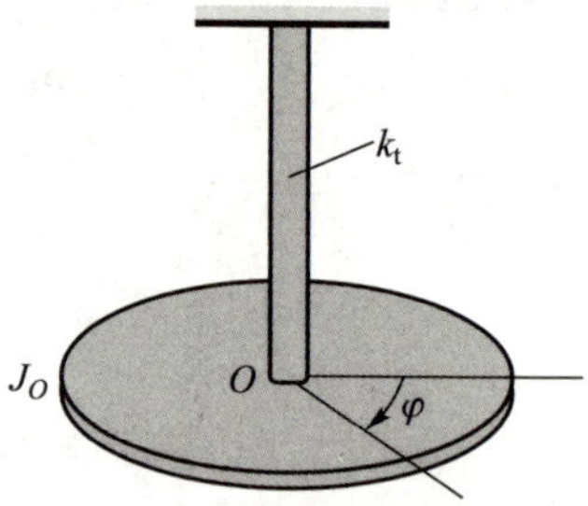

图 16-7

图 16-7 为一**扭振**系统，其中圆盘对于

中心轴的转动惯量为 J_O，刚性固结在扭杆的一端。扭杆另一端固定，圆盘相对于固定端的扭转角度用 φ 表示，扭杆的扭转刚度系数为 k_t，它表示使圆盘产生单位扭角所需的力矩。根据刚体转动微分方程可建立圆盘转动的运动微分方程

$$J_O \frac{d^2\varphi}{dt^2} = -k_t\varphi$$

令 $\omega_0^2 = \frac{k_t}{J_O}$，则上式可变为

$$\frac{d^2\varphi}{dt^2} + \omega_0^2\varphi = 0$$

此式与式(16－4)相同。

例 16－3　图 16－8 为一摆振系统，杆重不计，球质量为 m，摆对轴 O 的转动惯量为 J。弹簧刚度系数为 k，杆于水平位置平衡，尺寸如图所示。试求此系统微小振动的运动微分方程及振动频率。

动画例 16－3

解： 摆于水平平衡处，弹簧已有压缩量 δ_0，由平衡方程 $\sum M_O(\boldsymbol{F}_i)=0$，有

$$mgl = k\delta_0 d \tag{a}$$

以平衡位置为原点，摆在任一小角度 φ 处，弹簧压缩量为 $\delta_0+\varphi d$。摆绕轴 O 的转动微分方程为

$$J\frac{d^2\varphi}{dt^2} = mgl - k(\delta_0+\varphi d)d$$

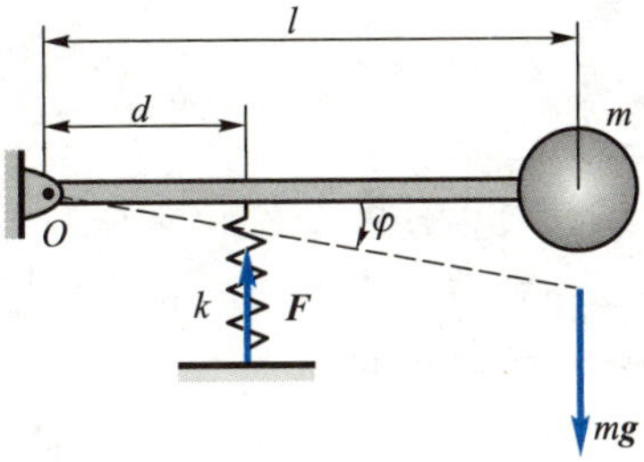

图 16－8

将式(a)代入上式，得

$$J\frac{d^2\varphi}{dt^2} = -kd^2\varphi$$

上式移项，可化为标准形式的无阻尼自由振动微分方程

$$\frac{d^2\varphi}{dt^2} + \frac{kd^2}{J}\varphi = 0 \tag{b}$$

则此摆振系统的固有频率为

$$\omega_0 = d\sqrt{\frac{k}{J}}$$

可见，以平衡位置为原点，摆振系统的运动微分方程也有式(16－4)的标准形式。列方程时，可由平衡位置计算弹性变形，而不再计入重力。

§16－2　计算固有频率的能量法

能量法是从机械能守恒定律出发的，对于计算较复杂系统的固有频率往

往更方便。

对图 16－1 所示无阻尼振动系统，当系统作自由振动时，物块的运动为简谐振动，它的运动规律可以写为

$$x = A\sin(\omega_0 t + \theta)$$

速度为

$$v = \frac{dx}{dt} = \omega_0 A\cos(\omega_0 t + \theta)$$

在瞬时 t，物块的动能为

$$T = \frac{1}{2}mv^2 = \frac{1}{2}m\omega_0^2 A^2\cos^2(\omega_0 t + \theta)$$

而系统的势能 V 为弹性力势能与重力势能的和，若选平衡位置为零势能点，有

$$V = \frac{1}{2}k\left[(x + \delta_{st})^2 - \delta_{st}^2\right] - Px$$

注意到 $k\delta_{st} = P$，则

$$V = \frac{1}{2}kx^2 = \frac{1}{2}kA^2\sin^2(\omega_0 t + \theta)$$

可见，对于有重力影响的弹性系统，如果以平衡位置为零势能位置，则重力势能与弹性力势能之和相当于由平衡位置（不由自然位置）处计算变形的单独弹性力的势能。

当物块处于平衡位置（振动中心）时，其速度达到最大，物块具有最大动能

$$T_{max} = \frac{1}{2}m\omega_0^2 A^2 \tag{16-15}$$

当物块处于偏离振动中心的极端位置时，其位移最大，系统具有最大势能

$$V_{max} = \frac{1}{2}kA^2 \tag{16-16}$$

无阻尼自由振动系统是保守系统，系统的机械能守恒。因为在平衡位置时，系统的势能选为零，其动能 T_{max} 就是全部机械能。而在振动的极端位置时，系统的动能为零，其势能 V_{max} 等于其全部机械能。由机械能守恒定律，有

$$T_{max} = V_{max} \tag{16-17}$$

对于弹簧－质量系统，可将式（16－15）和式（16－16）代入式（16－17）中，即可得到系统的固有频率

$$\omega_0=\sqrt{k/m}$$

根据上述道理，还可以求出其他类型机械振动系统的固有频率，下面举例说明。

动画例 16－4

例 16－4　在图 16－9 所示振动系统中，摆杆 OA 对铰链点 O 的转动惯量为 J，在杆的点 A 和 B 各安置一个弹簧刚度系数分别为 k_1 和 k_2 的弹簧，系统在水平位置处于平衡，试求系统作微振动时的固有频率。

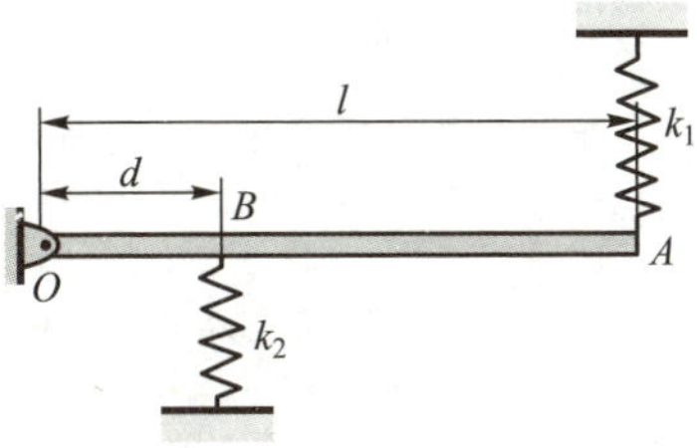

图 16－9

解： 设摆杆 AO 作自由振动时，其摆角 φ 的变化规律为

$$\varphi=\Phi\sin(\omega_0 t+\theta)$$

则系统振动的摆杆的最大角速度 $\dot{\varphi}_{\max}=\omega_0\Phi$，因此系统的最大动能为

$$T_{\max}=\frac{1}{2}J\omega_0^2\Phi^2$$

摆杆的最大角位移为 Φ，若选择平衡位置为零势能点，计算系统势能时可以不计重力，而由平衡位置计算弹簧变形，此时最大势能等于两个弹簧最大势能的和，有

$$V_{\max}=\frac{1}{2}k_1(l\Phi)^2+\frac{1}{2}k_2(d\Phi)^2=\frac{1}{2}(k_1l^2+k_2d^2)\Phi^2$$

由机械能守恒定律有

$$T_{\max}=V_{\max}$$

即

$$\frac{1}{2}J\omega_0^2\Phi^2=\frac{1}{2}(k_1l^2+k_2d^2)\Phi^2$$

解得固有频率

$$\omega_0=\sqrt{\frac{k_1l^2+k_2d^2}{J}}$$

动画例 16－5

例 16－5　图 16－10 表示一质量为 m、半径为 r 的圆柱体，在一半径为 R 的圆弧槽上作无滑动的滚动。试求圆柱体在平衡位置附近作微小振动的固有频率。

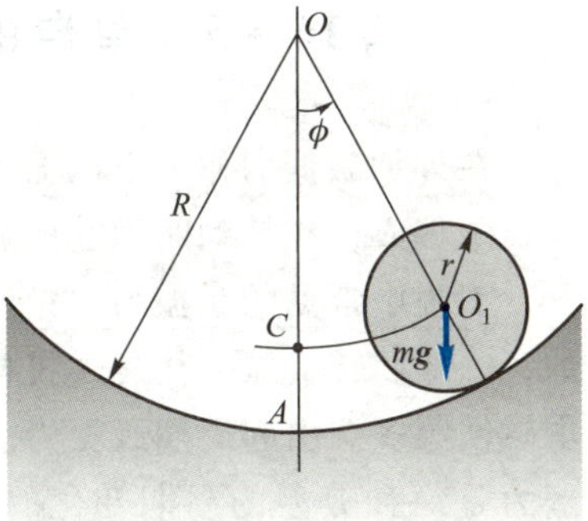

图 16－10

解： 用能量法求解这个问题。

设在振动过程中，圆柱体中心与圆槽中心的连线 OO_1 与铅直线 OA 的夹角为 ϕ。圆柱体中心 O_1 的线速度 $v_{O_1}=(R-r)\dot{\phi}$。由运动学知，当圆柱体作纯滚动时，其角速度 $\omega=(R-r)\dot{\phi}/r$，因此系统的动能为

$$T=\frac{1}{2}mv_{O_1}^2+\frac{1}{2}J_{O_1}\omega^2$$

$$=\frac{1}{2}m\left[(R-r)\dot{\phi}\right]^2+\frac{1}{2}\left(\frac{mr^2}{2}\right)\left[\frac{(R-r)\dot{\phi}}{r}\right]^2$$

$$=\frac{3m}{4}(R-r)^2\dot{\phi}^2$$

系统的势能即重力势能，圆柱在最低处平衡，取该处圆心位置 C 为零势能点，则系统的势能为

$$V=mg(R-r)(1-\cos\phi)=2mg(R-r)\sin^2\frac{\phi}{2}$$

当圆柱体作微振动时，可认为 $\sin\frac{\phi}{2}\approx\frac{\phi}{2}$，因此势能公式可改写为

$$V=\frac{1}{2}mg(R-r)\phi^2$$

设系统作自由振动时 ϕ 的变化规律为

$$\phi=A\sin(\omega_0 t+\theta)$$

则系统的最大动能

$$T_{\max}=\frac{3m}{4}(R-r)^2\omega_0^2A^2$$

系统的最大势能

$$V_{\max}=\frac{1}{2}mg(R-r)A^2$$

由机械能守恒定律，$T_{\max}=V_{\max}$，解得系统的固有频率为

$$\omega_0=\sqrt{\frac{2g}{3(R-r)}}$$

动画 16－2
偏心转子致受迫振动

§16－3 单自由度系统的无阻尼受迫振动

在外加激振力作用下的振动称为**受迫振动**。例如，弹性梁上的电动机由于转子偏心，在转动时引起的振动，如图 16－11 所示。

图 16－11

工程中常见的激振力多是周期变化的；一般回转机械、往复式机械、交流电磁铁等多会引起周期激振力。简谐**激振力**是一种典型的周期变化的激振力，简谐力 F 随时间变化的关系可以写成

$$F = H\sin(\omega t + \varphi) \tag{16-18}$$

式中，H 称为激振力的力幅，即激振力的最大值；ω 是激振力的角频率；φ 是激振力的初相角，它们都是定值。

1. 振动微分方程

如图 16－12 所示的振动系统，其中物块的质量为 m。物块所受的力有恢复力 $\boldsymbol{F}_e$ 和激振力 $\boldsymbol{F}$。取物块的平衡位置为坐标原点，坐标轴铅直向下，则恢复力 $\boldsymbol{F}_e$ 在坐标轴上的投影为

$$F_e = -kx$$

式中，k 为弹簧刚度系数。

设 $\boldsymbol{F}$ 为简谐激振力，$\boldsymbol{F}$ 在坐标轴上的投影可以写成式(16－18)的形式。质点的运动微分方程为

$$m\frac{d^2x}{dt^2} = -kx + H\sin(\omega t + \varphi)$$

将上式两端除以 m，并设

$$\omega_0^2 = \frac{k}{m},\quad h = \frac{H}{m} \tag{16-19}$$

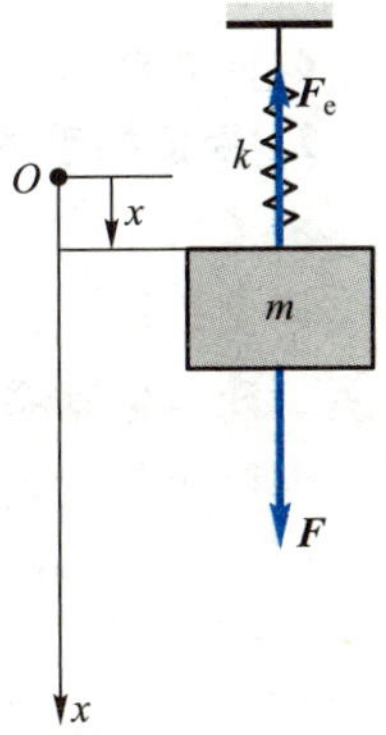

图 16－12

则得

$$\frac{d^2x}{dt^2} + \omega_0^2 x = h\sin(\omega t + \varphi) \tag{16-20}$$

该式为无阻尼受迫振动微分方程的标准形式，是二阶常系数非齐次线性微分方程，它的解由两部分组成，即

$$x = x_1 + x_2$$

式中，x_1 对应于方程(16－20)的齐次通解，x_2 为其特解。由§16－1 知，齐次方程的通解为

$$x_1 = A\sin(\omega_0 t + \theta)$$

设方程(16－20)的特解有如下形式

$$x_2 = b\sin(\omega t + \varphi) \tag{16-21}$$

式中，b 为待定常数，将 x_2 代入方程(16－20)，得

$$-b\omega^2\sin(\omega t + \varphi) + b\omega_0^2\sin(\omega t + \varphi) = h\sin(\omega t + \varphi)$$

解得

$$b = \frac{h}{\omega_0^2 - \omega^2} \tag{16-22}$$

于是得方程(16－20)的全解为

$$x = A\sin(\omega_0 t + \theta) + \frac{h}{\omega_0^2 - \omega^2}\sin(\omega t + \varphi) \tag{16-23}$$

上式表明，无阻尼受迫振动是由两个简谐振动合成的：第一部分是频率为固有频率的**自由振动**；第二部分是频率为激振力频率的振动，称为**受迫振动**。由于实际的振动系统中总有阻尼存在，自由振动部分总会逐渐衰减下去，因而我们着重研究第二部分受迫振动，它是一种稳态的振动。

2. 受迫振动的振幅

由式(16－21)和式(16－22)知，在简谐激振的条件下，系统的受迫振动为简谐振动，其振动频率等于激振力的频率，振幅的大小与运动初始条件无关，而与振动系统的固有频率 ω_0、激振力的力幅 H、激振力的频率 ω 有关。下面讨论受迫振动的振幅与激振力频率之间的关系。

(1) 若 $\omega \to 0$，此种激振力的周期趋近于无穷大，即激振力为一恒力，此时并不振动，所谓的振幅 b_0 实为静力 H 作用下的静变形。由式(16－22)得

$$b_0 = \frac{h}{\omega_0^2} = \frac{H}{k} \tag{16-24}$$

(2) 若 $0 < \omega < \omega_0$，则由式(16－22)知，ω 值越大，振幅 b 越大，即振幅 b 随着频率 ω 单调上升，当 ω 接近 ω_0 时，振幅 b 将趋于无穷大。

(3) 若 $\omega > \omega_0$，按式(16－22)，b 为负值。但习惯上把振幅都取为正值，因而此时 b 取其绝对值，而视受迫振动 x_2 与激振力反向，即式(16－21)的相位角应加(或减)180°。这时，随着激振力频率 ω 增大，振幅 b 减小。当 ω 趋于∞，振幅 b 趋于零。

上述振幅 b 与激振力频率 ω 之间的关系可用图 16－13a 中的曲线表示。该曲线称为振幅－频率曲线，又称为**共振曲线**。为了使曲线具有更普遍的意义，我们将纵轴取为 $\beta = \frac{b}{b_0}$，横轴取为 $\lambda = \frac{\omega}{\omega_0}$，$\beta$ 和 λ 都是量纲为一的量，称 β 为放大因数，λ 为频率比。振幅－频率曲线如图 16－13b 所示。

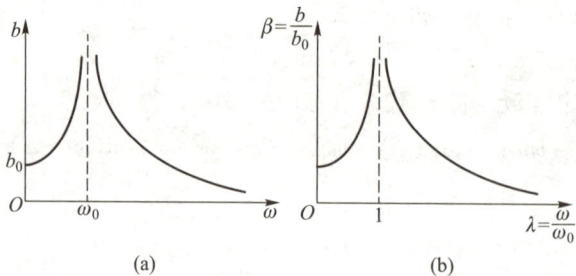

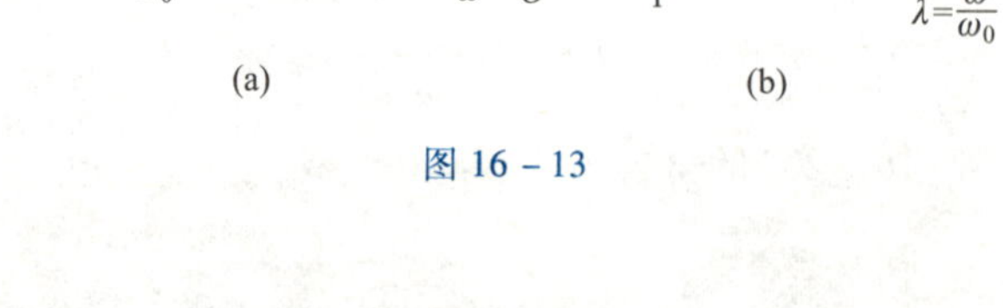

(a) (b)

图 16－13

3. 共振现象

在上述分析中，当 $\omega=\omega_0$ 时，即激振力频率等于系统的固有频率时，振幅 b 在理论上应趋向无穷大，这种现象称为**共振**。

事实上，当 $\omega=\omega_0$ 时，式(16－22)没有意义，微分方程式(16－20)的特解应具有下面的形式

$$x_2=Bt\cos(\omega_0 t+\varphi) \tag{16-25}$$

将此式代入式(16－20)中，得

$$B=-h/2\omega_0$$

故共振时受迫振动的运动规律为

$$x_2=-\frac{h}{2\omega_0}t\cos(\omega_0 t+\varphi) \tag{16-26}$$

它的幅值为

$$b=\frac{h}{2\omega_0}t$$

由此可见，当 $\omega=\omega_0$ 时，系统共振，受迫振动的振幅随时间无限地增大，其运动图线如图 16－14 所示。

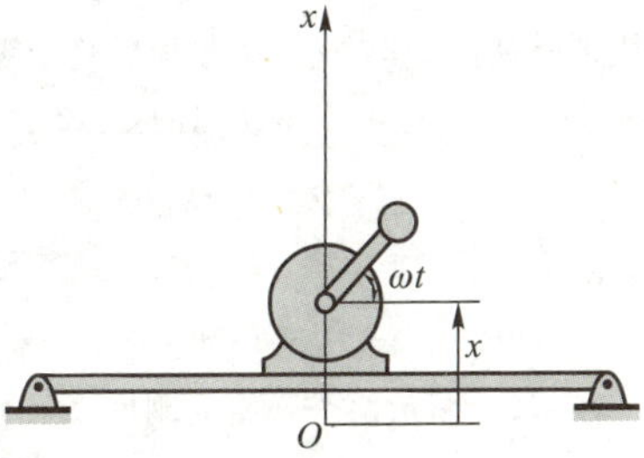

图 16－14

实际上，由于系统存在有阻尼，共振时振幅不可能达到无限大。但一般来说，共振时的振幅都是相当大的，往往使机器产生过大的变形，甚至造成破坏。因此，如何避免发生共振是工程中一个非常重要的课题。

例 16－6　图 16－14 表示带有偏心块的电动机，固定在一根弹性梁上。设电机的质量为 m_1，偏心块的质量为 m_2，偏心距为 e，弹性梁的刚度系数为 k，求当电机以匀角速度 ω 旋转时系统的受迫振动规律。

动画例 16－6

解： 将电机与偏心块看成一质点系。设电机轴心在瞬时 t 相对其平衡位置 O 的坐标为 x，则偏心块的 x 坐标应为 $x+e\sin\omega t$。此时作用在系统上的恢复力为 $-kx$。列出质点系动量定理的微分形式

$$\frac{\mathrm{d}}{\mathrm{d}t}\left(\sum m_i v_{ix}\right)=-kx$$

得

$$\frac{\mathrm{d}}{\mathrm{d}t}\left[m_1\frac{\mathrm{d}x}{\mathrm{d}t}+m_2\frac{\mathrm{d}}{\mathrm{d}t}(x+e\sin\omega t)\right]=-kx$$

整理后得微分方程

$$(m_1+m_2)\ddot{x}+kx=m_2 e\omega^2\sin\omega t$$

此微分方程与质点受迫振动的微分方程相同，其中激振力项 $m_2e\omega^2\sin\omega t$ 相当于电机旋转时，偏心块的离心惯性力在 x 轴方向的投影。激振力的力幅 $m_2\omega^2e$ 等于离心惯性力的大小，激振力的角频率等于转子的角速度 ω。这种由系统中转动部件的惯性力而引起的受迫振动与前述的简谐激振力引起的受迫振动有相同的微分方程。但惯性力引起的激振力的力幅与激振力的频率有关，因此共振曲线将有所不同。令 $H=m_2e\omega^2$，则 $h=\dfrac{m_2e\omega^2}{m_1+m_2}$，由公式(16－22)，得受迫振动振幅

$$b=\frac{h}{\omega_0^2-\omega^2}=\frac{m_2e\omega^2}{k-(m_1+m_2)\omega^2}$$

上述振幅表达式表示的振幅频率曲线如图 16－15所示。这一幅频曲线与图 16－13a 所示幅频曲线略有不同。此曲线当 $\omega<\omega_0$ 时，振幅从零开始，随着频率增大而增大；当 $\omega=\omega_0$ 时，振幅趋于∞；当 $\omega>\omega_0$ 时，振幅随着 ω 增大而减小，最后趋近于 $m_2e/(m_1+m_2)$。而图 16－13a 所示曲线则是从静变形 b_0 开始，最后趋于零。当 $\omega=\omega_0$ 时发生共振这一点是相同的。

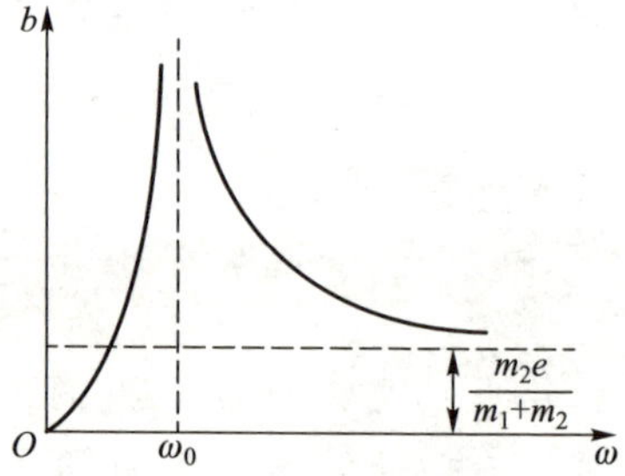

图 16－15

习　题

16－1　图示两个弹簧的刚度系数分别为 $k_1=5$ kN/m，$k_2=3$ kN/m。物块质量 $m=4$ kg。试求物体自由振动的周期。

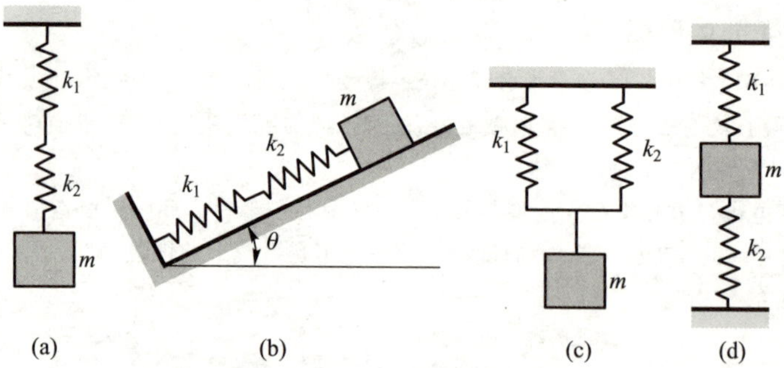

题 16－1 图

16－2　一盘悬挂在弹簧上，如图所示。当盘上放质量为 m_1 的物体时，作微幅振动，测得的周期为 T_1；如盘上换一质量为 m_2 的物体时，测得振动周期为 T_2。试求弹簧的刚度系数 k。

16－3　如图所示，质量 $m=200$ kg 的重物在吊索上以等速度 $v=5$ m/s 下降。当下

降时，由于吊索嵌入滑轮的夹子内，吊索的上端突然被夹住，此时吊索的刚度系数 $k=400\ \text{kN/m}$。如不计吊索的重量，试求此后重物振动时吊索中的最大张力。

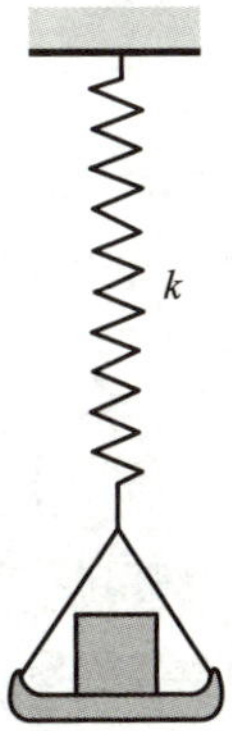

题 16－2 图

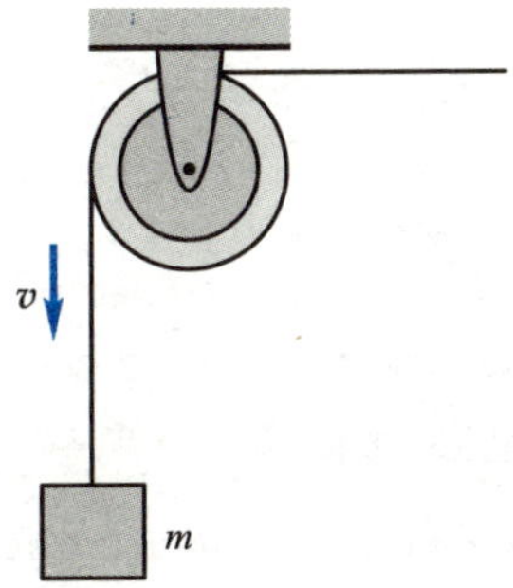

题 16－3 图

16－4　图示质量为 m 的重物，初速为零，自高度 $h=1\ \text{m}$ 处落下，打在水平梁的中部后与梁不再分离。梁的两端固定，在此重物静力的作用下，该梁中点的静止挠度 δ_0 等于5 mm。如以重物在梁上的静止平衡位置 O 为原点，作出铅直向下的轴 y，梁的重量不计。试写出重物的运动方程。

16－5　质量为 m 的小车在斜面上自高度 h 处滑下，而与缓冲器相碰，如图所示。缓冲弹簧的刚度系数为 k，斜面倾角为 θ。试求小车碰着缓冲器后自由振动的周期与振幅。

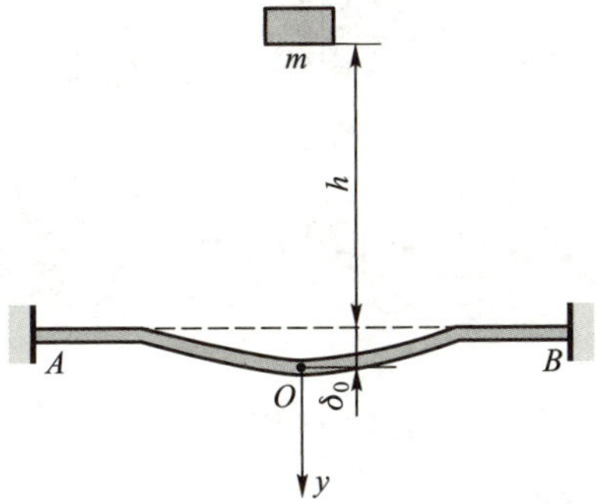

题 16－4 图

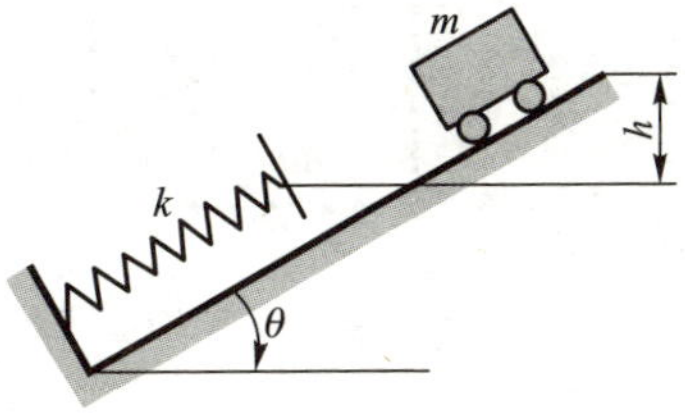

题 16－5 图

16－6　图示均质杆 AB，质量为 m_1，长为 $3l$，B 端刚性连接一质量为 m_2 的物体，其大小不计。杆 AB 在 O 处为铰支，两弹簧刚度系数均为 k，约束如图。试求系统的固有频率。

16－7　质量为 m 的物体悬挂如图所示。如杆 AB 的质量不计，两弹簧的刚度系数分别为 k_1 和 k_2，又 $AC=a$，$AB=b$。试求物体自由振动的频率。

16－8　电动机质量 $m_1=250\ \text{kg}$，由 4 个刚度系数 $k=30\ \text{kN/m}$ 的弹簧支持，如图所示。在电动机转子上装有一质量 $m_2=0.2\ \text{kg}$ 的物体，距转轴 $e=10\ \text{mm}$。已知电动机被

限制在铅直方向运动，试求发生共振时的转速。

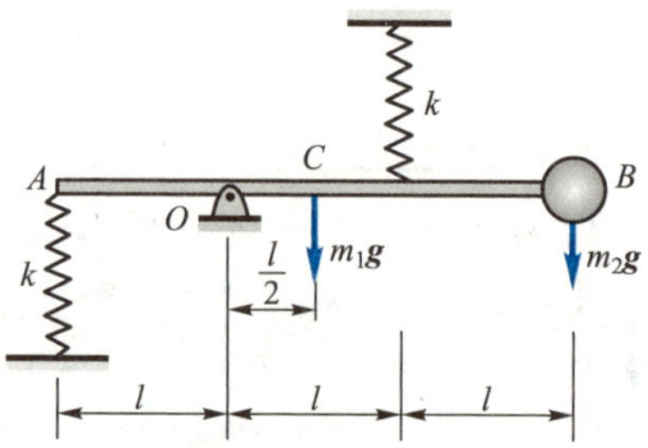

题 16－6 图

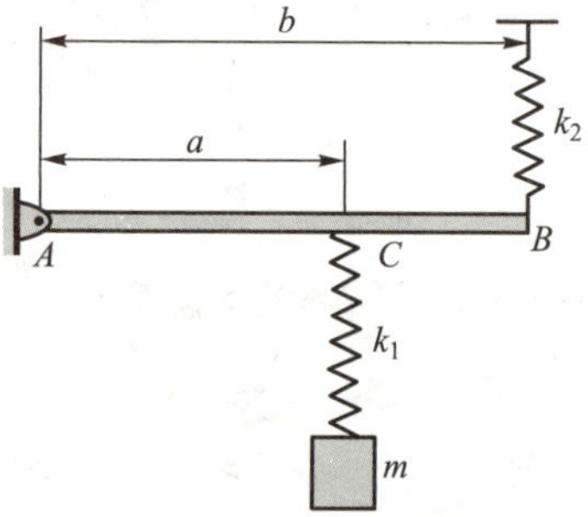

题 16－7 图

16－9　物体 M 悬挂在弹簧 AB 上，如图所示。弹簧的上端 A 作铅垂直线谐振动，其振幅为 b，角频率为 ω，即 $O_1C=b\sin\omega t$（式中 O_1C 以 mm 计）。已知物体 M 的质量为 0.4 kg，弹簧在 0.4 N 力作用下伸长 10 mm，$b=20$ mm，$\omega=7$ rad/s。求受迫振动的规律。

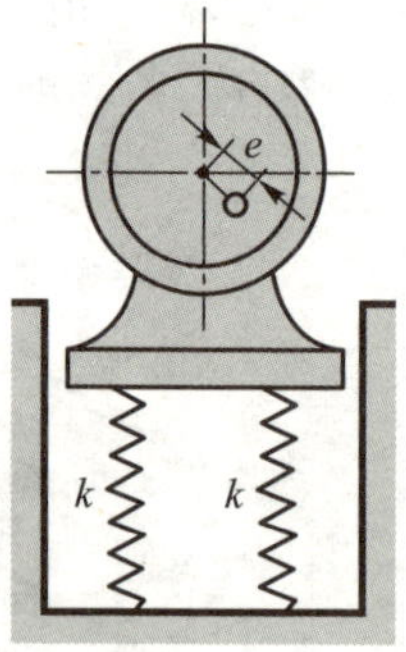

题 16－8 图

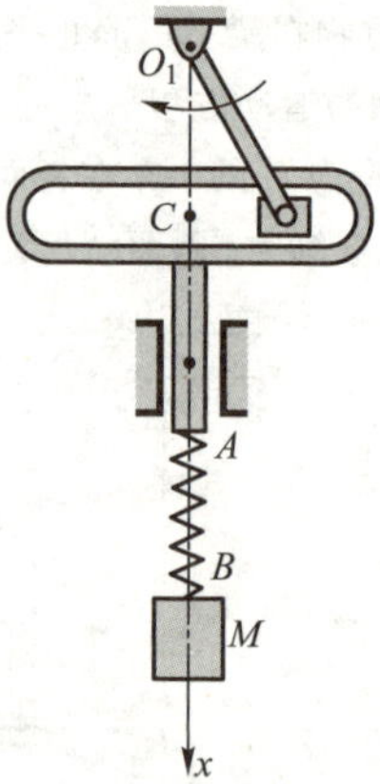

题 16－9 图

习 题 答 案

第 一 章 （略）

第 二 章

2－1 $F_R = 5\ 000$ N，$\angle(\boldsymbol{F}_R, \boldsymbol{F}_1) = 38°28'$

2－2 $F_{AB} = 54.64$ kN(拉)，$F_{CB} = 74.64$ kN(压)

2－3 $F_2 = 173$ kN，$\gamma = 95°$

2－4 $F_A = \frac{\sqrt{5}}{2}F\swarrow$，$F_D = \frac{1}{2}F\uparrow$

2－5 $F_C = 2\ 000$ N，$F_A = F_B = 2\ 010$ N

2－6 $F = 80$ kN

2－7 $F_H = \dfrac{F}{2\sin^2\theta}$

2－8 $F_1/F_2 = 0.644$

2－9 $M_A(\boldsymbol{F}) = -Fb\cos\theta$，$M_B(\boldsymbol{F}) = F(a\sin\theta - b\cos\theta)$

2－10 $F_A = F_C = \dfrac{M}{2\sqrt{2}a}$

2－11 (a)、(b) $F_A = F_B = M/l$；　(c) $F_A = F_B = M/(l\cos\theta)$

2－12 $M_2 = \dfrac{r_2}{r_1}M_1$，$F_{O1} = \dfrac{M_1}{r_1\cos\theta}\swarrow$，$F_{O2} = \dfrac{M_1}{r_1\cos\theta}\nearrow$

2－13 $F = \dfrac{M}{a}\cot 2\theta$

第 三 章

3－1 $F'_R = 466.5$ N，$M_O = 21.44$ N·m

$F_R = 466.5$ N，$d = 45.96$ mm

3－2 (1) $F'_R = 150$ N$\longleftarrow$，$M_O = 900$ N·mm↲

(2) $F = 150$ N$\longleftarrow$，$y = -6$ mm

3－3 $F_x = 4$ kN，$F_{y1} = 28.73$ kN，$F_{y2} = 1.269$ kN

3－4 $F_{Ax} = 0$，$F_{Ay} = 6$ kN，$M_A = 12$ kN·m

3-5 (a) $F_{Ax}=0$, $F_{Ay}=-\frac{1}{2}\left(F+\frac{M}{a}\right)$; $F_B=\frac{1}{2}\left(3F+\frac{M}{a}\right)$

(b) $F_{Ax}=0$, $F_{Ay}=-\frac{1}{2}\left(F+\frac{M}{a}-\frac{5}{2}qa\right)$; $F_B=\frac{1}{2}\left(3F+\frac{M}{a}-\frac{1}{2}qa\right)$

3-6 $P_2=333.3\ \mathrm{kN}$; $x=6.75\ \mathrm{m}$

3-7 $F_{BC}=848.5\ \mathrm{N}$, $F_{Ax}=2\ 400\ \mathrm{N}$, $F_{Ay}=1\ 200\ \mathrm{N}$

3-8 $F_A=-48.33\ \mathrm{kN}$, $F_B=100\ \mathrm{kN}$, $F_D=8.333\ \mathrm{kN}$

3-9 (a) $F_{Ax}=\frac{M}{a}\tan\theta$, $F_{Ay}=-\frac{M}{a}$, $M_A=-M$; $F_B=F_C=\frac{M}{a\cos\theta}$

(b) $F_{Ax}=\frac{qa}{2}\tan\theta$, $F_{Ay}=\frac{1}{2}qa$, $M_A=\frac{1}{2}qa^2$; $F_{Bx}=\frac{qa}{2}\tan\theta$, $F_{By}=\frac{1}{2}qa$, $F_C=\frac{qa}{2\cos\theta}$

3-10 $F_A=-15\ \mathrm{kN}$, $F_B=40\ \mathrm{kN}$, $F_C=5\ \mathrm{kN}$, $F_D=15\ \mathrm{kN}$

3-11 $M=\frac{Prr_1}{r_2}$

3-12 $M=\frac{r_1r_3r}{r_2r_4}P$; $F_{3x}=\frac{r}{r_4}P\tan\theta$, $F_{3y}=P\left(1-\frac{r}{r_4}\right)$

3-13 $F_{Ax}=-F_{Bx}=120\ \mathrm{kN}$, $F_{Ay}=F_{By}=300\ \mathrm{kN}$

3-14 $F_{Ax}=-60\ \mathrm{kN}$, $F_{Ay}=30\ \mathrm{kN}$; $F_{Ex}=60\ \mathrm{kN}$, $F_{Ey}=30\ \mathrm{kN}$; $F_{BD}=100\ \mathrm{kN}$(压); $F_{BC}=-50\ \mathrm{kN}$(拉)

3-15 $F_{Ax}=1\ 200\ \mathrm{N}$, $F_{Ay}=150\ \mathrm{N}$; $F_B=1\ 050\ \mathrm{N}$; $F_{BC}=1\ 500\ \mathrm{N}$(压)

3-16 $AC=x=a+\frac{F}{k}\left(\frac{l}{b}\right)^2$

3-17 $F_{Ax}=267\ \mathrm{N}$, $F_{Ay}=-87.5\ \mathrm{N}$; $F_B=550\ \mathrm{N}$; $F_{Cx}=209\ \mathrm{N}$, $F_{Cy}=-187.5\ \mathrm{N}$

3-18 $F_{Ax}=0$, $F_{Ay}=15.1\ \mathrm{kN}$, $M_A=68.4\ \mathrm{kN\cdot m}$

$F_{Bx}=-22.8\ \mathrm{kN}$, $F_{By}=-17.85\ \mathrm{kN}$

3-19 $F_{Ax}=-4.5\ \mathrm{kN}$, $F_{Ay}=2\ \mathrm{kN}$, $M_A=6.25\ \mathrm{kN\cdot m}$

$F_B=-0.5\ \mathrm{kN}$; $F_{Cx}=0$, $F_{Cy}=1.5\ \mathrm{kN}$

3-20 $F_A=\frac{(b-a)P}{\sqrt{b^2+a^2}}$(沿 AB 方向), $F_C=\frac{(a+b)P}{\sqrt{a^2+b^2}}$(沿 BC 方向)

第四章

4-1 $F_{1x}=-\frac{\sqrt{3}}{3}F_1$, $F_{1y}=-\frac{\sqrt{3}}{3}F_1$, $F_{1z}=\frac{\sqrt{3}}{3}F_1$; $F_{2x}=\frac{\sqrt{2}}{2}F_2$, $F_{2y}=0$, $F_{2z}=\frac{\sqrt{2}}{2}F_2$

$M_x(\boldsymbol{F}_1)=\frac{\sqrt{3}}{3}F_1a$, $M_y(\boldsymbol{F}_1)=-\frac{\sqrt{3}}{3}F_1a$, $M_z(\boldsymbol{F}_1)=0$

$M_x(\boldsymbol{F}_2)=\frac{\sqrt{2}}{2}F_2a$, $M_y(\boldsymbol{F}_2)=0$, $M_z(\boldsymbol{F}_2)=-\frac{\sqrt{2}}{2}F_2$

$\boldsymbol{F}'_{\mathrm{R}}=\left(-\frac{\sqrt{3}}{3}F_1+\frac{\sqrt{2}}{2}F_2\right)\boldsymbol{i}-\frac{\sqrt{3}}{3}F_1\boldsymbol{j}+\left(\frac{\sqrt{3}}{3}F_1+\frac{\sqrt{2}}{2}F_2\right)\boldsymbol{k}$

$$\boldsymbol{M}_O=\left(\frac{\sqrt{3}}{3}F_1+\frac{\sqrt{2}}{2}F_2\right)a\boldsymbol{i}-\frac{\sqrt{3}}{3}F_1a\boldsymbol{j}-\frac{\sqrt{2}}{2}F_2a\boldsymbol{k}$$

4-2 $F_{Rx}=-345.4$ N，$F_{Ry}=249.6$ N，$F_{Rz}=10.56$ N

$M_x=-51.78$ N·m，$M_y=-36.65$ N·m，$M_z=103.6$ N·m

4-3 $F_R=20$ N，沿 z 轴正向，作用线位置由 $x_C=60$ mm，$y_C=32.5$ mm 确定

4-4 $M_x=\frac{F}{4}(h-3r)$，$M_y=\frac{\sqrt{3}}{4}F(h+r)$，$M_z=-\frac{1}{2}Fr$

4-5 $F_A=F_B=-26.39$ kN(压)，$F_C=33.46$ kN(拉)

4-6 $F=200$ N，$F_{Bz}=F_{Bx}=0$，$F_{Ax}=86.6$ N，$F_{Ay}=150$ N，$F_{Az}=100$ N

4-7 $M_z=-101.4$ N·m

4-8 $a=350$ mm

4-9 $F_1=-F$(压)，$F_2=0$，$F_3=F$(拉)，$F_4=0$，$F_5=-F$(压)，$F_6=0$

第五章

5-1 (1) $F_{s1}=1.492$ kN(↗)，$F_{s2}=1.508$ kN(↙)

(2) $F_1=26.06$ kN，$F_2=20.93$ kN

5-2 $f_s=0.223$

5-3 $f_s=\frac{1}{2\sqrt{3}}$

5-4 $l_{min}=100$ mm

5-5 $\frac{M\sin(\theta-\varphi)}{l\cos\theta\cos(\beta-\varphi)}\leqslant F\leqslant\frac{M\sin(\theta+\varphi)}{l\cos\theta\cos(\beta+\varphi)}$

5-6 49.61 N·m$\leqslant M_C\leqslant$70.39 N·m

5-7 40.21 kN$\leqslant P_E\leqslant$104.2 kN

5-8 $\frac{\sin\theta-f_s\cos\theta}{\cos\theta+f_s\sin\theta}P\leqslant F\leqslant\frac{\sin\theta+f_s\cos\theta}{\cos\theta-f_s\sin\theta}P$

第六章

6-1 $x=200\cos\frac{\pi}{5}t$ mm，$y=100\sin\frac{\pi}{5}t$ mm

轨迹：$\frac{x^2}{40\ 000}+\frac{y^2}{10\ 000}=1$

6-2 $\frac{(x-a)^2}{(b+l)^2}+\frac{y^2}{l^2}=1$

6-3 对地：$y_A=0.01\sqrt{64-t^2}$ m，$v_A=\frac{0.01t}{\sqrt{64-t^2}}$ m/s，方向铅垂向下

对凸轮：$x'_A=0.01t$ m，$y'_A=0.01\sqrt{64-t^2}$ m

$v_{Ax'}=0.01$ m/s，

$v_{Ay'} = -\dfrac{0.01t}{\sqrt{64-t^2}}$ m/s

6－4 $y = l\tan kt$

$v = lk\sec^2 kt$；$a = 2lk^2\tan kt\sec^2 kt$

$\theta = \dfrac{\pi}{6}$时，$v = \dfrac{4}{3}lk$，$a = \dfrac{8\sqrt{3}}{9}lk^2$

$\theta = \dfrac{\pi}{3}$时，$v = 4lk$，$a = 8\sqrt{3}lk^2$

6－5 $v = -\dfrac{v_0}{x}\sqrt{x^2+l^2}$；$a = -\dfrac{v_0^2 l^2}{x^3}$

6－6 （1）自然法：$s = 2R\omega t$；$v = 2R\omega$；$a_t = 0$，$a_n = 4R\omega^2$

（2）直角坐标法：$x = R + R\cos 2\omega t$，$y = R\sin 2\omega t$

$v_x = -2R\omega\sin 2\omega t$，$v_y = 2R\omega\cos 2\omega t$；

$a_x = -4R\omega^2\cos 2\omega t$，$a_y = -4R\omega^2\sin 2\omega t$

6－7 $v = ak$，$v_r = -ak\sin kt$

6－8 $x = r\cos\omega t + l\sin\dfrac{\omega t}{2}$，$y = r\sin\omega t - l\cos\dfrac{\omega t}{2}$

$v = \omega\sqrt{r^2 + \dfrac{l^2}{4} - rl\sin\dfrac{\omega t}{2}}$；$a = \omega^2\sqrt{r^2 + \dfrac{l^2}{16} - \dfrac{rl}{2}\sin\dfrac{\omega t}{2}}$

6－9 $\rho = 5$ m，$a_t = 8.66$ m/s^2

第七章

7－1 $x = 0.2\cos 4t$ m；$v = -0.4$ m/s；$a = -2.771$ m/s^2

7－2 $\varphi = \dfrac{1}{30}t$ rad，$x^2 + (y+0.8)^2 = 1.5^2$

7－3 $\omega = \dfrac{v}{2l}$；$\alpha = -\dfrac{v^2}{2l^2}$

7－4 $\theta_{OA} = \arctan\dfrac{\sin\omega_0 t}{\dfrac{h}{r} - \cos\omega_0 t}$

7－5 （1）$\alpha_2 = \dfrac{5\,000\pi}{d^2}$rad/s^2；（2）$a = 592.2$ m/s^2

7－6 $\omega = \dfrac{v}{2R\sin\varphi}$，$v_C = \dfrac{v}{\sin\varphi}$，其中 $\sin\varphi = \dfrac{1}{2}\sqrt{2 - 2\sqrt{2}\dfrac{vt}{R} - \left(\dfrac{vt}{R}\right)^2}$

7－7 $\varphi = \dfrac{\sqrt{3}}{3}\ln\left(\dfrac{1}{1-\sqrt{3}\omega_0 t}\right)$；$\omega = \omega_0 e^{\sqrt{3}\varphi}$

第八章

8－1 （a）$\omega_2 = 1.5$ rad/s；（b）$\omega_2 = 2$ rad/s

8－2 当 $\varphi=0°$时，$v=\frac{\sqrt{3}}{3}r\omega$，向左

当 $\varphi=30°$时，$v=0$

当 $\varphi=60°$时，$v=\frac{\sqrt{3}}{3}r\omega$，向右

8－3 $v_C=\frac{av}{2l}$

8－4 $v_{AB}=e\omega$

8－5 $v=0.1\ \text{m/s}$，$a=0.346\ \text{m/s}^2$

8－6 $v=0.173\ \text{m/s}$，$a=0.05\ \text{m/s}^2$

8－7 $v_r=\frac{2}{\sqrt{3}}v_0$，$a_r=\frac{8\sqrt{3}}{9}\frac{v_0^2}{R}$

8－8 $x=0.1t^2\ \text{m}$，$y=h-0.05t^2\ \text{m}$（式中 t 以 s 计）

$y=h-\frac{x}{2}$

$v=0.1\sqrt{5}t\ \text{m/s}$，$a=0.1\sqrt{5}\ \text{m/s}^2$

8－9 $a_A=0.746\ \text{m/s}^2$

***8－10** $v_M=0.173\ \text{m/s}$，$a_M=0.35\ \text{m/s}^2$

***8－11** $v=0.325\ \text{m/s}$，$a=0.657\ \text{m/s}^2$

***8－12** $a_M=\sqrt{(b+v_r t)^2\omega^4+4\omega^2 v_r^2}\sin\theta$

***8－13** $\omega_1=\frac{\omega}{2}$，$\alpha_1=\frac{\sqrt{3}}{12}\omega^2$

***8－14** $a_1=r\omega^2-\frac{v^2}{r}-2\omega v$

$$a_2=\sqrt{\left(r\omega^2+\frac{v^2}{r}+2\omega v\right)^2+4r^2\omega^4}$$

***8－15** $a_M=355.5\ \text{mm/s}^2$

第 九 章

9－1 $\omega=\frac{v\sin^2\theta}{R\cos\theta}$

9－2 $v_{BC}=2.513\ \text{m/s}$

9－3 $\omega_{ABD}=1.072\ \text{rad/s}$；$v_D=0.254\ \text{m/s}$

9－5 $v_F=0.462\ \text{m/s}$；$\omega_{EF}=1.333\ \text{rad/s}$

9－6 当 $\varphi=0°$，$180°$时，$v_{DE}=4\ \text{m/s}$

当 $\varphi=90°$，$270°$时，$v_{DE}=0$

9－7 $\omega_{OB}=3.75\ \text{rad/s}$，$\omega_{O1}=6\ \text{rad/s}$

9-8 $v_O=\dfrac{R}{R-r}v$；$a_O=\dfrac{R}{R-r}a$

9-9 $v_B=2\ \text{m/s}$，$v_C=2.828\ \text{m/s}$

$a_B=8\ \text{m/s}^2$，$a_C=11.31\ \text{m/s}^2$

9-10 $a_n=2r\omega_O^2$，$a_t=r(\sqrt{3}\omega_O^2-2\alpha_O)$

9-11 $v_C=\dfrac{3}{2}r\omega_O$；$a_C=\dfrac{\sqrt{3}}{12}r\omega_O^2$

9-12 $a_A=2.423\ \text{m/s}^2$，$a_A=5.233\ \text{m/s}^2$

9-13 $v_{EGH}=v_0$

9-14 $\omega_{ABE}=\dfrac{2\sqrt{3}}{3}\omega_1$

9-15 $v_{DB}=1.155l\omega_0$

9-16 $\omega_{AB}=\dfrac{\omega_0}{2}$，$\omega_{CE}=0$，$\omega_{O_1D}=\dfrac{3}{4}\omega_0$

9-17 $v_C=6.865r\omega_0$

9-18 $\omega_{\text{I}}=\dfrac{3\sqrt{3}}{2}\dfrac{v}{r}$（顺时针），$\omega_{AB}=\dfrac{\sqrt{3}}{6}\dfrac{v}{r}$（逆时针），

9-19 $\alpha_{AB}=\dfrac{a}{l}\tan\theta$

9-20 $a_{DE}=\dfrac{2v^2}{3l}$

9-21 $a_C=r\omega_0^2\sin^2\varphi$

*9-22 $\omega_{O_1A}=0.2\ \text{rad/s}$，$\alpha_{O_1A}=0.046\ 2\ \text{rad/s}^2$

*9-23 （1）$v_C=0.4\ \text{m/s}$，$v_r=0.2\ \text{m/s}$

（2）$a_C=0.159\ \text{m/s}^2$，$a_r=0.139\ \text{m/s}^2$

第十章

10-1 $n_{\max}=\dfrac{30}{\pi}\sqrt{\dfrac{fg}{r}}\ \text{r/min}$

10-2 （1）$F_{\text{Nmax}}=m(g+e\omega^2)$；（2）$\omega_{\max}=\sqrt{\dfrac{g}{e}}$

10-3 $n=67\ \text{r/min}$

10-4 $h=78.4\ \text{mm}$

10-5 （1）$F_{\text{T}}=100\ \text{kN}$；（2）$\varphi_{\max}=8.2°$

10-6 $F=m\left(g+\dfrac{l^2v_0^2}{x^3}\right)\sqrt{1+\left(\dfrac{l}{x}\right)^2}$

10-7 $t=2.02\ \text{s}$，$s=7.07\ \text{m}$

10-8 $x=\frac{v_0}{k}(1-e^{-kt})$，$y=h-\frac{g}{k}t+\frac{g}{k^2}(1-e^{-kt})$；

轨迹为 $y=h-\frac{g}{k^2}\ln\frac{v_0}{v_0-kx}+\frac{gx}{kv_0}$

第十一章

11-1 $f_d=0.17$

11-2 $F=1\ 068$ N

11-3 向左移动 0.266 m

11-4 向左移动$\frac{a-b}{4}$

11-5 $\Delta v=0.246$ m/s

11-6 椭圆 $4x^2+y^2=l^2$

11-7 $p=\frac{l\omega}{2}(5m_1+4m_2)$，方向与曲柄垂直且向上

11-8 $F_{Ox}=\frac{P}{g}(l\omega^2\cos\varphi+l\alpha\sin\varphi)$；$F_{Oy}=P+\frac{P}{g}(l\omega^2\sin\varphi-l\alpha\cos\varphi)$

11-9 $a=\frac{m_2b-f(m_1+m_2)g}{m_1+m_2}$

11-10 $F_x=-(m_1+m_2)e\omega^2\cos\omega t$；$F_y=-m_2e\omega^2\sin\omega t$

11-11 (1) $x=\frac{G+2Q}{P+G+Q}l\sin\omega t$

(2) $F_{\max}=\frac{G+2Q}{g}l\omega^2$

第十二章

12-1 $L_O=2ab\omega m\cos^3\omega t$

12-2 (1) $\left(\frac{1}{2}m+2m_1\right)vr$；$\left(\frac{1}{2}m+2m_1\right)vr$；(2) $\left(\frac{1}{3}m_1+2m\right)\omega l^2\sin^2\theta$

12-3 $t=0.693\frac{l}{k}$

12-4 $\omega=\frac{ml(1-\cos\varphi)v_0}{J+m(l^2+r^2+2lr\cos\varphi)}$

12-5 (1) $\frac{J_1\omega_0}{J_1+J_2}$；(2) $\frac{J_1J_2\omega_0}{(J_1+J_2)t}$

12-6 $J=1\ 060\ \mathrm{kg\cdot m^2}$；　$M_f=6.024\ \mathrm{N\cdot m}$

12-7 $mgh\left(\frac{T^2}{4\pi^2}-\frac{h}{g}\right)$

12－8 (a) $\alpha=\dfrac{g}{2r}$，$F_{Ox}=0$，$F_{Oy}=\dfrac{1}{2}mg$；(b) $\alpha=\dfrac{2g}{3r}$，$F_{Ox}=0$，$F_{Oy}=3mg$

12－9 $F_{Bx}=0$，$F_{By}=59\ \text{N}$

12－10 $t=\dfrac{v_0-\omega_0 r}{3fg}$；$v=\dfrac{2v_0+\omega_0 r}{3}$

12－11 $\alpha=\dfrac{3g}{20r}$(顺时针)，$F_s=\dfrac{3}{10}mg$，$F_N=\dfrac{77}{40}mg$

12－12 90 mm

12－13 0.355 g

12－14 $a_{Cx}=g\cos\varphi$，$a_{Cy}=-\dfrac{12gl^2}{l^2+12d^2}\sin\varphi$；$F_N=\dfrac{mgl^2}{l^2+12d^2}\sin\varphi$

12－15 $\dfrac{m_1 g(r+R)^2}{m_1(r+R)^2+m_2(\rho^2+R^2)}$

12－16 $\alpha_{AB}=\dfrac{6F}{7ml}$(顺时针)；$\alpha_{BD}=\dfrac{30F}{7ml}$(逆时针)

12－17 $a=\dfrac{4}{7}g\sin\theta$；$F=-\dfrac{1}{7}mg\sin\theta$

12－18 $\dfrac{F-f(m_1+m_2)g}{m_1+\dfrac{m_2}{3}}$

第十三章

13－1 109.7 J

13－2 $\dfrac{1}{2}(3m_1+2m)v^2$

13－3 (1) 98 N；(2) 0.8 m/s

13－4 412 r/min

13－5 2.346 r

13－6 $\sqrt{\dfrac{3M\pi g+(P+3Q+6G)v^2}{P+Q}}$

13－7 $\sqrt{\dfrac{4gh(m_2-2m_1+m_4)}{8m_1+2m_2+4m_3+3m_4}}$

13－8 $\omega=\dfrac{2}{r}\sqrt{\dfrac{M-m_2gr(\sin\theta+f\cos\theta)}{m_1+2m_2}\varphi}$；$\alpha=\dfrac{2[M-m_2gr(\sin\theta+f\cos\theta)]}{r^2(m_1+2m_2)}$

13－9 $v_O=0.508\ \text{m/s}$；$a_O=4.7\ \text{m/s}^2$

13－10 $\omega=\sqrt{\dfrac{3m_1+6m_2}{m_1+3m_2}\dfrac{g}{l}\sin\theta}$；$\alpha=\dfrac{3m_1+6m_2}{m_1+3m_2}\dfrac{g}{2l}\cos\theta$

13－11 $\omega=\dfrac{2}{r+R}\sqrt{\dfrac{3M\varphi}{9m_1+2m_2}}$；$\alpha=\dfrac{6M}{(r+R)^2(9m_1+2m_2)}$

13 - 12 $\dfrac{M_0}{3m_1+4m_2}$

综合问题

综 - 1 $F_n=20g(2-3\cos\varphi)$，$F_t=0$；

当 $\varphi=\pi$ 时，$F_{max}=980$ N(拉)，当 $\varphi=\arccos\dfrac{2}{3}$时，$F_{min}=0$

综 - 2 (1) $a=a_t=\dfrac{1}{2}g=4.9\ \text{m/s}^2$；$F_A=72$ N；$F_B=268$ N

(1) $a=a_n=\dfrac{1}{2}g=(2-\sqrt{3})g=2.63\ \text{m/s}^2$；$F_A=F_B=248.5$ N

综 - 3 9.8 N

综 - 4 $\omega_B=\dfrac{J\omega}{J+mR^2}$，$v_B=\sqrt{\dfrac{2mgR-J\omega^2\left[\dfrac{J^2}{(J+mR^2)^2}-1\right]}{m}}$；

$\omega_C=\omega$，$v_C=\sqrt{4gR}$

综 - 5 $v=\sqrt{\dfrac{2ghJ_z}{mr^2+J_z}}$；$\omega=mr\sqrt{\dfrac{2gh}{(mr^2+J_z)J_z}}$

综 - 6 0.242

综 - 7 $\dfrac{l^2+36a^2}{l^2}\tan\theta_0$

综 - 8 (1) $\omega=\sqrt{\dfrac{3g}{l}(1-\cos\theta)}$；$\alpha=\dfrac{3g}{2l}\sin\theta$；$F_{Bx}=\dfrac{3}{4}mg\sin\theta(3\cos\theta-2)$，$F_{By}=\dfrac{1}{4}mg(1-3\cos\theta)^2$

(2) $\theta=48.19°$

(3) $v_C=\dfrac{1}{3}\sqrt{7gl}$，$\omega=\sqrt{\dfrac{8g}{3l}}$

综 - 9 (1) $\Delta p=\dfrac{3Mt}{2l}$；$\Delta L=Mt$；$\Delta T=\dfrac{3}{2}\dfrac{M^2t^2}{ml^2}$

(2) $F_{Cx}=F_{Dx}=\dfrac{3M}{4l}$，$F_{Cy}=F_{Dy}=\dfrac{9Mt^2}{4ml^3}$

综 - 10 (1) $\dfrac{2}{5}g(2\sin\theta-f\cos\theta)$

(2) $\dfrac{3}{5}mgf\cos\theta-\dfrac{1}{5}mg\sin\theta$

综 - 11 $a=\dfrac{m_1\sin\theta-m_2}{2m_1+m_2}g$；$F=\dfrac{3m_1m_2+(2m_1m_2+m_1^2)\sin\theta}{2(2m_1+m_2)}g$

综 - 12 (1) $\dfrac{1}{6}g$；(2) $\dfrac{4}{3}mg$；(3) $F_{Kx}=0$，$F_{Ky}=4.5mg$，$M_K=13.5mgR$

第十四章

14－1 $F_{NA}=\frac{l_2}{l_1+l_2}mg$；$F_{NB}=\frac{l_1}{l_1+l_2}mg$

14－2 $m_3=50\ \text{kg}$；$a=2.45\ \text{m/s}^2$

14－3 $G+2P\left(1+\frac{e\omega^2}{g}\right)$

14－4 $F=\frac{l^2-h^2}{2l}m\omega^2$；$h=0$ 的位置

14－5 （1）$\omega=\sqrt{\frac{k(\varphi-\varphi_0)}{ml^2\sin 2\varphi}}$

（2）$F_{Bx}=0$，$F_{By}=-\frac{ml^2\omega^2\sin 2\varphi}{2b}$；$F_{Ax}=0$，$F_{Ay}=\frac{ml^2\omega^2\sin 2\varphi}{2b}$，$F_{Az}=2mg$

14－6 $F_{Cx}=0$，$F_{Cy}=\frac{3m_1+m_2}{2m_1+m_2}m_2g$，$M_C=\frac{3m_1+m_2}{2m_1+m_2}m_2ga$

14－7 $M=\frac{\sqrt{3}}{4}(m_1+2m_2)gr-\frac{\sqrt{3}}{4}m_2r^2\omega^2$；$F_{Ox}=-\frac{\sqrt{3}}{4}m_1r\omega^2$，$F_{Oy}=(m_1+m_2)g-(m_1+2m_2)\frac{r\omega^2}{4}$

14－8 （1）$\alpha_{AB}=1.85\ \text{rad/s}^2$；（2）$F=64\ \text{N}$；（3）$F_T=321\ \text{N}$

14－9 $\frac{8F}{11m}$

14－10 $2.8\ \text{m/s}^2$

第十五章

15－1 $F_N=\frac{1}{2}F\tan\theta$

15－2 $F_N=\pi\frac{M}{h}\cot\theta$

15－3 $F_2=\frac{F_1 l}{a\cos^2\varphi}$

15－4 $F=\frac{M}{a}\cot 2\theta$

15－5 $P_B=5P_A$

15－6 $M=450\frac{\sin\theta(1-\cos\theta)}{\cos^3\theta}\ \text{N}\cdot\text{m}$

15－7 $AC=x=a+\frac{F}{k}\left(\frac{l}{b}\right)^2$

15－8 $F_3=F$

15－9 $F_A=-2\ 450\ \text{N}$，$F_B=14\ 700\ \text{N}$，$F_E=2\ 450\ \text{N}$

第十六章

16－1 (a)，(b)：$T=2\pi\sqrt{\dfrac{m(k_1+k_2)}{k_1k_2}}=0.290\ \text{s}$

(c)，(d)：$T=2\pi\sqrt{\dfrac{m}{k_1+k_2}}=0.140\ \text{s}$

16－2 $k=\dfrac{4\pi^2(m_1-m_2)}{T_1^2-T_2^2}$

16－3 $F=46.68\ \text{kN}$

16－4 $y=-5\cos 44.3t+100\sin 44.3t$（式中 y 以 mm 计，t 以 s 计）

16－5 $T=2\pi\sqrt{\dfrac{m}{k}}$，$A=\sqrt{\dfrac{mg}{k}\left(\dfrac{mg\sin^2\theta}{k}+2h\right)}$

16－6 $\omega_0=\sqrt{\dfrac{2k}{m_1+4m_2}}$

16－7 $f=\dfrac{b}{2\pi}\sqrt{\dfrac{k_1k_2}{m(a^2k_1+b^2k_2)}}$

16－8 $\omega=21.9\ \text{rad/s}$

16－9 $x=39.2\sin 7t\ \text{mm}$